U0359823

软件设计和体系结构

（第2版）微课视频版

◎ 秦航 主编

清華大學出版社

北京

内 容 简 介

本书全面、系统地讲述软件设计和体系结构的思想、理论和方法，并提供了来自业界最新的内容和进展。本书共 14 章，第 1 章为引言，第 2 章～第 14 章分别讲述软件模型和描述、软件体系结构建模和 UML、软件设计过程、软件体系结构风格、面向对象方法、面向数据流的设计方法、用户界面、设计模式、Web 服务体系结构、基于分布构件的体系结构、软件体系结构评估、软件设计的进化、云计算和大数据系统体系结构等内容。

本书条理清晰、语言流畅、通俗易懂，在内容组织上力求自然合理、循序渐进，并提供了丰富的实例和实践要点，更好地把握了软件工程学科的特点，使读者更容易理解所学的理论知识，掌握软件设计和体系结构的应用之道。

本书可作为高等学校软件工程专业、计算机应用专业和相关专业的教材，也可作为其他各类软件工程技术人员的参考书。

图书在版编目（CIP）数据

软件设计和体系结构：微课视频版/秦航主编. —2 版. —北京：清华大学出版社，2021.2（2025.2重印）
高等学校软件工程专业系列教材
ISBN 978-7-302-56429-4

Ⅰ. ①软…　Ⅱ. ①秦…　Ⅲ. ①软件设计－高等学校－教材 ②软件－系统结构－高等学校－教材
Ⅳ. ①TP311.5

中国版本图书馆 CIP 数据核字（2020）第 171446 号

责任编辑：黄　芝
封面设计：刘　键
责任校对：梁　毅
责任印制：曹婉颖

出版发行：清华大学出版社
　　　　网　　　址：https://www.tup.com.cn，https://www.wqxuetang.com
　　　　地　　　址：北京清华大学学研大厦 A 座　　　　邮　　　编：100084
　　　　社 总 机：010-83470000　　　　邮　　　购：010-62786544
　　　　投稿与读者服务：010-62776969，c-service@tup.tsinghua.edu.cn
　　　　质量反馈：010-62772015，zhiliang@tup.tsinghua.edu.cn
　　　　课件下载：https://www.tup.com.cn，010-83470236
印 装 者：涿州汇美亿浓印刷有限公司
经　　销：全国新华书店
开　　本：185mm×260mm　　印　张：23.5　　　　字　　数：571 千字
版　　次：2014 年 2 月第 1 版　2021 年 2 月第 2 版　　印　　次：2025 年 2 月第 10 次印刷
印　　数：17001～19000
定　　价：69.80 元

产品编号：085597-01

前　言

　　软件正在改变人们的生活。作为 21 世纪伟大的工程实践,软件已经渗透到当今社会生活的方方面面。人们的生活离不开软件,大多数人每天早晨起床后的第一件事,很可能就是打开某个手机 App。计算机 C++语言的发明人 Bjarne Stroustrup 所谓"人类的文明运行于软件之上",就道尽了此间情景。软件技术是新一轮制造业革命的核心竞争力,我们正进入一个软件定义的时代,"软件无处不在、软件定义一切、软件使能一切"正是这个时代的特征。

　　软件中的程序取自工业工程。纵观历史,程序起源于工厂的操作列表,软件工程则类似于工业工程,对于工业工程师来说,程序就是一天工作的规划和操作。以前,软件工程师操纵计算机,使其正确工作并求解问题,当时软件的核心是数据的组织和算法的实现。直到今天,越来越多的底层工作,如内存管理、网络通信等都已实现自动化,或者可以实现代码重用。这样,软件工程师无须直面机器代码,而是使用高级语言、集成工具,把更多思考留给软件问题本身。软件制造复杂多变,其难度远超传统工业工程。随着软件的功能越来越强、使用越来越方便、规模越来越大、复杂程度越来越高,现在构建软件系统注定比以前更加困难。

　　在解决上述复杂、困难的问题过程中,出现了软件设计和体系结构。复杂性是软件开发过程中固有的特质,而软件设计在于帮助软件工程师驾驭这种复杂性。

　　作为软件开发的核心活动之一,软件设计对开发出满足需求的高质量软件起着关键作用。软件设计需要综合考虑软件系统的各种约束条件,并给出最优方案。设计方法的快速发展和应用程序的大量部署,使得现有计算机系统内部的代码构成差异很大。随着应用软件市场竞争越来越激烈,用户需求交付越来越快、系统功能越来越多、性能要求越来越可靠,结果就有了复用现有系统代码、代码外包、采购商品化构件进行系统集成。在这种大环境下,软件工程师不能仅凭一种程序设计方法,按照设计书逐步进行开发,而是要从阅读、维护、迁移各种已有的系统和外包代码开始进行程序设计。程序设计方法隐藏在不同来源的代码中,软件工程师需要理解、复用、改造这些代码,并应全面了解各种方法的优缺点。这中间不存在一种放之四海而皆准的程序设计方法,各种方法都有其长处和短处。例如,相对抽象和高级的方法,在提高开发效率的同时,往往会导致执行效率的降低;相对低级和离硬件近的方法,尽管可能学习时间较短,但是适应面却受到了限制。适合的才是最好的,软件工程师需要根据自己的情况,选择适合的程序设计方法。

　　软件如同建筑物,软件设计不能脱离实用价值。今天,"软件架构师"这个在软件领域负责软件设计、分析、处理来自不同涉众、不同关注点和需求关系的职位,已经被普遍认为是软件开发团队的核心。在软件工程方法中,软件需求与软件设计之间存在着一道很难逾越的鸿沟,从而很难有效地将需求转换为相应的设计,而软件体系结构的出现,恰好在需求与设计之间架起一座"桥梁",由此实现了软件系统的需求向实现的平坦过渡。软件体系结构是软件架构师洞见系统内部结构、规律、原则、逻辑的过程,并对软件开发的各种外在因素、内在动力、人本属性进行集中关注和深入剖析。作为整体设计的刻画,软件体系结构包括全局组织和控制结构,有关通信、同步、数据存取的协议,设计构件功能定义和物理分布,设计方案的选择、评估、实现等。软件设计的成功,在于有一个健壮、优雅、灵活、易维护的软件体系结构。围绕着比"类"更大的粒度、更高的抽象,软件体系结构刻画了系统的构件组成、构件的关联结构、构件的交互行为,并给出软件设计的动机,即其在功能目标、非功能目标、制约因素之间的权衡取舍。

智能制造业需要硬件、工艺、流程、知识的软件化,进而实现软件的平台化。伴随"软件定义"的挑战,不得不说,软件系统无处不在,需要设计出在应用形态上满足新要求的软件体系结构来,这就是软件给未来世界达成的目标,也是软件架构师的机遇所在。

本书由秦航任主编,第 1 章、第 14 章由秦航编写,第 2 章由包小军编写,第 3 章、第 9 章由夏浩波编写,第 4 章、第 6 章由邱林编写,第 5 章、第 7 章、第 11 章由张健编写,第 8 章、第 10 章由徐杏芳编写,第 12 章、第 13 章由胡森森编写,全书由秦航负责统稿,由王同喜任主审。借此机会,编者谨向为本书付出辛勤劳动和智慧的老师及全体同仁表示诚挚的谢意。

本书可作为高等院校"软件设计与体系结构"课程的教材或教学参考书,也可供有一定实际经验的软件工程人员和需要开发应用软件的广大计算机用户阅读参考。

由于作者水平有限,书中不当之处在所难免,敬请广大读者和专家提出宝贵意见,以帮助作者不断地改进和完善。

编　者

2020 年 8 月

目 录

第 1 章　引　言

> 三十辐共一毂,当其无,有车之用。埏埴以为器,当其无,有器之用。凿户牖以为室,当其无,有室之用。故有之以为利,无之以为用。

——老子《道德经》

软件已经成为计算机系统及产品中的关键部分,并且成为世界舞台上最重要的技术之一。软件是信息化社会的基础设施,构造并运用软件的能力已成为一种核心竞争力。

随着计算机技术飞速发展,软件的使能空间得到广泛、持续的拓展,软件系统的规模、复杂性也随之不断增大。人类正在进入"软件无处不在、软件定义一切、软件使能一切"的时代,设计和开发软件系统已成为人类创造财富、延续文明的重要需求和途径。

经过半个世纪,软件已经从解决问题、信息分析的专用工具,发展成为独立的产业。但是,随着软件的功能越来越强、使用越来越方便、规模和复杂程度越来越高,如何在有限的时间里,以有限的资金开发出高质量的软件,成为软件工程师面临的难题。软件系统的发展,关键在于软件设计和体系结构,它们是软件工程及软件开发过程的重要组成部分。按照工程化的方法开发软件,软件设计对开发高质量的软件起到关键作用。软件体系结构作为软件工程中一个蓬勃发展的领域,在软件设计过程中控制软件复杂性,支持软件开发、复用,自提出以来就受到软件工程师的普遍关注。

本章共分四个部分:1.1 节为软件,1.2 节为软件工程,1.3 节为软件设计,1.4 节为软件体系结构。

1.1　软　件

1.1.1　软件本质

计算机软件是由专业人员开发并长期维护的软件产品。

完整的软件产品,包括在不同规模和体系结构的计算机上运行的程序,程序运行过程中产生的各种结果,各种以硬拷贝或者电子媒介的形式存在的描述信息。作为生产产品的载体,软件提供了计算机控制(操作系统)、信息通信(网络)、应用程序开发和控制(软件工具和环境)的基础平台。

在计算机被发明,信息论、系统论、控制论"三论"被提出之后,软件科学成了今天商业、科学、工程必需的技术,促进了新科技的创新和发展。软件技术已经成为个人计算机革命的推动力量,消费者能够很容易购买、下载、安装合适的软件产品。随着产品逐渐进化为服务,软件公司随需应变,比传统工业时代的公司更大、更有影响力。在大量应用软件的驱动下,互联网迅速发展,对人们生活的诸多方面,如图书文献搜索、消费购物、政治演说甚至年轻人的交友习惯,都引起了革命性变化。

现在,软件产业已经成为工业经济中的主导因素。作为新兴产业,软件从无到有,从小到大,蓬勃发展。但是,无论国外、国内,软件危机的达摩克利斯之剑,一直高悬在软件从业者头顶,至今挥之不去。如图 1-1 所示,从各种编程语言到相关软件设计,软件不是有形的物理产品,而是人类思维的产物,软件不是被制造出来的,而是思考出来的。英国哲学家怀特海在《自然的概念》中认为,科学旨在寻求复杂事实的最简解释。实际上,正如当前的计算机硬件受到本质的物理条件限制,如光速对硬件速度的限制、原子直径对硬件尺寸的限制等,软件也受到本质的条件限制,这就是软件的复杂性。

图 1-1　从各种编程语言到相关软件设计

解决上述"软件危机"的关键,是解决软件固有的复杂性问题。

如今,早期的独立程序员已经被专业的软件开发团队代替,团队中的不同专业技术人员,分别关注复杂的应用系统中某一个技术部分。然而,和过去的单个程序员一样,现在的软件开发人员依然面临以下同样的问题。

(1) 为什么软件需要如此长的开发时间?

(2) 为什么开发成本会居高不下?

(3) 为什么在软件交付顾客使用之前,程序员无法找到所有错误?

(4) 为什么维护已有程序,要花费高昂的时间和人力代价?

(5) 为什么软件开发、维护的过程依旧难以度量?

以上种种问题,显示了业界对软件及软件开发方式的关注,促使了业界对软件工程实践方法的采纳。

1. 软件的特性和分类

软件也是一系列按照特定顺序组织的计算机数据、指令的集合。作为人类制造的最复杂的一类产品,软件是人类大脑思维活动的体现。

一般来说,软件被划分为编程语言、系统软件、应用软件和中间件。其中,系统软件为计算机提供最基本的功能,而不针对特定应用领域;应用软件恰恰相反,不同的应用软件根据用户和服务的领域,提供不同功能。软件并不只是包括在计算机上运行的程序,与计算机程序相关的文档,也被视作软件的一部分。简单地说,软件就是程序加文档的集合体。软件被应用于世界的各个领域,对人们的生活、工作都产生了深远影响。

为了更好地理解软件的含义,有必要将软件和其他人工产品的特点加以区分。软件是逻辑的、非物理的系统元素,因此,软件和硬件相比,具有完全不同的特性。

1）软件不是传统意义上生产制造的,而是设计开发的

虽然软件开发和硬件制造存在某些相似点,但二者根本不同。首先,二者均可通过优秀的设计获取高品质产品,然而,硬件在制造阶段会引入质量问题,而这在软件中并不存在,或者易于纠正;其次,二者都依赖于人,但是人员和工作成果之间的对应关系完全不同;最后,二者都需要构建产品,但是构建方法不同。软件产品成本主要在于开发设计,因此,不能像管理制造项目那样管理软件开发项目。

2）软件不会像硬件那样磨损和老化

图 1-2（a）所示的"浴盆曲线"描述了硬件的失效率,其中,失效率是时间的函数。该曲线关系图显示,硬件在早期具有相对较高的失效率（这种失效通常来自设计、生产缺陷）,缺陷逐个纠正后,失效率随之降低,并在一段时间内保持平稳（理想情况下很低）;然后,随着时间推移,因为灰尘、振动、不当使用、温度超限及其他环境问题所造成的硬件组件损耗累积的效果,使得失效率再次提高。简而言之,硬件开始磨损。

而软件则不会受到这些环境问题的影响。所以,"软件是用不坏的"这句话,道出软件的特质。从理论上说,软件的失效率曲线应该呈现出图 1-2（b）所示的"理想曲线"。未知的缺陷,在程序的生命周期前期造成高失效率;然后,随着错误被纠正,曲线趋于平缓。理想曲线只是软件实际失效模型的粗略简化,含义很明显,软件不会磨损,但是软件退化的确存在。

这个矛盾现象,用图 1-2（b）所示的"实际曲线"能很好地解释。在完整的生存周期里,软件面临变更,每次变更都可能引入新的错误,使得失效率像实际曲线那样陡然上升。在曲线回到最初的稳定失效率状态前,新的变更会引起曲线又一次上升。这样,最小的失效率点沿类似于斜线逐渐上升,可以说,不断的变更是软件退化的根本原因。

图 1-2 硬件和软件的失效曲线图

磨损的另一方面,说明了软件和硬件的不同。磨损的硬件部件,可以用备用部件替换,而软件却不存在备用部件。每个软件的缺陷,都暗示了设计的缺陷或者会在从设计转化到机器可执行代码的过程中产生的错误。因此,软件维护要应对变更请求,比硬件维护更为复杂。

3）随着基于构件的构造模式发展,大多数软件需要根据实际需求定制

构件在计算机科学中是指一个系统或软件中的基本组成部分。

工程学科的发展,将产生一系列标准的设计器件。例如,标准螺丝钉及可订购的集成电路,只是机械工程师、电子工程师在设计新系统时,所使用的上千种标准器件中的两种。复用是提高效率的基本途径,软件复用是指重复使用已有软件的构件。可复用构件的使用,使得工程师专心于设计中创新的部分和新的内容。在硬件设计中,构件复用是工程进程中通用的方法;而在软件设计中,大规模的复用才刚刚开始尝试。

软件的构件,应该被设计、实现成可在不同程序中复用的组件。现代的可复用构件,封装了数据和数据处理,使得软件工程师能够利用来构造新的应用程序。例如,现在的交互式用户界面,就是使用可复用构件,构造图形窗口、下拉菜单和各种交互机制,构造用户界面所需要的数据结构、处理细节,被封装在用于用户界面设计的可重用构件库中。

目前,计算机软件共分为以下七大类。

(1) 系统软件:主要功能是调度、监控、维护计算机系统,负责管理计算机系统中各种独立的硬件,使之协调工作。

(2) 应用软件:为了某种特定用途而被开发的软件。

(3) 嵌入式软件:嵌入在硬件中的操作系统、开发工具软件,在产业中的关联关系体现为芯片设计制造→嵌入式系统软件→嵌入式电子设备开发、制造。

(4) 科学和工程计算软件:通常带着数值计算算法的特征,涵盖了广泛的应用领域,从天文学到火山学,从自动应力分析到航天飞机轨道动力学,从分子生物学到自动制造业。

(5) 产品线软件:关注有限的特定的专业市场(如库存控制产品),或者大众消费品市场(如文字处理、电子制表软件、计算机绘图、多媒体、娱乐、数据库管理、个人及公司财务应用)。

(6) 人工智能软件:该领域的应用程序利用非数值算法,包括机器人、专家系统、模式识别、人工神经网络、定理证明、博弈等。

(7) Web 应用软件:是一类以网络为中心的软件,不仅为最终用户提供独立的特性、计算功能、内容信息,还与企业数据库、商务应用程序相结合。

全世界所有软件工程师正在为上述软件项目努力工作。有时建立一个新的系统,有时只是对现有应用程序进行纠错、适应性调整和升级,并朝着贴近用户需求的方向不断完善。然而,新的挑战逐渐显现,如开放计算(无线网络的快速发展,促成普适计算的实现,软件工程师开发系统、应用软件,使得移动设备、个人计算机、企业应用可以通过大量的网络设施进行通信)、开源软件(将系统应用程序如操作系统、数据库、开发环境代码开放,使得很多人能够为软件开发做贡献,如 Linux、Apache、MySQL、Eclipse、TeX、GNU Emacs、Hadoop、Docker、Spark),等等。

毫无疑问,所有这些新的挑战,将对商务人员、软件工程师、最终用户产生无法预测的结果。然而,软件工程师可以做一些准备,灵活应变,以适应未来必将发生的种种技术、业务变化。

2. 软件的演变和人类认识过程

下面把计算机软件发展史和人类认识世界的过程进行比较。

文艺复兴时期,现代科学产生了两大重量级理论,表现为理性主义和经验主义。其中,理性主义认为,理智是信息的主要来源,并给出假设,只需要通过思考就能够理解和描述这个真实的世界。理性主义的支持者包括现代科学的众多先驱,如法国哲学家、数学家笛卡儿,德国数学家莱布尼茨,还有泛神论的创始人荷兰哲学家斯宾诺莎。

在英吉利海峡的另一边,诞生了经验主义。几乎在同一时代,那些伟大的英国思想家,如休谟、洛克、贝克莱都坚持认为,人类对世界的认识主要来源于经验。如果看不到、听不到、感觉不到我们现有的这个世界,那么,人们根本无法对这个世界进行思考。

在 20 世纪 40 年代和 20 世纪 50 年代,编写代码是一件非常困难的事。人们不得不学习机器语言,同时还要知道寄存器的大小、数量。出现麻烦时,还得拿起螺丝刀亲自上阵,去连接计算单元的信号线。人们的精力不在思考算法,而是花在把算法编写成可执行代码上,编程在那时是一种枯燥、机械的工作。

FORTRAN(Formula Translation)语言的出现,给当时的程序员带来了福音。与经验主义者一样,程序员只关心数学公式的计算,而无须考虑其他内容。他们可以完全不了解汇编语言,也不用关心计算机内部的技术细节,可以把琐碎的事情丢到一边,而专注于更重要的事,如怎样将数学公式写成相应的算法步骤,再交给计算机进行计算。FORTRAN 语言简化了软件开发过程,几乎没有什么东西是不能用它来处理的,这是经验主义者的一个巨大成功。

不过,编码不是一件简单的事,需要变得更简单。为了解决这一矛盾,又产生了一些新语言,例如,COBOL(Common Business-Oriented Language)打出的口号是"新手就能学""管理层就能读懂",进一步简化了一些特殊任务的编码工作。虽然今天已经没有人考虑用 COBOL 编写一个新的系统,但是当时 COBOL 与汇编语言或 FORTRAN 语言相比,能大大简化对数据库的操作。由此,经验主义风头更甚。

但是,并非所有人都喜欢经验主义,很多人始终认为,万事万物都是合理的,程序员也不例外。20 世纪 50 年代,理性主义者约翰·麦卡锡(John McCarthy)在 λ 演算的数学模型的基础上发明了 LISP(List Processing)语言,λ 演算的数学模型包含了大量的理论知识。数学是一门纯理性学科,因此 LISP 完全由纯粹的推理来支持。据说,在设计 LISP 语言的时候,很多人认为,最重要的是保持数学的纯洁性。这些执着的理性主义者甚至认为,语言不一定有用,也不一定可实现,但语言必须纯粹、干净、合理。图 1-3 所示为计算机编程语言的演化。

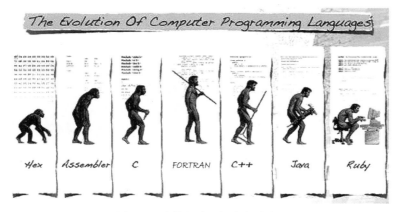

图 1-3　计算机编程语言的演化

同样,从软件设计方法学角度来看,程序设计语言的发展有以下三个层面。

(1)以标准 C 语言簇为典型代表的面向过程的软件设计方法,代表了编码层面的方法

6

学。它偏重在编码层面上,将一个复杂的程序分解为函数、过程;强调计算流程中的顺序、循环、条件要素;关注程序开发过程、执行过程,考虑从需求分析、结构设计、编码到软件测试的整个流程;产生了"软件生命周期"的概念,形成一整套的软件开发工具。

(2) 以Java语言簇为典型代表的面向对象的软件设计方法,代表了软件设计层面的方法学。它以"类"为基本程序单元,对象是"类"的实例化,对象之间以消息传递为基本手段;软件的设计、编码,统统以类及类的对象之间的关系为核心,其三个重要特征为封装、继承、多态。

(3) 以可扩展标记语言(eXtensible Markup Language,XML)为典型代表的面向构件的软件设计方法,代表了软件体系结构的方法学。它寻求比"类"的粒度更大、易于复用的"构件";希望实现软件的再设计、再工程,实现软件的二次集成。

以上三种设计方法体现在过去的发展过程中,软件工程的基本模块越来越大,在网络时代,软件将以"服务"作为一个基本模块,称为宏编程。

有人把计算机科学分为两派,即美国派和欧洲派。美国是实用主义的发源地,通常更务实一些;而欧洲人则更愿意探索远景。在软件领域也能发现这一特点,很多例子表明,欧洲人更倾向于理性主义而轻视实用主义。1972年图灵奖得主、基于消息的计算和信号量同步模式的发明者Edsger Wybe Dijkstra认为,"编程是一门数学味很浓的工程学科"。照他的说法,程序员应该坚持理性主义。然而环顾四周,再看看程序员编写的那些软件系统,会感觉到其实写程序跟下厨房做饭差不多,没有多少数学的内容在里面。1984年图灵奖得主、发明了Pascal的Niklaus Wirth认为,"简单、优雅的方案往往更加有效,只不过想找到这样的方案却很困难,需要更多的时间。"该说法很正确,但在当前上市时间决定成功的年代,根本没有时间来探寻最佳方案。

从演变历史上看起来,理性主义在当今的软件工程世界里已无存身之地,现代的程序员几乎没有几个人推崇理性主义了。Dijkstra也曾说过:"大部分程序员都没有能力编写好的代码。"现代社会不断对软件业提出新的需求,基于理性主义还是基于经验主义去理解这个世界,其实无关紧要,因为这个世界并不需要每个人都成为哲学家。编写程序也是如此,软件工程也不要求所有程序员都是科学家。

1.1.2 软件神话

软件神话,即关于软件及其开发过程被盲目相信的一些说法,可以追溯到计算技术发展的初期。神话具有一些特点,让人们觉得不可捉摸。例如,神话看起来是事实的合理描述,有时的确包含真实的成分,符合直觉,并且经常被那些知根知底、有经验的从业人员拿来宣传。今天,大多数软件工程师意识到,软件神话的本质实际上误导了管理者、从业人员对软件开发的态度,从而引发了严重的问题。然而由于习惯、态度的根深蒂固,这一切难以改变,软件神话遗风犹在。

《人月神话》的内容源于作者布鲁克斯在IBM公司System/360家族(最长寿的计算机体系结构之一)和OS/360中的项目管理经验。

佛雷德·布鲁克斯(Frederick P. Brooks. Jr.)为美国工程院院士,是1999年图灵奖获得者,被认为是"IBM 360 系统之父",美国计算机协会(Association for Computing Machinery,ACM)称赞他"对计算机体系结构、操作系统和软件工程做出了里程碑式的贡献"。《人月神话》探索了达成一致性的困难和解决的方法，并探讨了软件工程管理的诸方面，既有发人深省的观点，又有软件工程的实践，为每个复杂项目的管理者给出了作者的真知灼见。

布鲁克斯认为，对于软件开发，大型的系统开发经常遇到焦油坑，具体描述如下。

（1）"史前史中，没有别的场景比巨兽在焦油坑中垂死挣扎的场面更令人震撼。上帝见证着恐龙、剑齿虎在焦油中挣扎。它们挣扎得越是猛烈，焦油纠缠得越紧，没有任何猛兽足够强壮或具有足够的技巧，能够挣脱束缚，它们最后都沉到了坑底。"

（2）"从表面上看，好像没有任何一个单独的问题会导致困难，每个问题都能被解决，但是当它们相互纠缠、积累在一起的时候，团队的行动就会变得越来越慢。对问题的麻烦程度，每个人都会感到惊讶，并且很难看清问题的本质。"

在软件领域，很少能有像《人月神话》一样具有深远影响力和畅销不衰的著作。该书内容堪称软件开发项目管理的典范。作者在书中提出如下论断："没有一种单纯的技术或管理上的进步，能够独立地承诺在10年内大幅度地提高软件的生产率、可靠性、简洁性"。

《人月神话》提出两条著名的法则：人月神话（The Mythical Man-Month），向一个已经延后的项目中投入更多的人力资源，只会让它更延后；没有银弹（No Silver Bullet），没有一种策略、技术、技巧可以极大地提高程序员的生产力。几十年过去了，尽管软件已经深入到生活的各个方面，但是人们仍旧没有找到那颗神话般的银弹，也许那颗银弹永远不会出现。由于软件本质上的条件限制，复杂性是软件系统开发和进化过程中永远存在的障碍。年复一年，个人、企业、政府的信息技术需求日臻复杂。

一方面，软件产品是人的思维结果，软件生产水平在相当程度上取决于软件人员的教育、训练、经验的积累；另一方面，软件系统中大量堆积的底层细节和之间错综复杂的关系，逐渐超出了开发人员的理解力。图1-4所示为布鲁克斯、《人月神话》和书中中生代时期拉布雷亚焦油坑复原图。

图1-4　布鲁克斯、《人月神话》和书中中生代时期拉布雷亚焦油坑复原图

1.2　软件工程

1.2.1　工程师文化

1. 工程和工程师

西方出现"工程"一词，可以追溯到17世纪至18世纪。工程开始是指战争设施的建造

8

活动,到了近代则扩展到各个领域,如矿冶工程、土木工程、机械工程、水利工程、化学工程、信息工程、生物工程、海洋工程、航空航天工程,等等。工程是人类的一项创造性的实践活动,是人类为了改善自身生存、生活条件,并根据当时对自然规律的认识而进行的一项物化劳动的过程,工程应早于科学,并成为科学诞生的一个源头。

工程师文化首先是自己动手解决问题。每天,许多软件工程师都在进行各种尝试来做出改变世界的产品。例如,安卓之父安迪·鲁宾(Andy Rubin)的工作,就体现出工程师自己动手(Do It Yourself,DIY),用现有的技术做小东西的过程。Linux操作系统早已存在,手机操作系统也早已存在,但是要把体量庞大、消耗资源的Linux用在手机上,尚无成功的先例。于是,安迪就把现有的技术搭起来做出一个小玩具,并用自己名字的前几个字母和小东西的词根-oid拼成一个新词Android,即安卓。图1-5所示为安迪·鲁宾和安卓系统。

图1-5 安迪·鲁宾和安卓系统

其次,工程师不仅要会动手,更要会动脑。MIT被誉为美国工程师的摇篮,其校训是"动手和动脑(Mind and Hand)"。在很多公司,产品经理和工程师是两个独立的角色。美国工程院提出了面向2020年的工程师必须具备的七个关键特征,即分析能力、实践经验、创造力、沟通能力、商务与管理能力、伦理道德、终身学习能力。工程教育和科学教育是两种不同的教育,二者有一定的联系,但也有本质区别。两种不同的实践形成的经验背景、思维模式也迥然不同。

工程的根本目的在于改造自然,创造有用的人造物。工科学生作为未来的工程师,必须学会正确处理人与人之间的关系,具备协作意识和协调能力。

2. 层次结构软件工程

软件工程(Software Engineering)的定义五花八门,比较公认的是美国电气与电子工程师协会(IEEE)给出的定义,其叙述如下:软件工程是将系统化的、规范的、可量化的方法应用于软件的开发、运行、维护,即将工程化方法应用于软件,包括对上述方法的研究。

"软件工程"一词产生于1968年和1969年在联邦德国加密斯(Garmish)召开的带有标志性的北大西洋公约组织(North Atlantic Treaty Organization,NATO)科学委员会会议,如图1-6所示,会议上首次提出了软件危机的概念,通过该概念试图建立并使用正确的软件工程方法,开发出低成本、高可靠性并能运行的软件,从而解决或缓解软件危机。此后,软件开发开始了从艺术、技巧、个体行为向工程和群体协同工作转化的历程。

图 1-6　NATO 会议上首次提出了软件危机的概念

如图 1-7 所示,软件工程是一种层次化的技术。包括软件工程在内的任何工程方法,必须构建在质量的基础之上。全面质量管理、六西格玛(6σ)和类似的理念,促进了不断的过程改进文化,正是这种文化,最终引导人们开发出更有效的软件工程方法。

图 1-7　软件工程层次图

(1) 质量关注点:支持软件工程的根基,在于质量关注。

(2) 过程:软件工程的基础,是过程层。软件过程将各个技术层次结合在一起,使得合理、及时地开发计算机软件成为可能。过程定义了一个框架,构建该框架是有效实施软件工程技术必不可少的。软件过程构成了软件项目管理控制的基础,建立了工作环境以便于应用技术方法、提交工作产品、建立里程碑、保证质量、正确管理变更。

(3) 方法:软件工程方法,为构建软件提供技术上的解决方法,即"如何做"。方法的覆盖面很广,包括沟通、需求分析、设计建模、编程、测试、技术支持。软件工程方法依赖于一组基本原则,这些原则涵盖了软件工程所有技术领域,包括建模和其他描述性技术等。

(4) 工具:软件工程工具,为过程、方法提供自动化或半自动化的支持。这些工具集成起来,使得一个工具产生的信息可被另一个工具使用,这样就建立了软件开发的支撑系统,称为计算机辅助软件工程。

3. 软件工程与计算机科学的关系

软件开发究竟是一门科学,还是一项工程? 这是一个争论了很久的问题。实际上,软件开发兼有二者的特点,但是这并不意味二者可以互相混淆。很多人认为,软件工程之于计算机科学、信息科学,就如传统意义上工程学之于物理、化学。在美国,大约 40% 的软件工程师具有计算机科学的学位,世界其他地方的比例也相差不多。软件工程师不一定每天都使用计算机科学方面的知识,但是他们每天都会使用软件工程方面的知识。表 1-1 所示为软件工程与计算机科学的比较。

表 1-1 软件工程与计算机科学的比较

项 目	软 件 工 程	计 算 机 科 学
目标	在时间、资源、人员这些限制下,构建满足用户需求的软件系统	探索正确的计算和建模方法,从而改进计算方法本身
产品	软件(如办公包和编译器)	算法(如希尔排序法)和抽象的问题(如哲学家进餐问题)
进度与时间表	软件专案都有特定的进度与时间表	研究专案一般不具有设置的进度与时间表
关注点	如何为用户实现价值	软件本身运行的原理,如时间复杂度、空间复杂度和算法的正确性
变化程度	随着技术和用户需求的不断变化,软件开发人员必须时刻调整自己的开发以适应当前的需求;同时软件工程本身也处于不断的发展中	对于某一种特定问题的正确解决方法将永远不会改变
需要的其他知识	相关领域的知识	数学
著名的探索者和教育家	Frederick P. Brooks. Jr., Grady Booch, Winston Royce, Barry Boehm, David Parnas, Martin Flower	Edsger Dijkstra, Donald Ervin Knuth, Robert Tarjan, Peter Slater, Alan Turing
著名的实践者	John Backus, Dan Bricklin, Tim Berners-Lee, Linus Torvalds, Richard Matthew Stallman, Andy Rubin, Harlan Mills	无

1.2.2 软件过程和工程实践

软件过程(Software Process)是工作产品构建时所执行的一系列活动、动作、任务的集合。活动主要实现宽泛的目标(如与利益相关者进行沟通),与应用领域、项目大小、结果复杂性、实施软件工程的重要程度没有直接关系;动作(如体系结构设计)包含了主要工作产品(如体系结构设计模型)生产过程中的一系列任务;任务则关注小而明确的目标,能够产生实际产品(如构建一个单元测试)。

在软件工程领域,过程不是对如何构建计算机软件的严格规定,而是一种可适应性的调整方法,以便于工作人员或软件团队挑选适合的工作动作、任务集合。其目标通常是及时、高质量地交付软件,以满足软件项目资助方和最终用户的需求。

过程框架定义了若干个框架活动,为实现完整的软件工程过程建立了基础。这些活动广泛应用于所有软件开发项目,无论项目的规模和复杂性如何。此外,过程框架还包含一些适用于整个软件过程的普适性活动。一个通用的软件工程过程框架通常包含以下五个活动。

(1)沟通:在技术工作开始之前,和客户沟通、协作极其重要,目的是理解利益相关者的项目目标,并收集需求,以定义软件特性、功能。

(2)策划:软件项目如同一个复杂的旅程,策划活动就是创建一个使任何复杂的旅程都变得简单的地图,以指导团队的项目旅程,该地图称为软件项目计划,定义和描述了软件工程工作,包括需要执行的技术任务、可能的风险、资源需求、工作产品和工作进度计划。

（3）建模：无论是庭园设计家、桥梁建造者、航空工程师、木匠还是建筑师，每天的工作都离不开模型。他们会画一张草图来辅助理解整个项目大的构想，包括体系结构、不同的构件如何结合，以及其他特征。如果需要，可以把草图不断细化，以便更好地理解问题并找到解决方案。软件工程师也是如此，利用模型来更好地理解软件需求，并完成符合这些需求的软件设计。

（4）构建：包括手写的、自动生成的编码和测试，以发现编码中的错误。

（5）部署：软件以全部、部分增量的形式交付给用户，用户对其进行评测，并给出反馈意见。

上述五个通用框架活动既适用于简单小程序的开发，也可用于大型网络应用程序的构造，以及基于计算机的大型复杂系统工程。不同的应用案例中，软件过程的细节差别可能很大，但是框架活动都是一致的。对许多项目来说，随着项目开展，框架活动可以迭代应用，也就是说，在项目的多次迭代过程中，上述五个活动不断重复。每次项目迭代都会产生一个软件增量，每个软件增量实现了部分的软件特性、功能。随着每一次增量的产生，软件逐渐完善。

通用的框架活动（如沟通、策划、建模、构建、部署）和普适性活动是软件工程工作的体系结构骨架。但是，软件工程的实践如何融入该框架呢？

图1-8给出了10个重要的软件工程思想，包括：①不能测量就不能控制；②人件；③渐进主义；④迭代方法；⑤修复代价增加；⑥折中是非线性的；⑦复用很重要；⑧风险管理提供洞察力；⑨一致性胜过才华＋死亡之旅；⑩不需要重新发明轮子。这里将讨论一些不同抽象层次上的原则。"原则"这个词在字典里的定义，是某种思想体系所需要的重要的根本规则或者假设。一部分原则关注软件工程的整体，另一部分考虑特定的、通用的框架活动（如沟通），还有一些关注软件工程的动作（如架构设计）或者技术任务（如编制用例场景）。无论关注哪个层次，原则都可以帮助我们建立一种思维方式，进行扎实的软件工程实践，因此非常重要。如果每位程序员都能遵循下面7条简单的原则，那么许多困难都可以迎刃而解。

（1）存在价值：软件系统因能给用户提供价值而具有存在价值。所有的决定都应基于该思想。在确定系统需求之前，在关注系统功能之前，在决定硬件平台或者开发过程之前，不妨问问，这确实能为系统增加真正的价值吗？如果不，那就坚决不做。这也是其他原则的基础。

（2）保持简洁：软件设计并不是随意的过程，软件设计中需要考虑很多因素。所有的设计都应该尽可能简洁，但不过于简化。的确，优雅的设计通常也是简洁的设计，但简洁也不意味着快速、粗糙。事实上，简洁通常是经过大量思考、多次工作迭代才达到的，这样做的回报是使得到的软件维护容易、错误更少。

（3）保持愿景：清晰的愿景是软件项目成功的基础。没有愿景，项目将会有多种设计思想而永远不能结束。如果缺乏一致性，系统就好像是许多不协调的设计补丁，通过错误的集成方式强行拼凑在一起，这将削弱甚至彻底破坏设计良好的系统。系统实现始终与愿景保持一致，这对项目开发成功至关重要。

（4）关注使用：有产业实力的软件系统不是在真空中开发、使用的。通常，软件系统必定是由开发者以外的人员使用、维护、编制文档，等等，这就必须要让别人理解你的系统。因此，在需求说明、设计和实现过程时，要想到让别人理解你所做的事情。任何一个软件产品

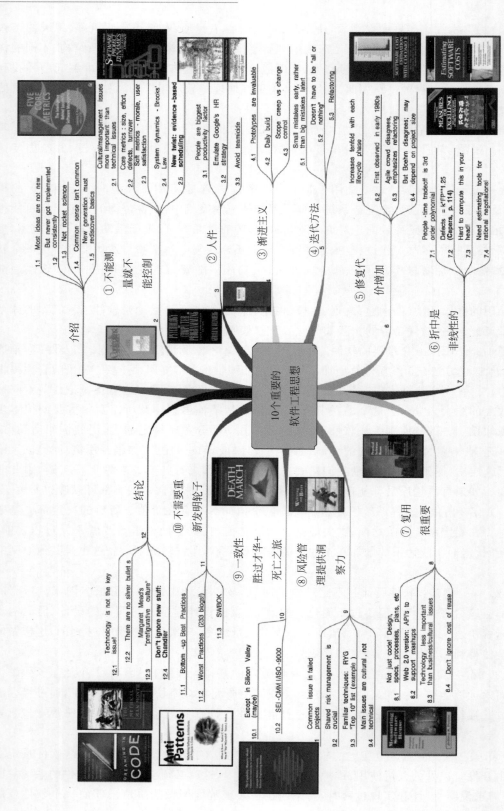

图 1-8 10 个重要的软件工程思想

都可能有很多读者，其他软件测试工程师可能会来调试程序员的代码，并成为程序员编写代码的使用者。尽可能地让使用者的工作简单化，会大大提升系统的价值。

（5）面向未来：生命期持久的系统具有更高的价值。现在的计算环境中，需求规格说明随时会变，硬件平台几个月后就会淘汰，软件生命周期都是以月而不是以年来衡量的。然而，真正高质量的软件系统必须持久耐用。为了达到这一点，系统必须能适应各种变化，并一开始就以该路线设计系统。构建能解决通用问题的系统，为各种可能的方案做好准备，会提高整个系统的复用性。

（6）计划复用：复用既省时又省力。软件系统开发过程中，高水平的复用是一个很难实现的目标。面向对象技术会给代码和设计复用带来好处，但是这种投入回报不会自动实现。为达到上述复用性，需要前瞻性的设计和计划。提前做好复用计划将降低开发费用，并增加可复用构件以及构件化系统的价值。

（7）认真思考：这一条规则可能最容易被忽略。行动之前，清晰定位、完整思考通常能产生更好的结果。仔细思考可以提高做好事情的可能性，而且也能明确如何把事情做好。如果仔细思考过后还是把事情做错，那么就变成了很有价值的经验。明确的思想应用在系统中，就产生了价值。

1.2.3　网络环境带来的影响

回顾计算机科学的发展历史，以 CPU 为核心的计算机一直被认为是软件工程行为的主体，CPU 又是以图灵计算模式、冯·诺依曼结构为基础的，网络只是其外部设备的延伸，而网络互联是软件之间通过通信协议实现数据交换的一种功能。

60 多年前，计算机科学从电子学中脱颖而出，后来软件从硬件中脱颖而出，软件工程从计算机体系结构中脱颖而出。1984 年，卡内基-梅隆大学（Carnegie Mellon University，CMU）创立软件工程研究所（Software Engineering Institute，SEI），成为世界软件工程的先锋，如图 1-9 所示。

图 1-9　卡内基-梅隆大学的软件工程研究所

软件工程始终没有一个确切的指向，从面向过程、面向对象到面向构件、面向领域，科学家们对软件工程的关注域总是与时俱进，如图 1-10 所示。软件工程的发展历程包括：20 世纪 50 年代的类似硬件工程，20 世纪 60 年代的软件手工生产，20 世纪 70 年代的形式化方法和瀑布模型，20 世纪 80 年代的软件生产率和可扩展性，20 世纪 90 年代的软件并发和顺序进程，21 世纪初的软件敏捷性和价值，现在的云计算、大数据系统、软件定义一切。表 1-2 给出了图 1-10 中的部分术语解释。

图 1-10　软件工程 50 年发展历程中关注域转向需求

表 1-2　术语解释

简　　　称	全　　　称	中 文 解 释
SASD	Structure Analysis，StructureDesign	结构化设计方法
OOD	Object-Oriented Programming	面向对象设计
UML	Unified Modeling Language	统一建模语言
OMT	Object Modeling Technology	对象建模方法
CORBA	Common Object Request Broker Architecture	公共对象请求代理体系结构
DCOM	Distribute Component Object Model	分布式组件对象模型
EJB	EnterpriseJava Beans	企业 Java Beans
HTTP	Hypertext Transfer Protocol	超文本传输协议
XML	Extensible Markup Language	可扩展标记语言
UDDI	Universal Description，Discovery and Integration	统一描述、发现和集成
SOAP	Simple Object Access Protocol	简单对象访问协议
WSDL	Web Service Describe Language	网络服务描述语言
GFS	Google File System	谷歌文件系统
NoSQL	Not Only SQL	泛指非关系型的数据库
SDx/SDE	Software Defined Everything	软件定义一切

　　50 年以来，软件工程的发展都是以系统为中心的，基于图灵计算模式。图灵计算时代，计算机软件是与计算机系统操作有关的程序、规程、规则及如何与之有关的数据结构和文档，即：

软件＝程序＋数据结构＋文档

　　从事软件开发的工作者更愿意将计算机看作单机，而不愿看作是网络的节点。很多软件工作者进行软件开发时，从编程工作开始，很少考虑单机系统之外的事情，也很少考虑输入输出的数据、程序在运行中的作用。所以，尽管电子信息领域到处出现遵循摩尔定律的发展速度，但是软件工程发展的速度却大大落后于预期。前面谈到，布鲁克斯认为软件工作量以"人月"来统计是一个神话。对于 1000 个人月的软件开发工作量而言,10 个人开发 100 个月完全不同于 100 个人开发 10 个月,这正说明软件之间相互作用的重要性。软件工程的症结在于:程序正确性证明在软件工程中没有彻底解决;软件工程师的知识、智能始终无法从编程过程中剥离出来;任何编程技巧都没有能够带来程序生产率成数量级的提高;软件全自动化生产没有能够实现。

现代软件的"生态环境",是网络为广大用户提供一个均等的、虚拟的、丰富的计算机应用平台、信息服务平台、软件资源下载平台、软件维护平台,无论是软件开发商还是系统用户,都越来越把软件视作网络环境中的软件。对于在网络环境下工作的用户,端机上的资源量(计算资源、存储资源、软件资源、信息资源,等等)和网络上的资源量相比,都变得微不足道。软件的开发、应用越来越面向日益丰富的网络资源,软件正从面向图灵计算模式转向面向网络计算模式。这是一个划时代的转变,人们开始推崇"软件即服务"的思想。那么,计算机软件就是满足需求的信息及与之有关的服务工具,即:

软件＝满足需求的信息＋服务工具

谷歌的成功就是一个现实的例子。

现在,开源软件和网上下载软件成为时尚,编程开发后出卖软件产权反而不被看好,Vista 操作系统出台后被恶评就是一个例子。这就是目前的时代特征。虽然免费的软件不太好,但是可用。用户广泛选择免费软件,不求所有,只求所用,这就是给软件工程师的信号。最后,软件工程师还感谢网络用户的使用。

互联网具有广泛的连通性、异构性、自组织性,在此基础上发展起来的集群计算、网格计算、对等计算、云计算等新颖的服务模式,对以 CPU 为核心的传统软件工程产生了巨大的冲击,推动软件生产进入按需服务的时代。软件产业成为"以用户为中心"的服务业,对各类端用户而言,软件不求所有,只求所用,软件即服务,甚至是个性化的服务;对广大软件工程师而言,借助开放的网络、开源的软件开发平台和工具,大量的软件工程师从精细编码走向大块编程,形成网络开发社区。软件主要以网络为中心来实现各种复杂的分布式应用,满足多元化的大众需求。

网络化的软件促进了用户之间的资源聚合、信息共享、协同工作,是新的生产力的代表,并将成为一个时代的特征。

最后,用户严重依赖网络,资源通过网络聚合并提供服务;软件产品的开发与进化离不开网络;用户越来越把软件视作网络环境中的软件。软件在网络时代的发展,迫使软件工程寻找新的解决办法。在网络时代,软件从集中到分散,计算从单核到多核协同计算,软件从单体到群体软件的交互、协同,依靠网络实现各种各样的虚拟计算环境,软件逐渐从"为我所有"到"为我所用"。表 1-3 所示为传统软件工程观与互联网时代软件工程观的比较。

表 1-3　传统软件工程观与互联网时代软件工程观的比较

项目	传统软件工程	互联网时代软件工程
基础理论	基于系统,以中央处理器为核心;图灵计算理论和冯·诺依曼结构	基于网络,节点是图灵机或智能体等主体对象,主体间相互作用;网络化软件具有小世界、无标度和高集聚的特性,研究网络动力学行为

续表

项目	传统软件工程	互联网时代软件工程
研究方法	操作系统屏蔽硬件的异构性,中间件屏蔽操作系统的异构性;用层次结构描述软件单元间的相互关系;自顶向下分解、逐步求精地开发;软件生命周期、软件评测和软件成熟度	网络成为一个虚拟资源环境;重视在不同时间段、不同软件规模上的软件间的相互关系和协同;软件按偏好依附生长,逐步进化
工程方法	软件业是制造业;面向系统的结构;要求用户提供确定的需求、明确的系统边界	软件即服务,软件业是服务业;面向服务的架构;用户主导,随需即取,规模定制,敏捷开发

1.3 软 件 设 计

字典里对"设计"的解释包括:

(1) 描述某个事物如何被制造出来的图样或模式。

(2) 形成上述图样或模式的艺术。

(3) 对人造产品中组成部分的一种安排,将对产品在实践中的可用性具有影响。

(4) 人的头脑中的一种规则等。

由上述定义可见,设计是一种"图样、模式或规划",其目标就是要描述一个产品如何被制造出来。因此,软件设计可以被看作是"对软件将如何开发出来的一种描述"。如果把设计当作一个动词,那么软件设计就是"得到这种描述的活动或过程"。

在软件出现的早期,软件设计曾被狭隘地认为是"编程序""写代码",致使软件设计方法学采用一种工程设计的标准衡量,缺乏深度,不具备量化特性。随着软件越来越复杂,如同在建筑工程中,仅仅依靠施工人员把建筑材料堆砌在一起,并不能保证最终质量,而需要在施工前进行详细的设计。因此在编码前,先对软件结构进行良好的设计,已成为软件开发中非常重要的环节。随着软件工程思想的出现,以及结构化软件开发、面向对象软件开发、基于构件的软件开发等方法的发展,软件设计越来越受到重视,并形成各种系统化的设计过程和技术。

1.3.1 从分析到设计

软件是人类脑力的替代。若把软件比作人,那么软件设计的思维模式可比作软件系统的世界观和方法论。

高级程序设计语言在20世纪50年代末诞生,很大程度上提高了软件的开发效率,从而进一步催生了用户对软件系统的需求,软件系统的规模、复杂性随之增大,各类软件开发方法开始出现并不断发展。软件设计在软件工程过程中处于技术核心位置,而且它的应用与使用的软件过程模型无关。对软件需求进行分析和建模开始后,软件设计是建模活动的最后一个软件工程活动,接着便要进入构造阶段,并生成代码和测试。

(1) 分析模型:实际上是一组模型,是系统的第一个技术表示,生成图1-11所示的建模元素的派生类。分析模型由基于场景的元素、基于类的元素、面向流的元素、行为元素表示,并作为设计任务的输入。然而不同项目之间，每个元素（即用于构造元素、模型的图表）的特定内容可能因项目而异。软件团队必须想办法保持模型的简单性。只有那些为模型增加价值的建模元素才能使用。分析模型的每个元素都提供了创建四种设计模型所必需的信息，这四种设计模型是完成完整的设计规格说明所必需的。按照图 1-11 所示的软件设计过程中的信息流，使用设计表示法和设计方法，将得到数据/类设计、体系结构设计、接口设计和构件级设计。

图 1-11　从分析模型到设计模型的转化

（2）数据/类设计：将分析类模型转化为设计类的实现以及软件实现所要求的数据结构。类责任合作者（Class Responsibility Collaborator，CRC）索引卡定义的类和关系、类属性和其他表示法所刻画的详细数据内容，为数据设计活动提供基础。在和软件体系结构设计连接中可能会有部分的类设计，更详细的类设计在设计每个软件构件时进行。

（3）体系结构设计：定义了软件的主要结构元素之间的联系、可用于达到系统需求的体系结构风格和设计模式，以及影响体系结构实现方式的约束。基于计算机系统框架的体系结构表示方法，可以从系统规格说明、分析模型、分析模型定义中的子系统交互给出。

（4）接口设计：描述了软件和协作系统之间、软件和使用人员之间是如何通信的。接口意味着信息流（如数据流和/或控制流）和特定的行为类型。因此，使用场景和行为模型为接口设计提供了所需的大量信息。

（5）构件级设计：将软件体系结构的结构元素变换为软件构件的过程性描述。基于类的模型、流模型、行为模型获得的信息将作为构件设计的基础。

设计过程中所做的决定最终影响软件构建是否成功，而且会影响软件维护的难易程度。

软件设计的重要性可以用"质量（Quality）"这个词来表达。设计是软件工程中形成质量的地方，设计为我们提供了质量评估的软件表示，设计是我们能够将用户需求准确地转化为软件产品或系统的唯一方法。软件设计是所有软件工程活动和随后的软件支持活动的基础。没有设计，就会有构造不稳定系统的风险。

1.3.2　设计过程和设计质量

软件设计是一个迭代的过程，通过设计过程，需求被转换为用于构建软件的"蓝图"。

初始，蓝图描述了软件的整体视图。设计是高抽象层次上的表达，在该层次上，可以直

18

接跟踪到特定的系统目标和更详细的数据、功能、行为需求。随着设计迭代的开始,后续的精化导致更低抽象层次的设计表示。这些表示仍然能够跟踪到需求,但是连接却更加错综复杂。

在整个设计过程中,要使用一系列正式技术评审或设计走查来评估设计进化的质量。其标准如下。

(1) 设计必须实现所有分析模型中的明确需求,而且满足客户期望的所有隐性需求。

(2) 对于生成代码的人、进行测试的人、维护软件的人,设计必须是可读的、可理解的指南。

(3) 设计必须提供软件的全貌,并从实现的角度说明数据域、功能域、行为域。

以上特征实际上都是设计过程的目标,但是如何实现这些目标呢?

1. 质量指导原则

为了评估某个设计表示的质量,必须建立优秀设计的技术标准,其相应原则如下。

(1) 设计应使用可识别的体系结构风格、模式创建,由具备良好设计特征的构件组成,最后以进化的方式实现,从而便于实现和测试。

(2) 设计应模块化,软件应按照逻辑划分为元素或子系统。

(3) 设计应包含数据、体系结构、接口、构件的明确表示。

(4) 设计应导出数据结构,这些数据结构适于要实现的类。

(5) 设计应导出显示独立功能特征的构件。

(6) 设计应导出接口,这些接口降低了构件之间以及与外部环境连接的复杂性。

(7) 设计的导出应根据软件需求分析过程中获取的信息,采用可重复使用的方法进行。

(8) 设计应使用能有效传达其意义的表示法来表达。

2. 质量属性

惠普(HP)开发了一系列的软件质量属性,并取其首字母组合为 FURPS,各字母分别代表功能性(Functionality)、易用性(Usability)、可靠性(Reliability)、性能(Performance)、可支持性(Supportability)。FURPS 质量属性体现了所有软件设计的目标。

(1) 功能性: 程序的特征和能力,所提交功能的适用性,以及整个系统安全。

(2) 易用性: 考虑人的因素、整体美感、一致性和文档。

(3) 可靠性: 故障的频率和严重性、输出结果的精确性、故障平均时间(Mean Time To Failure,MTTF)、故障恢复能力、程序的可预见性。

(4) 性能: 处理速度、响应时间、资源消耗、吞吐率、效率。

(5) 可维护性: 综合了可扩展性、适应性、耐用性,还包括可测试性、兼容性、可配置性、系统安装的简易性、问题定位的简易性。

软件开发中,不是所有软件质量属性都具有相同的分量。有的应用问题可能强调功能性,特别突出安全性;有的应用问题可能要求性能,特别突出处理速度;还有的应用问题可能关注可靠性。抛开分量不谈,我们需要在设计开始时就考虑这些质量属性,而不是在设计完成后才想到它们。

1.3.3 软件设计的基本原则

软件工程的历史上发展了一系列基本的软件设计概念。尽管多年来,人们对于这些设计概念的关注程度不断变化,但它们都经历了时间的考验,并为软件设计者提供了进行更加复杂设计的基础。

1. 抽象方法

抽象(Abstraction)是人类处理复杂问题的基本方法之一。当我们考虑某一问题的模块化解决方案时,可以给出许多抽象级。在最高的抽象级上,使用问题所在的环境语言以概括性术语来描述解决方案;在较低的抽象级上,将提供更详细的解决方案说明。当在不同的抽象级间移动时,需要创建以下两种抽象。

(1)过程抽象:是指具有明确和有限功能的指令序列。过程抽象的命名暗示了功能,但是隐藏了具体细节。例如过程"开"门,就隐含了一长串的过程性步骤,如走到门前、伸手抓住门上把手、转把手并拉门、离开打开的门等。

(2)数据抽象:是指描述数据对象的冠名数据集合。在过程抽象"开"的情形下,可以定义一个叫"门"的数据抽象。同任何数据对象一样,门的数据抽象将包含一组描述门的属性,如门的类型、转动方向、开门机构、重量、尺寸等。因此,过程抽象"开"将利用数据抽象"门"的属性中所包含的信息。

2. 体系结构

体系结构(Architecture)是程序构件(模块)的结构或组织、这些构件交互的形式以及这些构件所用数据的结构。更多情况下,构件可被推广,用于代表主要的系统元素及交互。软件设计的目标之一是导出系统的体系结构透视图,透视图作为框架,将指导更详细的设计活动。一系列的体系结构模式使得软件工程师能够复用设计级的概念。体系结构设计可以使用一种或多种模型来表达。

3. 设计模式

模式(Pattern)其实就是解决某一类问题的方法论。把解决某类问题的方法总结归纳到理论高度,那就是模式。设计模式是一套被反复使用的、多数人知晓的、经过分类编目的、代码设计经验的总结。使用设计模式是为了可重用代码、让代码更容易被他人理解、保证代码可靠性。毫无疑问,设计模式于己、于人、于系统都是多赢的,设计模式使代码编制真正达到工程化,它是软件工程的基石,如同大厦的一块块砖石一样(具体内容参见第9章)。

4. 模块划分

模块化(Modularity)是指解决一个复杂问题时,自顶向下逐层把系统划分成若干模块的过程,有多种属性分别反映其内部特性。模块化是一种将复杂系统分解为更好的可管理模块的方式。模块化用来分割、组织、打包软件。每个模块完成一个特定的子功能,然后,所有模块按某种方法组装起来成为一个整体,完成整个系统所要求的功能。

模块化是软件的单个属性,使程序容易管理。软件工程师难以控制由一个单独模块构成的大型程序,因为其控制路径的数量、引用的跨度、变量的数量、整体的复杂度,使得理解这样的软件几乎不可能。例如,考虑两个问题1和2,如果问题1的理解复杂度大于问题2的理解复杂度,那么,解决问题1所需的工作量大于解决问题2所需的工作量,因为解决困难问题的确需要花费更多的时间。

另一个问题是,两个问题结合时的理解复杂度通常要大于每个问题各自的理解复杂度之和。这就引出了"分而治之(Divide and Conquer)"的策略,将一个复杂问题分解成可以管理的若干块,从而能够更好地解决问题。作为模块化的论据,这对模块化和构件来说意义重大。

如果无限制地划分文件,那么开发所需工作量会变得小到可以忽略。不幸的是,其他因素的作用导致该结论不成立。如图 1-12 所示,开发某个独立软件模块的工作量(成本)随着模块数增加而下降,给定同样的需求,更多的模块意味着每个模块的规模更小;但是随着模块数量增加,集成模块的工作量(成本)也在增加。这些特性形成了总体成本或工作量曲线。事实上存在一个模块数量 M,这个数量可以带来更小的开发成本。

图 1-12　模块化和软件成本

当模块划分时,上述曲线给我们提供了有益的指导。模块化时,位置需要保持在 M 附近,以避免过少或过多的模块化。至于如何知道 M 的附近位置,如何将软件划分成模块,则需要理解后面的设计概念。

5. 信息隐蔽

模块化概念让每个程序员面对一个问题:如何分解一个软件解决方案,以求获得最好的模块组合?

信息隐蔽(Information Hiding)原则表明,模块具备的特征是对其他所有模块都隐蔽自己的设计策略。即模块应该详细说明、精心设计,使得包含的信息(算法和数据)不被不需要这些信息的其他模块访问。隐蔽意味着定义一系列独立的模块,可以得到有效的模块化,独立模块相互之间只交流实现软件功能所必需的那些信息。抽象有助于定义构成软件的过程(或信息)实体。隐蔽定义并加强了模块内的过程细节和模块所使用的任何局部数据结构的访问约束。

把信息隐蔽用作模块化系统的设计标准,在软件测试和维护的修改过程中有很大好处。因为大多数数据、程序对软件其他部分隐蔽,所以在修改过程中无意地引入错误信息并传播到软件其他地方的可能性会很小。

6. 功能独立

功能独立(Functional Independence)是模块化、抽象概念、信息隐蔽的直接结果。

通过开发具有"专一"功能和"避免"与其他模块过多交互的模块,可以实现功能独立。我们希望在软件设计时,要使每个模块仅涉及需求的某个特定子功能,并且当从程序结构的其他部分观察时,每个模块只有一个简单的接口。

具有独立模块的软件更容易开发,是因为功能的分隔和接口的简化。独立模块更容易维护和测试,是因为修改设计和代码的副作用被限制,避免了错误扩散,并使得模块复用。所以,功能独立是优秀设计的关键,而设计又是软件质量的关键。独立性可以使用内聚性、耦合性来进行评估。内聚性显示了某个模块相关功能的强度;耦合性显示了模块间的相互依赖性。

（1）内聚性（Cohesion）：是信息隐蔽概念的自然扩展。内聚的模块执行独立的任务，与程序的其他部分构件只需要很少的交互。理想情况下，一个内聚的模块只完成一件事情。

（2）耦合性（Coupling）：表明软件结构中多个模块之间的相互连接。耦合性依赖于模块之间的接口复杂性、引用或进入模块所在点以及通过接口传递的数据。在软件设计中，我们要努力得到尽可能低的耦合。模块间简单的连接性使得软件易于理解并减少"涟漪效应"（在某个地方发生错误时导致扩散到整个系统）。

7. 逐步求精

逐步求精（Refinement）是由 Pascal 之父 Niklaus Wirth 提出的一种"自顶向下"的设计策略。

通过连续精化层次结构的程序细节来实现程序开发，层次结构将通过逐步分解功能的宏观陈述（过程抽象）直至得到程序设计语言的语句。求精实际上是一个细化的过程。精化促使设计者在原始陈述上细化，并随着每个精化（细化）的持续进行提供越来越多的细节。

抽象和精化是互补的概念。抽象使得设计人员能够明确说明过程、数据，同时忽略底层细节；精化有助于设计人员在设计过程中揭示底层的细节。这两个概念均有助于设计人员在设计进化中构造出完整的设计模型。

8. 重构软件

重构（Refactoring）就是在不改变软件现有功能的基础上，通过调整程序代码改善软件的质量、性能，使程序的设计模式和架构更趋合理，提高软件的扩展性、维护性。

重构软件时，需要检查设计的冗余性、没使用的设计元素、低效的算法、不恰当的数据结构以及其他的不足，然后通过修改不足来获得更好的设计。第一次设计迭代可能得到一个构件，并表现出很低的内聚性，例如执行三个功能，但是相互之间联系有限，这样设计人员可以将这个构件重构为三个独立的构件，使之具备较高的内聚性。这样的处理结果将使得软件更容易集成、更容易测试、更容易维护。

9. 类的设计

分析模型定义了一组完整的分析类，这些类关注用户、客户可见的问题，抽象级相对较高。

设计模式进化时，软件团队必须定义一组设计类（Design Class），通过给出的设计细节来精化分析类，这些设计细节将促成类的实现。下面给出五种不同类型和层次上的设计类。

（1）用户接口类：定义人机交互所必需的所有抽象。在很多情况下，人机交互出现在隐喻的环境（如支票簿、订表表格、传真机），而接口的设计类可能是这种隐喻元素的形象表示。

（2）业务域类：是前面分析类的精化，这些类识别实现某些业务域元素所必需的属性或服务（方法）。

（3）过程类：实现完整管理业务域类所必需的低层业务抽象。

（4）持久类：表示在软件执行之外持续存在的数据存储，如数据库。

（5）系统类：实现软件管理、控制功能，使得系统能够运行，并在计算环境内与外界交互。

软件团队必须为每个设计类开发一组完整的属性或操作。随着每个分析类转化为设计表示,抽象级降低。设计类更多地表现技术细节,并将作为实现的指导。组织良好的设计类有以下四个特征。

(1)完整性和充分性:设计类应该完整地封装所有的可以预见(根据对类名的理解)存在于类中的属性和方法。例如,为视频编辑软件定义的 Scene 类,只有包含与创建视频场景相关的合理的属性、方法才完整。充分性确保设计类只包含那些"对实现这个类的目的足够"的方法,不多也不少。

(2)原始性:和某个设计类相关的方法,应该关注于实现类的某个服务。一旦服务被某个方法实现,类就不提供另一种完成同一事情的方法。例如,视频编辑软件的 VideoClip 类,可能用属性 start-point 和 end-point 指定剪辑的起点和终点(注意,加载到系统的原始视频可能比要用的部分长)。方法 setStartPoint()和 setEndPoint()为剪辑提供了设置起点、终点的唯一手段。

(3)高内聚性:一个内聚的设计类具有小的、集中的职责集合,并且专注于使用属性和方法来实现这个职责。例如,视频编辑软件 VideoClip 类,可能包含一组用于编辑视频剪辑的方法。只有每个方法关注和视频剪辑相关的属性,内聚性才得以维持。

(4)低耦合性:设计模型内,设计类之间的相互协作是必然的,但是协作应该保持在一个可以接受的最小范围内。如果设计模型高度耦合(所有的设计类都和所有的设计类有协作关系),系统就难以实现、测试,并且维护也费力。通常,一个子系统内的设计类对其他子系统中的类应仅有有限的了解;而一个方法应该只向周围类的方法发送消息。

1.4　软件体系结构

1.4.1　软件体系结构概述

1. 体系结构内涵

字典中,"体系结构"一词定义为:

(1)建筑的艺术或科学,特别是在考虑美感和实用因素的情况下,设计人类使用的大型建筑物所需的技巧和实践。

(2)建筑风格,建筑物,组织机构、结构的一种样式、规矩或风格。

建筑师、音乐家、作家、计算机设计师、网络设计师、软件开发者都在使用"体系结构"这个概念,但是,不同的用法其结果也不同。建筑与交响乐毫不相干,但二者都有体系结构。针对好的体系结构,建筑师会说,一座建筑应该提供适合工作或生活的环境,而且应该看起来很美;音乐家会说,音乐应该能演奏包含能够辨明的主题,而且应该听起来很美;软件架构师会说,系统应该对用户友好、响应及时、可维护、没有重大错误、易于安装、可靠,应该通过标准的方式与其他系统通信,而且也应该是美的。

软件体系结构(Software Architecture)作为控制软件复杂性、提高软件系统质量、支持软件开发和复用的重要手段之一,自提出以来,日益受到软件研究者和实践者的关注,并发展成为软件工程的一个重要的研究领域。CMU 的软件工程研究所在网站上公开征集软件体系结构的定义,至今已有百余种。其中,较有影响力的定义包括:

(1)软件系统的结构,包含软件元素、软件元素外部可见的属性,以及这些软件元素之间的关系;

（2）软件系统的基本组织，包含构件、构件之间、构件与环境之间的关系，以及相关的设计与进化原则等。

这些定义一般都将构件以及构件之间的连接作为软件体系结构的基本组成部分。

体系结构有助于确保系统能够满足其利益相关人的关注点，构想、计划、构建、维护系统时，体系结构有助于处理复杂性问题。开发一个具有一定规模和复杂性的软件系统和编写一个简单的程序是不一样的，借用《设计模式》的作者 Grady Booch 的比喻，其中的区别如同建造一座大厦和搭建一个狗窝的差别（设计模式的具体内容参见第 9 章）。如图 1-13 所示，建构一个狗窝，一个人就能建成，狗窝需要最少的建模、简单的过程和简单的工具；而建构一套房子，通过组建一个团队（需要建模、定义好的过程和强大的工具）就能有效、及时地完成；建构一栋高楼，则需要考虑规模、过程、费用、日程表、开发团队的熟练度、材料和技术、利益相关者、风险等诸多方面，因此要复杂得多。

图 1-13　狗窝、房子和高楼

可见，体系结构提供一种方法来解决共同的问题，以确保建筑、桥梁、乐曲、书籍、计算机、网络或系统在完成后具有某些属性或行为。

换言之，体系结构既是所构建系统的计划，确保得到期望的特性，同时也是所构建系统的描述。维基百科上说，"根据这方面已知最早的著作，即公元前 1 世纪罗马工程师维特鲁威（Vitruvius）的《建筑十书》，好的建筑应该美观（Venustas）、坚固（Firmitas）、实用（Utilitas）；体系结构可以说是这三方面的一种平衡和配合，没有哪一个方面比其他方面更重要。"

虽然人们常用建筑体系结构设计来类比软件体系结构，但从另一方面来说，音乐作曲可能是更好的类比。建筑师创建的是相对静止的结构（该体系结构必须考虑到人员、服务在建筑内的移动，以及承重结构）的静态描述（蓝图、其他图样）。在音乐作曲和软件设计中，作曲家（软件体系结构师）创建一段音乐（一个软件）的静态描述（体系结构描述、代码），此音乐（软件）以后将演奏（执行）许多次。在音乐和软件中，设计都依靠许多组件的交互来得到期望的结果，结果依赖于演奏（使用）者、演奏（使用）环境，以及演奏（使用）者所做的诠释。

体系结构观点中的常见思想是结构，每种结构都由各种类型的组件及其关系构成，包括它们如何组合、相互调用、通信、同步，以及进行其他交互。组件可以是建筑中的支架横梁或内部腔室、交响乐中的旋律、故事中的章节或人物、计算机中的 CPU 和内存、通信栈中的层或连接到一个网络上的处理器、协作的顺序过程、对象、编译时的宏、构建时的脚本。每个学科都有自己的一套组件和组件间的相互关系。

那么，作为软件工程中的一个蓬勃发展的领域，软件体系结构可以帮助人们解决上面提到的问题。有了它,设计人员或者项目管理者能在一个比较高的层次上俯瞰软件的整体状况。同时,软件体系结构可以复用,这就能减少开发成本,并降低软件开发风险(如在设计、实现、测试、评估、维护、升级中的潜在问题)。

2. 软件架构师的角色

在设计、构建、修复建筑时,指定关键的设计师为"建筑师(Architect)",并赋予他们广泛的职责。

建筑师准备建筑最初的草图(图1-14),展示其外观和内部布局,并与客户讨论这些草图,直至所有相关方都达成一致意见,认为展示的就是想要的。这些草图较抽象,主要关注建筑中某些方面的适当细节,而忽略其他内容。当客户和建筑师在这些抽象上达成一致意见之后,建筑师就会准备或监督准备更为详细的图样,以及相关的文字规格说明。这些图样和规格说明描述了建筑的许多"实质性"细节,如管道、壁板材料、窗户玻璃、电线等。

图 1-14 房子的建模

在极少的情况下,建筑师简单地将详细规划交给建造者,建造者根据规划完成项目。对更重要一些的项目,建筑师会继续参与,定期检查工作,并且可能会建议变更或接受来自建造者、客户的变更建议。如果建筑师监督项目,仅当他确认项目充分符合了规划、规格说明的要求,项目才算完工。

建筑师是为了确保:设计满足客户的需要,包括前面提到的特征;设计具有概念完整性,处处运用了相同的设计原则;设计满足法规、安全的要求。建筑师职责的一个重要方面是确保设计概念在实现时得到一致的体现。如图1-15所示,建筑师也充当建造者和客户之间的协调人。哪些决定需要由建筑师做出?哪些决定由其他人做出?人们对这些问题常有不同意见,但我们知道,建筑师将做出重要决定,包括所有对结构的可用性、安全性、可维护性产生影响的那些决定。

再来看一看缺少体系结构和建筑师设计的经典例子。

温切斯特神秘屋(Winchester Mystery House)是一个引人入胜的旅游地点,位于美国加州的圣何塞附近,如图1-16所示。温切斯特神秘屋是温切斯特财产(通过卖温切斯特步枪而发迹)的女继承人的家。传说她去拜访一个灵媒,获知她受到了诅咒,会受到每个死在温切斯特步枪下的灵魂的骚扰。避开这个诅咒的唯一方法是建造一座大厦,只要不停地建造,鬼魂就不会来打搅她。之后她迅速地请了147个建筑工人(但是只有0个建筑师!)同时开始建造这座大厦。38年后这位女继承人过世,这些建筑工人都还一直在建造它。其工作的结果最终成了一个缺少体系结构的经典案例:大厦有160个房间,40个卧室,6个厨房,2

图 1-15　建筑师的角色和沟通依据

个地下室和 950 扇门。在 950 扇门中,65 个是开向墙的,13 个楼梯造好后又废弃了,24 个天窗开在不同的楼层上。

图 1-16　温切斯特神秘屋

以上种种失败的原因在于,建造这个大厦时没有制作过建筑蓝图。

在软件企业中,软件架构师(Software Architect)作为一种专门的职业独立出来,成为与软件项目经理并列的技术领导者。例如,微软公司创始人比尔·盖茨(Bill Gates)将自己的职位界定为首席软件架构师(Chief Software Architect)。软件开发项目需要一些人在软件构建时扮演软件架构师的角色,就像构建或修复建筑时传统的建筑师角色一样。但是对于软件系统来说,从来就弄不清楚哪些决定属于软件架构师的职责范围,哪些决定要留给实现者。软件架构师和建筑师相比有所不同。

(1)建筑师可以回顾几千年的历史,看看过去的建筑师都做过些什么。他们可以参观、研究那些矗立了几百年的建筑,有时甚至有上千年历史、仍在使用的建筑;软件业只有几十年的历史,并且设计常常是不公开的。

(2)建筑是有形的产品,在建筑师制作的规划和工人修造的建筑之间存在着明显的区别;软件则是无形的。

3. 软件体系结构发展历程

软件体系结构的研究同样可以追溯到 1969 年 NATO 软件工程会议。

20 世纪 70 年代,Frederick P. Brooks. Jr.,Dijkstra 等软件工程先驱提出了概念完整性、结

构化程序设计、模块化、信息隐藏、封装等软件结构相关的重要原则。20 世纪 90 年代,面向对象方法(具体内容参见第 6 章)已成为软件开发的主流技术,设计、开发、维护大型软件系统的需求促使研究者从更高的抽象层次关注软件,软件体系结构也在这一阶段得到广泛关注。1995 年出版的 IEEE Software 体系结构专刊和 1996 年出版的专著《软件体系结构:一门初露端倪学科的展望》,可以认为是软件体系结构作为软件工程的一个研究方向正式提出的标志。此后十多年,软件体系结构领域得到了蓬勃发展。越来越多的研究者不断关注并参与到软件体系结构的研究中来,与软件体系结构相关的会议、期刊、书籍逐步增多,越来越多的知名国际会议将软件体系结构列入主要议题,并举行了大量直接以软件体系结构为主题的研讨会和国际会议。此外,软件体系结构的研究还得到了工业界的广泛关注与认同,例如 UML2 标准中引入了软件体系结构领域中连接件的概念(具体内容参见第 3 章),在实际软件开发过程(如统一软件开发过程)中也引入了软件体系结构的概念和原则。2006 年出版的 IEEE Software 软件体系结构专刊,总结了这十年间的软件体系结构研究与实践。

另外,软件本身也在发生变化,从专门的大型主机进行程序设计,到为某个 PC 的特定操作系统编写程序;从独立软件,到部署在网络中多个节点上的分布式软件;从固态僵化的,到动态柔性的。现在仍然有许多非常复杂、难以开发的软件。那么,这些软件在未来会变成什么样子? 随着软件的变化,软件体系结构也会随着这个趋势精化发展下去。

最初,软件体系结构概念的提出是为了解决从软件需求向软件实现(包括代码)的平坦过渡问题,软件体系结构是软件系统的抽象描述,可作为系统实现的蓝图,担当从需求到实现的桥梁。所以,早期的软件体系结构研究主要集中在软件生命周期的设计阶段,关注如何通过软件体系结构解决软件系统的前期设计问题,典型的研究点有体系结构描述语言、体系结构风格、体系结构的验证、分析、评估方法等。

此后,随着许多不同背景研究者的参与,软件体系结构的研究也开始超出软件设计阶段,逐步扩展到整个软件生命周期。例如在系统设计前期,考虑在需求中引入对体系结构的想法;在设计后期,考虑如何用软件体系结构支持系统的实现、组装、部署;以及开发阶段之后的维护、进化与复用等。在软件系统开发的过程中,软件体系结构的主要角色包括:支持开发人员之间的交流、直接支持系统开发、支持软件复用等。表 1-4 所示为软件生命周期中软件体系结构的研究与应用。

表 1-4 软件生命周期中软件体系结构的研究与应用

需求	面向软件体系结构的需求工程,从需求到软件体系结构的转换
设计	软件体系结构的描述,设计方法,以及设计经验的记录和重用
实践	支持软件体系结构的开发过程,从设计模型到系统实现的转换;基于软件体系结构的测试
部署	基于软件体系结构的应用部署
开发后	动态软件体系结构,软件体系结构恢复和重构

4. 体系结构与设计

体系结构是系统设计的一部分,突出了某些细节,并通过抽象省略另一些细节。所以,体系结构是设计的一个子集。

关注实现系统组件的开发者,可能不会特别关心所有组件如何装配在一起,而是主要关注少数组件的设计、开发,包括必须遵守的体系结构约束和可以应用的规则。因此,开发者和架构师面对的是系统设计的不同方面。如果说体系结构关注的是组件之间的关系和系统组件外部可见的属性，那么设计还要关注这些组件的内部结构。例如，如果一组组件包含一些信息隐藏的模块，那么这些外部可见的属性就构成了这些组件的接口，内部的结构与模块内的数据结构和控制流要一同考虑。

1.4.2 软件体系结构的内容

1. 体系结构研究领域

优秀的体系结构通常是一个软件系统取得成功的决定性因素。

虽然很多体系结构范例（如管道线、分层系统、客户机/服务器结构等）非常有用，但是设计者对这些范例却没有形成一致的理解，而是以各自习惯的方式理解它们，并且对它们的使用也没有一致的方式。所以，软件系统设计者很难在系统体系结构中找到通用的东西，不能在多个设计方案中做出合理的选择，也不能将通用的范例应用于某一具体领域，或者将他们的设计经验传授给其他设计者。

当前，软件体系结构已经成为软件工程实践者和研究者的一个重要研究领域。很多领域的研究工作，使得软件体系结构的许多问题正在被解决，这些领域包括模块接口语言、特定领域的软件体系结构、软件的重用、软件组织结构模式的规范化编纂、体系结构描述语言、体系结构设计形式化的支持、体系结构设计环境。

虽然目前这一领域相当活跃，但是许多研究工作只是在一些小的机构中进行，这些研究工作并没有与其他工作相互协调和配合。下面将当前软件体系结构分为四个研究领域。

（1）通过提供一种新的体系结构描述语言（Architectural Description Language，ADL）解决体系结构描述问题（具体内容参见2.5节）。这种语言的目标是给实践者提供设计体系结构更好的方法，以便设计人员相互交流，并可以使用支持体系结构描述语言的工具来分析案例。

（2）体系结构领域知识的总结性研究。这一领域关心的，是工程师通过软件实践，总结各种体系结构原则及模式的分类和阐释。

（3）针对特定领域的框架的研究。这类研究产生了针对一类特殊软件的体系结构框架，如航空电子控制系统、移动机器人、用户界面。这类研究一旦成功，这样的框架便可以被毫不费力实例化来生产这一领域新的产品。

（4）软件体系结构形式化支持的研究。随着新的符号的产生，以及人们对体系结构设计实践的理解逐步深入，需要用一种严格的形式化方法刻画软件体系结构及其相关性质。

2. 设计模式和应用框架

1）体系结构风格

体系结构风格是描述特定系统组织方式的惯用范例，强调组织模式、惯用范例。组织模式即静态表述的样例，惯用范例则是反映众多系统共有的结构和语义。通常，体系结构风格独立于实际问题，强调软件系统中通用的组织结构，如管道线、分层系统、客户机/服务器等。体系结构风格以这些组织结构定义了一类系统族。

2）设计模式

设计模式是软件问题高效、成熟的设计模板，模板包含了固有问题的解决方案。设计模式可以看成规范的小粒度的结构成分，并且独立于编程语言、编程范例。设计模式的应用对软件系统的基础结构没有什么影响,但可能对子系统的组织结构起较大作用。每个模式处理系统设计、实现中一种特殊的重复出现的问题。例如 Bridge 模式,为解决抽象部分和实现部分独立变化的问题提供了一种通用结构。因此,设计模式更强调直接复用的程序结构。

28

3) 应用框架

应用框架是整个或部分系统的可重用设计,表现为一组抽象构件的集合以及构件实例间交互的方法。可以说,一个框架是一个可复用的设计构件,规定了应用的体系结构,阐明了整个设计、协作构件之间的依赖关系、责任分配、控制流程,表现为一组抽象类及其实例之间协作的方法,为构件复用提供了上下文关系。很多情况下,框架通常以构件库的形式出现,但构件库只是框架的一个重要部分。框架的关键还在于框架内对象间的交互模式和控制流模式。

设计模式是对在某种环境中反复出现的问题以及解决该问题的方案的描述,比框架更抽象。框架可以用代码表示,也能直接执行或复用,而对模式而言,只有实例才能用代码表示;设计模式是比框架更小的元素,一个框架中往往含有一个或多个设计模式,框架总是针对某一特定应用领域,但同一模式却可适用于各种不同的应用。体系结构风格描述了软件系统的整体组织结构,独立于实际问题;设计模式和应用框架则更加面向具体问题。

体系结构风格、设计模式、应用框架的概念,是从不同的目的和出发点讨论软件体系结构,它们之间的概念经常互相借鉴和引用。

3. 创建软件体系结构

目前已经讨论了一般意义上的体系结构,并分析了软件体系结构与其他领域体系结构之间的相似和不同;接下来看看如何设计软件体系结构,以及当软件架构师创建软件系统时,应该关注什么。

软件架构师的首要关注点不是系统的功能。例如,设计一个基于 Web 的应用,是首先考虑页面布局和导航树,或者问答下面这些问题。

(1) 谁提供应用主机托管? 托管的环境有什么技术限制吗?

(2) 系统运行在 Windows 服务器上,还是在 LAMP(Linux＋Apache＋Mysql/MariaDB＋PHP/Perl/Python)上?

(3) 支持多少并发用户?

(4) 应用需要怎样的安全性? 有需要保护的数据吗? 应用运行在公网还是在私有的内部网上?

(5) 能为这些答案排列优先级吗? 例如,用户数是否比响应时间更重要?

根据对上述问题的回答,可以画出系统体系结构的草图。但是我们还没有谈到应用的功能。

品质关注点指明了功能必须以何种方式交付才能被系统的利益相关人所接受,系统的结果包含这些人的既定利益。利益相关人有一些关注点,软件架构师必须重视。架构师的一项职责是确保系统设计能满足客户的需要,我们将利用品质关注点来帮助理解这些需要。一名架构师需要首先问客户想从系统中得到什么,有怎样的优先级。在实际项目中,会找出其他的利益相关人。典型的利益相关人及其关注点如下。

(1) 投资人:想知道项目是否能够在给定的资源和进度约束下完成。

(2) 架构师、开发人员、测试人员:首先考虑的是最初的构建和以后的维护与演进。

（3）项目经理：需要组织团队，制订迭代计划。

（4）市场人员：想通过品质特点实现与竞争者的差异化。

（5）用户：包括最终用户、系统管理员，以及安装、部署、准备、配置人员。

（6）技术支持人员：关注帮助平台电话呼入的数目和复杂性。

每个系统都有自己的品质关注点。有些关注点可能定义得很好，如性能、安全、可伸缩性；但是，另一些同样重要的关注点却可能没有详细规定，如可变性、可维护性、可用性。利益相关人希望把功能放到软件上，而不是放到硬件上，这主要是为了很容易、很快速地修改，然后通常在品质关注方面又对可变性轻描淡写，这种做法很奇怪。哪些改变能够迅速、容易地实现，哪些改变需要花时间并且很难实现，体系结构决定将对此产生重要影响。所以，软件架构师应在理解功能需求的同时，也理解利益相关人在"可变性"这样品质方面的期望。

当软件架构师理解了利益相关人的品质关注点之后，接下来需要考虑折中。例如，对信息加密将加强安全性，但会损失性能。利用配置文件将增加可变性，但会降低可用性，除非能够验证配置是有效的。是否应该对这些文件使用标准的表示方式，如 XML，还是使用自己发明的格式？在创建系统的体系结构，将涉及许多这样的艰难折中。

软件架构师的第一项任务就是与利益相关人协作，理解这些品质关注点和约束，并为它们排列优先级。为什么不从功能需求开始？因为通常有许多种可能的系统分解方式。例如，从数据模型开始可能得到一种体系结构，而从业务处理模型开始，则可能得到不同的体系结构。在极端的情况下，系统没有分解，被开发成单一的软件。这可能会满足所有的功能需求，但可能不会满足品质需求，如可变性、可维护性、可伸缩性等。架构师通常必须进行体系结构层面的系统重构，例如为了满足伸缩性、性能的要求，将单机部署迁移到分布式部署，从单线程转向多线程，或者将硬编码的参数移到外部配置文件中，因为原来从不改变的参数现在需要修改了。

尽管许多体系结构都能满足功能需求，但其中却只有一少部分能够满足品质需求。

下面回到前面讲到的 Web 应用的例子，考虑提供 Web 页面的诸多方式，Apache 和静态页面、CGI、Servlet、JSP、JSF、PHP、Ruby on Rails、ASP. NET 等。选择其中的一种技术，是一种体系结构决定，将对满足特定品质需求的能力产生重要影响。例如，像 Ruby on Rails 这样的方式可能提供快速推向市场的好处，但可能更难维护，因为 Ruby 语言和 Rails 框架都在不断地快速发展。也许，应用是基于 Web 的电话，需要让电话"响铃"。如果为了满足性能的要求，需要从服务器向 Web 页面发出真正异步的事件，那么基于 Servlet 的体系结构可能更容易测试和修改。

真实的项目中，满足利益相关人的关注点需要做出更多的决定，而不仅是选择一个 Web 框架。是否真的需要一个"体系结构"，并需要一名软件架构师来做出这些决定？谁将做出这些决定？是编程人员？他们可能会做出许多无意识的、隐含的决定。还是由软件架构师来决定？他们全面了解整个系统、利益相关人、系统的演进，然后做出明确的决定。不论哪种方式，都会有一个体系结构。

当然，这种选择通常不是这么死板。但是随着系统的规模、复杂度和开发人员数目的增长，这些早期决定以及记录方式将产生越来越大的影响。

如果系统非常大，情况会怎样？之所以运用"分而治之"这样的体系结构原则，一个原因就是为了降低复杂性，让工作能够并发进行。这让我们能够创建越来越大的系统。体系结构本身是否能分解为多个部分,这些部分是否能由不同的人并行开发?是否需要理解体系结构的所有方面才能使用?体系结构分离关注点,所以大多数情况下,利用体系结构来构建或维护系统的开发人员、测试人员,不需要一下面对全部的体系结构,而是只面对必要的部分就能完成指定的功能。这让我们能够创建超出个人可以理解的、更大的系统。

Frederick P. Brooks. Jr. 说,概念完整性是体系结构最重要的特征,"最好是让系统反映一组设计思想,而不是让系统包含许多好的思想,而这些思想却彼此独立而不协调"。正是这种概念完整性,让开发者在知道了系统一部分之后,能够迅速理解系统的另一部分。概念完整性来自于处理问题的一致性,如分解的判据、设计模式的应用、数据模式。这让开发者运用在系统中的一部分工作经验来开发、维护系统的其他部分。

同样的规则应用于整个系统各处。当我们转向"众系统之系统"时,集成了这些系统的体系结构中也必须保持概念完整性。例如,可以选择发布/订阅消息总线这样的体系结构风格,然后,将这种风格统一地应用于"众系统之系统"的系统集成中。

体系结构团队的挑战在于,在创建体系结构时保持同一种思考方式。让团队保持尽可能小,让他们在充分沟通、高度协作的环境工作,让一两个"首席架构师"担任独裁者,最终做出所有决定。这种体系结构模式常见于成功的团队,不论是公司开发还是开源开发,由此而得到的概念完整性是完美体系结构的一种特性。当然,具体系统会有其他关键关注点。

(1) 功能性:产品向用户提供哪些功能?

(2) 可变性:软件可能需要哪些改变?哪些改变不太可能发生,不需要特别容易进行这些改变?

(3) 性能:产品达到怎样的性能?

(4) 容量:多少用户并发使用该系统?该系统为用户保存多少数据?

(5) 生态系统:在部署的生态环境中,该系统与其他系统进行哪些交互?

(6) 模块化:如何将编写软件的任务分解为工作指派(模块),特别是这些模块可以独立地开发,并能够准确、容易地满足彼此的需要?

(7) 可构建性:如何将软件构建为一组组件,并能够独立实现和验证这些组件?哪些组件应该复用其他产品,哪些应该从外部供应商处获得?

(8) 产品化:如果产品以几种变体的形式存在,如何开发一个产品线,并利用这些变体的共性?产品线中的产品以怎样的步骤开发?在创建一条软件产品线时,要进行哪些投资?开发产品线中不同变体的选择,预期会得到怎样的回报?是否可能先开发最小的有用产品,然后再添加(扩展)组件,在不改变以前编写的代码的情况下,开发产品线的其他成员?

(9) 安全性:产品是否需要用户认证,或者必须限制对数据的访问?数据的安全性如何得到保证?如何抵挡"拒绝服务"攻击或其他攻击?

1.4.3 设计阶段的体系结构

1. 体系结构设计决策

体系结构设计是一个充满创造性的过程,设计建立一个系统组成来满足功能性、非功能性需求。由于它是一个有创造性的过程,所以过程中的活动差别非常大,很大程度上依赖于要开发的系统的类型、系统体系结构设计师的背景和经验、系统的特殊需求等。因此,我们从决策角度来看待体系结构设计,比从活动角度来看待更有效。在体系结构设计过程中,设计师必须做很多重要决定,这些决定极大地影响系统本身及其开发过程。根据知识和经验,设计师需要回答一些根本性问题。

(1) 对于所要开发的系统,是否存在一个一般性的应用体系结构,可以拿来当作模版?

(2) 系统如何分配到多个处理器上?

(3) 有哪个、哪几个体系结构类型适合本系统?

(4) 有哪些基本方法可以用来构成该系统?

(5) 如何将系统中的结构单元分解为模块?

(6) 应使用怎样的策略来控制系统中单元的操作?

(7) 如何评估体系结构设计?

(8) 如何记录系统体系结构?

尽管每个软件系统都独一无二,但是同一个应用领域内的系统通常具有相似的体系结构,这种体系结构能反映基本的领域概念。这些应用体系结构相当通用,如信息管理系统的体系结构,或者更专业一点的系统的体系结构。例如,应用产品线是围绕一个核心体系结构建立的一些应用,核心体系结构会有一些变量,可以调整来满足专门用户的需求。在设计系统体系结构时,必须找出本系统和更广泛的一些应用类之间的共同之处,然后确定这些应用体系结构能复用多少。

2. 体系结构设计方法

软件体系结构的设计方法是指通过一系列的设计活动,获得满足系统功能性需求(Functional Requirement,FR),并且符合一定非功能性需求(Non-Functional Requirement,NFR)约束的软件体系结构模型。

现阶段,软件体系结构设计方法大多侧重于对系统 NFR 的考虑,往往和软件体系结构分析方法结合使用,希望能够在软件生命周期前期发现潜在的风险。需求阶段的体系结构研究和软件体系结构设计方法研究有若干重叠,如需求规约的表示、从需求向软件体系结构模型的转换等。但是,前者主要考虑如何组织需求以保持转换过程中的一致性和可追踪性;后者更强调具体的转换步骤以及在转换过程中所采用的设计决策,特别是针对 NFR 的设计决策。

根据在设计过程中对 FR 和 NFR 考虑的阶段不同,可以将软件体系结构设计方法分为以下三类。

(1) FR 驱动的软件体系结构设计:根据 FR 得到初步的体系结构设计模型,然后通过一定的手段,精化设计结果以逐步达到 NFR 的目标,典型的方法包括评估与转化、自顶向下组装等。

(2) NFR 驱动的软件体系结构设计:将 NFR 作为首要考虑因素,将 NFR 直接映射成为体系结构的建模元素,典型的方法包括属性驱动的设计(Attribute Driven Design,ADD)等。

(3) 集成 FR 和 NFR 的方法:将 FR 和 NFR 视为同等重要的设计输入,在体系结构设计过程中兼顾 FR 和 NFR,并将其转化成相应体系结构的建模元素,这类方法往往与面向方面的方法(具体内容参见 6.4 节)相结合,典型的包括用例和目标驱动、形式化设计分析框架、方面构件等。

FR 驱动的软件体系结构设计关注评估并调整已经得出的软件体系结构模型,评估的主要目的是得出软件体系结构模型对质量属性目标的满足程度。调整软件体系结构模型的主要依据是评估结果和质量属性需求,调整方法一般基于体系结构风格和模式、经验规则等,例如,自顶向下组装方法根据从 NFR 到解决方案映射的"特征-方案图"来进行调整。NFR 驱动的结构化分析设计强调 NFR 在整个设计过程中的主导作用,例如,ADD 方法基于质量属性需求(场景)确定适当的体系结构模式,而后再根据功能需求实例化模式中所包含的构件类型。

集成 FR 和 NFR 的方法在面向方面的研究得到关注之后迅速兴起,这类方法一般在将 FR 转化成为体系结构建模元素的同时,也将 NFR 转化成为适当的体系结构元素(如方面构件等),而后考虑这两类元素的集成(如通过适当的连接件或者方面编织机制等)。因为需要同时考虑 FR 和 NFR,所以在需求阶段如何将 FR 和 NFR 组织到统一的视图上,也成为这类方法关注的重点,例如,用例和目标驱动方法就通过 NFR 关联点将 NFR 和用例图相关联。除方面构件外,这三类方法一般都支持迭代的设计过程。它们的差异更多地体现在对质量属性的支持种类上,例如,ADD 提供了对质量属性的广泛支持,而其他方法则一般只提供对一种质量属性(性能)的支持。

3. 经验的总结与复用

下面来看一下体系结构复用的例子。

如图 1-17(a)所示,圣索菲亚大教堂(Hagia Sophia)建造于公元 6 世纪,率先使用了所谓的"穹顶"结构来支撑巨大的圆形屋顶,是拜占庭建筑之美的代表。1100 年以后,英国巴洛克风格建筑大师克里斯托弗•雷恩(Christopher Wren)爵士使用了同样的设计来建造圣保罗大教堂的穹顶(St. Paul's Cathedral),如图 1-17(b)所示,并成为伦敦的地标性建筑。这两座建筑在今天仍在使用。和建筑一样,总结和记录软件经验也是软件工程的重要目标之一。软件体系结构的研究也强调对软件设计经验的总结和复用,所采用的主要手段为体系结构风格和模式、领域特定的软件体系结构和软件产品线技术。

(a)   (b)

图 1-17 体系结构的复用

1) 体系结构风格和模式

体系结构风格是描述某一特定应用领域中系统组织方式的惯用模式,作为"可复用的组织模式和习语",为设计人员的交流提供了公共的术语空间,促进了设计复用、代码复用。体系结构模式是对设计模式的扩展,描述了软件系统基本的结构化组织方案,可以作为具体软件体系结构的模板。实际使用中,风格和模式常常混用。从目的上看,风格和模式都是为了把设计决策记录下来;从使用上看,二者也大都使用了类似的技术来记录、阐明设计决策。一般而言,在软件体系结构领域,风格和模式不进行区分,统称为体系结构风格。

体系结构风格的研究分为三个方向:第一,总结设计经验,寻找并记录经典的风格;第二,提供风格描述手段;第三,在软件体系结构设计过程中使用风格。

目前已总结出若干被广泛接受的体系结构风格,经典的体系结构风格包括数据流风格、调用/返回风格、独立构件风格、虚拟机风格、仓库风格等,之后仍有扩充,出现了基于消息的风格 C2 等(具体内容参见 2.5.2 节)。此外,模式领域也针对不同的系统类型提出若干种体系结构风格,如分布式系统、交互式系统、适应性系统的体系结构风格等。

风格的描述方法主要有以下两类。

(1) 提供非形式化描述模型,并将其引入到体系结构设计过程中,如通用的对象模型。这类方法在精确描述、性质分析方面存在缺陷,很难验证风格对于体系结构设计所施加的约束,风格的实现也只能依靠程序员的经验。

(2) 提供形式化规约,精确说明风格的特征,并用于高层性质验证。这类方法中,风格被定义为从语法到语义的解释,负责规约构件、连接件和它们之间的配置的语义。风格的规约与验证依赖于所采用的形式化语言,如 Z 语言、图论等的描述、验证能力。上述两种风格的描述方法均缺乏一个行之有效的开发方法来指导风格的建模,而且在混合风格问题出现之后,陷入了发展的瓶颈。

近年来出现了若干关注如何使用风格的研究,探讨如何针对实践的需要选择适合的风格,并保证其在软件体系结构设计中得到体现。研究者们提出了一些风格的使用指导框架,代表性工作有风格选择的分类指导框架、风格构造方法等,但关于风格应用的研究尚处于起步阶段。

2) 领域特定的软件体系结构和软件产品线技术

领域特定的软件体系结构是领域工程的核心部分。领域工程分析应用领域的共同特征和可变特征,对刻画这些特征的对象和操作进行选择和抽象,形成领域模型,并进一步生成领域特定的软件体系结构。

软件产品线是指一组具有公共的可控特征(系统需求)集的软件系统,这些特征针对特定的商业行为或者任务。产品线开发的特点是维护公共软件资产库,并在开发过程中使用这些资产,如领域模型、软件体系结构模型、过程模型和构件等。这两种方法将特定应用领域或者产品家族的软件体系结构记录下来,并用于产品复用。需要说明的是,领域工程和软件产品线技术本身就是贯穿软件生命周期的软件开发方法,不过它们均在开发阶段提供了记录、复用软件体系结构设计经验的支持。

表 1-5 对软件结构进行了总结。该表列出了每个结构中的元素及其关系的含义,并说明了每种结构可能会用于什么情况。

表 1-5 系统的构架结构

软件结构	关 系	适 用 于
分解	是一个子模块,与之共享秘密	资源分配、项目结构化和规划;信息隐藏、封装;配置控制
使用	要求正确出现	设计子集;设计扩展
分层	要求正确地出现、使用服务、提供抽象	增量式开发;在"虚拟机"可移植性上实现系统
类	是一个实例,共享访问方法	在面向对象的设计系统中,从一个公共的模板中产生快速的、相近的实现
客户机-服务器	与之通信,依赖于	分布式操作;关注点的分离;性能分析;负载平衡
进程	与之并发运行、可能会与之并发运行,排除,优先于等	调度分析;性能分析
并发	在相同的逻辑线程上运行	确定存在资源争用、线程可以交叉、连接、被创建或被杀死的位置
共享数据	产生数据,使用数据	性能;数据完整性;可修改性
部署	分配给,移植到	性能、可用性、安全性分析
实现	存储到	配置控制、集成、测试活动
工作分配	分配到	项目管理、最佳利用专业技术、管理通用性

4. 工业界应用和实践

软件体系结构自提出以来,一直注重理论研究与工业实践相结合。

现阶段,软件体系结构实践成熟的标志包括工业级培训与认证、标准的软件体系结构、成熟的体系结构模式和策略分类、端对端生命周期模型、可重复的体系结构评估和校验方法、成熟的工具支持、企业级体系结构基础设施层和应用层支持、软件架构师的职业化等。总体而言,软件体系结构在工业界的应用和推广体现在以下三个方面。

(1) 工业标准的制定。例如,IEEE 专门制定了体系结构相关的国际标准;SAE (Society of Automotive Engineers)制定了体系结构描述语言的国际标准架构分析和设计语言(Architecture Analysis & Design Language,AADL);在 OMG(Object Management Group)所制定的 UML 标准中,沿用了 4+1 视图;UML2.X 标准则引入了连接件、复合构件等软件体系结构领域提出的概念;在不少工业级框架中,也将软件体系结构领域提出的连接件概念显式化,如 JSR 112 标准中即制定了 J2EE Connector Architecture,用于连接异构的系统。

(2) 实际产品的开发。例如,西门子、贝尔实验室等公司大力推动软件体系结构在实际软件产品开发中的应用,并通过联合项目、学术研讨会等形式,将其在工业实践中所积累的经验贡献给体系结构研究者,如 CMU 的软件工程研究所中就拥有大量来自工业界的研究人员。

(3) 相关资源。软件体系结构得到了工业界的诸多关注,还体现在相关资源上。例如,CMU 的软件工程研究所成立了体系结构技术促进会,组织推出了一整套与体系结构相关的图书、课程、产品;国际上也成立了软件架构师协会和软件架构师国际联盟,并通过出版图书、会员活动等方式推动软件体系结构的教育与应用。

1.5 小　　结

50 年来，在软件开发方法和实践中，软件设计和软件体系结构是一个不变的主题。

早期的结构化程序设计和模块化方法主要针对软件程序本身的复杂性。其后，面向对象方法增强了应对应用领域问题复杂性的能力，进一步，面向方面的方法增强了面向对象方法处理安全、日志等贯穿性的非功能属性方面的能力。然后，软件复用与构件化方法通过重复利用已有的部件来避免重复开发。接着，模型驱动的方法通过提高解决问题的抽象层次来应对软件系统日益增长的复杂性。现如今，服务化的方法通过访问协议和服务契约解耦服务的提供者和使用者，来应对开放、异构、互联环境下的复杂性，简化了软件的获取和使用方式。

本章首先对软件工程进行介绍，包括软件的本质、软件危机的出现、软件神话，然后对层次化的软件工程以及网络环境带来的影响进行了描述。由此可以看到软件设计在软件生存周期和各种软件开发过程模型中所处的位置。然后，对设计过程、设计质量、软件设计原则进行了介绍，使读者对软件设计有一个全面的理解。最后，介绍了软件体系结构的概念、软件体系结构的内容和设计阶段的软件体系结构。软件体系结构设计作为软件设计过程中的活动之一，能在较为抽象的级别上描述整个软件系统的结构，成为大规模、复杂软件系统设计中必不可少的步骤。

1.6 思　考　题

（1）什么是软件？软件的特点是什么？软件的分类有哪些？

（2）软件设计应该包含哪些要素？软件设计在软件工程中所处的位置和重要性如何？

（3）请用自己的话说明软件体系结构。传统的建筑体系结构学科和软件体系结构有何相似之处及不同之处？

（4）软件设计和软件体系结构有何关系？软件体系结构的出现有何必然性和重要意义？

（5）在软件设计过程中，人们需要重点考虑软件系统结构的哪些方面？

第2章 软件模型和描述

首先学会计算机科学和所有的理论。然后发展出一个编程风格。之后便要忘掉所有这些，以自由的方式探索。

——George Carrette

体系结构强调一种思想的抽象，通过一些原则和方法等具体体现。体系结构的另一种解释是指系统的基本组成元素及其相互关系的抽象。

软件体系结构也是体系结构概念在软件上的投影或具体应用，是一系列关于软件系统组织的重大决策，是软件系统结构的结构，由软件元素、元素的外部可见属性及元素间的关系组成。

软件模型是软件体系结构赖以建立的基础。如果一件事物随着另一件事物的改变而改变，那么这个事物就是另一件事物的模型。软件模型作为软件组成的最基本单元的抽象，既反映了软件体系结构构建的核心思想，也奠定了软件体系结构构建的基础。一方面，它定义了软件体系结构构建的基本单元元素的形态；另一方面，它定义了基本单元元素之间关系的基本形态。不同的软件模型隐式地定义了软件体系结构构建的不同方法。

本章共分六个部分：2.1节为软件模型概述，2.2节为软件模型的发展脉络，2.3节为软件模型解析，2.4节为软件模型的深入认识，2.5节为体系结构描述语言。

2.1 软件模型概述

模型（Model）一般是指客观世界中存在事物的一种抽象。事物可以是具体的，如房子、人，也可以是抽象的，如思想、算法。

模型一般都需要通过某种形式表达出来，以便交流。从形式上看，模型的表达有文字（包括自然语言和数学语言）、图形（图形语言）或图文混合。用数学语言表达的模型称为数学模型，这种模型的形式化级别最高，一般用来描述事物的抽象本质，刻画事物内在的稳定规律。例如，公式 $s = v_0 t + \frac{1}{2} a t^2$ 描述了匀加速直线运动的本质，刻画了时间、加速度和路程之间的稳定变化规律。相对于数学模型，用自然语言或图形语言表达的模型的形式化级别比较低，一般用来描述对事物的某种认识和理解，表示一种观点。例如，一座房子的结构、一个系统的结构或者某种思想体系等。数学模型是精确的定量描述，其他模型则是一种定性描述。

软件模型（Software Model）是指软件的一种抽象，目前一般通过非数学模型来描述。

相对于其他事物,软件具有特殊性。这主要体现在软件描述的基本元素的一致性,也就是说,无论如何描述软件,同构模型中描述的最基本单元的抽象都是统一的。本书中将这种统一的基本单元的抽象称为软件模型,而将软件系统的抽象称为软件体系结构。因此,软件模型可以看作一种元模型(Meta Model)。

2.2　软件模型的发展脉络

审视软件模型从诞生到发展的历程,尽管各种软件模型的发展存在一定的时间交叉,但从其是否作为软件构造技术的主体支撑技术来说,软件模型的发展基本上符合图 2-1 所示的轨迹。

图 2-1　软件模型的发展轨迹

软件模型的发展脉络清晰地体现了计算机应用发展的历程,以及计算机技术发展的历程。计算机应用的发展和计算机技术的发展相辅相成。一方面,计算机应用的发展对计算机技术提出了新的要求,促进计算机技术的发展;另一方面,计算机技术的发展又为新型计算机应用的发展提供了基础,促进计算机应用的发展。软件技术作为计算机技术之一,在计算机应用和其他计算机技术之间建立起桥梁。因此,软件模型的发展,事实上也就是不断动态地黏合应用与技术。图 2-2 所示给出了计算机应用、计算机技术和软件模型的关系。

图 2-2　计算机应用、计算机技术和软件模型的关系

2.3　软件模型解析

本节按照软件模型的发展轨迹,主要解析各种软件模型的基本原理及思维本质,并阐述其对软件体系结构建立的影响。

第2章

软件模型和描述

2.3.1 功能模型

功能模型(Function Model)也可以称为过程模型或函数模型,是模型化软件构建方法的第一个基本模型。功能模型的基本原理是将一个系统分解为若干个基本功能模块,基本功能模块之间可以按需进行调用。基本功能模块集合及其调用关系集合构成一个系统的模型。

功能模型诞生于20世纪60年代,强调了对程序中数据处理(功能)的抽象,通过功能分解和综合的方法,降低系统构造的复杂度,从而实现一体式程序体系结构向结构化程序体系结构的转变,并建立了结构化软件设计方法。

功能模型的核心之一是基本功能模块的抽象及耦合。事实上,基本功能模块是一种处理方法的抽象,这种方法独立于其处理的具体数据集,建立在抽象数据集上。通过将抽象数据集具体化,可以实现处理方法在某个具体数据集上的作用,从而实现处理方法的重用。因此,基本功能模块的抽象一般需要定义其处理的抽象数据集。具体实现中,基本功能模块一般有函数(Function)和过程(Procedure)两种形式,前者返回处理结果,后者不返回处理结果。抽象数据集称为形式参数,具体数据集称为实际参数。图2-3给出了基本功能模块在PASCAL语言和C语言中的实现。

```
function 函数名(形参列表):返回值类型
    数据组织定义;
begin
    数据处理定义;
end
```

```
返回值类型  函数名(形参列表)
{
    数据组织定义;
    数据处理定义;
}
```

```
function 过程名(形参列表);
    数据组织定义;
begin
    数据处理定义;
end
```

```
void 函数名(形参列表)
{
    数据组织定义;
    数据处理定义;
}
```

PASCAL语言实现   C语言实现

图 2-3 基本功能模块在 PASCAL 语言和 C 语言中的实现

基本功能模块的耦合是指一个模块调用另一个模块时,如何进行被调模块的抽象数据集的具体化,以及被调模块如何返回其处理结果给主调模块。前者一般称为参数传递,后者称为函数返回。目前,参数传递和函数返回的实现方式基本上都是通过堆栈进行的,图2-4给出了参数传递和函数返回实现的基本思想。按照传递的方式,参数传递基本上有值传递、地址传递两种。值传递将实际参数的值复制到堆栈,地址传递则是将实际参数值存放的内存地址复制到堆栈。

图 2-4 参数传递和函数返回实现的基本思想

因此，当被调模块的抽象数据集具体化后，值传递方式不会因为被调模块的处理而改变原始的实际参数值；而地址传递方式，由于被调模块的处理会通过实际参数值存放的内存地址而间接地作用于原实际参数，从而改变原始的实际参数值。图 2-5 所示为两种参数传递方式的 C 语言实现。

```
int submodule (int p, int q)
{
 int r;
 r=p+q;
 return r;
}
main module( )
{
 int x=10 ,y=20, z=0;
 z+=submodule (x, y);
 printf("The Results is : %d\n", z );
}
```

```
int submodule (int *p, int *q)
{
 int r;
 r=*p+*q;
 return r;
}
main module( )
{
 int x=10 ,y=20, z=0;
 z+=submodule (&x, &y);
 printf("The Results is : %d\n", z );
}
```

图 2-5　两种参数传递方式的 C 语言实现

功能模型的核心之二是递归思想的具体实现。递归（Recursion）是指用同一种处理方法来处理不断缩小规模的数据集，并通过不断综合小规模数据集的处理结果，得到大规模数据集的处理结果的一种问题处理方法。图 2-6 给出了递归方法的基本思想。

图 2-6　递归方法的基本思想

功能模型中，递归思想体现在两个方面：一个是基本功能模块的递归应用，另一个是处理逻辑或数据组织方式的递归应用。基本功能模块的递归应用，是把图 2-6 中的一种处理方法通过一个基本功能模块实现，将数据集规模作为基本功能模块的形式参数之一，这样在基本功能模块处理逻辑的定义中，显然需要在缩小后的数据规模上再调用其自身（使用同一种处理方法）。可见，递归是一种特殊的模块耦合关系，其主调模块和被调模块是同一个处理模块。

结合汉诺塔（Tower of Hanoi）问题求解，图 2-7 给出了基本功能模块递归应用的一个具体案例：把 $n-1$ 个圆金片环从 A 移动到 B，其中 C 作为临时用。

n个圆金片环从A到C，B作为临时用

$n-1$个圆金片环从A到B，C作为临时用

```
void move (unsigned n, char a, char c, char b)
{
    if(n>0)
    {
        move(n-1, a, b, c);                    (1)
        printf("%d : %c - > %c\n", n, a, c);   (2)
        move(n-1, b, c, a);                    (3)
    }
}
```

图 2-7　基本功能模块递归应用的一个具体案例——汉诺塔问题求解

根据模块调用关系的不同,递归可以呈现多种具体应用形式,如图 2-8 所示。

$$n!=\begin{cases}1 & \text{当}n=0\text{或}1 \\ n(n-1)! & \text{当}n>1\end{cases}$$

(a) 单直接递归

$$\text{fib}(n)=\begin{cases}n & \text{当}n=0\text{或}1 \\ \text{fib}(n-1)+\text{fib}(n-2) & \text{当}n>1\end{cases}$$

(b) 双直接递归

(c) 多直接递归

(d) 间接递归

图 2-8　递归的多种具体应用形式

$$akm(m,n)= \begin{cases} n+1 & \text{当} m=0 \\ akm(m-1,1) & \text{当} m\neq0,n=0 \\ akm(m-1,akm(m,n-1)) & \text{当} m\neq0,n\neq0 \end{cases}$$

(e) 嵌套递归

图 2-8 （续）

处理逻辑的递归应用是指将问题的整个处理逻辑看作数据集，将基本的处理逻辑看作处理方法，从而实现用基本的处理逻辑及其组合来处理不同复杂度问题的整个处理逻辑。功能模型建立了三种基本处理逻辑：顺序、分支、循环。图 2-9 给出了各自的语义。

图 2-9　三种基本处理逻辑及其语义

图 2-10 解释了处理逻辑的递归应用内涵，由图可知，程序 A（大程序）和子程序 B（小程序）在思维上具有显示通约性。

图 2-10　处理逻辑的递归应用内涵

42

数据组织方式的递归应用是指将需要组织的全部数据看作数据集,将基本的数据组织类型看作处理方法,从而实现用基本的数据组织类型及其组合来实现不同规模的数据的结构化组织。在计算机中,数据组织是通过数据类型实现的,一般分为基本数据类型、复合数据类型两类。复合数据类型是基本数据类型的组合实现,这种组合实现就是建立在递归思维基础上的。图2-11和图2-12分别给出了C语言中的两类数据类型,以及C语言中递归数据组织的具体应用。

图2-11　C语言中的两类数据类型

图2-12　C语言中递归数据组织的具体应用

由于功能模型侧重于功能部分,淡化了数据部分以及数据与功能之间的关系,因此对于大规模程序的构造,功能模型具有其固有的波动效应的缺陷。于是,如果一个模块或者某个数据被修改了或被调整了,而又没有及时通知其他相关的模块,就会产生意想不到的影响。这种现象会在整个系统中产生连锁反应,最终导致整个系统的不正确性。尽管功能模型存在固有的缺陷,由此失去其主流技术的地位,但是,其模型化构造方法的建立以及模块化设计思想、递归构造思想的建立,对软件构造方法产生了深远的影响。

2.3.2　对象模型

对象模型(Object Model)诞生于20世纪80年代,强调了对程序中数据组织的抽象,并将数据处理和数据组织统一进行考虑。对象模型以对象为核心,通过对象进行数据组织的抽象并实现数据组织和数据处理的统一,在此基础上,建立面向对象的软件构造方法。因此,对象模型的基本原理是将一个系统分解为若干个对象,对象之间可以通过发送消息按需进行协作。对象集合及其协作关系集合构成一个系统的模型。

对象(Object)是指客观世界中存在的事物,可以是具体的(如人、猫、狗等)或者抽象的(如缓冲池、堆栈等)。

计算机中,为了描述一个对象(或以对象进行数据组织),必须给出对象的形态(称为对象的型),并按照需要建立对象的各个具体实例(称为对象的值)。例如,在 C++ 语言中,以类(Class)描述一个对象的型,以变量描述对象的值(类的实例)。一个对象一般有静态属性和动态行为(即对象的职责),例如,汽车有品牌、型号、颜色、价格、质量、牌号、车架号、发动机号等静态属性,有行驶、制动、转向等动态行为。因此,在对象的型的描述中,必须将该类对象的静态属性和动态行为描述清楚。其中,静态属性对应于数据组织,动态行为对应于数据处理,从而以对象为核心,实现数据处理和数据组织的统一。

图 2-13 和图 2-14 分别给出了对象描述的基本视图,以及 C++ 语言中描述对象的具体案例。

图 2-13　对象描述的基本视图

图 2-14　C++ 语言中描述对象的具体案例

对数据类型的抽象是对象模型的核心之一。所谓数据类型的抽象,就是允许用户按照需求定义自己的数据类型,并通过其进行数据组织,从而拓展某种程序设计语言固有的数据类型,为应用程序的构造带来灵活性。相对于传统的固有数据类型,拓展的数据类型称为抽象数据类型(Abstract Type)。一般来说,一种数据类型既要规定数据的取值范围,又要定义数据的基本运算操作。因此,对象模型中的对象机制可以用来定义抽象数据类型。其中,对象的属性描述与数据的取值范围相对应,对象的行为描述与数据的基本运算操作相对应。可见,对象本质上就是数据,对象的描述就是定义一种抽象数据类型。

注意,抽象数据类型的定义体现了数据组织方式的递归应用特性。相对于功能模型中的复合数据类型,抽象数据类型的实现具有更强的灵活性和扩展性。

对象模型的核心之二是同构(或同族)对象关系的定义,这种关系体现在继承和多态两

软件模型和描述

个方面。继承是指同族对象后代可以共享前代的某些属性及行为特征。例如,麻雀可以作为其父类——鸟类的一个子类,因此,麻雀可以集成鸟类的一些属性及行为特征。同时,麻雀可以有自己的属性及行为特征,可以改变父类的一些属性及行为特征。多态是指对象的某个行为在各个具体实例中呈现不同的形态。例如,对于一个图形类,可以定义一个 draw() 行为。但是,对于直线、圆、矩形等不同的图形,各自的 draw()行为会呈现出不同的具体形态(绘制方法)。根据不同形态表现的时机,多态可以分为静态多态和动态多态。静态多态是指在具体实例建立前,对象的行为描述中就已经将各种形态的表现定义清楚。这种多态形式一般用于一个对象的行为描述中。动态多态是指各种形态的表现要在具体实例建立之后才能确定。这种多态行为一般用于具有继承关系的多个对象的行为描述中。此时,父类通常只给出抽象的行为(对象可以做什么),而不定义具体行为(对象究竟如何做),各个子类具体定义其对象应具有的行为。这样,当通过抽象引用概念性的要求对象做什么时,将会得到不同的行为,具体行为取决于子类对象的具体类型。C++语言中,静态多态通过函数重载机制实现,动态多态通过虚函数机制实现。

对象模型通过对象机制统一了数据组织、数据处理两个方面,并建立了抽象数据类型构造的方法。然后,其抽象级别仍然很低,认识视野仍然局限于实现层次,对概念层次和规约层次的重视不够,从而使得基于对象模型的面向对象的设计思想和方法失去了巨大的效力。也就是说,抽象数据类型的具体实现仍然需要由具体的程序设计语言来体现,对象不能独立于语言。另外,对象模型通过继承机制强化了同族对象关系,而对异族对象关系并没有显示说明。因此,对于异构集成以及大规模软件的开发,对象模型暴露出不足之处。

2.3.3 组件模型

20世纪90年代,组件模型(Component Model)诞生,它在对象模型的基础上强调了异族对象关系以及独立性问题。异族对象关系是指组件内部完成组件功能的对象可以是同族的,也可以是异族的。独立性是指组件建立在二进制基础上并独立封装,可以独立部署。组件模型以接口为核心,通过接口抽象组件行为,并在此基础上,建立面向接口的软件构造方法。组件集合及其协作关系集合,构成一个系统的模型。

接口(Interface)是指对象动态行为的集合,也支持继承机制。相对于对象模型,组件模型更加重视在概念层次和规约层次上认识面向对象的方法和思想,强调对象具有可以被其他对象或对象自身调用的方法。也就是说,将数据组织部分封装在内部,而将对数据的处理部分以接口的形式暴露在外部。

组件(Component)是指能完成特定功能并能独立部署的软件合成单元。一个组件一般具有一个或多个接口,每个接口的功能由一个或多个方法实现。接口的具体功能由组件对象实现。组件对象之间可以通过聚合和包容方式进行功能重用。

图2-15、图2-16、图2-17分别给出了组件的基本结构、组件功能重用的两种基本方式,以及 COM 组件的封装结构和运行时结构。

组件模型强调标准,以实现具有独立性的组件之

图 2-15　组件的基本结构

图 2-16　组件功能重用的两种基本方式

(a) 封装结构

(b) 运行时结构

图 2-17　COM 组件的封装结构和运行时结构

间的集成。组件模型的标准一般称为软件总线(Software Bus),它定义组件的封装结构并提供基本的集成服务功能(如命名服务、查找服务等)。满足同一标准的组件可以通过软件总线进行集成。目前,常见的组件模型标准有微软的 COM、SUN 的 Java Beans 和 OMG 的 CORBA。

　　为了实现对组件的管理和集成,软件总线除了提供各种基本服务功能外,还提供一些高级服务功能,如属性服务、持久化服务、安全服务、事务服务。

　　图 2-18 给出了组件集成的基本原理。其中,组件对象首先必须在软件总线中进行注册,然后才能被使用。某个客户应用或一个对象需要使用某个组件对象时,也是通过软件总线进行查找,然后再使用。因此,软件总线充当组件对象集成的中介。

图 2-18　组件集成的基本原理

组件模型通常采用基于框架的程序构造方法。框架(Framework)是指已实现部分功能的某类程序结构的实现。框架抽象了某类程序的结构,定义其中各个功能组件及其相互关系并实现部分功能。框架与生产线很相似,通过框架构造程序,相当于按照生产线进行各种组件的装配。框架可分为水平型、垂直型、复合文档型三种。水平型框架一般面向通用类程序的构造,与特定应用领域无关,例如,Visual C++支持的各种项目类型就是各种水平型框架。垂直型框架一般面向特定应用领域,抽象和封装了该应用领域应用程序的基本结构和共性基本组件,例如,San Francisco 就是一种垂直型框架。复合文档型框架是一种比较通用的框架,将一个程序抽象为一个文档,将构成程序的各个组件看作是文档中不同的独立元素,这些独立元素通过事件消息相互联系。通过复合文档型框架构造程序,相当于用各种元素在文档上创作一幅动态的图画。

因此,随着图形用户界面的流行以及计算机应用的普及,复合型文档框架已经成为程序构造的主流。目前,除了 Visual C++以外,基本上所有的集成开发环境都是基于复合文档型框架的。图 2-19 所示为利用复合文档型框架进行程序构造的基本原理及样例。

相对于对象模型,组件模型基于二进制黑盒重用机制,为软件的维护提供了技术上的保障。基于框架的程序构造模式为软件工业的大规模生产奠定了基础。然而,尽管组件模型的独立特性拓展了对象模型的重用机制,但是,各种标准之间的异构集成和重用仍然是一个问题。

由于组件模型解决了异构集成问题,因此,分布式对象计算模型得到迅速发展。分布式对象计算的基本模型如图 2-20 所示。在软件总线的基础上,通过在客户端和服务端分别增加代理机制,来实现分布式环境下组件对象之间的集成。客户端代理、服务端代理及软件总线为应用开发者屏蔽了底层网络通信细节和异构环境的特性,建立了一个面向分布式环境应用开发的通用基础结构。

CORBA 直接支持分布式计算模型,Java Beans 通过 Java RMI(Remote Method Invoke)将其组件模型拓展为分布式计算模型,COM 通过 RPC(Remote Procedure Call)将其拓展为 DCOM(Distributed Component Object Model)。图 2-21 所示为 DCOM 运行时结构。对于 DLL 封装的组件,DCOM 通过自动加载一个 Dllhost.exe 作为其宿主。具体内容参见第 9 章。

(a) 基本原理

(b) 一个样例

图 2-19　利用复合文档型框架进行程序构造的基本原理及样例

软件模型和描述

图 2-20　分布式对象计算的基本模型

图 2-21　DCOM 运行时结构

2.3.4　配置型组件模型

配置型组件模型(Configurable Component Model)又称服务器组件模型,专门针对应用服务器,定义其基于组件的基础结构模型。

在传统的分布式对象计算模型中,软件总线提供的附加基础服务需要被业务逻辑代码显式地使用。然后,对于响应大量客户端的服务器,基础服务的提供涉及系统资源的有效利用,基础服务需要与资源管理技术一起使用。因此,如果二者都由业务逻辑代码来显式使用,那么,应用开发的复杂度就会急剧增大。特别是随着组件交互的行为越加复杂,协调这些基础服务就成了一项困难的任务,需要与编写业务逻辑代码无关的系统级专门技术来处理。同时,这样处理也可使业务逻辑代码的开发者避免陷入各种基础服务和资源管理机制的系统级事务处理的泥潭之中,从而将其思维重心服务于其工作的本质,即业务模型建立。

因此,配置型组件模型的基本原理是将应用业务逻辑与系统基础服务二者解耦,由系统基础服务构成一个服务容器,自动隐式地为各种应用业务逻辑按需统一提供相应的基础服务。也就是说,应用业务逻辑可以按需提出不同的基础服务要求,即它是可配置的。这样,基于问题分离(Separation of Concerns)原理和功能可变性(Functional Variability)原理,将业务逻辑的功能部分和系统资源有效管理的技术部分分开,允许二者独立进化并促进基础服务和资源的重用。图 2-22 给出了配置型组件模型的基本实现思想。

在配置型组件模型中,配置型组件是一种分布式、可部署的服务器端组件。执行应用业

P₁ P₂ ... Pₙ   →   P₁ P₂ ... Pₙ

☐ 业务逻辑处理   ▨ 系统基础服务

图 2-22　配置型组件模型的基本实现思想

务逻辑的配置型组件的可配置性主要体现在两个层面。首先,在应用部署包进行部署时,相应的部署工具(如 Windows 中的服务管理器)根据部署包中的公共配置及各个业务逻辑组件的配置说明进行相应配置要求的登记,同时自动生成客户端和服务器端的相应代码黏合层(Glue Code Layer)。例如在 COM+中,通过 Windows 服务管理器,可以在组件安装时为每一个应用生成一个特殊的安装文件(*.msi),该文件记录所有组件及其配置参数与相应黏合层代码。然后,每当客户端调用组件的相应业务操作功能时,客户端代理附加调用上下文,经过软件总线将请求发送给服务容器,服务容器中的代码黏合层负责创建组件实例,并且通过拦截机制,在将客户端请求发送到目标业务裸机操作之前,根据其预先登记的配置要求启动相应的基础服务,将附加的基础服务功能加入应用业务逻辑中。

同时,为了实现服务器资源的有效利用和提高各个组件实例的执行性能,服务容器通过组件的生命周期回调接口对运行中的组件实例进行管理。

当前流行的配置型组件模型标准主要有 EJB(Enterprise Java Beans)、COM+和 CCM(CORBA Component Model)。

CCM 定义了一种比较完善的可配置组件模型,但还没有具体的产品诞生。

在 EJB 中,主对象称为 Home 对象,远程对象称为 EJB 对象,配置型组件称为Enterprise Bean,配置型组件的配置说明用配置描述器给出。此外,还可以通过一个特定的属性描述器描述 Enterprise Bean 的一些附加属性,以便 Enterprise Bean 在运行时使用。目前,一个 EJB 对象只能支持一个接口。EJB 基础服务包括生命周期管理、持久性服务、事务处理服务、安全管理服务。对于这些基础服务,Enterprise Bean 都可以按需进行配置。

在 COM+中,主对象称为工厂对象(Class Factory 实例),配置型组件称为组件对象(CoClass 实例),远程对象是组件对象的一种包装,在 COM+中通过调和器对象(Mediator)给出。配置型组件的封装一般只能以一个 DLL 文件给出,配置型组件的配置说明可以通过在程序中加入属性描述给出,或在组件安装时进行交互式配置。

COM+中的一个配置型组件可以实现一个或多个接口的功能。实际上,COM+并没有特别地定义一种可配置组件模型,而是在 COM/DCOM 组件基础上融入微软事务服务器(Microsoft Transaction Server,MTS)及其他基础服务功能,并借助于 Windows 操作系统构成一个运行时环境,由 Windows 操作系统及各种基础服务套件充当应用服务器和容器的角色。

任何 DLL 封装格式的 COM 组件,只要在 Windows 服务管理器中被导入到某个应用程序并进行相应配置,即可称为 COM+组件。因为,COM+应用程序可以看成一种逻辑可部署

软件模型和描述

包,可以包含多个 COM+组件,这些组件具有相同的已配置特性。COM+基础服务增强了有关线程同步方面的控制服务,提供对组件实例并发运行的细粒度控制。另外,COM+服务容器除了提供实例池管理、分布式事务处理外,还提供基于角色的安全管理、松散耦合的事件服务等,并集成了 MSMQ(Microsoft Message Queue)、负载平衡、内存数据库等服务功能。

随着.NET 平台的推出,COM+组件标准得到了修正和改善。.NET 采用装配件(Assembly)作为基本的组件打包及部署单元,是一种逻辑组件(Logical Component),可以包含打包清单(Manifest,用来描述该配件及所需的其他配件,包括版本号、编译链接号及编译器在编译时捕获的修正号、文化特征等版本信息)及一个(或多个)物理 DLL 或 EXE 模块,每个模块内部包含中间语言(Intermediate Language,IL)代码、元数据(Metadata,描述配件中声明的所有类型及其关系)及资源(包括图标、图像等),模块以文件形式存储。装配件可以是静态的(即由开发工具生成并存储在磁盘上),也可以是动态的(即在内存中动态生成并立即运行),可以保存在磁盘上再次使用。.NET 模块及装配件的基本结构如图 2-23 所示。

图 2-23 .NET 模块及装配件的基本结构

在装配件基础上,.NET 环境通过应用程序域(AppDomain)概念定义装配件的运行模型,建立.NET 环境中的可配置组件模型。另外,.NET 平台通过 CLR(Common Language Runtime)环境封装并提供类似于 COM+容器所提供的基础服务,拓展了 COM+的容器机制,从而使得.NET 中的每个应用程序域成为一个在 CLR 中可以独立配置并部署的逻辑可部署包。正因如此,.NET 平台通过元数据机制及 CLR 改善了 COM+的各种缺陷,简化了组件的开发和部署。

例如,.NET 没有类工厂,而是由 CLR 将类型声明解析成包含该类型的装配件及该配件内确切的类或结构;通过完善的无用单元回收机制,改善由引用计数缺陷导致的内存和资源泄露;采用元数据方法代替类型库和接口描述语言(Interface Description Language,IDL)文件;采用命名空间和装配件名称,确定类型范围的方法以提供类型(类或接口)的唯一性,来改善基于全局唯一标识符(Globally Unique Identifier,GUID)的注册的脆弱性。

.NET 没有套件,默认情况下,所有.NET 组件都在自由线程环境中运行,由开发者负责同步组件的访问,开发者可以依赖.NET 的同步锁或使用 COM+的活动来实现同步。.NET 通过在类定义中使用 internal 关键字,来告知 CLR 拒绝一个装配件之外的任何调用者访问该配件内的组件,从而防止 COM+中通过搜索注册表找到私有组件的组件类标识符(CoClassIDentifier,CLSID)以使用漏洞。

.NET 通过为指定代码段配置许可并提供证据,将 COM+中基于角色的安全性拓展为角色安全和调用身份验证双重的安全控制,为高度分散、面向组件的环境提供新的安全模型。.NET 中有关组件的一切操作都不依赖于注册表,并严格维护版本控制,从而简化组件的部署。不同于 COM+ 只支持运行时不同语言所实现的组件的集成,.NET 同时支持运行时和开发时的组件的无缝集成,即允许使用某一种语言开发的组件从使用另一种语言开发的组件派生。采用基于属性的编程方法,增加组件配置的灵活性等。

另外,.NET 支持两种组件,即使用基础服务的组件(Serviced Component)和标准的被管理组件(Managed Component,又称托管代码或受控代码)。其中,前者是 COM+ 标准组件的进化和发展,后者则是新的组件封装模型。.NET 实现了二者的统一。为了支持说明性程序设计,.NET 提供的新型程序设计语言 C♯ 支持将配置要求以属性方式写入程序中,建立基于属性的程序设计方法。图 2-24 描述了.NET 应用程序结构。

(a) 组件对象、应用程序域和进程的关系

(b) 应用程序可部署包

图 2-24   .NET 应用程序结构

2.3.5 服务模型

随着互联网应用的不断普及,配置型组件模型及其衍生的分布式对象计算模型,由于紧耦合、多标准和底层传输协议的依赖性等弊端,导致其不能适应面向互联网的应用动态集成的需求。因此,服务模型应运而生,并在此基础上建立了服务计算模型。服务(Service)是指一个封装着高级业务概念、实现公共需求功能、可远程访问的独立应用程序模块。服务一般由数据、业务逻辑、接口及服务描述构成,如图2-25所示。

服务独立于具体的技术细节,一般提供业务功能而不是技术功能。服务模型的基本原理是明确服务提供者和服务使用者,并通过服务中介实现二者的耦合,如图2-26所示。

图 2-25　服务的一般结构

图 2-26　服务模型的基本原理

服务模型通过定义独立于具体技术、可以扩展的通用描述手段,来描述服务和实现服务交互,而将服务实现的具体技术细节隐藏在内部,从而实现服务的无缝集成。图 2-27 给出了服务模型的抽象作用。

图 2-27　服务模型的抽象作用

目前,服务模型的标准主要是 Web 服务。Web 服务以可扩展标记语言(Extensible Markup Language,XML)作为最基本的通用描述规范,并以此定义出各种规范,如服务定义、描述、访问、发布及集成等。

信息是人类社会必要及重要的资源,信息处理技术是现代社会的基本要求。因此,如何组织和描述信息并对信息进行访问和各种处理成为一个核心问题。特别是随着互联网的蓬勃发展,信息的可交换性变得愈发重要。XML 技术体系就是针对这一问题的一套标准。XML 首先通过 Infoset 定义一个信息实体的抽象概念模型,然后基于该模型,通过 XPath、XPointer、XLink、XBase 定义如何创建信息实体内和信息实体间的关系,通过 DOM、SAX

定义如何访问信息实体的编程接口。同时,通过 Schema 为信息实体定义结构和类型,通过 Namespace 将一个信息元素与其关联的 Schema 关联起来,避免 XML 文档中的元素和属性等名称在使用中发生冲突,通过 XSLT 定义一个词汇表到另一个词汇表的转换规则,从而建立 SML 技术体系中的核心规范集。最后基于规范,面向各种应用定义各种具体的应用规范,如 Web 服务中的简单对象访问协议(Simple Object Access Protocol,SOAP)和 Web 服务描述语言(Web Services Description Language,WSDL)。具体内容参见第 10 章。

实际上,XML 是一种通用的结构化信息编码标准。即作为一种可以创建其他专用标记语言的通用元标记语言,XML 可以对任意结构化信息进行定义。XML Infoset 所定义的信息模型是层次型模型,层次型模型的递归特性决定了其广泛的适用性和描述能力。XML 可以是软件集成问题的统一解决方案,如图 2-28 所示。

图 2-28 XML 作为一种集成技术

微软. NET 平台面向新一代 Web 应用的开发,通过在开发工具 Visual Studio. NET 中提供 Visual C♯ Projects 中的 ASP. NET Web 服务模板类型以及建立支持属性编程的新型程序设计语言 C♯,直接支持面向 Web 服务的应用开发。通过 Web 服务,将 COM＋对象包装为面向互联网的一种服务对象,如图 2-29 所示。另外,. NET 平台还提供了一系列公共 Web 服务,称为. NET My Services。这些服务与传统程序设计中的系统函数、类库中的类或者组件库中的组件相似,供开发者按需调用。

图 2-29 面向互联网的 Web 服务对象

相对于组件模型而言,服务模型也采用基于框架的程序构造方法。但是,不同于组件模型的框架,服务模型的框架是一种动态框架,根据业务流程的需要动态集成各个 Web 服务。因此,这种方法又称基于流程的程序设计方法,即流程是一种动态框架。组件模型采用与机器相关的二进制且标准不一,从而导致对服务接口与执行环境的分离不够彻底。服务模型因为采用与机器无关、基于 XML 的文本描述且标准统一,使得服务接口与执行环境彻底分

第 2 章

离。因此,服务模型比组件模型更加抽象。另外,从支持软件大工业生产的角度来看,组件模型侧重于细粒度的技术基础,而服务模型则侧重于面向粗粒度的应用基础。同时,服务模型也体现了递归思想,主要表现在动态框架本身又可以作为一个服务被其他动态框架集成。

2.3.6　抽象模型

虽然服务模型已经强调业务逻辑的抽象,并使之独立于具体的平台和环境,但是,其系列标准中对于动态框架的建立仍然局限于传统控制流的设计思维,具有封闭性,不能适应应用不断变化所带来的复杂交互场景的应用业务流的描述。

因此,服务模型的抽象层次还不够高,于是抽象模型应运而生。目前,抽象模型主要包括基于归纳思维策略的可恢复程序语句组件模型和基于演绎思维策略的元模型。二者都是面向抽象层的应用业务逻辑的描述,而不关注描述的具体实现平台和环境,具有完整的技术独立性和应用发展适应性。下面以可恢复程序语句组件模型为例,简要介绍抽象模型的结构及其工作原理。

可恢复程序语句组件模型打破了传统的以语句为原子执行单位的编程方式,以可恢复程序语句组件作为编程的基本元素,使程序的逻辑控制流等元结构得以无限扩展,建立了面向交互式程序的编程范式。

可恢复程序语句组件模型通过书签机制来实现其可恢复特性。书签是指一个物理恢复点,对应于可恢复程序语句组件中的一个逻辑定位点,以及可恢复程序语句组件实例的当前执行状态。每当一个可恢复程序语句组件实例接收到与书签对应的外部事件后,该可恢复程序语句组件实例可以从这个物理恢复点恢复执行。

例如,一个可恢复程序语句组件包含三个基本操作,其中,后两个基本操作定义为逻辑定位点。当该可恢复程序语句组件实例执行第一个基本操作时,将第二个操作名及当时执行状态作为物理恢复点建立一个书签,然后钝化自己并等待外部事件到来。一旦外部事件到达,则该可恢复程序语句组件实例可以从书签中预先设置的物理恢复点恢复其执行。

执行时,也可将第三个操作名及当时执行状态作为物理恢复点建立一个书签,然后,再钝化自己并等待外部事件到来。一旦外部事件到达,则该可恢复程序语句组件实例可以从新书签中预先设置的物理恢复点恢复其执行。可见,书签机制采用异步回调的方式,将一个可恢复程序语句组件的逻辑分离成多个异步执行片段,并维护链接关系。

一个可恢复程序语句组件实例需要一个或多个书签,因此,所有的书签必须由一个书签管理器统一管理,并且还需要一个监听器程序,所有需要分发到书签中去的数据都由该程序进行分发。书签管理器和监听器都独立于可恢复程序语句组件。图 2-30 给出了书签机制的完整解析。

基于书签机制,可恢复程序语句组件具有可恢复性(Resumable)及支持片段式执行(Episodic Execution)的特点。因此,可恢复程序语句组件的基本模型一般包括两个部分:基本执行逻辑和可恢复执行逻辑,如图 2-31 所示。

其中,基本执行逻辑部分相当于初始化部分,主要用于建立初始书签。可恢复执行逻辑部分用于定义需要恢复执行的逻辑片段,其逻辑定义中可以再次设置书签来实现可恢复逻辑片段的执行。可恢复执行逻辑部分可以省略,此时其退化为传统的语句组或语句块。另外,可恢复逻辑执行部分可以是一个,也可以是多个。基本执行逻辑部分及各个可恢复执行

① 执行中以逻辑定位点1及当
前执行状态通过书签管理器建立
书签1并放弃当前执行

③ 从逻辑定位点1及当
前执行状态恢复执行

逻辑定位点1

逻辑定位点2

逻辑定位点n

可恢复语句组件

书签1

书签2

书签n

书签管理器

监听器

② 外部事件

外部事件

外部事件

注：逻辑定位点2恢复执行后，整
个可恢复程序语句组件执行完毕

图 2-30　书签机制的完整解析

逻辑部分构成一个可恢复程序语句组件的多个逻辑执行
片段。

图 2-31　可恢复程序语句组件
的基本模型

可恢复程序语句组件是可恢复程序语句组件模型中的基本执行单位，相当于一个语句。通过多个可恢复程序语句组件及其逻辑关系定义，可以建立复合可恢复程序语句组件（Composite Resumable Program Statements Component，复合语句组件）。复合语句组件是可恢复程序语句组件模型中的控制流，相对于传统编程模型中控制流封闭的特点，可恢复程序语句组件模型中的控制流具有开放、可扩展的特点。

由于复合语句组件可以定义任意的控制流，因此，确保控制流的健壮性成为可恢复程序语句组件模型的一个重要问题。例如，如何阻止外部对象对一个可恢复程序语句组件执行片段的随意调用？如何阻止一个可恢复程序语句组件在其最后一个执行片段执行完成后不再继续执行？针对该问题，显然需要一种通用机制和模型来建立控制流执行的语义约束。可恢复程序语句组件模型中，一般采用有限状态机来定义一个可恢复程序语句组件和控制流的生命周期。

基于可恢复程序语句组件模型的可恢复程序，是由可恢复程序语句组件和复合语句组件及其逻辑关系定义所建立的一个复合语句组件。可恢复程序本质上也是一个复合语句组件描述的控制流，是相对独立的某种业务工作流。图 2-32 所示为可恢复程序的一个基本结构。

可恢复程序中，位于最顶层的复合语句组件是整个程序的入口，该复合语句组件的执行完成意味着整个程序的执行完成。可恢复语句组件模型中，将控制流及基本语句作为一种构造类型，可恢复程序的描述在于通过利用这些类型按需定义一种更大的类型——程序类型，从而使得可恢复程序的描述具有递归特性。因此，可恢复程序本质上就是一种数据，即程序＝数据。该类型化设计思想与面向对象的设计思想具有明显的思维通约性。图 2-33 给出了思维通约性的解析。

图 2-32　可恢复程序的一个基本结构

图 2-33　可恢复程序设计思想与面向对象设计思想的思维通约性

可恢复程序语句组件模型中,程序已经类型化,因此,对于一种程序类型可以创建多个程序实例,每个程序实例都有各自的运行过程;对于不同的程序类型,可创建多种不同的程序实例,每种程序实例也有其各自的运行过程。为了实例化程序类型并管理多个程序实例的运行,需要一个运行环境(又称运行时)。

显然,运行时的构造应该建立在程序类型的基础上。由于可恢复程序类型最终都是基于可恢复程序语句组件模型,因此,运行时必须支持可恢复程序语句组件模型。

详细来说,运行时应该统一管理书签,维护每个可恢复程序语句组件实例的生命周期及整个程序实例的生命周期,提供基本的运行时服务(实例钝化、恢复等)。运行时的具体实现可以采用统一的书签机制或者分级书签机制。统一书签机制,将对整个程序实例中的每一个可恢复程序语句组件实例的可恢复调度,与对一个可恢复程序语句组件实例的可恢复调度采用同一个书签机制；分级书签机制将对二者的可恢复调度采用不同的书签机制。
图 2-34 给出了可恢复程序的执行流程。

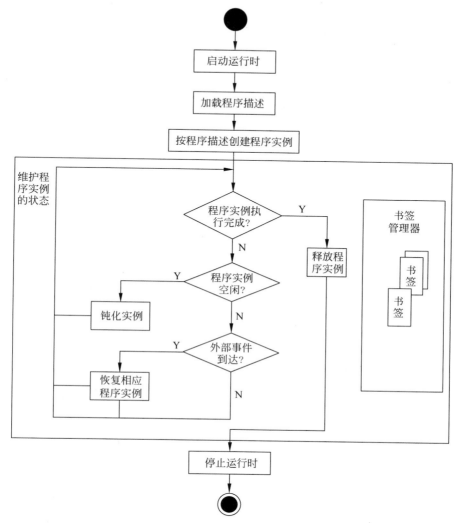

图 2-34   可恢复程序的执行流程

2.4   软件模型的深入认识

随着软件模型的进化和发展，软件体系结构也在不断地进化和发展，同时，人们对软件
的认识也在不断深入。本节将从一个更深的层次来认识软件模型。

2.4.1   软件体系结构的描述

软件体系结构的描述是指通过某种语言表达软件体系结构，描述的目的是为了实现对
软件体系结构的认识、理解和交流。进而，基于描述可以对软件系统的行为、特性进行各种

理论分析和仿真模拟,以及实现软件系统代码的自动生成。因此,软件体系结构的描述对于科学的软件系统设计方法的建立、大规模高质量软件系统的设计与构造有着重要的意义。

目前,软件体系结构的描述有非形式化描述和形式化描述两大类方法。

1. 非形式化描述

软件体系结构非形式化描述方法的典型代表是统一建模语言(Unified Modeling Language,UML)方法。UML 是一种通用的可视化建模语言,建立在对象模型概念的基础上,提供了标准的系统建模方法,可以对任何具有静态结构和动态行为的系统进行建模。UML 的统一性在于,所提供的概念可以统一已有的各种建模方法,在系统开发的各个阶段具有一致性,可以面向各种应用领域系统建模。UML 统一了建模的基本元素及其语义、语法和可视化表示方法。关于 UML 的详细介绍请参见第 3 章。

事实上,在大多数软件开发过程中,对体系结构的描述都是非形式化的。然而,非形式化描述不利于对软件的理解和交流。非形式化描述大量使用了自然语言与非形式化的图形符号,这种对自然语言与图形符号的依赖加剧了描述体系结构的困难程度。

非形式化描述具有以下缺陷。

1) 语义模糊

系统说明是一份"哑"文档,所以语义模糊时常发生。想要达到一个高精确度,通常是不可能完成的任务。从根本上说,语义模糊是由自然语言的二义性造成的。同时,图形符号仅包含一些简单的结构化信息,不足以消灭二义性的存在,而且图形符号的使用必然受到图形表义能力的限制。总之,非形式化描述不能精确地描述一个系统。

2) 由语义模糊引起的沟通障碍

软件工业中的个人英雄主义时代已经过去。当前,大型软件系统的开发需要整个团队的合作。合作团队中的沟通交流是项目开发成功与否的关键因素。非形式化描述在结构描述上存在着语义模糊的问题,必然导致一定的沟通障碍。

3) 无法实现系统验证

系统设计者往往希望能在设计阶段就对系统结构进行验证。验证就是检查系统的一致性和完备性,即系统能否如描述的那样正确运行,就好像建筑师需要确保设计中的建筑可以被实现。建筑学中,数学与物理分析可以完成建筑师所需的验证。但是软件工程中,非形式化语言描述的系统无法进行验证。即便自然语言与图形化符号是无二义性的,可以很精确地表达设计者的意图,且包含了足够多的设计信息,但由于不利于机器表达与计算,缺乏相关的数学理论支持,都使得验证无法实现。因为无法发现设计中的矛盾,并且无法保证软件产品的质量,以致系统最终会遭遇致命错误。

4) 不适于描述体系结构行为

事实上,体系结构行为描述不仅仅是声明系统模块的功能和不同模块之间的交互,也是系统验证的重要依据。因此,行为描述是体系结构描述非常重要的一个部分。虽然一些非形式化描述可以描述系统的内部行为,但是仍有以下缺陷。

(1) 语义模糊妨碍了系统行为描述的准确性。

(2) 行为无法通过计算来预测。

(3) 非形式化描述不能够表述运行时的动态行为。

因此,我们不得不忍受交互协议的不一致,甚至是死锁问题,同样导致无法进行系统验证。

2. 形式化描述

计算机科学中,形式化描述是指用于软件与硬件系统的说明、开发、验证的数学化方法。形式化的基础就是数学化理论。

在一个软件开发过程中,形式化描述可以被应用到各个方面。形式化描述在体系结构描述上具有以下特点。

(1) 形式化描述可以用于系统描述,而且可以在不同层次上进行描述。通过提供系统结构抽象级别上的精确语义,系统的形式化模型可以对系统关键属性提供严谨的分析。应用形式化描述实现了对体系结构与结构风格的建模和分析。无二义性的数学符号与计算规则可以消除语义模糊。软件设计者可以精确表述其理念与系统需求。在开发阶段消除了二义性,所有的设计工作都将遵循某种数学理论。因为拥有了唯一的标准与解释规则,形式化描述将指导开发者的工作与探讨。语义模糊造成的沟通障碍也迎刃而解。

(2) 形式化描述在体系结构行为描述上更胜一筹。与非形式化描述相比,其主要优点如下。

① 形式化描述更利于机器表达和计算。

② 形式化描述提供了形式化且准确的定义,用于描述行为、行为模式、行为分析。

③ 对行为的分析与建模是系统验证的重要组成部分。

(3) 形式化描述使得系统验证变得可行。如前所述,对于行为描述的良好支持有利于系统验证。形式化描述精确定义了系统必须符合的约束,所以可以判别一个系统是否与某一个体系结构相符合,或者给定的体系结构是否属于某一个风格。利用形式化描述的原理,系统正确性的验证可以通过自动化的方法来证明,主要有以下两类方法。

① 自动化理论证明在给定系统描述的情况下,基于逻辑原语与推理规则来进行形式化证明。

② 模式识别系统通过对可能达到的状态进行完全搜索的方式验证特定的属性。

基于上述的属性,形式化描述在高综合性系统应用中尤为重要,如那些对安全性要求较高的系统。形式化描述在需求和说明方面十分有效,可以被用于完全的形式化开发。

经过 30 多年的研究和应用,形式化描述已经取得了相当成就,从一阶谓词逻辑衍生出的方法包含各种类别,应用于不同的领域,如基于逻辑方法、状态机、网络、进程代数、代数及其他形式化描述。下面介绍几种典型的形式化描述。

(1) Petri 网。Petri 网是用于表述分布式系统的众多数学方法之一。作为一种建模语言,Petri 网采用图形化方法将一个分布式系统结构表述为带标签的有向双边图。1962 年,Carl Adam Petri 在博士学位论文中提出了 Petri 网。Carl Adam Petri 是一名物理学家,他发明 Petri 网主要是从物理学的角度去描述并发现象的。Petri 网是对离散并行系统的数学表示,适合于描述异步、并发的计算机系统模型。经典的 Petri 网是简单的过程模型,由两种节点(库所、变迁)、有向弧及令牌等元素组成。其中,圆圈表示位置,圆圈中有标识表示条件满足,线段表示变迁。

(2) Z 语言。Z 语言是一种形式化的说明语言,用于计算系统的描述与建模,旨在对计算程序的明晰说明以及对于系统行为的公式化证明。1997 年,Jean-Raymond Abrial 在 Steve Schuman 与 Bertrand Meyer 的帮助下提出了 Z 语言。形式化描述语言 Z 指的是德国著名数学家策梅洛(Zermelo)。该语言是使用最广泛的一种形式化描述语言,在软件产业的一些大型项目中已经获得成功的应用,以一阶谓词逻辑策梅洛-弗兰克尔(Zermelo-Fraenkel,ZF)公理集合论为主要数学基础。Z 语言是一种用"数学文字"或"数学符号"来描述计算机系统的规范化语言,不但能应用于计算机硬件系统,而且也特别适用于计算机软件系统。Z 语言描述"做什么",而不涉及"怎么做",只对目标软件系统进行功能描述。用户可以通过这些内容去理解计算机系统的模块、数据类型、过程、函数、对象、类,进而对计算机系统的行为、结构、逻辑进行分析、验证、改进、测试。

形式化描述的本质在于抽象,抽象的级别不同导致方法的适用范围不同。基于数学语言的通用抽象形式化描述方法及语言具有较高的抽象级别,适用范围较为宽广,可以作为其他描述语言的基础。而直接面向体系结构建模的形式化描述方法及语言,其抽象级别相对较低,因此适用范围相对专用。

实际上,直接面向体系结构建模的形式化描述方法主要关注系统的结构部分,是面向系统宏观部分的描述;而通用抽象形式化描述方法主要关注系统的行为部分,是面向系统微观部分的描述。

形式化描述方法可以克服体系结构描述存在的许多缺陷。尽管如此,形式化描述方法也有不可避免的局限。虽然它在软件工程及相关领域中获得了应用,但是比起面向对象技术,仍然不能吸引软件工业的关注。形式化描述方法还存在以下问题。

(1) 说明与实际代码的差距仍然巨大。

(2) 受本身性质所限,形式化描述方法很难与软件开发过程整合。

虽然关于形式化描述方法的争议仍然会持续下去,但它已经显示出了杰出的技术能力。作为成功的指导,它同样是软件体系结构描述的必要方法。但是需要注意的是,形式化描述方法仅仅拥有数学理论,而缺乏对系统结构的表达。没有对软件系统拓扑信息的描述,数学理论将毫无意义,需要的是一条将形式化描述方法与软件体系结构连接在一起的纽带。基于此考虑,才引入了体系结构描述语言(ADL)。有关 ADL 的内容将在 2.6 节进行介绍。

2.4.2 软件体系结构的设计

软件体系结构设计的基本任务是识别出构成系统的子系统,并建立子系统控制和通信的基本框架,以满足系统的功能性和非功能性需求。因此,软件体系结构设计是使用某种体系结构描述方法或语言,通过某种设计工具和环境,针对一个特定的软件系统的构造,为其逻辑构成做出决策的一种创造性活动。

1. 水平型设计

水平型设计是指运用通用建模设计工具和表达语言所进行的软件体系结构的设计。由于所使用的建模设计工具和表达语言不是专门针对软件体系结构的,因此,水平型设计具有较大的自由度及其带来的不一致性。即针对同一个软件系统,不同的人可能采用不同的工具子集和语言子集,描述的粒度也不相同。工具和语言本身没有提供针对软件体系结构描述的统一模型,因此,水平型设计的应用能力取决于设计人员的业务素质和能力。

目前,水平型设计的基本语言和工具是 UML 及其相关的建模工具。针对软件体系结构的设计,需要按需采用多种 UML 图形语言单元,设计的粒度和完整性也完全取决于设计人员。

2. 垂直型设计

垂直型设计是指运用面向体系结构的专用建模设计工具及其表达模型所进行的软件体系结构的设计。一般来说,这种专用工具针对软件体系结构的描述,首先定义一种表达模型,然后围绕该模型,通过提供相应设计工具来支持软件体系结构的设计。目前,这种专用工具的典型代表是微软的 VSTS(Visual Studio Team System) Architecture Edition。

随着互联网及应用的发展,当今的企业都是基于 IT 的企业,IT 在整个企业运转中成为核心因素。然后,企业应用发展的动态性和 IT 技术本身发展的动态性,导致了企业应用系统构建的固有复杂性。为了提高企业的敏捷性和对市场变化的快速反应能力,并降低企业应用系统开发的成本,微软公司依据其自身多年的软件设计经验给出了解决方案。将分布式企业应用系统定义为动态系统,通过 IT 与企业的紧密合作,以满足快速变化的环境需求。同时,提出动态系统管理计划(Dynamic System Initiative,DSI)作为其产品和解决方案的技术策略,以协助企业使用"技术"来增强其"人员""流程"和 IT 基础结构的动态能力。

DSI 的核心思想是对系统和服务进行可视化抽象,并且支持对每个系统和服务进行元数据跟踪,以向其他系统和服务提供其自身描述。即 DSI 打破体系结构设计人员、应用程序设计人员、系统开发人员、系统测试人员和基础结构设计人员之间的思维隔阂,以元数据实现各种角色的认知统一及设计的逻辑验证,支持设计和代码的同步,实现分布式应用系统的设计、测试、部署和操作自动化。

VSTS 分布式系统设计器是 DSI 的具体实现者,以面向服务的体系为基础,通过系统定义模型(System Definition Model,SDM)支持设计阶段和部署阶段的集成。SDM 是一种描述分布式系统的基础元模型,采用统一的通用描述方法,描述系统的各个层次。并且,SDM 的通用描述方法使这些层次能够协同工作,便于在每一层中工作时对涉及所有层的要求和策略进行定义、配置、记录、验证。因此,SDM 不仅允许分布式系统设计器描述各层的设计,而且还允许同时表达各层的约束和策略,以便跨越分布式系统的所有层。

VSTS 分布式系统设计器包括应用程序连接设计器、系统设计器、逻辑数据中心设计器和部署设计器。

通过 VSTS 进行体系结构设计,一般包括三个相对独立的阶段:可部署应用程序逻辑结构及其关系的设计、目标部署环境的设计、具体部署的设计。可部署应用程序逻辑结构及其关系的设计,用于设计待建立的分布式应用系统的基本逻辑结构(在 VSTS 中抽象为分布式系统),由应用程序连接设计器和系统设计器实现。目标部署环境的设计,用于设计待建立的分布式应用系统的基本部署结构(在 VSTS 中抽象为逻辑数据中心),由逻辑数据中心设计器实现。具体部署的设计通过部署设计器实现,主要实现分布式系统和逻辑数据中心的耦合,最终完成待建立的分布式应用系统的完整设计。

3. 进一步认识

随着计算机应用的不断发展,软件系统规模愈发庞大,人们对于软件系统的设计策略也逐渐从归纳式思维策略向演绎式思维策略转变。也就是说,首先关注软件系统的整个体系结构及其整体特型需求,然后才是各个局部的具体实现细节。软件体系结构的设计建立在软件模型的发展基础上。因为面向松散耦合、独立于具体技术平台的服务模型的诞生,软件体系结构设计的基础才得以建立,各种具体的技术细节才可以作为基本体系结构模型的参数。

关于软件体系结构的描述,尽管形式化描述可以作为理论分析的基础,然而受限于形式化方法本身固有的缺陷及其发展的水平,难以将其运用于整个软件体系结构的主导描述,而是将其作为关键部分的描述。考虑到描述方法本身的扩展性需求,XML 的描述手段有着其独特的优点。

对于软件体系结构的设计,水平型设计和垂直型设计位于两个不同的应用抽象层面,与面向对象方法的基本使用和设计模式的使用二者的关系有着极为相似的思维特征。垂直型设计蕴涵了面向体系结构的某些特有思维抽象和经验的归纳与抽象。并且,垂直型设计支持在体系结构层次的可执行验证,建立以体系结构为核心的软件开发方法。

可以更为深入地看到,软件体系结构设计方法的成熟标志着软件产业发展的真正成熟,促使软件业产生了从以工程为主到以设计为主的质的飞跃,较为完整地建立了软件业从设计、分析到实施的全过程。另外,正是软件体系结构设计思想和方法的发展,特别是其带来的思维策略转变,对人类的思维能力提出了更高的要求,要求创新思维。由于思维受限于环境,而环境由文化孕育,因此,东方的柔性文化对于有着明显的逻辑文化痕迹的软件体系结构的设计,有着固有的制约。

2.5 体系结构描述语言

2.5.1 ADL 简介

体系结构描述语言(Architecture Description Language,ADL)的一个非正式的定义是一种用于描述软件与系统结构的计算机语言。该定义关注的是 ADL 的使用意图,而缺乏必要的规范定义。目前,相关研究领域对 ADL 仍有争议。争议主要集中在:ADL 是什么?ADL 应该从系统的哪些角度建模?随着 ADL 家族的发展壮大,其争论也愈演愈烈,对其定义形成共识也愈发困难。

ADL 是一种用于描述的语言,可以在指定的抽象层次上描述软件体系结构。它同时拥有形式化的语法语义及严格定义的表述符号,或者是简单易懂的直观抽象表达。前者可以向设计者提供强有力的分析工具、模式识别器、转化器、编译器、代码整合工具、运行时支持工具等;后者可以借助图形符号提供可视化的、易于理解的对系统的相关分析。大多数 ADL 依靠形式化方法支持对系统描述的分析与验证,也有一些 ADL 仅仅关注结构化的语法语义,并且结合其他 ADL 完成形式化描述和分析。后一种语言被认为是交互语言。

不同的研究机构提出了用于体系结构建模的一系列 ADL。注意,一些 ADL 是为了某些特殊领域而提出的,而另外一些 ADL 则被设计为通用结构建模语言。一般来说,ADL 设计者希望通过 ADL 来表达对软件体系结构的理解和特定的设计理念。ADL 关注抽象层次上的整体结构,而不是任意代码模块的实现细节。那么,ADL 中会使用什么元素来进行体系结构描述呢?作为一种经典理论,CMU 的 David Garlan 和 Mary Shawd 定义了 ADL 元素,包括构件、操作、模式、闭包、规格说明。

(1) 构件(Components):是指抽象级别上组成系统的计算模块。一个模块可以是物理上的具体软件元素或者是编译单元,也可以是一个功能逻辑独立的软件包,甚至是软件体系结构的更抽象的概念。

(2) 操作(Operations):是指构件之间的交互机制。操作被认为是将结构元素连接成为更加高级构件的功能。

（3）模式（Patterns）：是指结构元素依照特殊方式进行的组合。模式是元素的可重用组合。一个设计模式（或体系结构模式）是一个针对特定问题的设计模版。模式会在实际的设计中被实例化。模板将体现元素选择与元素交互的限制。

（4）闭包（Closure）：是指用于实现分层描述的概念。

（5）规格说明（Specification）：包括功能、性能、容错能力等。

事实上，不同学者对于 ADL 元素提出了不同的观点，但是仍然可以发现一些 ADL 所拥有的元素的共性。

首先，ADL 应该通过使用一些基本元素——构件、连接器、配置来支持运行时系统拓扑信息分析。正如前面提到的构件是独立功能单元或者是计算单元，一个构件可能只是一个小的程序或者是整个应用。构件作为体系结构的构建块，通过接口与外部环境进行交互。连接器是用于建立构件间交互的构建块，同时，对参与交互的模块指定交互规则。作为建模的主要实体，构件也拥有结构。构件的接口声明参与特定交互的参与者。配置声明构件与连接器的拓扑信息，配置同样为验证提供相关信息。因此，配置可进行设计时与运行时描述，便于架构师进行分析与验证，这也是 ADL 特有的贡献。

此外，一些 ADL 甚至可以支持系统动态描述。动态意味着系统结构可以在运行时发生变化，如运行时构件添加、运行时构件移除、运行时重配置。注意，构件连接器与配置并不是 ADL 的必要元素，而相应的概念，如计算、交互、整合却是通用的。

其次，作为相关拓展机制，ADL 可能支持分层描述与风格定义。分层描述允许设计者在不同的抽象层次上对特定系统进行相应的描述。设计者可以通过描述子系统来降低描述的复杂性，这也意味着分层描述提供了更多的灵活性。配置仅仅说明了一个系统的结构，能力是有限的。架构师可能更加关注一组系统及抽象共性。风格描述通常是关于系统拓扑信息的约束，能够帮助架构师在更高抽象层次上进行建模与分析。

最后，ADL 可以借助形式化方法来描述系统行为，进行系统验证。

2.5.2 典型 ADL 的比较

在软件体系结构研究领域使用着各种不同的 ADL。在对 ADL 进行简要介绍时曾提及，不同的 ADL 的设计意图是大相径庭的。下面将对一些典型的 ADL 从设计意图方面进行简单的比较。

1. WRIGHT

WRIGHT 语言旨在系统结构与抽象行为的精确描述、体系结构风格的描述以及系统一致性和完整性的验证等。根据 WRIGHT 语言作者的观点，一种体系结构描述语言应该至少提供以下两项内容：无二义性的精确语义，并能够进行不一致性的检测；一套支持系统属性推理的机制。此外，还有一个目标是满足架构师自身的词汇表达需求。WRIGHT 专注于抽象表达，以及为架构师提供结构化表达系统信息的方法。

2. C2

C2 的特色在于支持构件重置与图形化用户接口（GUI）重用。如今，用户接口占据了软件的很大一部分，并且重用度相当有限。C2 着眼于构件的重用，尤其是系统的进化——系统在运行时的动态改变。因此，C2 的设计目标基于以下考虑：构件可能用不同的编程语言实现,构件可能在同一时刻运行在分布、异构的并且没有共享地址空间的环境中,运行时的结构可能发生变化,可能发生多用户交互,可能使用多种工具集,涉及多种媒体类型等。

3. Darwin

Darwin 是一种陈述性语言,为一类系统提供通用的说明符号,这类系统由使用不同交互机制的不同构件组成,着眼于描述分布式软件系统。近来关于分布式系统维护的相关研究表明,采用分布式构造可以降低构件的复杂度。但是,这一优势还不足以抵消由分布式结构带来的缺点以及结构复杂度的增加。Darwin 的设计出发点正是要解决这样的问题。此外,Darwin 同样支持动态结构说明。

4. Acme

Acme 是一种交互式 ADL,旨在为开发工具与环境提供交互格式。设计中关键在于综合各种独立开发的 ADL 工具,为交换结构信息提供媒介格式。除了交互这一基本目标之外,设计 Acme 还考虑了以下目标:为实现结构分析与可视化提供表达模式;为开发新的特定领域的 ADL 提供基础;为体系结构信息表达提供标准;这种语言必须便于读写表达。

5. xADL

在过去 10 年中,无数 ADL 伴随着各种研究活动相继诞生。这导致了软件体系结构表达符号过剩,而每种 ADL 都有各自在系统表达上的重点。同时,可重用性与可扩展性也非常有限。使用现有的表达符号来达成一种新的设计目的,无异于开发一门新的 ADL。xADL 为架构师提供了更好的拓展性,将用于快速地构造新的 ADL。

6. π-ADL

π-ADL 是用于解决动态与移动体系结构说明的一种 ADL。动态体系结构意味着软件结构可以在运行时改变;移动体系结构意味着构件能在系统运行过程中发生逻辑性的转移。π-ADL 是一种形式化、理论基础扎实的语言,其理论基础是高阶类型的 π 演算。大多数 ADL 着重从结构化的角度描述软件体系结构,而 π-ADL 还关注体系结构行为。

7. KDL

KDL(Kubernetes Deployment Language)是一门基于本体论的电子商务知识表达语言,可以看作是为了一门针对特定领域而设计开发的 ADL。随着电子商务的繁荣发展,其模式显示出自动、智能与移动等趋势。传统的基于 HTML 的电子商务平台缺乏语义信息,难以达到电子商务的新要求。KDL 提供了一种简单有效的途径来进行精确定义与信息交互。此外,该方法还基于 RDF(S)与本体论概念。

2.5.3 体系结构行为的描述

架构师通过一定的方法来描述系统体系结构行为。如果系统说明仅仅包含类型化的构件与连接器的连接关系,而没有体系结构行为的描述,那么,这样的系统说明是不足以描述一个系统或者设计者的设计意图的。必须精确地描述计算功能与交互行为,即系统行为。

形式化方法比起非形式化方法,在描述体系结构行为上具有更大的优势,它有利于机器表达与计算,形式化而精确的定义使得形式化方法在这一领域更加突出。在多种形式化方法中,进程代数代表了一系列相关的方法,这些方法最初是用于对并行系统进行建模。

进程代数是关于通信并发系统的代数理论的统称。进程代数提供了相关工具,来描述一组独立 Agent 或者进程间的交互、通信与同步。其杰出贡献是提供了关于进程的形式化计算与变换方法,同时也为系统行为验证打下了基础。进程代数家族包含了 CCS、CSP、ACP 和一些新成员,如 π 演算、ambient 演算等。下面主要介绍 CCS、CSP 和 π 演算。

1. CCS

通信系统演算(Calculus of Communicating Systems,CCS)是由 Robin Milner 设计用于并行系统建模的一种进程代数。CCS 是进程代数领域中的开拓性研究,许多著名的进程代数,如 CSP、π 演算,都是在 CCS 的基础上发展而来的。

CCS 的基本元素是事件与进程。一般地,大写字母指代进程,小写字母指代事件。CCS 的事件由两类标记集合 $\Delta = \{a, b, c, \cdots\}$ 与 $\overline{\Delta} = \{\overline{a}, \overline{b}, \overline{c}, \cdots\}$ 组成。Δ 为输入事件集合,$\overline{\Delta}$ 为输出事件集合;Δ 与 $\overline{\Delta}$ 集合需要满足条件 $\overline{\Delta} = \{\overline{x} \mid x \in \Delta\}$。$a$ 与 $\overline{a}$ 是一对对等事件,不同进程的交互仅仅依靠一对对等事件。

如果 P 是一个进程,而 x 是进程 P 发生的第一个事件,在 x 执行后,进程 P 的行为与进程 Q 一致,那么进程 P 可以被表示为 $x.Q$。这里,$x \in \overline{\Delta} \bigcup \Delta$,符号".."是一个顺序操作符。例如:

$$P1 = a.b.\text{NIL} \quad (终止进程)$$
$$P2 = c.d.P2 \quad (递归进程)$$

NIL 进程是一个特殊的进程,不调用任何事件。NIL 可以被认为是一个进程的终结符号。在上述例子中,P1 顺序调用了事件 a 与事件 b,然后终止了;P2 则是一个递归进程,会一直连续地调用事件 c 与事件 d,永远不会主动终止。在 CCS 中,复杂的问题可以由一些进程的组合表示。

2. CSP

通信顺序进程(Communicating Sequential Processes,CSP)是 WRIGHT 语言的体系结构行为描述的语义基础。也就是说,WRIGHT 利用 CSP 来完成体系结构行为描述与验证。简单来说,CSP 提供了与状态机模型不同的行为描述模型。不像状态机方法那样用记录一系列状态转移的图形来描述一个机器,行为被描述为进程的代数模型,其中,复杂的行为会被拆分,由更简单的行为来表示。

3. π 演算

π 演算同样是进程代数中的一员,由 Robin Milner、Joachim Parrow 与 David Walker 在 CCS 的工作基础上开发而来。π 演算旨在描述并行计算,尤其是那些配置会在计算过程中发生改变的并行计算。π 演算是并行计算的基础模型,是一种基于命名概念的进程演算。在进程演算中,我们将独立的代理或进程间的交互表示为消息传递,而非共享变量的修改(如在 λ 演算中)。

2.6　小　　结

软件模型是软件体系结构赖以建立的基础。ADL 是一种用于描述软件与系统结构的计算机语言,可以在指定的抽象层次上描述软件体系结构,拥有形式化的语法语义及严格定义的表述符号,或者是简单易懂的直观抽象表达。ADL 用来描述软件或系统架构。如果是技术性架构,该架构必须被清楚地传达给软件开发者;功能架构下,该软件架构必须清楚地传达给利益相关者和企业工程师。一些软件工程团体开发了 ADL,如 WRIGHT(CMU 开发)、C2(UCI 开发)、Darwin(英国帝国理工学院开发)和 Acme(CMU 开发)等。

本章首先介绍了软件模型以及软件模型对软件体系结构的作用,然后介绍了软件模型的发展脉络,紧接着对软件模型进行解析并从更深入的角度认识软件模型,最后对体系结构描述语言进行了简要介绍。

2.7　思　考　题

(1) 什么是软件模型?

(2) 软件模型对软件体系结构的作用是什么?

(3) 有哪些常见的软件模型?

(4) 什么是软件模型的非形式化描述和形式化描述?

(5) 软件体系结构设计方法中的水平型设计和垂直型设计各有什么特点?

(6) 什么是 ADL?

(7) 有哪几种典型的 ADL?

第 3 章 软件体系结构建模和 UML

> 构建一个软件系统最困难的部分是确定构建什么。其他部分的工作不会像这部分工作
> 一样,在出错之后会如此严重地影响随后实现的系统,并且在以后修补会如此的困难。
>
> ——Frederick P. Brooks. Jr.

软件体系结构是一系列相关的抽象模式,用于指导大型软件系统各个方面的设计。软件体系架构描述的对象是直接构成系统的抽象组件,各个组件之间的连接则明确地和相对细致地描述组件之间的通信。软件体系结构建模体现了软件设计的思想,在系统需求和系统实现之间架起了一座桥梁。软件工程师按照设计人员建立的模型开发出符合设计目标的软件系统,而且软件的维护和改进也基于软件体系结构模型。

统一建模语言(Unified Modeling Language,UML)是一种为面向对象系统的产品进行说明、可视化、编制文档的一种标准语言,是非专利的第三代建模和规约语言。

UML 使用面向对象设计的建模工具,独立于任何具体程序设计语言。同时,UML 具有广泛的建模能力,在消化、吸收、提炼现有的软件建模语言的基础上提出,集百家之长,是软件建模语言的集大成者。UML 突破了软件的限制,吸收了其他领域的建模方法,并根据建模的一般原理,结合了软件的特点,具有坚实的理论基础和广泛性。

本章共分七个部分:3.1 节为软件体系结构建模概述,3.2 节为基于软件体系结构的开发,3.3 节为 UML 概述,3.4 节为面向对象概述,3.5 节为 UML 中的结构建模,3.6 节为 UML 中的行为建模,3.7 节为 UML 工具。

3.1 软件体系结构建模概述

研究软件体系结构的首要问题是如何表示软件体系结构,如何对软件体系结构建模。

根据建模的侧重点不同,可以将软件体系结构的模型分为五种,即结构模型、框架模型、动态模型、过程模型和功能模型。五个模型中,最常用的是结构模型和动态模型。

(1) 结构模型:是一个最直观、最普遍的建模方法。这种方法以体系结构的构件、连接件、其他概念来刻画结构,并力图通过结构来反映系统的重要语义内容,包括系统的配置、约束、隐含的假设条件、风格、性质。研究结构模型的核心是体系结构描述语言。

(2) 框架模型:与结构模型类似,但不太侧重描述结构的细节,而更侧重于整体的结构。框架模型主要以一些特殊的问题为目标,建立只针对和适应该问题的结构。

(3) 动态模型:是对结构或框架模型的补充,研究系统的大粒度行为性质。例如,描述系统的重新配置或进化。动态可能指系统总体结构的配置、建立、拆除通信通道或计算的

过程。

(4) 过程模型：研究构造系统的步骤和过程。因而，其结构是遵循某些过程脚本的结果。

(5) 功能模型：该模型认为，体系结构是由一组功能构件按层次组成由下层向上层提供服务，可以看作是一种特殊的框架模型。

上述五种模型各有所长，也许将五种模型有机地统一在一起形成一个完整的模型来刻画软件体系结构更合适。例如，英属哥伦比亚大学(UBC)的 Philippe Kruchten 在 1995 年提出了一个"4＋1"的视角模型。"4＋1"模型从五个不同的视角(包括逻辑视角、过程视角、物理视角、开发视角、场景视角)来描述软件体系结构(具体内容参见 4.2 节)。

3.2 基于软件体系结构的开发

良好的体系结构可以为软件开发和维护带来好处，主要体现在以下几个方面。

(1) 经过 50 多年的软件开发实践，现在很少待开发的软件系统与以前的系统没有任何相似之处，识别相似系统的通用结构模式，有助于理解系统之间的高层联系，使得新系统可以作为以前系统的变种来构造。

(2) 合适的体系结构是软件系统成功的关键，而不合适的体系结构往往导致灾难性的后果。

(3) 对软件体系结构的准确理解，可以使开发人员在不同的设计方案中做出理性的选择。

(4) 体系结构对于分析和描述复杂系统的高层属性是十分必要的。

(5) 各种体系结构风格的提炼、描述及普遍采用，可以丰富设计人员的"词汇"，便于在系统设计中互相交流。

(6) 目前，相当大的维护工作量花费在程序理解方面，如果在软件开发文档中清楚地记录了系统的体系结构，不但可以显著地节省软件理解的工作量，而且便于在软件维护全过程中保持系统的总体结构和特性不变。

由此可见，体系结构在整个软件生存周期中扮演着重要的角色，其软件开发过程包括以下几个主要活动。

(1) 通过对特定领域应用软件进行分析，提炼其中的稳定需求和易变需求，建立可复用的领域模型。根据用户需求和领域模型，产生应用系统的需求规格说明。

(2) 在领域模型的基础上，提炼面向特定领域的软件体系结构。高层设计的任务是根据需求规格说明进行体系结构设计，通过复用体系结构库中存放的面向特定领域的体系结构，或创造适合该应用环境的体系结构，并加以提炼入库，以备将来的复用。在体系结构的框架指导下，把系统功能分解到相应的构件和连接件。构件和连接件往往不是简单的模块或对象，甚至还可能包含复杂的结构，因此可能需要多层次的体系结构设计，直至构件和连接件可以被设计模式或单个的对象处理为止。

(3) 低层设计主要解决具体构件和连接件的设计问题，通过复用设计件库中存放的设计模式、对象、其他类型的可复用设计件，或根据情况设计新的构件，并提炼入库。低层设计的结果可以直接编程实现。

体系结构从宏观上描述系统的总体结构,设计模式和对象从微观上解决实际的设计问题,分别对应于高层设计和低层设计分析需求规格说明书,获取系统的功能性需求和非功能性需求,需要确定系统的边界,识别出所有的参与者和用例,功能性需求和非功能性需求使用用例和场景来进行描述。需要将具有相同或相似属性和方法的一类对象抽象为一个类,比较各个类的属性和方法,确定不同的类之间的关系。根据类之间的关系生成类图,将密切相关的类划分为一组形成构件,根据构件端口确定构件之间的关联关系,根据功能性需求和非功能性需求确定系统应该采用的体系结构风格。

在体系结构设计方案中,若存在相同或相似的解决方案,将直接进行复用,或经过简单修改之后再复用;如果没有,则需要进行重新设计,体系结构设计师、系统分析人员和客户以及相关的技术实现人员对体系结构设计结果进行评审,确定所提出的解决方案是否能够满足用户的要求,是否能够提高资源的复用效率。

3.3　UML 概述

3.3.1　UML 的发展历程

20 世纪 60 年代初,MIT 的一些学者开始使用"对象"概念。但是,公认的面向对象的思想起源于 Simula 67 语言。

从 1989 年到 1994 年,面向对象建模语言数量从不到 10 种增加到了 50 多种。在众多的建模语言中,语言的创造者努力推崇自己的产品,并在实践中不断完善。但是,面向对象方法(Object-Oriented Method)的用户并不了解不同建模语言的优缺点及相互之间的差异,因而很难根据应用特点选择合适的建模语言,于是爆发了一场方法大战。20 世纪 90 年代中期,一批新方法出现了,其中最引人注目的是 Booch1993、OOSE、OMT-2 等。

UML 的三位大师分别是 Booch、Rumbaugh 和 Jacobson,如图 3-1 所示。UML 是一种商业决策,由 Booch 带头,把 Rumbaugh 和 Jacobson 提出的有用内容放在一起。

图 3-1　UML 和 Booch、Rumbaugh、Jacobson

Booch 是面向对象方法最早的倡导者之一,提出了面向对象软件工程的概念。1991年,他将以前面向 Ada 的工作扩展到整个面向对象设计领域。接着,Rumbaugh 提出了面向对象的建模技术方法,采用了面向对象的概念,并引入各种独立于语言的表示符。这种方法用对象模型、动态模型、功能模型、用例模型共同完成对整个系统的建模,所定义的概念和符号可用于软件开发的分析、设计、实现的全过程,软件开发人员不必在开发过程的不同阶

软件体系结构建模和 UML

段进行概念和符号的转换。随后,Jacobson 于 1994 年提出了 OOSE 方法,其最大特点是面向用例,并在用例的描述中引入了外部角色的概念。OOSE 比较适合支持商业工程和需求分析。Coad/Yourdon 方法,即著名的 OOA/OOD,是最早的面向对象的分析和设计方法之一。该方法简单、易学,适合于面向对象技术的初学者使用,但由于该方法在处理能力方面的局限,目前很少使用。

1994 年 10 月,Booch 和 Rumbaugh 首先将 Booch 1993 和 OMT-2 统一起来,并于 1995 年 10 月发布了第一个公开版本,称为统一方法 UM 0.8(Unitied Method)。1995 年秋,Jacobson 加盟到这一工作中。经过三人的共同努力,于 1996 年 6 月和 10 月分别发布了两个新的版本,即 UML 0.9 和 UML 0.91,并将 UM 重新命名为统一建模语言(Unified Modeling Language,UML)。

1996 年,一些机构将 UML 作为其商业策略已日趋明显。UML 的开发者得到了来自公众的正面反应,并倡议成立了 UML 成员协会,以完善、加强、促进 UML 的定义工作。这一机构对 UML 1.0 及 UML 1.1 的定义和发布起到了重要的促进作用。2001 年,推出了 UML 2.0 新的业界标准。当时 UML 共收集了 20 种模型,每种模型互相引用。当前版本的统一建模语言是在 2017 年 12 月公布的 UML 2.5.1。

总之,UML 是一种定义良好、易于表达、功能强大、普遍适用的建模语言。作为大众所接受的标准建模语言,UML 融入了软件工程领域的新思想、新方法、新技术。UML 的作用域不但支持面向对象的分析与设计,而且支持从需求分析开始的软件开发的全过程。UML 被广泛接受的一个关键原因是它的图形化,因为图容易被大家接受。

面向对象事实上是反对瀑布模型的。早期的软件需求工程或结构化分析是受当时的编程语言和瀑布模型的影响而发展起来的,而 UML 主要受面向对象的影响。

3.3.2 UML 的特点

UML 的主要特点可以归结为以下几点。

(1) 统一标准。UML 统一了 Booch、OMT、OOSE 等方法中的基本概念,已成为 OMG 的正式标准,提供了标准的面向对象的模型元素的定义和表示。

(2) 面向对象的特性。UML 还吸取了面向对象技术领域中其他流派的长处,其中也包括非面向对象方法的影响。UML 符号表示考虑了各种方法的图形表示,删掉了大量易引起混乱的、多余的、极少使用的符号,添加了一些新符号。因此,在 UML 中汇入了面向对象领域中很多人的思想。这些思想并不是 UML 的开发者们发明的,而是开发者们依据最优秀的面向对象方法和丰富的计算机科学实践经验综合提炼而成的。

(3) UML 在演变过程中还提出了一些新的概念。在 UML 标准中,新加了模板(Stereotypes)、职责(Responsibilities)、扩展机制(Extensibility mechanisms)、线程(Threads)、过程(Processes)、分布式(Distribution)、并发(Concurrency)、模式(Patterns)、合作(Collaborations)、活动图(Activity diagram)等新概念,并清晰地区分类型(Type)、类(Class)和实例(Instance)、细化(Refinement)、接口(Interfaces)和组件(Components)等概念。

（4）立于过程。UML作为建模语言，不依赖特定的程序设计，独立于开发过程。

（5）UML对系统的逻辑模型和实现模型都能清晰地表示，可以用于复杂软件系统的建模。

可以认为，UML是一种先进实用的标准建模语言，但其中某些概念尚待实践来验证，UML也必然存在一个进化过程。

3.3.3 UML 2.5分类

当前版本的统一建模语言是UML 2.5.1，在2017年12月公布的"UML 2.5.1规格"中，修正了一些UML 2.5的小问题。UML 2.5简化、重组了UML规范文档，不再有两格独立的Infrastructure和Specification文档，UML 2.5规范是单个文档。UML 2.5可以按照图3-2进行分层次分类。其中，灰色虚线标记的不是官方UML 2.5分类图的一部分。同时，表3-1所示给出了UML 2.5的14种图术语和解释。

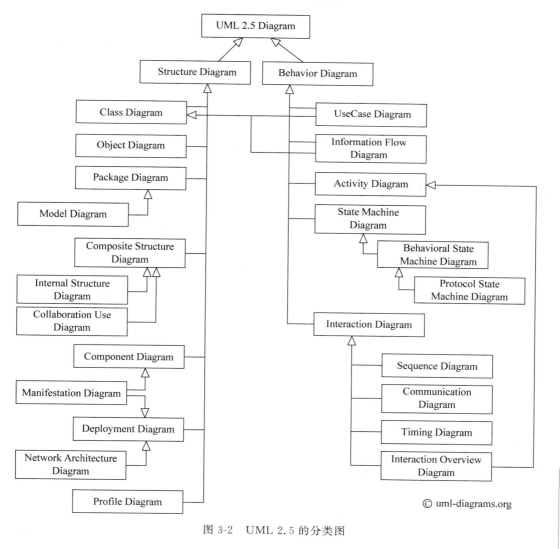

图 3-2　UML 2.5 的分类图

软件体系结构建模和 UML

表 3-1　UML 2.5 的 14 种图术语和解释

序号	UML 图	简 要 说 明
1	用例图(UseCase Diagram)	从用户的角度提供系统或业务流程功能的概述,用户"使用"系统的方式是创建用例图的起点
2	活动图(Activity Diagram)	对系统中任何位置的流程进行建模,特别是描述正常用户交互以及替代和例外的用例中的流程,由这些活动图很好地建模
3	类图(Class Diagram)	表示类、定义和关系,问题空间中的类和实体也是解决方案空间中的详细技术实体。定义类的属性和操作包含在此类图中。类图中的关系说明了类如何与其他类交互、协作、继承。类还可以表示关系表、用户界面和控制器
4	序列图(Sequence Diagram)	根据对象的时间轴模拟对象之间的交互,对象可以在这些图上具体显示,也可以是属于类的匿名对象,运行时对象之间的消息执行顺序由这些图很好地建模
5	交互概述图(Interaction Diagram)	以一般的高级别呈现系统内交互的概述,使得能够理解 UML 图(如序列图)如何依赖于彼此并且彼此相关
6	通信图(Communication Diagram)	显示对象在运行时如何在内存中相互通信(交互),这些通信图在其目的方面类似于序列图,但是它们的代表性是不同的
7	对象图(Object Diagram)	在运行时显示内存中的对象及其链接,因此,这些对象图还有助于在实践中可视化多重性
8	状态机图(State Machine Diagram)	显示内存中对象的运行时生命周期,这样的生命周期包括对象的所有状态以及状态改变的条件
9	组合结构图(Composite Structure Diagram)	组合结构图在运行时模拟组件或对象行为,显示系统执行期间组件的布局、关系、实例
10	组件图(Component Diagram)	从结构上模拟组件及其关系,这些组件可以包括例如可执行文件、可链接库、Web 服务、移动服务,这些图表为系统的架构决策增加了价值
11	部署图(Deployment Diagram)	对系统的硬件节点和处理器的体系结构进行建模,并提供显示软件组件所在节点的机会
12	包图(Package Diagram)	表示系统组织的子系统和区域,还可以模拟包之间的依赖关系,帮助将业务实体与用户界面、数据库、安全性、管理包分开
13	时序图(Timing Diagram)	模拟时间的概念以及对象状态随时间变化的方式,此外,这些图可以同时比较多个对象的状态
14	配置文件图(Profile Diagram)	允许创建可扩展的配置文件,这些配置文件可应用于从配置文件继承的元素,这些图表通过以受控方式扩展标准来增加价值

　　UML 是把有用的、各种各样的模型都放进去,既有数据流图,也有状态图,还有类图、活动图,等等。所以,UML 的缺陷在于用的模型实在太多、太复杂,而且模型之间不能自动转换。虽然图画得很漂亮,但是都要手工或机器辅助完成。

　　2000 年左右,出现了另一种声音,说 UML 太复杂,模型与编程不同步。按照 UML 的要求,首先要做一个模型,做完之后再编程。如果程序要修改,要按照各式各样软件工程的要求,先改模型再改软件。但是,一般人没有时间这么做,总有人或者只改了程序,或者只改了模型,这样模型与程序是风马牛不相及的,模型用完之后就被扔掉了。微软的 Keith Short 说 UML 的好处是,首先可以当"白板"供讨论时使用,然后可以当"手纸",写在手纸上的东西用完就扔掉。

3.4 面向对象概述

从事软件开发的工程师常常有这样的体会:在软件开发过程中,使用者会不断地提出各种更改要求,即使在软件投入使用后,也常常需要对其做出修改,在用结构化开发的程序中,这种修改往往是很困难的,而且还会因为计划或考虑不周,不但旧错误没有得到彻底改正,又引入了新的错误。另一方面,在过去的程序开发中,代码的重用率很低,使得程序员的效率并不高,为提高软件系统的稳定性、可修改性、可重用性,人们在实践中逐渐创造出软件工程的一种新途径——面向对象方法学。目前,面向对象开发方法已日趋成熟。

面向对象开发方法有 Coad 方法、Booch 方法、OMT 方法等。UML 不但统一了 Booch 方法、OMT 方法、OOSE 方法的表示方法,而且对其做了进一步的发展,最终统一为大众接受的标准建模语言。UML 是一种定义良好、易于表达、功能强大且普遍适用的建模语言,融入了软件工程领域的新思想、新方法和新技术。

面向对象方法是当今主流的软件开发方法,其基础在于将客观世界中的应用问题看成是由实体及其相互关系组成的,将与某一应用问题有关的实体抽象为问题空间的对象。面向对象开发以系统化的方法学进行指导,其中包含了各种概念、技术、过程。面向对象方法学的出发点和基本原则是尽可能模拟人类习惯的思维方式,使开发软件的方法与过程尽可能接近人类认识世界、解决问题的方法与过程。

由于客观世界的问题都是由客观世界中的实体及实体相互间的关系构成的,因此,我们把客观世界中的实体抽象为对象(Object)。持面向对象观点的程序员认为,计算机程序的结构应该与所要解决的问题一致,而不是与某种分析或开发方法保持一致。所以,"面向对象"是一种认识客观世界的世界观,是从结构组织角度模拟客观世界的一种方法。一般人们在认识和了解客观现实世界时,通常运用以下构造法则。

(1)区分对象及其属性,例如,区分具体的一辆汽车和它的重量、最大速度。

(2)区分整体对象及其组成部分,例如,区分台式计算机的组成(主机、显示器等)。

(3)不同对象类的形成以及区分,例如,所有类型的计算机(大、中、小型计算机、服务器、工作站和普通微型计算机等)。

可以看出,面向对象所带来的好处是程序的稳定性与可修改性(由于把客观世界分解成一个一个的对象,并且把数据和操作都封装在对象的内部)、可复用性(通过面向对象技术,我们不但可以复用代码,而且可以复用需求分析、设计、用户界面,等等)。

3.4.1 基本概念

1. 对象

对象(Object)指的是一个独立的、异步的、并发的实体,能"知道一些事情"(即存储数据),"做一些工作"(即封装服务),并"与其他对象协同工作"(通过交换消息),从而完成系统的所有功能。因为所要解决的问题具有特殊性,所以对象是不固定的。对象是现实世界中的个体或事物的抽象表示,是其属性和相关操作的封装。

属性表示对象的性质,属性值规定了对象所有可能的状态。对象的操作是指该对象可以展现的外部服务。对象是事物的本质,是不会随周围环境改变而变化的相对固定的最小的集合。

对象实现了数据和操作的结合,使数据和操作封装于对象的统一体中。例如,在计算机屏幕上画多边形,每个多边形是一个用有序顶点的集所定义的对象。这些顶点的次序决定了它们的连接方式,顶点集定义了一个多边形对象的状态,包括它的形状和它在屏幕上的位置,在多边形上的操作包括:draw(屏幕显示)、move(移动)、contains(检查某点是否在多边形内)。

2. 类

类(Class)的定义包括一组数据属性和在数据上的一组合法的操作。在一个类中,每个对象都是类的实例(instance),类的对象具有相同的方法集,有相同或相似性质的对象的抽象就是类。因此,对象的抽象是类,类的具体化就是对象,也可以说类的实例是对象。类具有属性,是对象的状态的抽象,用数据结构来描述类的属性;类具有操作,是对象的行为的抽象,用操作名和实现该操作的方法来描述。

3. 继承性

广义地说,继承(Inheritance)是指能够直接获得已有的性质和特性,而不必重复定义它们。在面向对象的软件技术中,继承是子类自动地共享基类中定义的数据和方法的机制。一个类直接继承其父类的全部描述(数据和操作)。继承具有传递性,继承性使得相似的对象可以共享程序代码和数据结构,从而大大减少了程序中的冗余信息。使得对软件的修改变得比过去容易得多。

继承性使得用户在开发新的应用系统时,不必完全从零开始,可以继承原有的相似系统的功能,或者从类库中选取需要的类,再派生出新的类以实现所需要的功能,所以,继承的机制主要是支持程序的重用和保持接口的一致性。

父类是高层次的类,表达共性;子类是低层次的类,表达个性。子类通过继承机制获得父类的属性和操作。例如,电视机、电话、计算机等都是电子产品,具有电子产品的公共特性,当定义电视机类 Video,电话类 Telephone 和计算机类 Computer 时,为避免公共特性的重复编码,可将这些电子产品的公共特性部分定义为电子产品类,将 Video、Telephone 和 Computer 定义为它的子类,子类继承了父类的所有属性和操作,而且子类自己还可扩充定义自己的属性和操作,如电子产品类具有型号、价格、颜色等属性,Computer 则继承了这些属性,并扩充自己的显示类型、内存大小等属性。又如汽车是轿车、吉普车及卡车的父类,轿车、吉普车及卡车是汽车的子类。

父类和子类是相对的,父类之上可有另一个父类,而成为其子类。

4. 多态性

在面向对象的软件技术中,多态性(Polymorphism)是指子类对象可以像父类对象那样使用,同样的消息既可以发送给父类对象也可以发送给子类对象。也就是说,在类等级的不同层次中,可以共享(公用)一个行为(方法)的名字,然而,不同层次中的每个类却各自按自己的需要来实现这个行为。当对象接收到发送给它的消息时,根据该对象所属的类动态选用在该类中定义的实现算法。

5. 重载

在面向对象的软件技术中有两种重载(Overloading),其中,函数重载是指在同一作用域内的若干个参数特征不同的函数可以使用相同的函数名字;运算符重载是指同一个运算符可以施加于不同类型的操作数上面。当然,当参数特征不同或被操作数的类型不同时,实现函数的算法或运算符的语义是不相同的。重载进一步提高了面向对象系统的灵活性、可读性。

6. 消息

在面向对象领域,两个对象的交互是通过消息(Message)的发送和接收来完成的,消息分为以下几种。

(1) 简单消息:只是表示控制如何从一个对象发给另一个对象,并不包含控制的细节。

(2) 同步消息:意味着阻塞、等待,如果对象 A 给对象 B 发送一个消息,对象 A 会等待对象 B 执行完这个消息,接着才进行自身的工作。

(3) 异步消息:意味着非阻塞,如果对象 A 给对象 B 发送一个消息,对象 A 不必等待对象 B 执行完这个消息,就可以接着进行自身的工作。

消息传递是对象与其外界时间相互关联的唯一途径。对象之间进行通信的结构称为消息。在对象的操作中,当一个消息发送给某个对象时,消息包含接收对象去执行某种操作的信息。发送一条消息,至少要包括说明接受消息的对象名、发送给该对象的消息名(即对象名、方法名)。

7. 聚集

在客观世界中有若干类,聚集(Aggregation)表示类之间的关系是整体与部分的关系,通常有以下两种主要的结构关系。

(1) 一般-具体结构:称为分类结构,也可以说是"或"关系,或者是"is a"关系。

(2) 整体-部分结构:称为组装结构,之间的关系是一种"与"关系,或者是"has a"关系。

面向对象开发方法的核心是利用面向对象的概念、方法对软件进行需求分析和设计,建立面向对象的软件分析和设计模型。

3.4.2 面向对象方法的优势

相对于传统的结构化方法和面向数据的方法,面向对象方法拥有以下优势。

1. 支持软件的重用性

重用性是指同一事物不经过修改或稍加修改就可以多次重复使用的性质。软件重用是软件工程追求的目标之一。在面向对象方法被广泛应用以前,基于结构化方法的软件复用几乎没有取得有意义的进展。在面向对象方法中,情形发生了变化。在源代码级复用方面,面向对象方法通过继承和接口等机制,使得复用者不需要直接修改被复用的类。在设计级复用方面,迅速发展的设计模式技术在软件业大显身手,现在,全球范围内实施的软件项目,大多离不开面向对象的重用技术的支持,如 Java 库、J2EE 框架、.NET 的 FrameWork 4.0 框架。

2. 提高软件可维护性和安全性

面向对象方法通过对属性和操作的封装,实现了软件工程倡导的信息隐藏的原则。面向对象的软件设计中,每个类拥有完成其操作所必需的数据,这些数据通过访问权限控制关键字 private 隐藏于类的内部,或者通过 protected 关键字隐藏于类及子类的内部,外界对类的内部数据的访问、修改只能通过该类对外公开的接口函数来实现,这样,安全性就有了保障。相对于传统的结构化方法,面向对象方法更容易造就高质量的软件结构。

为了发挥面向对象开发方法所具备的优势,就必须采用面向对象的思维方式来设计面向对象软件,避免采用结构化思维方式和工具来开发面向对象软件。UML 就是为此目标而出现的,UML 通过提供多种视图模型,使开发人员能够采用面向对象方法对软件进行全面分析和设计,提高软件开发的效率和质量。

3.5 UML 中的结构建模

结构图显示建模系统的静态结构。关注系统的元件无须考虑时间,在系统内,静态结构通过显示类型和实例进行传播。除了显示系统类型和它们的实例,结构图至少也显示了这些元素间的一些关系,可能的话,甚至也显示内部结构。

贯穿整个软件生命周期,结构图对于各种团队成员都是有用的。一般而言,这些图支持设计验证和个体、团队间的设计交流。举例来说,业务分析师可以使用类或对象图来为当前的资产和资源建模,如分类账、产品或地理层次。架构设计师可以使用组件和部署图来测试和确认他们的设计是否充分。开发者可以使用类图来设计并为系统的代码(或即将成为代码的)类写文档。

UML 中的结构建模包括类图、包图、对象图、构件图、组合结构图、部署图。

3.5.1 类图

类图是 UML 中最基本也是最重要的一种视图,用来刻画软件中类等元素的静态结构和关系。在大多数 UML 模型中,这些类型包括类、接口、数据类型、组件。

1. 类

类(Class)是用来描述具有相同特征、约束、语义的一类对象,这些对象具有共同的属性和操作。类图中的一个类可以简单地只给出类名,也可以具体列出该类拥有的成员变量和方法,甚至更详细地描述可见性、方法参数、变量类型等信息。类的 UML 表示是一个矩形,垂直地分为三个区,顶部区域显示类的名字,中间区域列出类的属性,底部区域列出类的操作。

当在一个类图上画一个类元素时,必须要有顶端的区域,下面的两个区域是可选择的(当图描述仅仅用于显示分类器间关系的高层细节时,下面的两个区域是不必要的)。图 3-3 中显示一个航线班机如何作为 UML 类建模。正如我们所能见到的名字是 Flight,可以在中间区域看到 Flight 类的三个属性:flightNumber、departureTime 和 flightDuration。在底部区域中,可以看到 Flight 类有两个操作:delayFlight 和 getArrivalTime。

Flight
-fightNumber : int
-departureTime : long
-flightDuration : long
+delayFight(in number: int) : int
+getArrivalTime() : long

图 3-3　Flight 类的类图

矩形代表一个类,该类图分为三层,第一层显示类的名称,如果是抽象类就要用斜体显示;第二层是类的特性,通常就是字段和属性;第三层是类的操作,通常是方法和行为。即从上到下三部分分别是类名、属性、操作。

类名是必须的,类如果有属性,则每一个属性都必须有一个名字,另外还可以有其他描述信息,如可见性、数据类型、默认值等。类如果有操作,则每一个操作也都有一个名字,其他可选信息包括可见性、参数的名字、参数类型、参数默认值和操作的返回值的类型等。

2. 抽象类

抽象类(Abstract class)是指一个类只提供操作名,而不对其进行实现。对这些操作的实现可以由其子类进行,并且不同的子类可以对同一操作具有不同的实现。抽象类和类的符号区别在于,抽象类的名称用斜体字符表示。图 3-4 给出了 BankAccount 类的类图。

3. 接口

如图 3-5 所示,"飞翔"矩形框表示一个接口图,与类图的区别主要是顶端有接口(Interface)的显示,第一行是接口名称,第二行是接口方法。接口还有另一种表示方法,俗称棒棒糖表示法,即唐老鸭类实现了"讲人话"的接口。

```
interface Ifly
{
  void Fly();
}
  interface Ilanguage
{
  void Speak();
}
```

图 3-4　BankAccount 类的类图

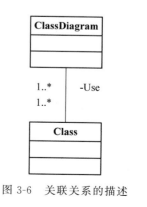

图 3-5　接口的描述

4. 关联关系

关联关系(Association)描述了类的结构之间的关系,具有方向、名字、角色和多重性等信息。当关联是双向的,那么就可以用无向连线表示。一般的关联关系语义较弱,也有两种语义较强,分别是聚合与组合。图 3-6 给出了关联关系的描述。

5. 依赖关系

两个类之间存在依赖关系(Dependency),表明一个类使用或需要知道另一个类中包含的信息。它有多种表现形式,如绑定(bind)、友元(friend)等。模板类 Stack < T >定义了栈相关的操

图 3-6　关联关系的描述

作；IntStack 将参数 T 与实际类型 int 绑定,使得所有操作都针对 int 类型的数据。

如图 3-7 所示,依赖关系使用虚线箭头,表示"动物""氧气"与"水"之间的依赖。动物有几大特征,例如有新陈代谢,能繁殖。而动物要有生命,就需要氧气、水及食物等。也就是说,动物依赖于氧气和水。

```
abstract class Animal
{
    public bolism(Oxygen oxygen,Water water)
    {
    }
}
```

图 3-7　依赖关系的描述

6. 聚合关系

聚合关系(Aggrengation)表明两个类的实例之间存在一种拥有或属于关系,可以看作是一种较弱的整体-部分关系。在一个聚合关系中,子类实例可以比父类存在更长的时间。为了表现一个聚合关系,画一条从父类到部分类的实线,并在父类的关联末端画一个未填充菱形。

例如"大雁"和"雁群"这两个类,大雁是群居动物,每只大雁都属于一个雁群,一个雁群可以有多只大雁。所以,它们之间满足聚合关系。聚合表示一种弱的"拥有"关系,体现的是 A 对象可以包含 B 对象,但 B 对象不是 A 对象的一部分。聚合关系用空心的菱形加上实线箭头表示。图 3-8 给出了聚合关系的描述。

```
class WideGooseAggregate
{
    private WideGoose[ ] arrayWideGoose;
    //在雁群 WideGooseAggregate 类中,有大雁数组对象 arrayWideGoose
}
```

7. 合成关系

合成(Composition)是一种强的"拥有"关系,体现了严格的部分和整体的关系,部分和整体的生命周期一样。合成关系用实心的菱形加上实线箭头来表示。另外,合成关系的连线两端还有一个数字"1"和数字"2",这被称为基数,表明这一端的类可以有几个实例。例如"鸟"和"翅膀"这两个类中,鸟和翅膀类似整体和部分的关系,并且翅膀和鸟的生命周期是相

图 3-8　聚合关系的描述

同的，在这里，"鸟"类和其"翅膀"类就是合成关系。很显然，一只鸟应该有两只翅膀。如果一个类可能有无数个实例，则用"n"来表示。关联关系、聚合关系也可以有基数。图 3-9 给出了合成关系的描述。

```
class Bird {
    private Wing wing;
    public Bird()
    {
        wing = new Wing();
        //在鸟 Bird 类中，初始化时，实例化翅膀 Wing，它们之间同时生成
    }
}
```

聚合和合成的区别在于：聚合关系是"has-a"关系，合成关系是"contains-a"关系；聚合关系表示整体与部分的关系比较弱，而合成关系比较强；聚合关系中代表部分事物的对象与代表聚合事物的对象的生存期无关，一旦删除了聚合对象，不一定就删除了代表部分事物的对象；合成关系中一旦删除了组合对象，同时也就删除了代表部分事物的对象。

8. 泛化关系

泛化关系（Generalization）在面向对象中一般称为继承关系，存在于父类与子类、父接口与子接口之间。图 3-10 给出了泛化关系的描述。

图 3-9　合成关系的描述

图 3-10　泛化关系的描述

3.5.2　对象图

对象是类的实例，对象图可以看作是类图的实例，对象之间的连接（Link）是类之间关

软件体系结构建模和 *UML*

联关系的实例。对象图和类图的不同点在于,对象图显示类的多个对象实例,而不是实际的类。对象图显示某时刻对象和对象之间的关系,是类图的变化,一个对象图可看成一个类图的示例(example)。由于对象存在生命周期,因此对象图只能在系统某一时间段存在。

对象图中并无新的表示法(除了对象名下要加下画线以外),与类图中的表示法一样,可以认为,只有对象而无类的类图就是一个"对象图"。图 3-11 给出了对象的表示。

person : Person
Name : string = 张金 age : int = 20

图 3-11　对象的表示

在对象图中,对象名可以有以下三种表示形式:

(1) 对象名:类名。

(2) :类名。

(3) 对象名。

第一种即"对象名:类名"格式,实质上,对象图几乎很少被用到,使用远没有类图广泛。

3.5.3　构件图

构件图用于静态建模,是表示构件类型的组织以及各种构件之间依赖关系的图。构件图通过对构件间依赖关系的描述,来估计对系统构件的修改给系统可能带来的影响。由于基于构件的软件开发日益普及和应用,UML 对构件图进行了较大的改进。构件的根本特征在于封装性、可复用性,内部结构被隐藏起来,只能通过接口向外部提供服务或请求外部的服务。

构件(Component)是系统中遵从一组接口且提供其实现的物理的、可替换的部分。构件能够完成独立功能,是软件系统的组成部分。在功能划分的软件系统中,软件被分成一个个的模块。随着面向对象技术的引用,软件系统被分成若干个子系统、构件。每个构件能够实现一定的功能,为其他构件提供使用接口,方便软件的复用。图 3-12 给出了一个绘制地铁售票信息系统的投币构件图的例子。

图 3-12　构件图

3.5.4　部署图

部署图(Component Diagram)描述的是系统运行时的结构,展示了硬件的配置及其软件如何部署到网络结构中。一个系统模型只有一个部署图,部署图通常用来帮助理解分布式系统。部署图用于静态建模,是表示运行时过程节点结构、描述软件与硬件映射方法以及构件实例及其对象结构的图。图 3-13 给出了部署图的表示。

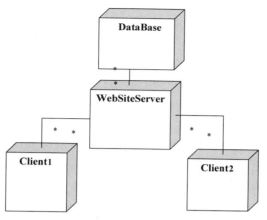

图 3-13 部署图的表示

3.6 UML 中的行为建模

行为建模被称为动态建模,主要用来刻画系统中的动态行为、过程、步骤。

UML 行为建模中提供的视图可以从不同的侧面来描述软件系统的动态过程,例如,业务或算法过程与步骤、多个对象为完成一个场景而进行的交互、消息传递的过程、一个对象在生存周期中根据收到的不同事件进行响应的过程等。

3.6.1 用例图

1. 用例图定义

用例图是指被称为参与者的外部用户所能观察到的系统功能的模型图。用例图列出系统中的用例和系统外的参与者,并显示哪个参与者参与了哪个用例的执行(或称为发起了哪个用例)。用例图多用于静态建模阶段(主要是业务建模和需求建模)。

2. 参与者

参与者(Actor)是指在系统外部与系统直接交互的人或事物(如另一个计算机系统或一些可运行的进程)。需要注意:

(1) 参与者是角色(role)而不是具体的人,代表了参与者在与系统打交道的过程中所扮演的角色。所以在系统的实际运作中,一个实际用户可能对应系统的多个参与者。不同的用户也可以只对应于一个参与者,从而代表同一参与者的不同实例。

(2) 参与者作为外部用户(而不是内部)与系统发生交互作用,是它的主要特征。

3. 用例

用例(Use Case)是系统外部可见的一个系统功能单元。系统的功能由系统单元所提供,并通过一系列系统单元与一个或多个参与者之间交换的消息所表达。

1) 参与者与用例之间的关系

表示参与者与用例之间的交互、通信途径。有时候,关联也用带箭头的实线来表示,这样的表示能够显式地表明发起用例的是参与者。

软件体系结构建模和 *UML*

2) 用例之间的关系

(1) 包含:箭头指向的用例为被包含的用例,称为包含用例;箭头出发的用例为基用例。包含用例是必选的,如果缺少包含用例,基用例就不完整;包含用例必须被执行,不需要满足某种条件,其执行并不会改变基用例的行为。

(2) 扩展:箭头指向的用例为被扩展的用例,称为扩展用例,箭头出发的用例为基用例。扩展用例是可选的,如果缺少扩展用例,不会影响到基用例的完整性,扩展用例在一定条件下才会执行,并且其执行会改变基用例的行为。

3) 参与者之间的关系

发出箭头的事物"is a"箭头指向的事物。泛化关系是一般和特殊关系,发出箭头的一方代表特殊的一方,箭头指向的一方代表一般的一方。特殊方继承了一般方的特性,并增加了新的特性。

4. 实例

1) 参与者之间的泛化关系

如图 3-14 所示,考虑以下用例图之间的关系。

图 3-14   用例图

在参与者之间,不存在泛化关系的情况下,各个参与者参与用例的情况如下:经理参与用例管理人事和批准预算;安全主管参与用例批准安全证书;保安参与用例监视周边。由于安全主管与经理、安全主管与保安之间泛化关系的存在,意味着安全主管可以担任经理和保安的角色,即能够参与经理和保安参与的用例。这样,安全主管就可以参与全部四个用例。但经理或者保安却不能担任安全主管的角色,也就不能参与用例批准安全证书。

2) 用例之间扩展和包含关系

如图 3-15 所示,用例的上下文是短途旅行,但汽车的油不足以应付全部路程。那么,为汽车加油的动作在旅行的每个场景(事件流)中都会出现,不加油就不能完成旅行。吃饭则可以由驾驶人决定是否进行,不吃饭不会影响旅行的完成。

图 3-15　扩展功能的用例图

3.6.2　顺序图

顺序图描述对象之间的动态交互关系,着重表现对象之间消息传递的时间顺序。顺序图有两个坐标轴,纵坐标轴表示时间,横坐标轴表示不同的对象。顺序图中的对象用一个矩形框表示,框内标有对象名(对象名的表示格式与对象图中相同)。从表示对象的矩形框向下的垂直虚线,是对象的"生命线",用于表示在某段时间内该对象是存在的。

对象间的通信用对象生命线之间的水平消息线来表示,消息箭头的形状表明消息的类型(同步、异步或简单)。当收到消息时,接收对象立即开始执行活动,即对象被激活了。激活用对象生命线上的细长矩形框表示。消息通常用消息名和参数表来表示。消息还可以带有条件表达式,用以表示分支或决定是否发送消息。如果用条件表达式表示分支,则会有若干个互斥的箭头,即在某一时刻仅可发送分支中的一个消息。一个顺序图显示了一系列的对象和这些对象之间发送和接收的消息。

图 3-16 所示为图书管理系统中图书入库的顺序图。对于顺序图,往往在文字表述上会出现"当……时……""首先""然后""接着""……发出……消息""……响应……消息"等词汇。例如,图 3-16 所示的顺序图可用文字表达为:当管理人员把新书入库时,首先要求登录(输入用户名和口令),经系统的"注册表单"验证,若正确无误,则可继续下一步交互,否则拒绝该管理人员进入系统。若登录正确,管理人员可发出查询请求消息,系统的"图书入库表单"对象响应请求。若管理人员发出增加或删除库存图书请求,"库存图书"对象将响应该消息,找出数据库中的相关数据并执行相应的操作。此后,管理人员应按下提交键确认请求,

图 3-16　图书管理系统中图书入库的顺序图

软件体系结构建模和 **UML**

"图书入库表单"接口对象应该响应该请求,并发出存储消息,再由"库存图书"对象响应存储消息,进行数据库存储操作。如果管理人员结束图书入库,发出退出系统的请求,则系统的"注册表单"接口对象响应请求,关闭系统。

3.6.3 通信图

通信图是由协作图发展而来的。与顺序图不同,通信图主要关注参与交互的对象通过连接组成的结构。通信图的对象没有生命线,其消息及方向都附属于对象间的连接,并通过编号表示消息的顺序。Actor 发送 Print 消息给 Computer,Computer 发送 Print 消息给 PrintServer,如果打印机空闲,PrintServer 发送 Print 消息给 Printer。顺序图着重描述对象之间消息交换的时间顺序,通信图主要强调接收和发送消息的对象之间的结构组织。它们从不同的角度表达了系统中的交互之间是可以相互转换的。图 3-17 给出了通信图。

图 3-17   通信图

3.6.4 交互概览图

交互概览图通过类似于活动图方式描述交互之间的流程,给出交互控制流的概览。在交互概览图中,节点不像活动图中那样是动作,而是一个交互图或是对交互图的引用。交互概览图,有以下两种形式。

(1) 一种是以活动图为主线,对活动图中某些重要活动节点进行细化,即用一些小的顺序图对重要活动节点进行细化,描述活动节点内的对象之间的交互。

(2) 另一种是以顺序图为主线,用活动图细化顺序图中某些重要对象,即用活动图描述重要对象的活动细节。

3.6.5 时序图

时序图(Sequence Diagram)是显示对象之间交互的图,这些对象是按时间顺序排列的。顺序图中显示的是参与交互的对象及其对象之间消息交互的顺序。时序图中包括的建模元素有对象(Actor)、生命线(Lifeline)、控制焦点(Focus of control)、消息(Message)等。时序图最常应用到实时或嵌入式系统的开发中,但并不局限于此。事实上,不管被建模的系统类型如何,对交互的准确时间进行建模是非常必要的。

时序图中,每个消息都有与其有关联的信息,准确描述了何时发送消息,消息的接收对象会花多长时间收到该消息,以及消息的接收对象需要多少时间处于某个特定状态。图 3-18 给出了时序图。

图 3-18　时序图

3.6.6　状态图

状态图使用有穷状态变迁图的方式刻画系统或元素的离散行为,可以用来描述一个类的实例、子系统甚至整个系统在其生存周期内,所处状态如何随着外部激励而发生变化。图 3-19 给出了状态图。

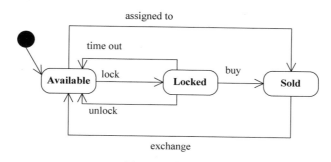

图 3-19　状态图

状态图中包含以下四种状态:初始状态、Available 状态、Locked 状态、Sold 状态。状态之间的转移有以下几种。

(1) 初始状态转换到 Available 状态。

(2) 票被预订(lock):Available 状态转换到 Locked 状态。

(3) 预定后付款(buy):Locked 状态转换到 Sold 状态。

(4) 预定解除(unlock):Locked 状态转换到 Available 状态。

(5) 预定过期(time out):Locked 状态转换到 Available 状态。

(6) 直接购买(assigned to):Available 状态转换到 Sold 状态。

(7) 换其他票(exchange),该票重有效:Sold 状态转换到 Available 状态。

3.6.7　活动图

活动图是 UML 用于对系统的动态行为建模的另一种常用工具,描述活动的顺序,展现从一个活动到另一个活动的控制流。本质上,活动图是一种流程图。活动图主要用于:业

软件体系结构建模和 *UML*

务建模时详述业务用例,描述一项业务的执行过程,设计时描述操作的流程。UML 的活动图中包含的图形元素有动作状态、活动状态、动作流、分支与合并、分叉与汇合、泳道和对象流等。图 3-20 给出了活动图。

图 3-20 活动图

活动图描述系统使用的活动、判定点和分支,看起来和流程图没什么两样,并且传统的流程图所能表示的内容,大多数情况下也可以用活动图表示,但是二者是有区别的,不能将两个概念混淆。

3.7 UML 工具

工具的重要性对于软件工程师来讲不言而喻,任何想法都需要借助工具来实现。最常用的 UML 工具包括:

(1) Rational Rose。它是最有名的 UML 产品,大多数人将 Rational Rose 等同于 UML 工具,如同将可乐等同于可口可乐,如图 3-21 所示。就像一个戏剧导演设计一个剧本一样,一个软件设计师使用 Rational Rose,以演员(数字)、使用拖放式符号的程序表中的有用案例元素(椭圆)、目标(矩形)、消息/关系(箭头)设计各种类,来创造(模型)一个应用的框架。当程序表被创建时,记录下这个程序表然后以设计师选择的 C++、Visual Basic、Java、Oracle8、CORBA 或者数据定义语言(Data Definition Language)来产生代码。需要指出的是,自从 Rational 被 IBM 收购之后,Rational Rose 已经成为历史,作为 UML1.4 标准的产物,现在已经无法升级。其替代品是 IBM 的其他产品,如 IBM Rational RSA(Rational

Software Architect)、RSD(Rational Software Developer)等。

图 3-21 使用 Rational Rose 建模

(2) IBM Rational RSA(Rational Software Architect)。它是 IBM 的旗舰产品,通过和 IBM 其他产品的协调,支持软件开发的全生命周期开发,如图 3-22 所示。作为 IBM 软件开发平台的一部分,IBM RSA 是 IBM 在 2003 年并购 Rational 以来首次发布的 Rational 产品,改进过的软件开发平台在集成、易用性上达到一个新的层次。RSA 是一个基于 Eclipse 的工具,支持开发者和架构师获得 Eclipse 平台可用性功能。同时,RSA 超越了一个典型集成开发环境的功能,提供了丰富的建模、架构设计、挖掘能力。如果说有唯一的缺陷,可能是出奇的笨重和庞杂昂贵。

图 3-22 使用 IBM Rational RSA 建模

第3章

软件体系结构建模和 UML

（3）Enterprise Architect(EA)。它是澳大利亚 Sparx Systems 公司的旗舰产品，覆盖了系统开发的整个周期，除了开发类模型之外，还包括事务进程分析、使用案例需求、动态模型、组件和布局、系统管理、非功能需求、用户界面设计、测试、维护。EA 能完成从需求收集经步骤分析、模型设计，到测试和维护的整个软件开发过程，如图 3-23 所示。EA 功能完善，是低价产品。

图 3-23　使用 Enterprise Architect 建模

（4）StarUML(SU)。它是一款开放源码、完全免费的 UML 开发工具，是由韩国公司主导开发，用 Delphi 写的产品，可以直接到 StarUML 网站下载，如图 3-24 所示。StarUML 可绘制 UML 中的用例图、类图、序列图、状态图、活动图、通信图、构件图、部署图、复合结构图，可导出 jpg、jpeg、bmp、emf、wmf 等格式影像文件。同时，还支持 23 种 GoF 设计模式，以及三种常用的 EJB 模式 EntityEJB、Message-DrivenEJB、SessionEJB。StarUML 结合了模式和自动生成代码的功能，方便落实设计。

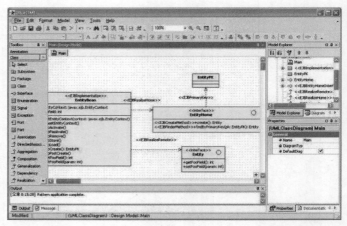

图 3-24　使用 StarUML 建模

（5）Trufun Kant Studio。它是基于 TrufunPlato UML 2 建模工具、Trufun Kant MDA 开发平台、Trufun Cicero 数据库建模工具所集成为一体的面向对象开发全过程的应用开发平台。作为一个"一站式"的企业级建模及设计开发平台,Trufun Kant Studio 能帮助企业快速、高效地进行企业应用系统构建及再工程,企业可以有效开发、管理各种解决方案,从定义业务需求到分析、设计,以至集成所有现代 RDBMS 和 Java、VS. NET、C++的开发。作为国产的 UML 工具,目前在国内大多数高校得到了广泛的应用。对企业和高校而言,其最独特的杀伤性武器是支持广泛、实用性强,而且能够帮助企业引入实训和咨询,一步到位解决产品和具体应用问题。

还有其他一些不太常用的 UML 工具,如 ArgoUML、PowerDesigner、Visual UML 等。

3.8 小   结

本章详细介绍了软件体系结构和统一建模语言 UML 及其开发过程。UML 是一种通用语言,被软件架构师和开发人员用来描述、指定、设计、记录软件系统的现有或新业务流程、结构和行为。UML 可以应用于不同的领域,如银行、金融、互联网、航空航天、医疗保健等,可以用于所有主要的对象和组件软件开发方法以及各种面向对象的开发语言。软件体系结构模型对系统的用例、类、对象、接口、构件以及相互间的协作进行描述。面向对象系统的开发过程以体系结构为中心,以用例为驱动,是一个反复、渐增的过程。UML 作为一种快速进行系统分析和设计的技术支持,适用于以面向对象技术来描述的系统及其整个系统开发的不同阶段。本章对 UML 主要从结构建模和行为建模两方面进行了阐述,介绍了类图、对象图、构件图、部署图、用例图、顺序图、通信图、时序图、交互概览图、状态图及活动图。

3.9 思 考 题

(1) 在整个开发过程中,UML 主要起到什么作用?

(2) 如何利用模式解决面向对象系统分析与设计中遇到的问题?

(3) UML 中都包含哪些图? 简述这些图的作用。

(4) 简述用例之间的关系。

(5) 神舟六号是神舟系列飞船的一种,它由轨道舱、返回舱、推进舱和逃逸救生塔组合。航天员使用返回舱来驾驭飞船。轨道舱是航天员工作和休息的场所。在紧急情况下,航天员使用逃逸救生塔逃离。飞船的两侧有多个太阳能电池翼,它为飞船提供电能。根据以上描述画出能正确表示它们之间关系的 UML 图。

(6) 某个网上银行的用户登录过程如下:用户先填写用户名和口令,要求登录。如果用户名和密码正确,则要求输入一个验证码。此时该用户的手机上将接受一个短信,包含一个验证码,用户再将此码填入下一个页面,再提交服务器。如果验证码正确,则能正常登录。验证码一次有效。用一个时序图描述这个过程。

第4章 软件设计过程

有两种生成一个软件设计方案的途径。一个是把它做得如此简单,以致明显不会有漏洞存在;另一个是把它做得如此复杂,以致不会有明显的漏洞存在。

——C. A. R. Hoare

在任何工程化产品或系统的开发阶段中,设计是第一步。设计是为了能够足够详细地定义一种设备、一个处理、一个系统,以便保证其物理实现,而应用各种技术和原则的过程。设计者的目标是生成一个随后要构造的实体的一种模型或表示。开发模型的过程综合了基于构造类似实体的经验的直觉和判断、一系列指导模型进化路径的原则和直观推断、一系列判断质量的标准,以及导出最终设计表示的迭代过程。像其他学科中的设计方法一样,软件设计随着新的方法、更好的分析、更广泛的理解的引入而不断地变化着。

与机械或电子设计不同,软件设计在进化过程中处于一种相对早期的阶段。从正式考虑软件设计(相对于"编程"或"代码书写")开始仅仅 30 多年时间,因此,软件设计方法学缺少那些更经典的工程设计学科所具有的深度、灵活性和定量性。但是,软件设计的方法是存在的,设计质量的标准是能够获得的,设计符号体系也是能够应用的。

本章共分五个部分:4.1 节为软件设计基础,4.2 节为软件体系结构设计方法,4.3 节为高可信软件设计,4.4 节为软件设计规格说明,4.5 节为软件设计评审。

4.1 软件设计基础

软件设计主要针对需求分析过程得到的软件需求规格说明,综合考虑各种制约因素,探求切实可行的软件解决方案,并最终给出方案的逻辑表示,包括文档、模型。

软件设计的基本概念是在过去数十年里陆续提出的,软件设计者根据这组概念进行设计决策。尽管人们对于每一种概念的感兴趣程度在几十年中一直变化着,但它们都经历了时间的考验,每一种概念都为设计者提供了应用软件更加复杂的设计方法的基础,可以帮助软件工程师回答下述问题。

(1) 能使用什么标准将软件划分为单个构件?

(2) 如何将功能或数据结构与软件的概念性表示分离开?

(3) 是否存在定义软件设计的技术质量的统一标准?

软件工程师的智慧的体现,开始于对程序工作和程序正确性之间的区别识别,基本的软件设计概念为"使程序正确"提供了必要的框架。

1. 软件设计的一般过程

软件设计是一个迭代的过程。这里的迭代有两层含义,如图4-1所示。

第一层含义是,针对给定的需求模型,通过多次从抽象到具体的设计过程,得出足够精细的设计模型,以供软件实现之用,如图4-1中第一层迭代。

第二层含义是,软件需求经常发生变化或者不完整,在需求模型发生变化并更新完成后,第一层含义的设计过程再随之展开,直至获得最终的目标软件产品,如图4-1中第二层迭代。

现代软件需求经常变化,因此,该过程是迭代式软件开发中典型的设计过程。

图4-1 软件设计的迭代

从工程管理的角度可以将软件设计分为概要设计和详细设计。但对于面向对象设计方法来说,其设计过程从概念模型逐步精化到实现模型,并且不断地进行迭代,设计过程已经很难用概念设计和详细设计来进行明确的区分。此外,在设计过程中,还包括对设计进行计划评审等活动。图4-2所示为软件设计的一般过程框架。

图4-2 软件设计的一般过程框架

2. 软件设计的主要活动

设计过程中,对设计活动的计划应该最早进行,然后按照计划实施体系结构设计、界面设计、模块/子系统设计、数据模型设计、过程/算法设计等活动。

1)软件设计计划

软件设计计划的任务是明确设计过程的输入制品,并使其处于就绪状态,定义设计过程的目标、输出制品及其验收准则,确定覆盖设计过程中各个阶段的全局性设计策略,分配设计过程相关人员的职责,针对设计过程中的活动制订工作计划。

2)体系结构设计

软件体系结构设计的目标是建立软件系统的体系结构,有时也称"顶层架构"。这种架构既要明确定义软件各子系统、关键构件、关键类的职责划分及协作关系,同时也要描绘在物理运行环境下的部署模型。其中,软件结构的有关概念如图 4-3 所示。

图 4-3　软件结构的有关概念

此外,顶层架构还必须针对软件系统全局性、基础性的技术问题给出技术解决方案,这种方案往往构成目标软件系统的体系结构的技术基础设施。

在软件体系结构设计中,需要注意以下规则。

(1) 改进软件结构,提高模块独立性。

(2) 模块规模应该适中。

(3) 深度、宽度、扇出、扇入都应适当,如图 4-3 所示。

① 深度:表示软件结构中控制的层数,往往能够粗略地标志一个系统的大小和复杂程度。

② 宽度:是软件结构在同一层次上的模块总数的最大值,一般来说,宽度越大,系统就越复杂。

③ 扇出:是指一个模块直接调用的模块的数目,经验表明,一个设计得好的典型系统的平均扇出通常是三个或四个,太多或太少都不好。

④ 扇入:是指一个模块被别的若干个模块直接调用,扇入越大越好。

(4) 模块的作用域应该在控制域之内。

(5) 力争降低模块接口的复杂程度。

(6) 设计单入口单出口的模块。

(7) 模块功能应该可以预测:如果一个模块可以当作一个黑盒子,也就是说,只要输入相同的数据,就能产生同样的输出,这个模块的功能就是可以预测的。带有内部"存储器"的模块的功能,可能是不可预测的,因为输出取决于内部存储器的状态。内部存储器对于上级模块是不可见的,所以这样的模块既不易理解,又难于测试和维护。

3) 界面设计

用户界面设计的目标是,为用户使用目标软件系统以实现其所有业务需求而提供友好的人机交互界面。用户界面设计在工作流程上分为结构设计、交互设计、视觉设计三个部分。具体内容参见第 8 章。

(1) 结构设计(Structure Design):又称概念设计(Conceptual Design),是界面设计的

骨架。通过对用户研究和任务分析，制定出产品的整体架构。基于纸质的低保真原型（Paper Prototype）可提供用户测试并进行完善。结构设计中，目录体系的逻辑分类和语词定义是用户易于理解和操作的重要前提。例如，西门子手机的设置闹钟的词条是"重要记事"，这让用户很难找到。

（2）交互设计（Interactive Design）：交互设计的目的是使产品让用户能简单使用。任何产品功能的实现都是通过人和机器的交互来完成的。因此，人的因素应作为设计的核心被体现出来。

（3）视觉设计（Visual Design）：在结构设计的基础上，参照目标群体的心理模型和任务达成进行视觉设计，包括色彩、字体、页面。视觉设计要达到用户愉悦使用的目的。

良好的用户界面一般都符合以下要求。

（1）易用性：按钮名称应该易懂，用词准确，没有模棱两可的字眼，要与同一界面上的其他按钮易于区分，如能望文知意最好。理想情况是，用户不用查阅帮助就能知道该界面的功能并进行相关的正确操作。

（2）规范性：界面遵循规范化的程度越高，则易用性相应的就越好。

（3）帮助设施：系统应该提供详尽而可靠的帮助文档，在用户使用产生迷惑时可以自己寻求解决方法。

（4）合理性：界面的布局应当符合逻辑，与工作流程吻合。

（5）美观与协调性：界面大小应适合美学观点，感觉协调舒适，能在有效的范围内吸引用户的注意力。

（6）容错性：在界面上来控制出错概率，会大大减少系统因用户人为的错误引起的破坏。开发者应当尽量周全地考虑到各种可能发生的问题，使出错的可能降至最小。如应用出现保护性错误而退出系统，这种错误最容易使用户对软件失去信心。因为这意味着用户要中断思路，并费时费力地重新登录，而且已进行的操作也会因没有存盘而全部丢失。

4）模块/子系统设计

软件体系结构设计定义了软件的组成结构，包括子系统和模块等元素。子系统和模块之间没有清楚的界限，一般从以下两个方面进行区分。

（1）一个子系统独立构成系统，不依赖其他子系统提供的服务。子系统由模块组成，要定义与其他子系统之间的接口。

（2）一个模块通常是一个能提供一个或多个服务的系统部件，能利用其他模块提供的服务，一般不被看成一个独立的系统。

由于模块和子系统都是软件组成部分，一般都有层次结构，相互之间存在接口，设计方法有很多类似的方面，因此统一称为模块设计。

模块设计的目标是确定模块的具体接口定义，并设计模块的内部结构，即设置包含于其中的（更小粒度的）模块、构件、设计类，明确之间的协作关系，确保能够协同实现高层模块接口规定的所有功能和行为。进行模块设计时，要尽量保持模块的功能独立性，遵循"高内聚、低耦合"的思想。此外，还要力求将模块的影响限制在模块的控制范围内，使得软件日后的修改和维护工作更加简单。

5）过程/算法设计

过程/算法设计的任务就是对模块内部的工作和执行过程进行描述，给出有关处理的精确说明,如事件的顺序、确切的决策位置、循环操作及数据的组成。

软件结构与软件过程相互关联,软件结构中任何模块的所有从属模块必将被引用出现在该模块的过程说明中。因此,软件过程对应的结构设计也构成一个层次结构。

6) 数据模型设计

数据结构设计、数据库设计、数据文件设计等统称为数据模型设计。在数据模型设计中有一个重要概念是持久数据操作,包括写入、查询、更新和删除四类基本操作以及复合而成的业务数据操作。

很多软件系统中,数据是其核心,因此,对数据元素的格式、结构、访存、表示等机制进行良好的建模和优化,是提高软件设计质量和系统性能的基础,对软件系统的应用具有重要意义。

4.2 软件体系结构设计方法

软件设计一般首先设计软件体系结构,然后再逐步精化进行更加详细的设计,直到设计可以被实现的程度。

软件体系结构的设计方法是指通过一系列的设计活动,获得满足系统功能性需求并且符合一定非功能性需求约束的软件体系结构模型。目前存在多种体系结构设计方法,其侧重点各有不同。实际应用过程中,这些体系结构设计方法并不是绝对互斥的,根据需要,有可能综合运用不同体系结构设计方法的思想,得到最终所需的设计结果。

1. 多视图建模

体系结构设计中的一个困难是,一个规模系统的体系结构通常非常复杂,不同的相关人员关注体系结构的不同方面,如何处理这种复杂性?多重视图模型的提出就是为了解决这个问题,其中,最著名的是英属哥伦比亚大学(UBC)的 Philippe Kruchten 提出的"4+1"模型,如图 4-4 所示。

(1) 逻辑视图:又称概念视图,主要是支持系统功能需求的抽象描述,即系统最终将提供给用户什么样的服务。逻辑视图描述了系统的功能需求及其之间的相互关系。

(2) 开发视图:又称模块视图,主要侧重于描述系统的组织,与逻辑视图密切相关,都描述了系统的静态结构。

图 4-4 Philippe Kruchten 提出的
"4+1"模型

(3) 过程视图:主要侧重于描述系统的动态行为,即系统运行时所表现出的相关特性,着重解决系统的可靠性、吞吐量、并发性、分布性、容错性。

(4) 物理视图:描述如何把系统软件元素映射到硬件上,通常要考虑系统的性能、规模和容错等问题,展示了软件在生命周期的不同阶段中所需要的物理环境、硬件配置、分布状况。

(5) 场景视图:场景是用户需求和系统功能实例的抽象,设计者通过分析如何满足每个场景所要求的约束,来分析软件的体系结构。

逻辑视图定义了系统的目标,开发视图和过程视图提供了详细的系统设计实现方案,物理视图解决了系统的拓扑结构、安装、通信问题,场景反映了完成上述任务的组织结构。

2. 基于评估与转换的设计方法

基于评估与转换的设计方法类似于传统软件设计的原型方法,该方法倡导首先满足功能性需求,然后通过迭代的评估和转换满足非功能性需求。该方法的设计思想如图 4-5 所示。

图 4-5　基于评估与转换的设计方法

其中,对体系结构进行转换可以通过以下三种方式。

(1)使用合适的体系结构风格和模式或者设计模式来改进体系结构设计。

(2)把非功能性需求转化为功能性解决方案,该功能性方案可以与问题域无关,但可以满足质量属性的要求。

(3)采用"分而治之"的方式,可以把系统级的质量需求分配到子系统或模块中,或者把质量需求分解为多个与功能相关的质量需求,分解后的质量需求能够比较容易得到满足。

3. 模式驱动的设计方法

模式的使用在许多工程领域是普遍的,对公共设计形式的确定和共享的理解是成熟工程领域的特点之一。

模式提供了有效的语义环境:关注点、期望的进化路径、计算范式和与其他相似系统之间的关系。本节所提到的模式驱动主要指如何以复用体系结构风格为基础设计软件体系结构。模式驱动的设计方法流程如图 4-6 所示。

不同系统的设计方案,存在着许多共性问题,把这些共性部分抽取出来,就形成了具有代表性的和可被广泛接受的体系结构风格。基于模式的体系结构设计方法使用丰富的风格知识库指导体系结构的设计,有助于分析冲突的需求和不同设计的折中。

4. 领域特定的软件体系结构设计

领域特定的软件体系结构(Domain Specific Software Architecture,DSSA)是领域工程的核心部分,领域工程分析应用领域的共同特征和可变特征,对刻画这些特征的对象和操作进行选择和抽象,形成领域模型,并进一步生成 DSSA。

领域特定的软件体系结构借鉴领域中已经成熟的软件体系结构,实现解决方案在某个领域内的复用。虽然这些系统实例的细节会有不同,但共同的体系结构在开发新系统时是

图 4-6　模式驱动的设计方法流程

能够复用的。

DSSA 与体系结构风格的区别在于：

（1）DSSA 与软件体系结构风格从不同角度出发研究问题的两种结果，前者从问题域出发，而后者从解决域出发。

（2）DSSA 只在某个特定领域中进行经验知识的提取、总结、组织，但可以同时使用多种软件体系结构风格。而一种软件体系结构风格所呈现的公共结构和设计方法可以扩展到多个应用领域。

（3）DSSA 的体系结构表示和工具一般只适用于一个较小的范围，在其他领域中是不适用并难以复用的。

"特定应用领域"可以涵盖从航空电子设备到银行，从多媒体视频游戏到计算机 X 射线轴向分层造影扫描机（CAT scanner）中的软件。领域分析的目标直接明了，发现或创建那些可广泛应用的类，使得可以被复用。

领域分析可以被视为软件过程的一个全程活动，它是一个进行中的软件工程活动，不和任何的软件项目相联系。在某些方面，领域分析的角色类似于制造环境中的工具制造者，工具制造者的工作是设计和制造可用于很多相似工作（但不一定是相同的工作）的工具。领域分析员的工作是设计和建造可复用构件，可以用于很多相似的（但不一定是相同的）应用开发工作。

5. 软件产品线方法

软件产品线（Software Product Line，SPL）是指一组可管理的、具有公共特性的软件应用系统的集合。在利用软件产品线方法构建一个应用系统时，其主要的工作是组装、繁衍，而不是创造，其重要活动是集成，而不是编程。

软件产品线的主要组成部分包括核心资源和软件产品集合两部分。

（1）核心资源是领域工程所获得的成果的集合，是软件产品线中应用系统构造的前提基础，也有组织将核心资源称为集成开发平台。核心资源包含软件产品线中所有系统共享的产品线体系结构，以及新设计开发的或者通过对现有系统再工程得到的、需要在整个产品线中进行系统化重用的构件。此外，与产品线体系结构相关的实时性能模型、体系结构评估结果、与软件构件相关的测试计划、测试实例、设计文档、需求说明书、领域模型、领域范围定义都属于核心资源。

（2）软件产品线的基本活动包括核心资源开发、利用核心资源的产品开发以及在这两部分中所需要的技术协调和组织管理，如图 4-7 所示。软件产品线总是针对某一特定领域而创建的，创建之后，又要为该领域的应用开发服务。在核心资源开发和软件产品开发之间存在着反馈循环，核心资源促进了应用系统的快速创建，核心资源随着新应用系统的开发而不断地被更新。通过跟踪核心资源的使用情况，结果将被反馈到核心资源的开发活动中，以创建更多有利于复用的基础设施。

图 4-7　软件产品线过程模型

核心资源开发被称为领域工程，利用核心资源的软件产品开发也被称为应用工程。

核心资源开发和软件产品开发都需要人力、物力和财力的投入，因此，需要持久的、强有力的和卓有远见的组织管理。管理必须促进企业文化的交流，将新产品的开发放到可用资源环境下进行考虑。

核心资源开发、软件产品开发和技术协调、组织管理三大活动不断迭代循环，促进产品线的基础设施不断完善。迭代是软件产品线活动所固有的特性，循环存在于核心开发中，循环存在于软件产品开发中，同时，循环也存在于二者的技术协调、组织管理中。

一个软件产品线中，新产品形成步骤如下。

（1）从公共资产库中选取合适的构件。

（2）使用预定义的变化机制进行裁剪，如参数化、继承等。

（3）必要时增加新的构件。

（4）在整个产品线范围内共同的体系结构指导下进行构件组装，形成系统。

6. 其他软件体系结构设计方法

1）基于目标图推理的体系结构设计方法

该方法的目标是使模式背后的推理结构显式化，并且服从于系统的分析。该方法使用目标图表达模式在各种需求上的应用效果。该方法的主要任务是把需求表示为设计目标，功能性需求和非功能性需求皆被表达为要达到的目标，特别是非功能性需求被表达为"软"目标。

这里的"软"目标意味着通常没有清晰的评价标准。用目标图说明目标之间的关系，目标之间，特别是非功能目标之间，不是独立的，关系要在目标图中显式地表示出来。然后，说明已知的解决方案如何达到目标，一方面，可实施的"软"目标把设计目标转化为解决方案；另一方面，它们仍被看作目标，因为仍然有不同的途径实现。识别目标和解决方案中不希望的相关性，模式的副作用也能在图中使用相关链接显式地声明。

每个建议的解决方案可以通过达到的非功能"软"目标进行分析。

2）基于属性的体系结构设计方法

该方法是对通常体系结构风格描述的一种扩充，用于获取结构化分析（Structured

Analysis,SA)层次上的结构和分析技巧,显式地把推理框架(定性或定量)与体系结构风格关联起来。

此外,一些常用的软件开发方法学中也包含了软件体系结构的设计,如面向数据流的软件开发方法、面向对象的软件开发方法及面向方面的软件开发方法等。对于这些软件开发方法学,后面的章节中会分别进行面向对象软件的设计方法和面向数据流的设计方法的介绍。

4.3 高可信软件设计

4.3.1 可信软件

计算机系统的缺陷,很大一部分是由于软件的问题引发的。纵观软件应用的发展历史,国际上由于软件可信性问题所导致的重大灾难、事故、严重损失屡见不鲜,软件的可信性问题已经成为一个相当普遍的问题。例如,2007年10月,由于北京奥运会门票系统的实际访问量远远超过其设计容量,使得该系统一经启用即陷入瘫痪;2005年11月1日,日本东京证券交易所因为软件系统升级出现故障导致早间股市"停摆";2003年8月14日,因为软件问题,导致美国和加拿大出现当时历史上最大的停电事故,等等。

所谓"可信软件",是指软件系统的运行行为及其结果总是符合人们的预期,且在受到干扰(包括操作错误、环境影响、外部攻击等)时,仍能提供连续的服务。软件系统的可信性质是指该系统需要满足的关键性质。当软件一旦违背这些关键性质会造成不可容忍的损失时,称这些关键性质为高可信性质。软件可信性质有以下几种。

(1) 可靠性(Reliability):在规定的环境下、规定的时间内,软件无失效运行的能力。

(2) 可靠安全性(Safety):软件运行不引起危险、灾难的能力。

(3) 保密安全性(Security):软件系统对数据和信息提供保密性、完整性、可用性、真实性保障的能力。

(4) 生存性(Survivability):软件在受到攻击或失效出现时,连续提供服务并在规定时间内恢复所有服务的能力。

(5) 容错性(Fault Tolerance):软件在故障(硬件、环境异常)出现时,保证提供服务的能力。

(6) 实时性(Real Time):软件在指定的时间内,完成反应或提交输出的能力。

4.3.2 容错设计

完全防止软件失效在实践中是不可能的,任何试图消除软件失效的方法都会导致很高的成本,并且不能保证失效不会发生。为了保证高可信系统即使在极端条件下也能按其规格说明执行,对硬件和软件同时采用容错计算非常重要。为了达到硬件容错,需要对所有关键硬件部件进行备份,为了保护软件免受软件故障的影响,软件逻辑和数据也必须被备份。

软件容错设计是使得软件能发现失效危险并从临失效状态恢复的软件设计技术,有两种主要的软件容错设计方法,即恢复块(Recovery Blocks)和 N-版本(N-version)编程。

1. 恢复块

恢复块技术认为程序是由若干个可以独立定义的块构成的,每个块都可以用一个根据同一需求说明设计的不同版本的备用块来替换,每个版本的模块和接收测试及恢复结构一起构成一个恢复块结构。其基本工作方式是:运行模块 1,然后进行接收测试,如果通过测试便将输出结果给后续程序块;否则,调用模块 2……直到调用模块 N,在 N 个模块用完后仍未通过测试,便进行出错处理,如图 4-8 所示。

2. N-版本编程

N-版本编程由 N 个实现相同功能的不同程序和一个管理程序组成,其结果经相互比较(表决)后输出,这种比较或表决可以采用多数决定、一致决定等方式。N 个版本的程序产生的结果,送给管理程序中的比较向量,由管理程序的比较状态指示器发出表决指令,然后决定输出运算结果还是输出报警,如图 4-9 所示。

图 4-8　恢复块技术　　　　　　　图 4-9　N-版本编程

恢复块和 N-版本编程都是基于设计多样性的概念。当不同的开发者采用不同方法实现相同的需求时,一个合理的假设是不同版本的软件不大可能包含相同的缺陷,因此,也就不会产生相同的失效。设计多样性可以通过以下多种方式达到。

(1) 使用不同的设计方法来实现需求。

(2) 使用不同的程序设计语言来完成实现。

(3) 使用不同的开发工具,且在不同的开发环境中完成。

(4) 明确要求,在实现某些关键过程时使用不同的算法。

4.3.3　软件失效模式和影响分析

软件失效模式和影响分析(Failure Model and Effects Analysis,FMEA)主要是在软件开发阶段的早期,通过识别软件失效模式,研究分析各种失效模式产生的原因及其造成的后果,寻找消除、减少其有害后果的方法,以尽早发现潜在的问题,并采取相应的措施,从而提高软件的可靠性和安全性。图 4-10 给出了软件系统级 FMEA 过程,其中,涉及的几个相关概念如下。

(1) 软件失效(Software Failure):泛指程序在运行中丧失了全部或部分功能、出现偏离预期的正常状态的事件。

(2) 软件失效模式(Software Failure Mode):是指软件失效的不同类型,通常用于描述软件失效发生的方式以及对设备运行可能产生的影响。

（3）软件失效的影响（Software Failure Effect）：是指软件失效模式对软件系统的运行、功能或状态等造成的后果。

图 4-10　软件系统级 FMEA 过程

4.3.4　软件故障树分析

软件故障树分析（Fault Tree Analysis，FTA）就是在软件系统设计过程中，通过对可能造成系统故障的各种因素（包括硬件、软件、环境、人为因素等）进行分析，画出逻辑框图（即故障树）。图 4-11 给出了一个供电系统的软件故障树，从中可以确定供电系统故障原因的各种可能组合，进而采取相应的纠正措施，提高供电系统可靠性。

图 4-11　供电系统的软件故障树

故障树分析的一般步骤如下。

（1）选择顶事件。根据工程实际需要选择合理的顶事件。

（2）建立故障树。

（3）故障树的定性分析。

① 故障树的简化。

② 求最小割集。

（4）故障树的定量分析。

① 求顶事件的发生概率。

② 重要度分析。

（5）确定设计上的薄弱环节（找出问题所在）。

（6）采取措施，提高产品的可靠性和安全性。

构建故障树是故障树分析中最为关键的一步。建树工作要求建树者对于系统及其组成部分有充分的了解，应由设计人员、使用维修人员、可靠性安全性工程技术人员共同研究完成。建树是一个多次反复、逐步深入完善的过程。常用的建树方法为演绎法，从顶事件开始，由上而下，逐级进行分析，即：

（1）分析顶事件发生的直接原因，将顶事件作为逻辑门的输出事件，将所有引起顶事件发生的直接原因作为输入事件，根据逻辑关系用适当的逻辑门连接起来。

（2）对每一个中间事件用同样方法，逐级向下分析，直到所有的输入事件都不需要继续分析为止（此时故障机理或概率分布都是已知的）。一般故障树的构建过程如下：

① 广泛收集并分析有关技术资料。

② 选择顶事件。

③ 生成故障树。

④ 简化故障树。

4.3.5　形式化方法

形式化方法是关于在计算系统的开发中进行严格推理的理论、技术、工具，主要包括形式规约技术（Formal Specification）和形式验证技术（Formal Verification）。

形式规约技术使用具有严格数学定义语法和语义的语言刻画软件系统及其性质，可以尽早发现需求和设计中的错误、歧义、不一致、不完全。

形式化验证是在形式化规约的基础上建立软件系统及其性质的关系，即分析系统是否具有所期望性质的过程，主要分为以下两类。

（1）模型检验技术（Model Checking）：通过搜索待验证软件系统模型的有穷状态空间，来检验系统的行为是否具备预期性质的一种有穷状态系统自动验证技术。

（2）定理证明（Theorem Proving）：将软件系统和性质都用逻辑方法来规约，基于公理和推理规则组成的形式系统，以如同数学中定理证明的方法来证明软件系统是否具备所期望的关键性质。

由于形式化方法能以一种严格的方式保证软件可信性，因此在国际上，形式化方法已成为软件开发中重要的可信软件技术之一。

4.3.6 净室方法

传统的软件工程建模、形式化方法、程序验证(正确性证明)以及统计软件质量保证(Software Quality Assurance,SQA)的集成使用已经组合成一种可以导致极高质量软件的技术。净室软件工程(Cleanroom Software Engineering)是一种在软件开发过程中强调在软件中建立正确性的需要的方法。代替传统的分析、设计、编码、测试和调试周期,净室方法提出了一种不同的观点。

净室理论基础建立于 20 世纪 70 年代末 80 年代初,资深数学家和 IBM 客座科学家Harlan Mills 阐述了将数学、统计学及工程学上的基本概念应用到软件的设想,如图 4-12 所示。净室软件工程后面的哲学是:通过在第一次正确地书写代码增量并在测试前验证它们的正确性,来避免对成本很高的错误消除过程的依赖。净室软件工程的过程模型是在代码增量积聚到系统的过程的同时,进行代码增量的统计质量验证。

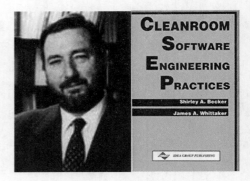

图 4-12　Harlan Mills 和净室软件工程

其中,有两大基本观点。首先,程序是数学函数规则;其次,潜在的程序执行是无穷的,质量认证必须进行统计采样。第一个观点使所有函数理论向软件开发敞开大门,导致盒式结构规范及设计、函数理论正确性检验及增量开发这样一些技术的发展。第二个观点使所有统计理论在软件测试方面得到应用,导致了统计使用测试和质量认证。

净室方法在很多方面将软件工程提升到另一个层次。像前面讨论的形式化方法技术一样,净室过程强调在规约和设计上的严格性,以及使用基于数学的正确性证明来对结果设计模型的每个元素进行形式化验证。作为对形式化方法中采用的方法的扩展,净室方法还强调统计质量控制技术,包括基于客户对软件预期的使用测试。

当现实世界中软件失败时,则充满了立即的和长期的危险。这些危险可能和人的安全、经济损失、业务和社会基础设施的有效运作相关。净室软件工程是一个过程模型,在可能产生严重的危险前消除错误。

净室代表了将软件开发过程置于统计质量控制之下,并结合良好定义的持续过程改善策略的第一次实际的尝试。为了达到目标,设计了一个独特的净室生命周期,着重于为了正确地进行软件设计的基于数学的软件工程,以及为了软件可靠性认证的基于统计的软件。

最后,总结得出净室软件工程的要点:

(1) 显式地使用统计质量控制。

(2) 使用基于数学的正确性证明来验证设计规约。

(3) 很强地依赖于统计性用法测试来揭示高影响的错误。

4.4　软件设计规格说明

　　软件设计过程中的各个活动的结果最终应该文档化,形成正式的软件设计规格说明,作为软件设计的输出。形成的软件设计规格说明将被评审,并作为后续软件实现活动的依据。软件设计规格说明并没有统一的格式,例如,IEEE 标准、ISO 标准,以及我国的国家标准、各行业标准所建议的格式都不尽相同。使用不同的软件设计方法学所得到的设计模型也会有很大区别,导致设计规格说明的结构也会明显不同。对于一个项目或一个开发机构来说,应该根据机构自身、目标系统、开发方法的特点,制定合适的软件设计规格说明的结构和格式要求。当定义的软件设计规格说明模板生效时,设计人员必须遵循该模板。

4.5　软件设计评审

　　设计评审的目标是确保设计规格说明书能够实现所有的软件需求,及早发现设计中的缺陷和错误,并确保设计模型已经精化到合格的软件实现工程师能够构造出符合软件设计者期望的目标软件系统。设计评审活动的输入是软件设计规格说明书。设计评审中需要重点关注的内容如下。

　　(1) 设计模型是否能够充分地、无遗漏地支持所有软件需求的实现。

　　(2) 设计模型是否已经精化到合理的程度,可以确保合格的软件实现工程师能够构造出符合软件设计者期望的目标软件系统。

　　(3) 设计模型的质量属性,即设计模型是否已经经过充分的优化,以确保依照设计模型构造出来的目标软件产品能够表现出良好的软件质量属性。

　　为了使设计评审达到预期效果,下面给出设计评审的一些建议性原则。

　　(1) 对产品进行评审,而不是开发人员。

　　(2) 要有针对性,不要漫无目的。

　　(3) 进行有限的争辩。

　　(4) 阐明问题所在,但不要试图去解决问题。

　　(5) 要求事先准备,如果评审人没有准备好,则取消会议并重新安排时间。

　　(6) 为被评审的产品开发一个检查表。

　　(7) 确定软件元素是否遵循其规格说明或标准,记录任何不一致的地方。

　　(8) 列出发现的问题、给出的建议和解决该问题的负责人。

　　(9) 坚持记录并进行文档化。

　　设计评审活动的输出制品是通过评审的软件设计规格说明书,它是整个软件设计阶段的最终输出,将成为软件实现和测试活动的主要依据。

4.6　小　　结

　　软件设计是软件开发过程的一个核心环节,设计质量很大程度上决定了最终软件产品的质量。本章首先对软件设计的基本概念进行介绍,包括抽象和逐步求精、模块化和信息隐

软件设计过程

藏、高内聚和低耦合等,然后对设计过程、设计质量、软件体系结构设计、高可信软件设计进行了介绍,使读者对软件设计有一个全面的理解。最后,介绍了软件设计规格说明和软件设计评审。软件设计过程中的各个活动的结果,最终应该形成正式的软件设计规格说明,作为软件设计的输出。软件设计规格说明必须要进行评审,只有通过评审后才能成为后续软件实现活动的正式依据。

4.7 思 考 题

(1) 简述抽象与逐步求精的含义。

(2) 简述模块化与信息隐藏的关系。

(3) 为什么软件要追求高内聚、低耦合?

(4) 软件设计过程中包含哪些活动?

(5) 试总结本章列举的软件体系结构设计方法的特点。

第5章　软件体系结构风格

今日的大多数软件很像埃及金字塔，由千百万砖头堆砌起来，层层相切，没有着整体的结构，是由畜力和成千上万奴隶的力量建立起来的。

——Alan Kay

多年来，人们在开发某些类型软件过程中积累起来的组织规则和结构，形成了软件体系结构风格。软件体系结构风格是总结人们设计经验而形成结构较为巩固、组织较为统一的形式，是一种适合于多种场合的相似结构的抽象。

风格是艺术概念，是艺术作品在整体上呈现的有代表性的面貌。软件体系结构风格并不是某一种特定系统的结构，而是一个结构的类型。软件体系结构风格描述特定系统组织方式的惯用范例，强调了软件系统中通用的组织结构。一个软件体系结构风格定义了构件和连接件类型的符号集，以及规定了它们怎样组合起来的约束集合。

本章共分九个部分：5.1节为软件体系结构风格概述，5.2节为基本风格解析，5.3节为案例分析，5.4节为客户/服务器风格，5.5节为三层C/S体系结构风格，5.6节为浏览器/服务器风格，5.7节为C/S与B/S混合结构风格，5.8节为正交软件体系结构风格，5.9节为异构结构风格。

5.1　软件体系结构风格概述

软件体系结构设计的一个核心问题是，能否使用重复的体系结构模式，即能否达到体系结构级的软件重用。即，能否在不同的软件系统中使用同一种体系结构。基于该目的，相关研究者们开始研究和实践软件体系结构的风格和类型问题。

软件体系结构风格是描述某一特定应用领域中系统组织方式的惯用模式。体系结构风格定义一个系统家族，即一个体系结构定义一个词汇表和一组约束。词汇表中包含了一些构件和连接件类型，这组约束指出系统是如何将这些构件和连接件组合起来的。体系结构风格反映了领域中众多系统所共有的结构和语义特征，并指导如何将各个模块和子系统有效地组织成一个完整的系统。按照这种方式理解，软件体系结构风格定义了用于描述系统的术语表和一组指导构建系统的规则。

对软件体系结构风格的研究和实践，促进了对设计的重用，一些经过实践证实的解决方案也可以可靠地用于解决新的问题。体系结构风格的不变部分，使不同的系统可以共享同一个实现代码。只要系统是使用正常的、规范的方法来组织，就可以使别的设计者很容易地理解系统的体系结构。例如，如果某人把系统描述为"客户/服务器"模式，则不必给出设计细节,我们立刻就会明白系统是如何组织和工作的。

软件体系结构风格为大粒度的软件重用提供了可能。然后,对于应用体系结构风格来说,由于视点的不同,系统设计师有很大的选择余地。要为系统选择或设计某一个体系结构风格,必须根据特定项目的具体特点,进行分析比较后再确定,体系结构风格的使用几乎完全是特定的。

讨论体系结构风格时,我们要回答这样一些问题。

(1) 设计词汇表是什么?

(2) 构件和连接件的类型是什么?

(3) 可允许的结构模式是什么?

(4) 基本的计算模型是什么?

(5) 风格的基本不变性是什么?

(6) 其使用的常见例子是什么?

(7) 使用此风格的优缺点是什么?

(8) 其常见的特例是什么?

这些问题的回答,包括了体系结构风格最关键的四要素内容,即提供一个词汇表、定义一套配置规则、定义一套语义解释原则和定义对基于这种风格的系统所进行的分析。

5.2 基本风格解析

5.2.1 管道-过滤器

管道-过滤器风格最早出现在 UNIX 中,至今已有 20 多年了,适用于对有序数据进行一系列已经定义的相互计算的应用程序。管道-过滤器模式下,每个功能模块都有一组输入和输出。

功能模块从输入集合读入数据流,并在输出集合产生输出数据流,即功能模块对输入数据流进行增量计算得到输出数据流。管道-过滤器模式下,功能模块称为过滤器(Filter),功能模块间的连接可以看作输入、输出数据流之间的通路,所以称其为管道(Pipe)。管道-过滤器模式的示意图如图 5-1 所示。

图 5-1 管道-过滤器模式的示意图

1. 设计问题

如果要建立一个必须处理或转换输入数据流的系统,用单个组件实现会过于臃肿,需求不容易变动,所以可能要通过替换或重新排列处理步骤为灵活性做规划。处理步骤的内部连接必须考虑以下因素。

(1) 未来系统的升级通过替换处理步骤或重组步骤就可以做到。

(2) 不同的语境中,小的处理步骤要比组件更易于重用。

（3）不相连的处理步骤不共享信息。

（4）存在不同的输入数据源，例如，网络连接或通过硬件传感器提供读数。

（5）可以用多种方式给出或存放最终结果。

（6）明确存放中间结果。

（7）可能有并行、异步处理的要求。

2. 解决方案

管道-过滤器体系结构模式把系统任务分成几个序贯的处理步骤。这些步骤通过系统的数据流连接，一个步骤的输出是下一个步骤的输入。每个处理步骤由一个过滤器组件实现。过滤器消耗和转发增长的数据，在产生任何输出之前消耗所有输入，以达到低延迟并能够真正地并行处理。系统的输入由诸如文本文件等数据源提供。输出流入数据汇点，如文件、终端。数据源、过滤器和数据汇点由管道顺序连接起来，实现相连处理步骤间的数据流动。通过管道联合的过滤器序列称为处理流水线。

从整个系统的输入和输出关系来看，各个过滤器可以对其输入进行局部独立处理变换，产生部分的计算结果。按过滤器的激活方式可以分为被动过滤器和主动过滤器，被动过滤器是通过函数或过程调用激发的，而主动过滤器是作为独立的线程任务激发工作的。

过滤器是独立运行的部件，不受其他过滤器运行的影响。非临近的过滤器之间不共享任何状态，自身也是无状态的。每次加工后，过滤器会回到初始等待状态。独立性还表现在对其上下游连接的过滤器的"无知"，只需关心输入的到来和形式、加工处理的逻辑、产生的输出形式。整个结果的正确性不依赖于各个过滤器运行的先后次序。

这种风格有以下特征。

（1）在管道-过滤器风格中，构件即过滤器，对输入流进行处理、转换，处理后的结果在输出端流出。这种计算常常是递进的，所以，可能在全部的输入接收完之前就开始输出。可以并行地使用过滤器。

（2）连接件位于过滤器之间，起到信息流的导管的作用，即管道。

（3）每个构件都有输入/输出集合，构件在输入处读取数据流，并在输出处生成数据流。

（4）过滤器必须是独立的实体，不了解信息流从哪个过滤器流出，也不需要知道信息将流入哪个过滤器。可以指定输入的格式，可以确保输出的结果，但是可能不知道在管道之后将会是什么样子。过滤器之间也不共享状态。

管道-过滤器模式的特性之一是过滤器的相对独立性，即过滤器独立完成自身功能，相互之间无须进行状态交互。此外，各过滤器无须知道输入管道和输出管道所连接的过滤器的存在，仅仅需要对输入管道的输入数据流进行限制，并保证输出管道的输出数据流有合适的内容，但并不知道连接在其输入、输出管道上的其他过滤器的实现细节。同时，整个管道过滤网络的最终输出和网络中各个过滤器执行操作的顺序无关。

采用管道-过滤器模式建立的系统主要有以下几个优点。

（1）由于每个构件的行为不受其他构件的影响，因此整个系统的行为比较易于理解。设计者可以将系统抽象成一个"黑匣子"，其输入是系统中第一个过滤器的输入管道，输出是系统中最后一个过滤器的输出管道，其内部各功能模块的具体实现对用户完全透明。

（2）支持功能模块的复用。任意两个过滤器只要在相互的输入、输出管道格式上达成一致，就可以连接在一起。如图 5-2 所示，过滤器 A 和过滤器 B 只要对管道 C 中传输的数据格式达成一致,就可以实现互联。其中,过滤器 A 并不关心过滤器 B 如何处理管道 C 的内容,而过滤器 B 也不知道管道 C 的内容究竟是如何产生的,即在管道-过滤器模式中,过滤器之间仅需很少的信息交换,就可以完成互联。

(3) 具有较强的可维护性、可扩展性。可维护性体现在系统过滤器部件的更新或升级。由于技术改进等原因,过滤器 A 的实现发生了改变,采用新技术开发的过滤器 D 具有和过滤器 A 完全相同的输入、输出管道接口,这时可以直接将过滤器 A 替换为过滤器 D,而无须对系统中的其他过滤器或管道进行任何修改。

可扩展性体现在系统功能的扩充上,如图 5-3 所示。由于业务流程的变化,系统必须增加新的功能模块,实现新功能的过滤器 X 通过和系统原有过滤器 B 互联成为系统的一部分。这时,系统的其余部分没有任何变化,整个系统的功能就得到了增强。

图 5-2　管道-过滤器支持功能模块的复用　　　图 5-3　管道-过滤器的可扩展性

(4) 支持特殊的分析,如吞吐量计算和死锁检测。利用管道-过滤器模式图可以很容易地得到系统的资源使用与请求状态图,然后,根据操作系统原理等相关理论中的死锁检测方法,就可以分析出系统目前所处的状态,是否存在死锁可能及如何消除死锁等问题。

(5) 支持并发执行。基于管道-过滤器模式的系统存在很多并行的过滤器,这样的系统在实际运行时,可以将存在并发可能的多个过滤器看作多个并发的任务并行执行,从而大大提高了系统的整体效率,加快了处理速度。当然,调度并行任务时,必须有相应的并行算法作为基础,否则可能导致系统功能的混乱。

任何事物都是一个矛盾的统一体,有利就有弊,管道-过滤器模式当然也不例外,其不足之处主要体现在以下几个方面。

(1) 往往会导致系统处理过程的成批操作。虽然系统中的过滤器对数据采取增量处理的方式,但过滤器的模块独立性很强,相互之间的耦合关系很弱,这样设计者必须要求每一个过滤器完成输入到输出的完整转换。此外,由于过滤器的传输特性,管道-过滤器模式通常不适于交互性很强的应用。尤其是在系统需要逐步显示数据流变化的过程时,问题就会变得更加难以解决,因为增量显示和过滤器的输出数据差距太大,几乎无法显示系统数据流细微的变化过程。

(2) 在处理两个独立但又相关的数据流时,可能会遇到困难。例如,多过滤器并发执行时数据流之间的同步问题等。

(3) 需要对数据传输进行特定的处理时,导致对于每个过滤器的解析输入和格式化输出要做更多的工作,带来系统复杂性的上升。根据实际设计要求,设计者也需要对数据传输进行特定的处理(如为了防止数据泄漏而采取加密等手段),导致过滤器必须对输入、输出管道中的数据流进行解析或反解析,增加了过滤器具体实现的复杂性。

(4) 并行处理获得的效率往往是一种假象,主要有以下几个原因。

① 过滤器之间传输数据的代价,比起单个过滤器负担的计算的代价来相对要高。对于

使用网络连接的小的过滤器组件或流水线,尤其如此。

② 一些过滤器在产生输出之前消耗所有输入,或者是任务所要求的(如存储),或者是过滤器代码写得很差。

③ 线程和进程之间的关联转换,在单处理器机器上通常是一个成本很高的操作。

④ 过滤器的同步化可能要经常终止或启动过滤器,尤其当管道仅有一个小缓冲区时。

5.2.2 数据抽象和面向对象风格

抽象数据类型概念对软件系统有着重要作用,目前,软件界已普遍转向使用面向对象系统。这种风格建立在数据抽象和面向对象的基础上,数据的表示方法和相应操作封装在一个抽象数据类型或对象中。这种风格的构件是对象,或者说是抽象数据类型的实例。对象是一种被称为管理者的构件,负责保持资源的完整性。对象是通过函数和过程的调用来交互的。

图 5-4 数据抽象和面向对象
风格的体系结构

图 5-4 给出了数据抽象和面向对象风格的体系结构。

面向对象的系统有以下优点。

(1) 因为对象对其他对象隐藏表示,所以可以改变一个对象的表示,而不影响其他的对象。

(2) 设计者可将一些数据存取操作的问题分解成一些交互的代理程序的集合。

但是,面向对象的系统也存在着以下问题。

(1) 为了使一个对象和另一个对象通过过程调用等进行交互,必须知道对象的标识,只要一个对象的标识改变了,就必须修改所有其他明确调用它的对象。

(2) 必须修改所有显式调用它的其他对象,并消除由此带来的一些副作用。例如,如果A 使用了对象 B,C 也使用了对象 B,那么 C 对 B 的使用所造成的对 A 的影响,可能是预想不到的。

5.2.3 基于事件的隐式调用风格

基于事件的隐式调用风格的思想是构件不直接调用一个过程,而是触发或广播一个或多个事件。系统中的其他构件中的过程在一个或多个事件中注册,当一个事件被触发,系统自动调用在这个事件中注册的所有过程,这样,一个事件的触发就导致了另一模块中的过程的调用。

从体系结构上来说,这种风格的构件是一些模块,这些模块既可以是一些过程,又可以是一些事件的集合。过程可以用通用的方式调用,也可以在系统事件中注册一些过程,当发生这些事件时,过程被调用。

基于事件的隐式调用风格的主要特点是,事件的触发者并不知道哪些构件会被这些事件影响。这样,不能假定构件的处理顺序,甚至不知道哪些过程会被调用,因此许多隐式调用的系统也包含显式调用作为构件交互的补充形式。

支持基于事件的隐式调用的应用系统有很多。例如,在编程环境中用于集成各种工具,在数据库管理系统中确保数据的一致性约束,在用户界面系统中管理数据,以及在编辑器中支持语法检查。例如在某系统中,编辑器和变量监视器可以登记相应 Debugger 的断点事件。当 Debugger 在断点处停下时,声明该事件,由系统自动调用处理程序,如编辑程序可以卷屏到断点,变量监视器刷新变量数值。而 Debugger 本身只声明事件,并不关心哪些过程会启动,也不关心这些过程做什么处理。

隐式调用系统主要有以下两个优点。

(1)为软件重用提供了强大的支持。当需要将一个构件加入现存系统时,只需注册到系统的事件中。

(2)为改进系统带来了方便。当用一个构件代替另一个构件时,不会影响到其他构件的接口。

隐式调用系统主要有以下三个缺点。

(1)构件放弃了对系统计算的控制。一个构件触发一个事件时,不能确定其他构件是否会响应它。而且即使知道事件注册了哪些构件的过程,也不能保证这些过程被调用的顺序。

(2)数据交换的问题。有时数据可被一个事件传递,但在另一些情况下,基于事件的系统必须依靠一个共享的仓库进行交互。这些情况下,全局性能和资源管理便成了问题。

(3)既然过程的语义必须依赖于被触发事件的上下文约束,那么关于正确性的推理就存在问题。

5.2.4 分层系统风格

诺贝尔经济学奖获得者西蒙(Herbert Alexander Simon)认为,“要构造一门关于复杂系统的比较正规的理论,有一条路,就是求助于层级理论。我们可以期望,一个复杂系统必然是从简单系统进化而来的,在这个世界中,复杂系统是层级结构的”。对于软件这样复杂的人造事务,发现层级和运用层级是分析、构建的基本原则。所谓分层式体系结构,是按照层次组织软件的一种软件体系结构。其中,每一层软件建立在低一层的软件层上。位于同一层的软件系统或子系统具有同等的通用性,在下一层的软件比在上一层的软件通用性更强。一个层次可视为同等通用档次的一组(子)系统。

因此,在分层的体系结构中,最高层是应用层,可包容许多应用系统;次高层是构件层,可包括多个可复用构件库系统,可用于建立应用系统。应用系统建立在构件层之上,而此构件层中的许多构件库系统又建立在更低层次的构件库系统之上。

分层风格适用于可以按照层次结构来组织不同类别的相关服务的应用程序。一个分层风格的系统按照层次结构组织,每一层向它的上层提供服务,同时又是它的下层客户,如图 5-5 所示。在某些系统中,除了邻接的层,一个内部层次对于其他外部层次是隐藏的,对体系结构的约束包括把系统内的交互限制在邻接层次之间。交互只在相邻的层间发生,同时,这些交互按照一定协议进行。连接件可以用层次间的交互协议来定义。每个独立层都要防止较高层直接访问较低层。每一层次是由不同的部件构成的实体集合。层内的部件可以交互;相邻层的部件,可直接从上向下调用,还可以设计统一的层调用接口对层进行保护。

图 5-5 分层模型

下面给出使用层次设计的软件结构特性。并不是每个软件都会出现下列所有情况，在简单的层次结构中，仅能看到第 1 种和第 2 种情况。

情况 1：用户对层 N 产生需求，但层 N 不能独立完成这个请求，所以调用层 $N-1$ 的相应操作服务。在处理过程中又进一步向层 $N-2$ 发出请求，以此类推，最终达到层 1。如果需要，请求的回应将从层 1 逐层上传，最后到达层 N。这种自上而下调用的特点，是层 J 常把层 $J+1$ 发出的请求转换成对 $J-1$ 的多个请求。这是由于层 J 比层 $J-1$ 处于更高的抽象层上，把高层请求映射成低层的更基础的操作。

情况 2：这是从层 1 开始的自底向上的操作链过程。例如，输入设备驱动器检测到输入时的动作过程，驱动器把输入转制成内部的格式，并报告给层 2，由层 2 启动解释等，如此进行下去。通过这种方式，数据穿过各层一直到达最高层。

自顶向下的信息和控制通常被描述成"请求"，自底向上的方式被描述成"通知"。正如在情况 1 中提到的，自顶向下的请求常被分解成低层的几个请求。相对应，向上的多个通知常被合并成一条向上层的通知。当然，两种情况下都可以维持 1 对 1 关系。

情况 3：这是请求仅仅通过相邻的部分层的情况。例如，如果层 $N-1$ 能够满足要求，顶层的请求仅到达层 $N-1$ 就足够了，不需要再向下层分解和传递。该情况的一个例子是层 $N-1$ 为一个缓存器，而且来自层 N 的请求不必被发送到层 1 就可以得到完成的服务。这些缓存器维持着状态信息。

情况 4：这是与情况 3 类似的情况。层 1 检测到一个事件，但并没有一直传到顶层，而是仅仅向上传到部分层就停止了。例如，在通信协议中，过去的某个时刻对数据提出请求的用户，提出对同一数据重新发送的请求。与此同时，上层的服务器已经完成了对数据的请求应答，而应答与重新发送的请求交织在一起了。在这种情况下，服务器注意到这些情况，截获重新发送的请求，而不需要采取进一步的动作。

情况 5：这是具有两个 N 层结构的相互通信的堆栈。这种情形以通信协议中的"协议堆栈"而出名。一边堆栈的层 N 描述了一个请求，一直传递到层 1，接着又被传递到另一边堆栈的层 1，并且自下而上，穿过堆栈的各层到达顶层。处理过后的响应过程采取了相反的路径，最终回到发送请求堆栈的顶层。

分层风格的体系结构有以下优点。

（1）由于对层次的邻接层数目进行了限制，所以系统易于改进和扩展。

（2）每一层的软件都易于重用，并可为某一层次提供多种可互换的具体实现。如果一个独立层体现了一个良好定义的抽象，且有良好定义和文档化的接口，那么该层就可在多个语境中被重用。虽然已存在的层可以重用，但是开发人员往往宁愿重写这个功能，因为现有层不能准确符合他们的要求，而且分层会导致性能降低。这是一个误区，已存在层的黑盒重用会显著地减少开发工作量且会减少缺陷数。

（3）分层系统所支持的设计体现了不断增加的抽象层次，这样，一个复杂问题的求解就被分解为一系列递增的步骤。

（4）标准化支持。清晰定义和接受共同的抽象层，能促进标准化任务和接口的开发。同一接口的不同实现可以替换使用。这样，可以使用不同层的不同售主的产品。一个众所周知的标准化接口的例子是可移植操作系统接口（Portable Operating System Interface，POSIX）编程接口。

软件体系结构风格

（5）局部依赖性。层之间的标准化接口往往会限制被改动层的改动代码的影响。硬件、操作系统、窗口系统、特殊数据格式等,它们的变动往往只影响一层,不用改变其他层就可以适应被改变层,这支持了系统的可移植性。对可测试性的支持也很好,因为可以测试系统中独立于其他组件的特殊层。

（6）可替换性。独立层实现不需要太费劲就可以被语义上等价的实现所替换。如果层之间的连接在代码中是硬连线的,则可以用新层的实现的名称来更新。

例如,一个新的硬件 I/O 设备通过安装正确的驱动程序就可投入使用,驱动程序可以插入或替换旧的,高层不受替换的影响。诸如以太网的一种传输媒介能用令牌环替换,这种情况中,高层不需要改动接口,并可以和以前一样继续向低层请求服务。但是如果想在两个接口和服务不完全匹配的层之间切换,则必须在这两层之上建立一个隔离层。可替换性增长了编程工作的代价,可能降低运行性能。

分层风格的体系结构有以下缺点。

（1）应当如何界定层次间的划分是一个较为复杂的问题。

（2）更改行为的重叠。层的行为改变时,会出现一个严重问题。高层往往不受低层改动的影响。这就允许系统通过去掉低层和/或代之以更快的解决方案(如硬件)等透明性调整。如果不得不在许多层上做相当数量的重复工作以合并外观上的局部变动,那么分层便成为一个缺点。

（3）降低效率。说起来,一个分层体系结构的效率往往要低于整体结构或一个"对象的海洋"。如果在上层中的高层服务很大程度上依赖于最底层,则所有的相关数据必须通过一些中间层转换,且可以转换若干次。同样,由低层产生的所有结果或错误信息也传送到最高层。例如,通信协议通过添加消息头和尾,从高层传输消息。

（4）不必要的工作。如果低层执行的某些服务执行了多余或重复的工作,而这些工作并非高层真正需要的,那么这对性能的影响是负面的。通信协议堆栈中的多路分解就是这种现象的一个例子,几个高层需求导致相同输入位序列被读多次,因为每一个高层需求对位的不同子集感兴趣。另一个例子是文件传输中的错误纠正。通用目的低层传输系统最先写,把可靠性建立在较高层中,如使用校验位。

（5）难以认可层的正确粒度。层数太少的分层体系结构不能完全发挥这种模式在可重用性、可更改性和可移植性上的潜力。相反,层过多会引入不必要的复杂性和层间分离的冗余以及变元和返回值传输的开销。层粒度的确定和层任务的分配是困难的,但对体系结构的质量是很关键的。如果潜在客户范围内的应用适应所定义的层,则可以仅使用一个标准体系结构。

在实现体系结构的技术能力方面,分层模式对抽象、信息隐藏、关注点分离、模块化、耦合和内聚、充分性、完整性和原始性的实现有益处。在非功能性属性方面,有益于易修改性、互操作性、可测试性、可重用性。

5.2.5 仓库风格和黑板风格

仓库风格的体系结构由两个构件组成:一个中央数据结构,表示当前状态;一个独立构件的集合,对中央数据结构进行操作。

对于系统中数据和状态的控制方法有两种。一种方法是由输入事务选择进行何种处理,并把执行结果作为当前状态存储到中央数据结构中,这时,仓库是一个传统的数据库体系结构。另一种方法是由中央数据结构的当前状态决定进行何种处理。这时,仓库是一个黑板体系结构。即黑板体系结构是仓库体系结构的特殊化。

1. 设计问题

黑板体系结构主要应用于需要对数据做出复杂解释的信号处理领域中,包括语音和模式识别领域。在其他具有松散耦合关系数据的共享访问的系统中也有应用,这些系统尚不存在确定的解决方法,涉及从原始数据向高层结构转换的应用问题。例如,图、表、视觉、图像识别、语言识别、预警等应用领域都属于这类问题。这类问题的特点是,当把整个问题分解成子问题时,各个子问题涵盖了不同的领域知识和解决方法。每个子问题的解决需要不同的问题表达方式和求解模型,多数情况下找不到确定的求解策略。这与把问题分解成多个求解部分的功能分解形成对照。

在上面某些问题中,还需要考虑不确定性和近似推理知识。这种问题的每个求解步骤都可能产生多个可能的解,因而往往需要考虑寻求最佳或可接受的解。

2. 解决方案

黑板体系结构实现的基本出发点,是已经存在一个对公共数据结构进行协同操作的独立程序集合。每个这样的程序专门解决一个子问题,但需要协同工作共同完成整个问题的求解。这些专门程序是相互独立的,之间不存在互相调用,也不存在可事先确定的操作顺序。相反,操作次序是由问题求解的进行状态决定的。

因此,黑板体系结构存在一个中心控制部件,就是所谓的"黑板"。这是一个数据驱动或状态驱动的控制机制,保存着系统的输入、问题求解各个阶段的中间结果和反映整体问题求解进程的状态。这些是由系统的输入和各个求解程序"写"入的,因此被称为"黑板"。

系统在运行中,每当有新输入、新结果和新状态写入黑板时,中心控制部件就对黑板上的信息进行评价,并据此协调各专门程序进行工作,试探性地调用各个可能的求解算法,并根据试探导出的启发信息控制后续的处理。

在问题求解过程中,黑板上保存了所有的部分解,代表了问题求解的不同阶段,形成了问题可能的解空间,并以不同的抽象层次表达出来。其中,最底层的表达就是系统的原始输入。最终的问题解在抽象的最高层次。

"黑板"模式类似于这样一个情形,即让专家们坐在真实黑板前并一起工作,来解决一个问题。每个专家独立评估解法的当前状态,并可在任何时间到黑板上添加、更改、删除信息。人们往往要决定接下来谁去访问黑板。在黑板模式中,如果可用的组件超过一个,则仲裁者(Moderator)组件决定程序执行的顺序。

黑板风格的体系结构如图5-6所示。

不难看出,一个标准的黑板型仓库模式系统通常包括以下三个组成部分。

(1) 知识源。基于仓库模式的系统完全是依靠仓库状态的变化来驱动的,那么,仓库的建立,即知识的来源是系统设计时首先需要解决的问题。图5-6中KS(Knowdge Source)表示知识源,是仓库中信息的来源。它们彼此之间在逻辑上和物理上都是独立的,只与产生它们的应用程序有关。多个数据源之间通过中央数据单元协调进行交互,对外部而言是透明的。

(2) 中央数据单元。它是整个系统的核心部件,对系统需要解决的问题预先进行了分析、定义,总结出了系统运行过程中将要出现的多种状态,并制定了这些状态下系统的相应

图 5-6　黑板风格的体系结构

对策。所以,中央数据单元中的数据不只是单纯的数据信息,还代表了某种系统的状态,属于状态数据。这些数据由数据源提供,在中央数据单元中依据一定的数据结构形式组织在一起,并随着数据源信息的改变而变化,从而实现系统的功能。

(3) 控制单元。控制单元的驱动完全是由仓库的状态变化承担的。知识源将系统需要处理的信息源源不断地输入仓库中,导致仓库的状态信息发生变化。当状态信息的变化符合系统预先定义好的某些控制策略时,相应的控制操作就得到了触发,也就实现了系统的功能控制。从图 5-6 中无法看到控制单元的明显表示,因为控制单元在基于仓库模式的系统中并不一定是独立的单元,可以位于知识源和仓库中,或者作为一个独立部分单独存在,没有绝对的定式,需要设计者根据系统的实际情况做出抉择。

黑板风格体系结构与传统体系结构有显著区别。它追求的是可能随时间变化的目标,各个代理需要不同资源、关心不同问题,但用一种相互协作的方式使用与维护共享数据结构。

黑板风格体系结构有以下优点。

(1) 便于多客户共享大量数据,不用关心数据是何时出现的、谁提供的、怎样提供的。

(2) 既便于添加新的作为知识源代理的应用程序,也便于扩展共享的黑板数据结构。

(3) 可重用的知识源。知识源是某类任务的独立专家,黑板体系结构有助于使它们可重用。重用的先决条件,是知识源和所基于的黑板系统理解相同的协议和数据,或者在这方面相当接近而不排斥协议或数据的自适应程序。

(4) 支持容错性和健壮性。黑板体系结构中,所有的结果都只是假设。只有那些被数据和其他假设强烈支持的才能生存,这提供了对噪声数据和不确定结论的容忍。

黑板风格体系结构有以下缺点。

(1) 不同的知识源代理,对于共享数据结构要达成一致,而且,这也造成对黑板数据结构的修改较为困难。

(2) 需要一定的同步锁机制,保证数据结构的完整性和一致性,增大了系统复杂度。

(3) 测试困难。由于黑板系统的计算没有依据一个确定的算法,所以,其结果常常不可再现。此外,错误假设也是求解过程的一部分。

(4) 不能保证有好的求解方案。一个黑板系统往往只能正确解决所给任务的某一百分比。难以建立一个好的控制策略,控制策略不能以一种直接方式设计,而需要一种试验的方法。

(5) 低效。黑板系统在拒绝错误假设中要承受多余的计算开销。但是,如果没有确定的算法存在,那么与根本不存在的系统相比,低效总比没有强。

(6) 开发成本高。绝大多数黑板系统要花几年时间来进化,我们把这归因于病态结构问题。

5.2.6　模型-视图-控制器风格

1. MVC 模式

模型-视图-控制器(Model-View-Controller,MVC)由挪威奥斯陆大学教授 Trygve Reenskaug 提出,首先被应用在 SmallTalk-80 环境中,是许多交互和界面系统的构成基础。

MVC 结构是为那些需要为同样的数据提供多个视图的应用程序而设计的,很好地实现了数据层与表示层的分离。作为一种开发模型,MVC 通常用于分布式应用系统的设计和分析中,以及用于确定系统各部分间的组织关系。对于界面设计可变性的需求,MVC 把交互系统的组成分解成模型、视图、控制器三种部件。

MVC 是许多交互和界面系统的构成基础,微软的 MFC 基础类也遵循了 MVC 的思想。作为一种软件设计典范,MVC 用一种业务逻辑、数据、界面显示分离的方法组织代码,将业务逻辑聚集到一个部件里面,在改进和个性化定制界面及用户交互的同时,不需要重新编写业务逻辑,其中:

(1) 模型部件是软件所处理问题逻辑在独立于外在显示内容和形式情况下的内在抽象,封装了问题的核心数据、逻辑、功能的计算关系,独立于具体的界面表达和 I/O 操作。

(2) 视图部件把表示模型数据及逻辑关系和状态的信息及特定形式展示给用户,从模型获得显示信息,对于相同的信息可以有多个不同的显示形式或视图。

(3) 控制部件是处理用户与软件的交互操作的,职责是控制提供模型中任何变化的传播,确保用户界面与模型间的对应联系。它接收用户的输入,并将输入反馈给模型,进而实现对模型的计算控制,是使模型和视图协调工作的部件。通常一个视图具有一个控制器。

模型、视图与控制器的分离,使得一个模型可以具有多个显示视图。如果用户通过某个视图的控制器改变了模型的数据,则所有其他依赖于这些数据的视图都应反映到这些变化。因此,无论何时发生了何种数据变化,控制器都会将变化通知所有的视图,导致显示的更新。这实际上是一种模型的变化-传播机制。

模型类
数据结构关系
变化-传播注册关系
内部数据和逻辑计算
向视图和控制器通知数据变化

(a)

视图类
显示形式
显示模式控制
从模型获得数据视图
更新操作

(b)

控制类
状态
事件控制
控制视图更新

(c)

图 5-7　MVC 中的模型、视图和控制类

2. 模型、视图和控制类

MVC 中的模型、视图和控制类如图 5-7 所示。

1) 模型类

模型包含了应用问题的核心数据、逻辑关系、计算功能,封装了所需的数据,提供了完成问题处理的操作过程。控制器依据 I/O 的需要调用这些操作过程。模型还为视图获取显示数据而提供了访问其数据的操作。这种变化-传播机制体现在各个相互依赖部件之间的注册关系上。模型数据和状态的变化会激发这种变化-传播机制,是模型、视图和控制器之间联系的纽带。

2) 视图类

视图通过显示的形式把信息转达给用户。不同视图通过不同的显示来表达模型的数据和状态信息。每个视图有一个更新操作,可被变化-传播机制所激活。当调用更新操作时,视图获得来自模型的数据值,以更新显示。在初始化时,通过与变化-传播机制的注册关系建立起所有视图与模型间的关联。视图与控制器之间保持着一对一的关系,每个视图创建一个相应的控制器。视图提供给控制器处理显示的操作,因此,控制器可以获得主动激发界面更新的能力。

3) 控制类

控制器通过时间触发的方式接收用户的输入。控制器如何获得事件,依赖于界面的运行平台。控制器通过事件处理过程对输入事件进行处理,并为每个输入事件提供相应的操作服务,把事件转化成对模型或相关视图的激发操作。

如果控制器的行为依赖于模型的状态,则控制器应该在变化-传播机制中进行注册,并提供一个更新操作,这样可以由模型的变化来改变控制器的行为,如禁止某些操作。

3. MVC 的实现

实现基于 MVC 的应用需要完成以下工作,如图 5-8 所示。

图 5-8　MVC 的实现

1) 分析应用问题,对系统进行分离

分析应用问题,分离出系统的内核功能、对功能的控制输入、系统的输出行为三大部分。设计模型部件使其封装内核数据和计算功能,提供访问显示数据的操作,提供控制内部行为的操作以及其他必要的操作接口。这部分的构成与具体的应用问题紧密相关。

2) 设计和实现每个视图

设计每个视图的显示形式,从模型中获取数据,显示在屏幕上。

3) 设计和实现每个控制器

对于每个视图,指定对用户操作的响应时间、行为。在模型状态的影响下,控制器使用特定的方法接收和解释这些事件。控制器的初始化建立起与模型和视图的联系,并且启动事件处理机制。事件处理机制的具体实现方法依赖于界面的工作平台。

4) 使用可安装和卸载的控制器

控制器的可安装性和可卸载性带来了更高的自由度,并且帮助形成高度灵活性的应用。控制器与视图的分离支持了视图与不同控制器结合的灵活性,以实现不同的操作模式,例如,对普通用户、专业用户或不使用控制器建立的只读视图。这种分离还为在应用中集成新的 I/O 设备提供了途径。

5.2.7 解释器风格

解释器风格通常被用于建立一种虚拟机,以弥合程序的语义与作为计算引擎的硬件的间隙。由于解释器实际上创建了一个软件虚拟出来的机器,所以,这种风格又常常被称为虚拟机风格。例如,程序设计语言的编译器,如 Java、Smalltalk 等;基于规则的系统,如专家系统领域的 Prolog 等;脚本语言,如 Awk、Perl 等。

解释器风格的系统通常包括一个作为执行引擎的状态机和三个存储器,即系统由四个构件组成,如图 5-9 所示。连接件包括过程调用和直接存储器访问。

图 5-9 解释器风格的体系结构

解释器风格适用于这样的应用程序,即应用程序并不能直接运行在最合适的机器上,或者不能直接以最适合的语言执行。解释器风格的优点如下。

(1)有助于应用程序的可移植性与程序设计语言的跨平台能力。

(2)可以对未实现的硬件进行仿真。

解释器风格的缺点是额外的间接层次带来的系统性能的下降。

5.2.8 C2 风格

C2 体系结构风格可以概括为:通过连接件绑定在一起的、按照一组规则运作的并行构件网络。C2 风格中的系统组织规划如下。

(1)系统中的构件与连接件都有一个顶部和一个底部。

(2)构件的顶部应连接到某连接件的底部,构件的底部则应连接到某连接件的顶部,构件与构件之间的直接连接是不允许的。

(3)一个连接件可以与任意数目的其他构件和连接件连接。

(4)当两个连接件进行直接连接时,必须由其中一个的底部到另一个的顶部。

图 5-10 所示为 C2 风格的体系结构,构件与连接件之间的连接体现了 C2 风格中构件系统的规划。

C2 风格是最常用的一种软件体系结构风格。从 C2 风格的组织规则和结构图中可以得出,C2 风格具有以下特点。

(1)系统中的构件可实现应用需求,并能将任意复杂度的功能封装在一起。

(2)所有构件之间的通信是通过以连接件为中介的异步消息交换机制来实现的。

(3)构件相对独立,构件之间依赖性较少。系统中不存在某些构件将在同一地址空间内执行,或某些构件共享特定控制线程之类的相关性假设。

图 5-10 C2 风格的体系结构

5.3 案 例 分 析

下面通过两个案例来阐明怎样使用体系结构原则,以增强对软件系统的理解。第一个案例体现了对同一个问题使用不同的体系结构解决方案带来的不同好处。第二个案例总结了为工业产品族开发特定领域的体系结构风格的经验。

5.3.1 案例1:上下文关键字

David Parnas 在 1972 年的论文中提出下述问题,上下文关键字(Key Word in Context, KWIC)检索系统接受有序的行集合;每一行是单词的有序集合;每一个单词又是字母的有序集合。通过重复地删除行中第一个单词并把它插入到行尾,每一行可以被"循环地移动"。KWIC 检索系统以字母表的顺序输出一个所有行循环移动的列表。

Pamas 通过这个问题来对系统模块化的不同策略进行对比,描述了两种解决方案:一种是基于功能分解,可以共享访问数据表示;另一种是基于隐藏设计决策的分解。这个问题一经提出就得到了人们的关注,并广泛地作为软件工程教学案例。

虽然 KWIC 可以作为一个相对小的系统被设计实现,但它不仅仅是一个简单的教学案例。在实践中,它的实例被计算机科学家广泛地使用。例如,UNIX 帮助页"改变序列"的索引,基本上就是这样的一个系统。

从软件体系结构的观点来看,这个问题非常吸引人,因为我们可以通过它来阐明软件设计变更的影响。Pamas 指出,不同的问题分解策略适应设计变更的能力有很大不同。他认为的变更有以下两种。

(1) 处理算法的变更:例如,输入设备可以每读入一行就执行一次行移动,也可以读完所有行再执行行移动,或者在需要以字母表的顺序排列行集合时才执行行移动。

(2) 数据表示的变更:例如,行、单词、字母可以用各种各样的方式储存。类似地,循环移动情况也可以被显式地或者隐式地储存(使用索引和偏移量)。

后来,Garlan、Kaiser、Notkin 也通过 KWIC 的问题来阐述基于隐式调用的模块化策略。为了做到这一点,他们扩展了 Pamas 的分析并考虑以下几个方面。

(1) 系统功能的扩充:例如,修改系统使其能够排除以某些干扰单词(如 a、an 等)开头的循环移动。把系统变成交互式的,允许用户从初始列表中(或者从循环移动的列表中)删除某些行。

（2）性能：空间和时间。

（3）重用：作为可重用的实体，构件重用的程度。

下面简略论述针对 KWIC 系统的四种体系结构设计方案。这四种方案是所有方案（包括实现）中最基础的。前两个方案是在 Parnas 最初的论文中提出中。在 Garlan、Kaiser、Notkin 提出的解决方案中，使用了隐式调用风格，并且描述了解决方案的变化。第四种解决方案使用管道模式，灵感来自 UNIX 检索程序。

在介绍完每种解决方案及其优缺点后，将通过一张表从五个方面比较不同的体系结构分解策略。

1. 解决方案 1：使用共享数据的主程序/子程序

第一种解决方案根据四个基本功能将问题分解为输入、循环移动、按字母表排序、输出。所有计算构件作为子程序协同工作，并且由一个主程序顺序地调用这些子程序。构件通过共享存储区（核心存储区）交换数据。因为协同工作的子程序能够保证共享数据的顺序访问，因此，使得计算构件与共享数据之间基于一个不受约束的读写协议的通信成为可能，如图 5-11 所示。

图 5-11　KWIC：共享数据解决方案

这种方案具有很高的数据访问效率，因为计算共享同一个存储区。其另一个显而易见的好处是，不同的计算功能被划分到不同的模块中。

然而，正如 Parnas 所说，这种方案在处理变更的能力上有许多严重的缺陷。特别是，数据存储格式的变化会影响到所有模块，同样，整体处理算法的变更与系统功能扩充的问题也很难调和。最后，这种分解方案并不支持重用。

2. 解决方案 2：抽象数据类型

第二种解决方案将系统分解成五个模块。然而在这种情况下，数据不再直接地被计算构件共享。取而代之的是，每个模块提供一个接口，该接口允许其他构件通过调用接口中的过程来访问数据。如图 5-12 所示，每个构件提供了一个过程集合，这些过程决定了系统中其他构件访问该构件的形式。

这种解决方案与第一种方案一样，将系统在逻辑上分成几个处理模块。然而，当设计变更时，这种方案比第一种具有一些优势。特别是在一个独立的模块中，算法和数据表示的改变不会影响其他模块。另外,它还为重用提供了更好的支持,因为模块几乎不需要考虑与其交互的其他模块的情况。

另一方面,正如 Garlan、Kaiser、Notkin 所述,这种解决方案并不能很好地适用于功能扩展的情况。其主要的问题是,向系统中加入一个新的功能时,实现者要么平衡其简明性和完整性而修改现存模块,要么添加新的模块而导致性能下降。

图 5-12　KWIC:抽象数据类型解决方案

3. 解决方案 3:隐式调用

第三种方案采用基于共享数据的构件集成的方式,这和第一种方案有些相似,如图 5-13 所示。然而,这里有两个主要的不同之处。第一,数据访问接口更加抽象,这种方案可以抽象地访问数据(比如作为表或集合),而不需要知道数据的存储格式;第二,当数据被修改时,计算被隐式地调用,因而交互是基于“动态数据”模型的。例如,向行存储区添加一个新行的动作,会激发一个事件,这个事件被发送到移动模块;然后,移动模块进行循环移动(在一个独立的、抽象的共享数据存储区),又会引起字母表排序程序被隐式地调用,字母表排序程序再对行进行排序。

图 5-13　KWIC:隐式调用解决方案

这种解决方案很容易支持系统功能的扩展,通过注册添加的模块很容易和系统整合,当发生数据交换事件时,这些添加的模块就会被调用。数据被抽象地访问,所以这种解决方案也将计算和数据表示分开。由于被隐式调用的模块仅仅依赖于某些外部的触发事件,所以这种方案也支持重用。

　　然而,这种解决方案的缺点是难以控制隐式调用模块的处理顺序。另外,由于隐式调用是数据驱动的,这种分解策略实现起来会比之前讨论的方案占用更大的空间。

4. 解决方案 4：管道-过滤器

　　第四种解决方案采用管道的方式。这种情况下有四个过滤器：输入、循环移动、按字母表顺序排序、输出。每一个过滤器处理完数据并发送到下一个过滤器。控制是分布式的,只要有数据通过,过滤器就会进行处理。过滤器之间的数据共享严格地局限于管道中传输的数据,如图 5-14 所示。

图 5-14　KWIC：管道-过滤器方案

　　这种方案有几个好的特性：第一,能够维持处理的自然流动；第二,支持重用,因为每个过滤器可以独立处理(只要上游过滤器产生的数据格式是过滤器所期望的格式),通过在处理序列中的合适位置插入过滤器,新的功能很容易加入系统中；第三,既然每个过滤器与其他过滤器在逻辑上是独立的,那么每个过滤器也很容易替换或修改。

　　另一方面,这种解决方案也有一些缺点：第一,不可能通过修改使其支持交互,例如,删除一行,可能需要一些持久性共享存储区,但是这样就违反了这种方案的基本原则；第二,这种方案空间使用的效率非常低,因为每个过滤器必须复制所有的数据到输出端口。

5. 各种方案的比较

　　通过表 5-1 对这些方案进行比较,表中列出了各种解决方案处理设计考虑因素的能力。对于更详细的比较,还必须考虑一些与这个系统相关的因素,如用于批处理还是交互式、更新频繁还是查询频繁等。

　　表 5-1 提供了对于设计考虑因素的分析近似值,这些近似值基于之前对于这些体系结构风格的讨论。正如 Pamas 指出,共享数据方案对整体处理算法、数据表示的变更及重用的支持非常弱。另一方面,由于对数据的直接共享,获得了相对好的性能。另外,也相对比较容易加入新的处理构件(同样通过访问共享数据)。抽象数据类型方案在保证性能的情况下,允许数据表示变更并且支持重用。但是,由于构件的交互依赖于模块本身,所以,改变整体处理算法或者加入新的功能可能要对现有系统做很大修改。

表 5-1　KWIC：各种方案的比较

项　　目	共享数据	抽象数据类型	隐式调用	管道-过滤器
算法变更	−	−	+	+
数据表示变更	−	+	−	−
功能变更	+	−	+	+
性能	+	+	−	−
重用	+	+	−	+

软件体系结构风格

隐式调用方案对于添加新功能的支持非常好。然而,由于共享数据自身的一些问题,该方案对于数据表示和重用的支持非常弱。另外,还可能引起额外的执行开销。管道-过滤器方案允许在文本处理流中放置新的过滤器,因此支持处理算法的改变、功能的变化和重用。另一方面,数据表示的选择过分地依赖于管道中传输的数据类型的假定。而且,由于需要数据转换,对管道中数据进行编码和解码也会造成额外的开销。

5.3.2　案例2:仪器软件

第二个案例描述了泰克公司的一个软件体系结构的工业发展。这项工程历时三年,是由泰克公司的几个产品部门和计算机研究实验室合作展开的。

这项工程的目的是为示波器开发一种可重用的系统体系结构。示波器是一个仪器系统,能对电信号取样,并且在屏幕上显示电信号的图像(踪迹)。示波器通常对信号进行测量,并显示在屏幕上。尽管示波器曾经是一个简单的模拟设备,几乎不需要软件,但是现代示波器主要依靠数字技术,并且使用非常复杂的软件。

现代示波器能够完成大量的测量,提供兆字节的内存,支持工作站网络和其他仪器的接口,并能提供完善的用户界面,包括带有菜单的触摸屏、内置的帮助工具和彩色显示,能提供这么复杂的功能并不令人奇怪。

像很多公司越来越依赖软件对他们产品的支持一样,泰克公司也面临了一系列问题。首先,几乎没有在不同示波器上可重用的软件组织结构。确实,不同的示波器由不同的产品部门生产,每个部门都有自己的开发约定、软件组织结构、编程语言、开发工具。另外,甚至在一个产品部门内,每一个新的示波器通常也不得不重新设计来适应硬件性能的变化和用户界面的新需求。而硬件和界面需求变化速度越来越快也加剧了这种情况。此外,开发"特殊的市场"的需要,意味着必须为特殊的用户量身定做多种用途的仪器,如病人监护或汽车诊断。

其次,性能问题越来越严重,因为软件在仪器中不能被快速配置。这些问题的出现,是由于根据用户的任务需要,示波器需要在不同的模式下配置。以前的示波器只需要简单地载入处理新模式的软件就能重新配置。软件的规模越来越大,这导致了在用户的请求和仪器重新配置之间出现延迟。

这项工程的目标是为示波器开发一种解决上述问题的体系结构框架。工程的结果产生了一个特定领域的软件体系结构,这种体系结构将是下一代泰克示波器的基础。之后,这个框架被扩展、修改,以适应更广泛的系统种类,同时也是为了适应仪器软件的特殊需要。下面将简述这种软件体系结构发展的各个阶段。

1. 面向对象模型

开发一个可重用体系结构的最初尝试,是开发一种面向对象的软件模型,这个模型阐明了在示波器中使用的对象类型:波形、信号、测量值、触发模型等,如图 5-15 所示。虽然这是一个有益的实践,但是由于没有产生出期望的结果而失败了。尽管很多对象类型被确定,但是没有一个整体模型解释怎样结合这些对象类型,这会导致功能划分的混乱。例如,量度是否应该与被测

图 5-15　示波器:面向对象模型

量的或者被外部表示的数据类型相关联？用户界面应该和哪些对象交互？

2. 分层模型

第二阶段尝试解决这些问题，这一阶段提出了示波器的一个分层模型，如图 5-16 所示。在模型中，核心层提供信号处理功能，当信号进入示波器时，使用这些功能过滤信号。这些功能通常通过硬件实现。第二层提供波形采集功能，在这层中信号被数字化，并且被内部保存用于以后的处理。第三层提供波形处理功能，包括测量、波形叠加、傅里叶转换。第四层提供显示功能，即负责将数字化的波形与测量值直观表示出来。最外层是用户界面，这一层负责与用户进行交互，并决定在屏幕上显示哪些数据。

图 5-16　示波器：分层模型

这种分层模型将示波器的功能分成一些明确定义的组，所以具有显而易见的吸引力。遗憾的是，对于应用领域，这种模型是错误的。其主要问题是层次间强加的抽象边界和各功能间交互的需要是相互冲突的。例如，这种模型提出所有用户与示波器交互必须通过显示层。但是在实践中，真正的示波器用户需要直接与各层打交道，例如在信号处理层中设置衰减，在采集层中选择采集模式和参数，或者在波形处理层中制作导出波形。

3. 管道-过滤器模型

第三种尝试产生了一个模型，在这个模型中，示波器功能被看成是数据的增量转换器。信号转换器用来检测外部信号，采集转换器用来从这些信号中导出数字化波形，显示转换器再将这些波形转换成可显示的数据，如图 5-17 所示。

图 5-17　示波器：管道-过滤器模型

这种体系结构模型和分层模型相比有很大改进，因为没有在功能划分中将各个功能孤立起来。例如，信号数据可以直接流入显示过滤器，而不会被其他过滤器干扰。另外，从工程师的角度来看，模型将信号处理作为数据流问题是比较合适的，模型也允许在系统设计中硬件与软件构件的灵活混合和替换。

这种模型的主要问题是没有清晰地说明用户怎样与其交互。如果用户仅仅是站在屏幕前等待结果，那么，这种模型的分解策略甚至比分层系统还糟糕。

4. 改进后的管道-过滤器模型

第四种解决方案解决了用户输入问题，即为每个过滤器添加一个控制界面，这个界面允许外部实体为过滤器设置操作参数。例如,采集过滤器具有某些参数,用来确定采样频率和波幅。这些输入可以作为示波器的配置参数。可以将这些过滤器想象成一个具有"控制面板"的界面,通过它可以控制在输入/输出界面上将要执行哪些功能。在形式上,过滤器可以被模拟成函数,配置参数决定了过滤器将执行什么数据转换。图 5-18 显示了这个体系结构。

图 5-18　示波器:改进后的管道-过滤器模型

控制界面的引入解决了很大一部分用户界面的问题。第一,它提供了一系列设置,这些设置决定了示波器的哪些方面可以被用户动态地修改,同时也解释了用户如何通过不断地调整软件来改变示波器的功能。第二,控制界面将示波器的信号处理功能和实际的用户界面分离,信号处理软件不需要考虑用户实际设置控制参数的方式。相反地,实际的用户界面仅仅通过控制参数来控制信号处理功能。这样,设计者可以在不影响用户界面实现的情况下更改信号处理软件和硬件的实现(假设控制界面不变)。

5. 专用化模型

改进后的管道-过滤器模型虽然有了很大进步,但是同样还存在一些问题。最显著的问题是管道-过滤器计算模式的性能非常差,特别是波形数据占用了很大的内存容量,过滤器每次处理波形时都复制波形数据是不切实际的。另外,不同的过滤器以完全不同的速度运行,由于其他过滤器仍然在处理数据,所以不会降低单个过滤器的处理速度。

为了解决这些问题,需要将模型进一步地专用化。引进多种"颜色"的管道,而不只是使用一种管道。一些管道允许某些过滤器在处理数据时不必复制数据;另一些管道允许慢速过滤器在数据没有处理完时忽略新来的数据。这些附加的管道增加了风格词汇表,并且可以根据产品的性能定制管道-过滤器的计算模式。

5.4　客户/服务器风格

客户/服务器(Client/Server,C/S)计算技术在信息产业中占有重要的地位。网络计算经历了从基于宿主机的计算模型到客户/服务器计算模型的演变。

在集中式计算技术时代广泛使用的是大型机/小型机计算模型,通过一台物理上与宿主机相连接的非智能终端来实现宿主机上的应用程序,如图 5-19 所示。多用户环境中,宿主机应用程序既负责与用户的交互,又负责对数据的管理。宿主机上的应用程序一般也分为与用户交互的前端和管理数据的后端,即数据库管理系统(Database Management System,DBMS)。集中式的系统使用户能共享贵重的硬件设备,如磁盘机、打印机和调制解调器等。但随着用户的增多,对宿主机能力的要求提高,而且开发者必须为每个新的应用重新设计同样的数据管理构件。

图 5-19 C/S 体系结构示意图

20 世纪 80 年代以后,集中式结构逐渐被以 PC 为主的微型计算机网络所取代。个人计算机和工作站的采用永远改变了协作计算模型,从而导致了分散的个人计算模型的产生。一方面,由于大型机系统固有的缺陷(如缺乏灵活性),无法适应信息量急剧增长的需求,并为整个企业提供全面的解决方案等;另一方面,由于微处理器的日新月异,其强大的处理能力和低廉的价格使微型计算机网络迅速发展,已不仅仅是简单的个人系统,这便形成了计算机界的向下规模化。其主要优点是,用户可以选择适合自己需要的工作站、操作系统和应用程序。

C/S 体系结构是基于资源不对等,且为实现共享而提出来的,是 20 世纪 90 年代成熟起来的技术,它定义了工作站如何与服务器相连,以实现数据和应用分布到多个处理机上。C/S 体系结构有三个主要组成部分:数据库服务器、客户应用程序和网络。

服务器负责有效地管理系统的资源,其任务集中于以下几个方面。

(1) 数据库安全性的要求。

(2) 数据库访问并发性的控制。

(3) 数据库前端的客户应用程序的全局数据完整性规则。

(4) 数据库的备份与恢复。

客户端应用程序的主要任务如下。

(1) 提供用户与数据库交互的界面。

(2) 向数据库服务器提交用户请求,并接收来自数据库服务器的信息。

(3) 利用客户端应用程序,对存在于客户端的数据执行应用逻辑要求。

网络通信软件的主要作用是完成数据库服务器和客户端应用程序之间的数据传输。

在一个 C/S 体系结构的软件系统中,客户端应用程序是针对一个小的、特定的数据集,如对一个表的行来进行操作,而不是像文件服务器那样针对整个文件进行,是对某一条记录进行封锁,而不是对整个文件进行封锁,因此保证了系统的并发性,并使网络上传输的数据量减到最少,从而改善了系统的性能。

C/S 体系结构的优点主要在于,系统的客户端应用程序和服务器构件分别运行在不同的计算机上,系统中每台服务器都可以适合各构件的要求,这对于硬件与软件的变化显示出极大的适应性、灵活性,而且易于对系统进行扩充和缩小。C/S 体系结构中,系统中的功能件充分隔离,客户端应用程序的开发集中于数据的显示和分析,而数据库服务器的开发则集中于数据的管理,不必在每一个新的应用程序中都要对一个 DBMS 进行编码。将大的应用处理任务分布到许多通过网络连接的低成本计算机上,以节约大量费用。

C/S 体系结构具有强大的数据操作和事务处理能力,模型思想简单,易于人们理解和接受,但随着企业规模的日益扩大,软件的复杂程度不断提高,C/S 体系结构逐渐暴露了以下缺点。

(1) 开发成本较高。C/S 体系结构对客户端软件与硬件配置要求较高,尤其是软件的不断升级,对硬件要求不断提高,增加了整个系统的成本,客户端变得越来越臃肿。

(2) 客户端程序设计复杂。采用 C/S 体系结构进行软件开发,大部分工作量放在客户端的程序设计上,客户端显得十分庞大。

(3) 信息内容和形式单一,因为传统应用一般为事务处理,界面基本遵循数据库的字段解释,在开发之初就已确定,而且不能随时截取办公信息与档案等外部信息,用户获得的只是单纯的字符和数字,既枯燥又死板。

(4) 用户界面风格不一,使用复杂,不利于推广使用。

(5) 软件移植困难。采用不同开发工具或平台开发的软件一般互不兼容,不能或很难移植到其他平台上运行。

(6) 软件维护与升级困难。采用 C/S 体系结构的软件要升级,开发人员必须到现场为客户端升级,每个客户端上的软件都需要维护。对软件的一个小小改动(如只改动一个变量),每一个客户端都必须更新。

(7) 新技术不能轻易应用。因为一个软件平台及开发工具一旦选定,不可能轻易更改。

5.5　三层 C/S 体系结构风格

传统的二层 C/S 体系结构存在以下几个局限。

(1) 二层 C/S 体系结构是单一服务器且以局域网为中心,所以难以扩展至大型企业广域网或互联网。

(2) 软件与硬件的组合及集成能力有限。

(3) 客户机的负荷太重,难以管理大量的客户机,系统的性能容易变差。

(4) 数据安全性不好。因为客户端程序可以直接访问数据库服务器,所以,在客户端计算机上的其他程序也可想办法访问数据库服务器,从而使数据库的安全性受到威胁。

正是因为二层 C/S 体系结构有以上缺点,所以三层 C/S 体系结构应运而生,其结构如图 5-20 所示。

与二层 C/S 体系结构相比,在三层 C/S 体系结构中增加了一个应用服务器,可以将整个应用逻辑驻留在应用服务器上,而只有表示层存在于客户机上。这种结构被称为“瘦客户机”。三层 C/S 体系结构将应用功能分成表示层、功能层和数据层三个部分,如图 5-21 所示。

1. 表示层

表示层是应用的用户接口部分,担负着用户与应用之间的对话功能,用于检查用户从键盘等输入的数据,显示应用输出的数据。为使用户能直观地进行操作,一般要使用图形用户

图 5-20　三层 C/S 体系结构示意图

图 5-21　三层 C/S 体系结构的一般处理流程

界面(Graphic User Interface,GUI),其操作简单、易学易用。在变更用户界面时,只需改写显示控制和数据检查程序,而不影响其他两层。检查的内容也只限于数据的形式和取值的范围,不包括有关业务本身的处理逻辑。

2. 功能层

　　功能层相当于应用的本体,用于将具体的业务处理逻辑编入程序。例如,在制作订购合同时要计算合同金额,按照定好的格式配置数据、打印订购合同,而处理所需的数据则要从表示层、数据层取得。表示层与功能层之间的数据交往要尽可能简洁。例如,用户检索数据时,要设法将有关检索要求的信息一次性地传送给功能层,而由功能层处理过的检索结果数

软件体系结构风格

据也应一次性地传送给表示层。

通常,在功能层中包含确认用户对应用与数据库存取权限的功能以及记录系统处理日志的功能。功能层的程序多半是用可视化编程工具开发的,也有使用 COBOL 和 C 语言的。

3. 数据层

数据层就是数据库管理系统,负责管理对数据库数据的读写。数据库管理系统必须能迅速执行大量数据的更新和检索。现在的主流是关系型数据库管理系统(Relational Database Management System,RDBMS),因此,一般从功能层传送到数据层的要求大都使用 SQL 语言。

三层 C/S 体系结构的解决方案是对这三层进行明确分割,并在逻辑上使其独立。原来的数据层作为数据库管理系统已经独立出来,所以,关键是要将表示层与功能层分离成各自独立的程序,并且还要使这两层间的接口简洁明了。

一般情况是只将表示层配置在客户机中,如图 5-22 所示。如果像图 5-22(c)所示的那样,连功能层也放在客户机中,则与二层 C/S 体系结构相比,程序的可维护性要好得多,但是其他问题并未得到解决。客户机的负荷太重,业务处理所需的数据要从服务器传给客户机,所以系统的性能容易变差。

图 5-22　三层 C/S 物理结构比较

如果将功能层和数据层分别放在不同的服务器中,如图 5-22(b)所示,则服务器和服务器之间也要进行数据传送。但是,由于在这种形态中三层是分别放在各自不同的硬件系统上的,因此灵活性很高,能够适应客户机数目的增加和处理负荷的变动。例如,在追加新业务处理时,可以相应增加装载功能层的服务器。因此,系统规模越大,这种形态的优势就越显著。

三层 C/S 体系结构中,中间件是最重要的构件。中间件(Middleware)是一个用 API 定义的软件层,是具有强大通信能力与良好可扩展性的分布式软件管理框架。中间件的功能是在客户机和服务器,或者服务器和服务器之间传送数据,实现客户机群和服务器群之间的通信。其工作流程是,在客户机里的应用程序需要驻留网络上某个服务器的数据或服务时,搜索此数据的 C/S 应用程序需访问中间件系统,该系统将查找数据源或服务,并在发送应用程序请求后重新打包响应,将其传送回应用程序。

5.5.1 三层 C/S 体系结构的优点

可以看出,与传统的二层 C/S 体系结构相比,三层 C/S 体系结构具有以下优点。

(1)允许合理地划分三层结构的功能,使之在逻辑上保持相对独立性,从而使整个系统的逻辑结构更为清晰,能提高系统与软件的可维护性和可扩展性。

(2)允许更灵活有效地选用相应的平台与硬件系统,使之在处理负荷能力上与处理特性上分别适应于结构清晰的三层,并且这些平台与各个组成部分可以具有良好的可升级性与开放性。例如,最初用一台 UNIX 工作站作为服务器,将数据层、功能层都配置在这台服务器上。随着业务的发展,用户数和数据量逐渐增加,这时就可以将 UNIX 工作站作为功能层的专用服务器,另外追加一台专用于数据层的服务器。若业务进一步扩大,用户数进一步增加,则可以继续增加功能层的服务器数目,用以分割数据库。清晰、合理地分割三层结构并使其独立,可以使系统构成的变更非常简单。因此,被分成三层的应用基本上不需要修正。

(3)三层 C/S 体系结构中,应用的各层可以并行开发,各层也可以选择各自最适合的开发语言,使之能并行地而且是高效率地进行开发,达到较高的性能价格比,对每一层的处理逻辑的开发和维护也会更容易些。

(4)允许充分利用功能层有效地隔离开表示层与数据层,未授权的用户难以绕过功能层而利用数据库工具或黑客手段去非法地访问数据层,这就为严格的安全管理奠定了坚实的基础,整个系统的管理层次也更加合理和可控制。

值得注意的是,三层 C/S 体系结构各层间的通信效率若不高,则即使分配给各层的硬件能力很强,其作为整体来说,也达不到所要求的性能。此外,设计时必须慎重考虑三层间的通信方法、通信频度及数据量。这和提高各层的独立性一样,是三层 C/S 体系结构的关键问题。

5.5.2 实例:某石油管理局劳动管理信息系统

本节以某石油管理局劳动管理信息系统的设计与开发为例,介绍三层 C/S 体系结构的应用。

1. 系统背景介绍

该石油管理局是国有特大型企业,其劳动管理信息系统(Management information System,MIS)具有较强的特点,具体如下。

(1)信息量大:须存储并维护全油田近 20 万名职工的基本信息和其他各种管理信息。

(2)单位多、分布广:系统涵盖 70 多个单位,分布范围 8 万多 km^2。

(3)用户类型多、数量大:劳动管理工作涉及管理局(一级)、厂矿(二级)、基层大队(三级)等三级层次,各层次的业务职责不同,各层次领导对系统的查询功能的要求和权限也不同,系统用户总数达 700 多个。

(4)网络环境不断发展:70 多个二级单位中有 40 多个联入广域网,其他二级单位只有局域网,而绝大部分三级单位只有单机,需要陆续接入广域网。

项目要求系统应具备较强的适应能力和进化能力,不论单机还是网络环境均能运行,并

软件体系结构风格

保证数据的一致性,且能随着网络环境的改善与管理水平的提高平稳地从单机方式向网络方式、从集中式数据库方式向分布式数据库方式,以及从独立的应用程序方式向适应Intranet 环境的方式进化。

2. 系统分析与设计

三层 C/S 体系结构运用事务分离的原则将 MIS 应用分为表示层、功能层、数据层三个层次,每一层次都有自己的特点,例如,表示层是图形化的、事件驱动的,功能层是过程化的,数据层则是结构化与非过程化的,传统的结构化分析与设计技术难以统一表达这三个层次。面向对象的分析与设计技术则可以将这三个层次统一利用对象的概念进行表达。当前有很多面向对象的分析和设计方法,这里采用 OOA 与 OOD 技术进行三层结构的分析与设计。

MIS 的三层结构中,中间的功能层是关键。运行 MIS 应用程序的最基本的任务,就是执行数千条定义业务如何运转的业务逻辑。一个业务处理过程就是一组业务处理规则的集合。中间层反映的是应用域模型,是 MIS 系统的核心内容。

OOA 用于理解与掌握 MIS 应用域的业务运行框架,即应用域建模,OOA 模型描述应用域中的对象,以及对象间各种各样的结构关系和通信关系。OOA 模型有两个用途。首先,每个软件系统都建立在特定的现实世界中,OOA 模型就是用来形式化该现实世界的"视网",建立起各种对象,分别表示软件系统主要的组织结构以及现实世界强加给软件系统的各种规则与约束条件。其次,给定一组对象,OOA 模型规定了它们如何协同才能完成软件系统所指定的工作。这种协同在模型中,是以表明对象之间通信方式的组消息连接来表示的。

OOA 模型划分为以下五个层次可视图。

(1) 对象-类层:表示待开发系统的基本构造块。对象都是现实世界中应用域概念的抽象。这一层是整个 OOA 模型的基础,在劳动管理信息系统中,存在一百多个类。

(2) 属性层:对象所存储(或容纳)的数据称为对象的属性。类的实例之间互相约束,必须遵从应用域的某些限制条件或业务规则,这些约束称为实例连接。对象的属性和实例连接共同组成了 OOA 模型的属性层。属性层中的业务规则是 MIS 中最易变化的部分。

(3) 服务层:对象的服务加上对象实例之间的消息通信共同组成了 OOA 模型的服务层。服务层中的服务包含了业务执行过程中的一部分业务处理逻辑,也是 MIS 中容易改变的部分。

(4) 结构层:结构层负责捕捉特定应用域的结构关系。分类结构表示类属成员的构成,反映通用性和特殊性。组装结构表示聚合,反映整体和组成部分。

(5) 主题层:主题层用于将对象归类到各个主题中,以简化 OOA 模型。为了简化劳动管理信息系统,将整个系统按业务职能划分为十三个主题,分别为职工基本信息管理、工资管理、劳动组织计划管理、劳动定员定额管理、劳动合同管理、劳动统计管理、职工等级鉴定管理、劳动保险管理、劳动力市场管理、劳动政策查询管理、领导查询系统、系统维护管理和系统安全控制。

在 OOD 方法中,OOD 体系结构以 OOA 模型为设计模型的雏形。OOD 将 OOA 的模型作为 OOD 的问题论域部分,并增加其他三个部分,即人机交互部分、任务管理部分和数据管理部分。各部分与 PDC 一样划分为五个层次,但是针对系统的不同方面。OOD 的任务是将 OOA 所建立的应用模型计算机化,OOD 所增加的三个部分是为应用模型添加计算机的特征。

（1）问题论域部分（Problem Domain Component，PDC）：以 OOA 模型为基础，包含那些执行基本应用功能的对象，可逐步细化，使其最终能解决实现限制、特性要求、性能缺陷等方面的问题。PDC 封装了应用服务器功能层的业务逻辑。

（2）人机交互部分（Human Interaction Component，HIC）：指定了用于系统的某个特定实现的界面技术，在系统行为和用户界面的实现技术之间架起了一座桥梁，封装了客户层的界面表达逻辑。

（3）任务管理部分（Task Management Component，TMC）：把有关特定平台的处理机制底层系统的其他部分隐藏了起来。在该项目中，利用 TMC 实现分布式数据库的一致性管理。在三层 C/S 体系结构中，TMC 是应用服务器的一个组成部分。

（4）数据管理部分（Data Management Component，DMC）：定义了那些与所有数据库技术接口的对象，DMC 同样是三层结构中应用服务器的一部分。由于 DMC 封装了数据库访问逻辑使应用独立于特定厂商的数据库产品，因此便于系统的移植和分发。

OOD 的四个部分与三层结构的对应关系如图 5-23 所示。

图 5-23　OOD 的四个部分与三层结构的对应关系

3. 系统实现与配置

三层 C/S 体系结构提供了良好的结构扩展能力。本质上，三层结构是一种开发分布式应用程序的框架，在系统实现时，可采用支持分布式应用的构件技术实现。

当前，已有三种分布式构件标准：微软的 DCOM、OMG 的 CORBA 和 SUN 的 EJB。这三种构件标准各有特点。考虑到在该项目应用环境的客户端和应用服务器均采用 Windows 和 Windows Server，这里采用在这些平台上具有较高效率的支持 DCOM 的 ActiveX 方式实现客户端和应用服务器的程序。

ActiveX 可将程序逻辑封装起来，并划分到进程内、本地或远程进程外执行。为将应用程序划分到不同的构件里面，这里引入"服务模型"的概念。服务模型提供了一种逻辑性（非物理性）的方式，如图 5-24 所示。

"服务模型"是对所创建的构件进行分组的一种逻辑方式，这种模型与语言无关。服务模型基于这样一个概念，每个构件都是一系列服务的集合，这些服务由构件提供给其他对象。

软件体系结构风格

图 5-24　服务模型结构图

创建应用方案时,共有三种类型的服务可供选用,即用户服务、业务服务和数据服务。每种服务类型都对应于三层 C/S 体系结构中的某一层。在服务模型里,为实现构件间的相互通信,必须遵守以下两条基本的规则。

(1) 一个构件能向当前层及构件层上下的任何一个层的其他构件发出服务请示。

(2) 不能跳层发出服务请求,用户服务层内的构件不能直接与数据服务层内的构件通信,反之亦然。

在劳动管理信息系统的实现中,将 PDC 的十三个子系统及 TMC 和 DMC 分别用单独的构件实现,这样,系统可根据各单位的实际情况进行组合,实现系统的灵活配置。而且这些构件还可以作为一个部件用于构造新的更大的系统。

根据各种用户不同阶段对系统的不同需求以及系统未来的进化可能,这里拟定了以下几种不同的应用配置方案,包括单机配置方案、单服务器配置方案、业务服务器配置方案和事务服务器配置方案。

1) 单机配置方案

对于未能联入广域网的二级单位和三级单位单机用户,将三层结构的所有构件连同数据库系统均安装在同一台计算机上,与中心数据库的数据交换采用拨号上网或交换磁介质的方式完成,当联入广域网时,可根据业务量情况采用单服务器配置方案或业务服务器配置方案。

2) 单服务器配置方案

对于已建有局域网的二级单位,当建立了本地数据库且其系统负载不大时,可将业务服务构件与数据服务构件配置在同一台物理服务器中,而应用客户(表示层)构件在各用户的计算机内安装。

3) 业务服务器配置方案

这是三层结构的理想配置方案。工作负荷大的单位,采用将业务服务构件和数据服务构件分别配置于独立的物理服务器内以改善性能。该方案也适用于暂时不建立自己的数据库,而使用局劳资处的中心数据库的单位,此时只需建立一台业务服务器。该单位需要建立自己的数据库时,只需把业务服务器的数据库访问接口改动一下,其他方面无须任何改变。图 5-25 给出了向 Intranet 方式的转移。

4）事务服务器配置方案

当系统采用 Intranet 方式提供服务时,将应用客户由构件方式改为 Web 页面方式,应用客户与业务服务构件之间的联系,由 Web 服务器与事务服务器之间的连接提供,事务服务器对业务服务构件进行统一管理和调度,业务服务构件和数据服务构件不必做任何修改,这样,既可以保证以前的投资不受损失,又可以保证业务运行的稳定性,向 Intranet 方式的转移是渐进的,两种运行方式将长期共存。

图 5-25 向 Intranet 方式的转移

上述各种方案中,除单机配置方案外,其他方案均能对系统的维护和安全管理提供极大的方便。任何应用程序的更新,只需在对应的服务器上更新有关的构件即可,安全性则由在服务器上对操作应用构件的用户进行相应的授权来保障,由于任何用户不直接拥有对数据库的访问权限,其操作必须通过系统提供的构件进行,这样就保证了系统的数据不被滥用,具有很高的安全性。同时,三层 C/S 体系结构具有很强的可扩展性,可以根据需要选择不同的配置方案,并且在应用扩展时方便地转移为另一种配置。

5.6 浏览器/服务器风格

浏览器/服务器(Browser/Server,B/S)结构是随着互联网技术的兴起,对 C/S 体系结构进行改进后形成的一种结构。在 B/S 体系结构下,用户界面完全通过 WWW 浏览器实现,部分事务逻辑在前端实现,但是主要事务逻辑在服务器端实现。它利用浏览器技术,结合浏览器的多种脚本语言并通过浏览器就实现了原来需要复杂的专用软件才能实现的强大功能,是一种全新的软件体系结构。B/S 体系结构图如图 5-26 所示。

图 5-26 B/S 体系结构图

要实现一个完整的 Browser/Server 应用系统,需要由 Browser、Web Server 和 DB Server 三个部分组成。

B/S 模式第一层客户机的主体是浏览器,如 Netscape Navigator 或微软公司的 IE 等,它是 B/S 结构中用户与整个系统交互的界面,用于向服务器发送特定的数据或请求,以及接收从服务器发送来的数据。浏览器将 HTML 代码转化成图文并茂的网页,网页还具备一定的交互功能,允许用户在网页提供的申请表上输入信息提交给后台,并提出处理请求。这个后台就是第二层的 Web 服务器。

第二层 Web 服务器是实现 B/S 结构的关键。Web 服务器的引入,使得通过浏览器来访问数据库服务器成为可能,从而免去开发与维护客户端界面的大量工作。分散在各地的用户,只要安装了浏览器软件,都可以访问数据库服务器。Web 服务器作为一种应用服务器,可以将原来分布于客户端或服务器端的应用集中在一起,使系统的结构更加清晰和精细,有利于系统的扩展。Web 服务器作为客户端和服务器端的中介,起着沟通与协调的作用。

Web 服务器的作用是接收浏览器的页面请求,找到正确的页面并将其回传给浏览器。随着互联网的发展以及用户对 Web 要求的提高,Web 服务器含义覆盖的范围也有很大扩展。它需要接收浏览器的页面请求,对其中非 Web 页面制作语言的部分解释执行,承担着浏览器与数据库的接口作用。不同的系统平台提供的 Web 服务器是不同的,但是基本功能应该没有差别,只是其实现功能的方法不一样。

浏览器通过将 URL 发送给 Web 服务器请求信息,服务器通过返回超文本标记语言(HyperText Markup Language,HTML)进行页面响应,页面可以是已经格式化并存储在 Web 结点中的静态页面,也可能是服务器动态创建以响应用户所提供信息的页面,或者是列出在 Web 结点上可用的文件和文件夹的页面。

第三层数据库服务器的任务类似于 C/S 模式,负责协调不同的 Web 服务器发出的请求来管理数据库。在该层中存储了系统中所有需要发布的数据信息,因此为了保证 Web 站点的高速和高效,一般需要把数据库服务器放在硬件配置较好的机器上,可以和 Web 服务器在同一台计算机上,也可以位于两台甚至是多台计算机上。

B/S 体系结构的优点表现为以下几个方面。

(1) 它简化了客户端,无须像 C/S 模式那样,在不同的客户机上安装不同的客户端应用程序,而只需安装通用的浏览器软件,就可享受到无限丰富的永远在不断变化和发展着的信息服务。这样,不但可以节省客户机的硬盘空间与内存,而且使客户端的安装和升级过程更加简便。原则上,取消了所有在客户机一侧的维护工作。

(2) B/S 体系结构模式特别适用于网上信息的发布。

(3) B/S 体系结构通过互联网技术统一访问不同种类的数据库,提供了异种机器、异种网络、异种应用服务之间统一服务的最现实的开放性基础。

同时,B/S 体系结构也存在着以下问题。一方面,企业是一个有结构、有管理、有确定任务的有序实体,而互联网面向的却是一个无序的集合,B/S 模式必须适应并迎合长期使用 C/S 模式的有序需求方式。另一方面,企业中已经积累了或多或少的各种基于非互联网技术的应用,如何恰当地与这些应用连接,是 B/S 模式中的一项极其重要的任务。此外,缺乏对动态页面的支持能力,没有集成有效的数据库处理功能,系统的扩展能力差,安全性难以控制以及集成工具不足等,都让我们在使用 B/S 体系结构模式时应慎重。

5.7　C/S 与 B/S 混合结构风格

C/S 与 B/S 混合体系结构是一种典型的异构体系结构。B/S 体系结构即 Browser/Server(浏览器/服务器)结构,是随着互联网技术的兴起,对 C/S 体系结构的一种变化或者改进的结构。在 B/S 体系结构下,用户界面完全通过 WWW 浏览器实现,部分事务逻辑在前端实现,但是主要事务逻辑在服务器端实现。

B/S 体系结构主要是利用不断成熟的 WWW 浏览器技术,结合浏览器的多种脚本语言,用通用浏览器就实现了原来需要复杂的专用软件才能实现的强大功能,并节约了开发成本,是一种全新的软件体系结构。基于 B/S 体系结构的软件、系统安装、修改和维护全在服务器端解决,用户在使用系统时,仅仅需要一个浏览器就可运行全部的模块,真正达到了"零客户端"的功能,很容易在运行时自动升级。B/S体系结构还提供了异种机、异种网、异种应用服务的联机、联网、统一服务的最现实的开放性基础。

但是,与C/S体系结构相比,B/S体系结构也有许多不足之处,例如:

(1) B/S体系结构缺乏对动态页面的支持能力,没有集成有效的数据库处理功能。

(2) B/S体系结构的系统扩展能力差,安全性难以控制。

(3) 采用B/S体系结构的应用系统,在数据查询等响应速度上远远低于C/S体系结构。

(4) B/S体系结构的数据提交一般以页面为单位,数据的动态交互性不强,不利于联机事务处理过程(On-Line Transaction Processing,OLTP)的应用。

从上面的对比分析中可以看出,C/S体系结构并非一无是处,而B/S体系结构也并非十全十美。由于C/S体系结构根深蒂固,技术成熟,原来的很多软件系统都是建立在该体系结构基础上的,因此,C/S体系结构与B/S体系结构还将长期共存。

C/S与B/S混合体系结构的优点是:外部用户不直接访问数据库服务器,能保证企业数据库的相对安全;企业内部用户的交互性较强,数据查询和修改的响应速度较快。

C/S与B/S混合体系结构的缺点是:企业外部用户修改和维护数据时,速度较慢,较烦琐,数据的动态交互性不强。

5.8　正交软件体系结构风格

5.8.1　正交软件体系结构的概念

正交软件体系结构由组织层和线索的构件构成。

层是由一组具有相同抽象级别的构件构成的。线索是子系统的特例,由完成不同层次功能的构件组成(通过相互调用来关联),每一条线索完成整个系统中相对独立的一部分功能。每一条线索的实现与其他线索的实现无关或关联很少,在同一层中的构件之间是不存在相互调用的。

如果线索是相互独立的,即不同线索中的构件之间没有相互调用,那么这个结构就是完全正交的。从以上定义可以看出,正交软件体系结构是一种以垂直线索构件族为基础的层次化结构,其基本思想是把应用系统的结构按功能的正交相关性垂直分割为若干个线索(子系统),线索又分为几个层次,每个线索由多个具有不同层次功能与不同抽象级别的构件构成。各线索的相同层次的构件具有相同的抽象级别。因此,可以归纳正交软件体系结构的主要特征如下。

(1) 正交软件体系结构由完成不同功能的$n(n>1)$个线索(子系统)组成。

(2) 系统具有$m(m>1)$个不同抽象级别的层。

(3) 线索之间是相互独立的(正交的)。

(4) 系统有一个公共驱动层(一般为最高层)和公共数据结构(一般为最低层)。

对于大型的和复杂的软件系统,其子线索(一级子线索)还可以划分为更低一级的子线索(二级子线索),形成多级正交结构。正交软件体系结构的框架如图5-27所示。

图5-27所示是一个三级线索、五层结构的正交软件体系结构框架图,该图中,A、B、D、

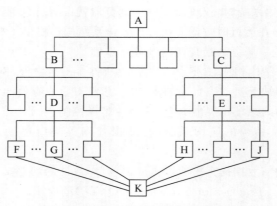

图 5-27 正交软件体系结构的框架

F、K组成了一条线索,A、C、E、J、K也是一条线索。因为B、C处于同一层次中,所以不允许进行互相调用;H、J处于同一层次中,也不允许进行互相调用。一般来讲,第五层是一个物理数据库连接构件或设备构件,供整个系统公用。

在软件进化过程中,系统需求会不断发生变化。正交软件体系结构中,因线索的正交性,每一个需求变动仅影响某一条线索,而不会涉及其他线索。这样,就把软件需求的变动局部化了,产生的影响也被限制在一定范围内,因此实现容易。

5.8.2 正交软件体系结构的优点

正交软件体系结构具有以下优点。

(1)结构清晰,易于理解。正交软件体系结构的形式有利于理解。由于线索功能相互独立,不进行互相调用,结构简单、清晰,因此构件在结构图中的位置已经说明所实现的是哪一级抽象,担负的是什么功能。

(2)易修改,可维护性强。由于线索之间相互独立,因此对一个线索的修改不会影响到其他线索。当软件需求发生变化时,可以将新需求分解为独立的子需求,然后以线索和其中的构件为主要对象,分别对各个子需求进行处理,这样,软件修改就很容易实现。系统功能的增加或减少,只需相应地增删线索构件族,而不影响整个正交体系结构,因此能方便地实现结构调整。

(3)可移植性强,重用粒度大。正交软件体系结构可以为一个领域内的所有应用程序所共享,这些软件有着相同或类似的层次和线索,可以实现体系结构级的重用。

5.8.3 正交软件体系结构的实例

本节以某省电力局的一个管理信息系统为例,讨论正交软件体系结构的应用。

1. 设计思想

设计初期,考虑到未来可能进行的机构改革,在系统投入运行后,单位各部门的功能有可能发生以下变化:

(1)某些部门的功能可能改变或取消,或转入另外的部门,或其工作内容发生变更。

(2)有的部门可能被撤销,其功能被整个并入其他部门或分解并入数个部门。

（3）某些部门的功能可能需要扩充。

为适应将来用户需求可能发生的变化，尽量降低维护成本，提高可用性和重用性，这里使用了多级正交软件体系结构的设计思想。本系统中，考虑到其系统较大和实际应用的需要，将线索分为两级：主线索和子线索。总体结构包含数个主线索（第一级），每个主线索又包含数个子线索（第二级），因此，一个主线索也可以看成一个小的正交结构。

这样为大型软件结构功能的划分提供了便利，使得其既能对功能进行分类，又能在每一类中对功能进行细分，而且使功能划分既有序又合理，能控制在一定粒度以内，合理的粒度又能为线索和层次中构件的实现打下良好的基础。

然而完全正交结构不能很好地适用于本应用，故放宽了对结构正交的严格性，允许在线索间有适当的相互调用，因为各功能或多或少会有相互重叠的地方，因此会发生共享某些构件的情况。同时，还放宽了对结构分层的限制，允许某些线索（少数）的层次与其他线索（多数）不同。这些均是反复权衡理想情况时的优点和实现代价后总结出的原则，这样既易于实现，又能充分利用正交结构的优点。

2. 结构设计

按照上述思想，首先将整个系统设计为两级正交结构，第一级划分为 38 个主线索（子系统），系统总体结构如图 5-28 所示，每个主线索又可划分为数个子线索（≥2）。

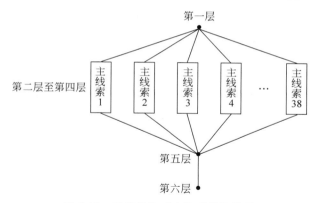

图 5-28　系统总体正交体系结构设计

为了简单起见，仅就其中的一个主线索进行说明，其他主线索的子线索划分也采用大致相同的策略。该主线索所实现的功能属于多种经营管理处的范围：该处有生产经营科、安全监察科、财务科、劳务科，包括 11 个管理功能（如人员管理、产品质量监督、安全监察、生产经营、劳资统计等），即 11 个子线索，该主线索子正交体系结构如图 5-29 所示。

在图 5-29 中，主控窗口层、数据模型与数据库接口、物理数据库层分别对应图 5-28 中的第一层、第五层、第六层。综合图 5-28 和图 5-29 可以看出，整个 MIS 的结构包括以下六个层次。

（1）第一层实现主控窗口，由主控窗口对象控制引发所有线索运行。

（2）第二层实现菜单接口，支持用户选择不同的处理功能。

（3）第三层涵盖了所有的功能对话框，这也就是与功能的真正接口。

（4）第四层是真正的功能定义，在这一层定义的构件有数据录入构件（包括插入、删除、更新）、报表处理构件、快速查询构件、图形分析构件、报表打印构件等。

图 5-29　多种经营管理主线索子正交体系结构图

（5）第五层和第六层是数据服务的实现,第五层包括了特定的数据模型和数据库接口,第六层就是数据库本身。

3. 程序编制

在软件结构设计方案确定之后,就可以开始正式的开发工作了,由于采用正交体系结构的思想,可以分数个小组并行开发。每个小组分配一条或数条线索,再专门一个小组来设计通用共享构件。构件是通用的,因此不必与其他小组频繁联系,加上各条线索之间相互调用少,所以各小组不会互相牵制,再加上构件的重用,从而大大提高编程效率,给设计带来极大的灵活性,缩短了开发周期,降低了工作量。

4. 进化控制

软件开发完成并运行一年后,用户单位提出了新的要求,要对原设计方案进行修改,按照前面提出的设计思想和方法,首先将提出的新功能要求映射到原设计结构上,这里仍以"多种经营管理主线索"为例,总结出以下变动。

1）报表和报表处理功能的变动

例如,财务管理子线索有以下变动:财务报表有增删(直接在数据库中添加和删除表),某些报表需要增加一些汇兑处理和计算功能(对它的功能定义层做上修改标记),其他一些子功能(子线索)也需要增加自动上报功能,另外,所有的子线索都需要增加浏览器功能,以便对数据进行网上浏览。

2）子线索的变动:增加养老统筹子线索

对初始结构的变动如图 5-30 所示。其中①、②所指不变,③表示在功能定义层新添加的一个构件,其中包含网上浏览功能和自动上报(E-mail 发送)功能,④表示新增加养老统筹子线索。新添加的构件用空心菱形表示,要修改的构件在其上套一个矩形做标记,其他未做标记的则表示可直接重用的构件,确定进化的结构图之后,按照自顶向下、由左至右的原则,更新进化工作得以有条不紊地进行。

现对多种经营管理主线索子正交结构进化情况进行统计:原结构包含子线索 11 条,构件 36 个;新结构包含子线索 12 条,构件 41 个,其中,重用构件 24 个,修改 11 个,新增 6 个;新增子线索 1 条。由于涉及添加公用共享构件,所以没有完全重用某条子线索的情况,但是

图 5-30　多种经营管理主线索结构变动情况图

大部分只需在功能对话框层做少量修改即可。

经分析,构件重用率为 58.6％,修改率为 26.8％,增加率为 14.6％。表 5-2 是对工作量的统计分析,其中,按每天 8 小时,单位为人/天。

38 个主线索的修改与开发工作量比例均未超过 13％,比传统方法工作量减少 20％左右。可见多级正交结构对于降低软件进化更新的开销是行之有效的,而且非常适合大型软件开发,特别是在 MIS 领域,由于其结构在一定应用领域内均有许多共同点,因此有一定的通用性。表 5-2 给出了劳动量比较。

表 5-2　劳动量比较

主线索	修改前开发工作量	修改工作量	修改与开发工作量之比
1	60	4	6.67％
2	120	4	3.33％
3	90	6	6.67％
4	60	4	6.67％
5	60	3	3.33％
6	60	2	5.00％
⋮			
37	60	2	3.33％
38	30	3	10％

5.9　异构结构风格

前面介绍并讨论了一些所谓的"纯"体系结构,但随着软件系统规模的扩大,系统也越来越复杂,所有的系统不可能都在单一的标准的结构上进行设计,这是因为以下几个方面的原因。

（1）从最根本上来说,不同的结构有不同的处理能力的强项和弱点,一个系统的体系结构应该根据实际需要进行选择,以解决实际问题。

（2）关于软件包、框架、通信及其他一些体系结构上的问题,目前存在多种标准。即使在某段时间内某一种标准占统治地位,但变动最终是绝对的。

（3）实际工作中,总会遇到一些遗留下来的代码,它们仍有效用,但是却与新系统有某种程度上的不协调。然而在许多场合,将技术与经济综合进行考虑时,总是决定不再重写它们。

（4）即使在某一单位中,规定了共享共同的软件包或相互关系的一些标准,仍会存在解释或表示习惯上的不同,在 UNIX 中,就可以发现这类问题：即使规定用单一的标准(ASCII)来保证过滤器之间的通信,因为不同人对关于在 ASCII 流中信息如何表示的不同的假设,不同的过滤器之间仍可能不协调。

大多数应用程序只使用 10% 的代码实现系统的公开的功能,剩下 90% 的代码完成系统管理功能：输入和输出、用户界面、文本编辑、基本图表、标准对话框、通信、数据确认和旁听跟踪、特定领域(如数学或统计库)的基本定义。

如果能从标准的构件构造系统 90% 的代码是很理想的,但不幸的是,即使能找到一组符合要求的构件,也很有可能发现,它们不会很融合地组织在一起。通常问题出在,各构件做了数据表示、系统组织、通信协议细节或某些明确的决定(如谁将拥有主控制线程)等不同的假设。举个简单的例子,UNIX 中的排序操作,过滤器和系统调用都是标准配置中的部分,虽然都是排序,但它们之间不可互换。

本部分将讨论 C/S 与 B/S 混合体系结构。从之前的讨论中可以看出,传统的 C/S 体系结构并非一无是处,而新兴的 B/S 体系结构也并非十全十美。由于 C/S 体系结构根深蒂固,技术成熟,原来的很多软件系统都是建立在 C/S 体系结构基础上的,因此,C/S 体系结构与 B/S 体系结构还将长期共存,其结合方式主要有两种。下面分别讨论 C/S 与 B/S 混合体系结构的两个模型。

1. "内外有别"模型

在 C/S 与 B/S 混合体系结构的"内外有别"模型中,企业内部用户通过局域网直接访问数据库服务器,软件系统采用 C/S 体系结构。企业外部用户通过互联网访问 Web 服务器,通过 Web 服务器再访问数据库服务器,软件系统采用 B/S 体系结构。

"内外有别"模型的优点是外部用户不直接访问数据库服务器,能保证企业数据库的相对安全。企业内部用户的交互性较强,数据查询和修改的响应速度较快；其缺点是企业外部用户修改和维护数据时,速度较慢,较烦琐,数据的动态交互性不强。

2. "查改有别"模型

在 C/S 与 B/S 混合体系结构的"查改有别"模型中,不管用户是通过什么方式(局域网或互联网)连接到系统,凡是需执行维护和修改数据操作的,就使用 C/S 体系结构；如果只是执行一般的查询和浏览操作,则使用 B/S 体系结构。

"查改有别"模型体现了 B/S 体系结构和 C/S 体系结构的共同优点。但因为外部用户能够直接通过互联网连接到数据库服务器,企业数据容易暴露给外部用户,给数据安全造成了一定的威胁。

（1）因为本部分只讨论软件体系结构问题，所以在模型图中省略了有关网络安全的设备，如防火墙等，这些安全设备和措施是保证数据安全的重要手段。

（2）在这两个模型中，只注明（外部用户）通过互联网连接到服务器，但并没有解释具体的连接方式，这种连接方式取决于系统建设的成本和企业规模等因素。例如，某集团公司的子公司要访问总公司的数据库服务器，既可以使用拨号方式，也可以使用 DDN 方式等。

（3）本部分对内部与外部的区分指是否直接通过内部局域网连接到数据库服务器进行软件规定的操作，而不是指软件用户所在的物理位置。例如，某个用户在企业内部办公室里，其计算机也通过局域网连接到了数据库服务器，但当他使用软件时，是通过拨号的方式连接到 Web 服务器或数据库服务器，则该用户属于外部用户。

软件工程师有许多技术来处理结构上的不匹配。最简单的描述这些技术的例子是只有两个构件的情况。这两个构件可以是对等构件、一对相互独立的应用程序、一个库和一个调用者、客户机和服务器等，其基本形式如图 5-31 所示。

图 5-31　构件协调问题

A 和 B 不能协调工作的原因，可能是事先做了对数据表示、通信、包装、同步、语法、控制等方面的假设，这些方面统称为形式。下面给出若干种解决 A 与 B 之间不匹配问题的方法。这里假设 A 和 B 是对称的，它们可以互换。

（1）形式 A 改变成 B 的形式。为了与另一构件协调，彻底重写其中之一的代码是可能的，但有时又是很昂贵的。

（2）公布 A 的形式的抽象化信息。例如，应用程序编程接口公布了控制一个构件的过程调用，开放接口时通常提供某种附加的抽象信息，可以使用凸出部（projections）或视图（views）来提供数据库，特别是联合数据库的抽象。

（3）在数据传输过程中，从 A 的形式转变到 B 的形式。例如，某些分布式系统在数据传输中进行从 big-endian 到 little-endian 的转变。

（4）通过协商，达成一个统一的形式。例如，调制解调器通常协商以发现最快的通信协议。

（5）使 B 成为支持多种形式。例如，Machintosh 的 fat binaries 可以在 680X0 或 PowerPC 处理器上执行，可移动的 UNIX 代码可以在多种处理器上运转。

（6）为 B 提供进口/出口转换器，有两种重要形式。其一，独立的应用程序提供表示转换服务，如通常使用的图像格式转换程序（可以在至少 50 种格式之间、10 种平台上进行转换）；其二，某些系统协调扩充或外部 additions，它们可以完成内外数据格式之间的相互转换。

（7）引入中间形式。第一，外部相互交换表示，有时通过界面描述语言（Interface Description Languages，IDLs）支持，能够提供一个中介层，这在存在多个形式互不相同的构件结合在一起时特别有用；第二，标准的发布形式，如 RTF、MIF、Postscript，由 Adobe Acrobat 提供，作为一种广泛流通的安全的表示法；第三，活跃的调解者可以被插入系统，作为中介。

（8）在 A 上添加一个适配器或包装器。最终的包装器可能是一种处理器模拟另一种处理器的代码。软件包装器可以在形式上掩盖不同，如 Mosaic 和其他 Web 浏览器隐藏了所显示的文件的表示一样。

（9）保持对 A 和 B 的版本并行一致。虽然较微妙，但保持 A 和 B 自己的形式，并完成

软件体系结构风格

两种形式的所有改变是有可能的。

以上这些技术有各自的优缺点,在初始化、时间和空间效率、灵活性和绝对的处理能力上有很大差别。

5.10 小　　结

软件体系结构是软件工程领域中的一个重要研究方向,是大型软件开发中的关键技术。一种体系结构风格以结构组织模式定义了一个系统家族。软件体系结构是具有一定形式的结构化元素,即构件的集合,包括处理构件、数据构件和连接构件。经过多年的发展,软件体系结构也超出了传统的对于软件设计阶段的支持,逐渐扩展到整个软件生命周期。

本章综述了体系结构的基本风格、三层 C/S 体系结构风格、浏览器/服务器风格、C/S与 B/S 混合结构风格、正交软件体系结构风格、基于层次消息总线的体系风格与异构结构风格的概念与优劣,并对现有若干种体系结构风格进行归纳、比较与总结,描述了其主要发展方向以及应用的主要意义。

5.11 思　考　题

(1) 选择一个熟悉的大型软件系统,分析其体系结构中用到的风格,以及表现出的特点(为什么要采用这种风格?采用这种风格带来哪些优势?具有哪些不足?)

(2) 选择四种风格,设计简单的体系结构,并实现简单的原型系统。

(3) 不同的体系结构风格具有各自的特点、优劣和用途。试对管道-过滤器风格、分层系统风格、C2 风格和基于消息总线的风格进行分析比较。

第6章 面向对象方法

> 我认为对象就像是生物学里的细胞,或者网络中的一台计算机,只能够通过消息来通信。
>
> ——Alan Kay,Smalltalk 的发明人,面向对象之父

结构化程序设计和早期的模块化方法围绕功能构造系统,其本质是功能分解、过程抽象、自顶向下、逐步求精。这种方法有助于帮助开发者驾驭软件设计和实现的复杂性,但是,在应对应用需求的复杂性方面考虑不多。随着软件应用范围的拓展、复杂程度的提高,以及软件需求变化导致的软件进化日益频繁,面向对象方法(Object Oriented Method)逐渐成为主流。

面向对象方法是一种把面向对象的思想应用于软件开发过程中,指导开发活动的系统方法是建立在"对象"概念基础上的方法学。对象是由数据和容许的操作组成的封装体,与客观实体有直接对应关系,一个对象类定义了具有相似性质的一组对象。继承性是对具有层次关系的类的属性和操作进行共享的一种方式。所谓面向对象,就是基于对象概念,以对象为中心,以类和继承为构造机制,来认识、理解、刻画客观世界和设计、构建相应的软件系统。

本章共分四个部分:6.1 节为面向对象方法概述,6.2 节为面向对象的分析与设计,6.3 节为基于 UML 的图书管理系统,6.4 节为面向方面的方法。

6.1 面向对象方法概述

面向对象的方法起源于面向对象的编程语言。

自 20 世纪 80 年代中期到 20 世纪 90 年代,面向对象的研究重点已经从面向对象编程语言转移到设计方法学方面,陆续提出了一些面向对象的开发方法和设计技术。其中,具有代表性的工作有 B. Henderson Sellers 和 J. M. Edwards 提出的面向对象软件生存周期的喷泉模型,以及面向对象系统开发的七点框架方法;G. Booch 提出的面向对象开发方法学;P. Coad 和 E. Yourdon 提出的面向对象分析(OOA)和面向对象设计(OOD);J. Rumbaugh 等人提出的 OMT 方法;Jacobson 提出的 OOSE 方法等。

值得一提的是,UML 统一了符号体系,并从其他方法和工程实践中吸收了许多经过实际检验的概念和技术。这些方法的提出,标志着面向对象方法逐步发展成为一类完整的方法学和系统化的技术体系。有关抽象数据类型的基础研究,为面向对象开发方法提供了初步的理论。面向对象方法作为一种独具优越性的新方法,引起计算机界广泛的关注和高度

的重视。

面向对象方法支持三种基本的活动,即识别对象和类,描述对象和类之间的关系,以及通过描述每个类的功能定义对象的行为。

为了发现对象和类,开发人员要在系统需求和系统分析的文档中查找名词和名词短语,包括可感知的事物(汽车、压力、传感器)、角色(驾驶人、教师、客户)、事件(着陆、中断、请求)、互相作用(借贷、开会、交叉)、人员、场所、组织、设备和地点。通过浏览使用系统的脚本发现重要的对象和责任,是面向对象分析和设计过程初期重要的技术。

当重要的对象被发现后,通过一组互相关联的模型详细表示类之间的关系和对象的行为,这些模型从四个不同的侧面表示了软件的体系结构:静态逻辑、动态逻辑、静态物理、动态物理。

静态逻辑模型描述实例化(类成员关系)、关联、聚集(整体/部分)、一般化(继承)等关系,被称为对象模型。一般化关系表示属性和方法的继承关系。定义对象模型的图形符号体系通常是从用于数据建模的实体关系图导出的。对设计十分重要的约束,如基数(一对一、一对多、多对多),也在对象模型中表示。

动态逻辑模型描述对象之间的互相作用。互相作用通过一组协同的对象、对象之间消息的有序序列、参与对象的可见性定义的途径来定义系统运行时的行为。Booch 方法中的对象交互作用图被用来描述重要的互相作用,显示参与的对象和对象之间按时间序列的消息。可见性图用来描述互相作用中对象的可见性。对象的可见性定义了一个对象如何处于向它发送消息的方法的作用域之中。例如,可以是方法的参数、局部变量、新的对象或当前执行方法的对象的部分。

静态物理模型通过模块描述代码布局,动态物理模型描述软件的进程和线程体系结构。

综上所述,面向对象方法用于系统开发有以下优点。

(1) 强调从现实世界中客观存在的事物(对象)出发,来认识问题域和构造系统,使系统能更准确地反映问题域。

(2) 运用人类日常的思维方法和原则(体现在面向对象方法的抽象、分类、继承、封装、消息等基本原则)进行系统开发,有利于发挥人类的思维能力,有效控制系统复杂性。

(3) 对象的概念贯穿于开发全过程,使各个开发阶段的系统成分具有良好的对应关系,显著提高系统的开发效率与质量,并大大降低系统维护的难度。

(4) 对象概念的一致性使参与系统开发的各类人员在开发的各阶段具有共同语言,有效地改善了人员之间的交流和协作。

(5) 对象的相对稳定性和对易变因素隔离,增强了系统对环境的适应能力。

(6) 对象、类之间的继承关系和对象的相对独立性,对软件复用提供了强有力的支持。

6.2 面向对象的分析与设计

6.2.1 面向对象系统开发过程概述

面向对象的思想涉及软件开发的各个阶段,如面向对象的分析(Object Oriented Analysis,OOA)、面向对象的设计(Object Oriented Design,OOD)、面向对象的编程实现(Object Oriented Programming,OOP)。面向对象的系统开发生命周期由分析阶段、设计阶段、实现阶段组成,每个阶段都可以相互反馈,整个过程是一种迭代、渐增的开发过程。

首先,要进行 OOA,其任务是了解问题域所涉及的对象、对象间的关系和作用(即操作),针对不同的问题性质选择不同的抽象层次,然后构造问题的对象模型,使该模型能精确反映所要解决的"实质问题"。

其次,OOD 即设计软件的对象模型。所应用的面向对象软件开发环境的功能强弱不等,在对问题的对象模型的分析基础上,可能要进行一定的改造,但应以最少改变原问题域的对象模型为原则。然后,在软件系统内设计各个对象、对象间的关系(如层次关系、继承关系等)、对象间的通信方式(如消息模式)等,总之,是设计各个对象的职责。

最后,是面向对象的编程实现(OOP),即指软件功能的编码实现,主要工作包括:每个对象的内部功能的实现;确立对象哪些处理能力应在哪些类中进行描述;确定并实现系统的界面、输出的形式及其他控制机理等,需要实现 OOD 阶段所规定的各个对象所应完成的任务。

尽管 OOA 和 OOD 的定义有明显区别,但是在实际的软件开发过程中,二者的界限是模糊的。许多分析结果可以直接映射成设计结果,而在设计过程中,又往往会加深、补充对系统需求的理解,从而进一步完善分析结果。因此,分析和设计活动是一个多次反复迭代的过程。

面向对象方法学在概念和表示方法上的一致性,保证了在各项开发活动之间的平滑(无缝)过渡,领域专家和开发人员能够比较容易地跟踪整个系统开发过程,这是面向对象方法与传统方法相比所具有的一大优势。

6.2.2　面向对象分析

OOA 的基本任务是运用面向对象方法,对问题域和系统责任进行分析和理解,对其中的事物和之间的关系产生正确的认识,找出描述问题域及系统责任所需的类及对象,定义这些类和对象的属性、服务,以及它们之间所形成的结构、静态联系和动态联系。最终,产生一个满足用户需求,能直接反映问题域和系统责任的 OOA 模型及其详细说明。其中,问题域是指被开发的系统的应用领域,即现实世界中由这个系统进行处理的业务范围;系统责任即所开发的系统应该具备的职能。

OOA 过程包括以下主要活动。

(1) 发现对象,定义类。

(2) 识别对象的内部特征:定义属性,定义服务。

(3) 识别对象的外部关系:建立一般/特殊结构、整体/部分结构、实例连接、消息连接。

(4) 划分主题,建立主题图。

(5) 定义用例(Use Case),建立顺序图:发现活动者,定义用例,建立顺序图。

(6) 建立详细说明。

以上活动没有特定的次序要求,可以交互进行。其中,(1)、(2)、(3)活动的总目标是建立 OOA 基本模型,即类图;(4)、(5)两个活动建立 OOA 补充模型,有些情况下可以省略。

6.2.3　面向对象设计

OOD 就是在 OOA 的基础上,运用面向对象方法来进行系统设计,主要解决与现实有关的问题,目标是产生一个符合现实条件的 OOD 模型。与现实条件有关的因素有图形用户系统、硬件、操作系统、网络、数据管理系统和编辑语言等。由于 OOD 以 OOA 模型为基础,且 OOA 与 OOD 采用一致的表示方法,使得从 OOA 到 OOD 不存在转换,只需做必要的修改、调整,或补充某些细节,并增加几个与现实关联的相独立部分即可。

因此,OOA 与 OOD 之间不存在分析与设计的鸿沟,二者紧密衔接,大大降低了从 OOA 到 OOD 的难度、工作量、出错频率。

OOA 主要针对问题域,识别有关的对象及其之间的关系,产生一个映射问题域,满足用户需求,独立于实现的 OOA 模型。OOD 主要解决与实现有关的问题,基于 OOA 模型,针对具体的软件与硬件条件(如机器、网络、OS、GUI、DBMS 等)产生一个可实现的 OOD 模型,如图 6-1 所示。

从图 6-1 中可以看出,设计 OOD 模型的五个部分为问题域部分的设计、人机交互部分的设计、控制驱动部分的设计、数据管理部分的设计、构件部署设计。其中,前面四项的进行不强调

图 6-1　OOD 模型

次序,每个部分均采用与 OOA 一致的概念、表示法及活动,但具有自己独特的策略。构件部署设计要在其前面四个部分完成后进行。

1. 问题域部分的设计

使用面向对象方法开发软件时,在分析和设计之间并没有明确的分界线,对于问题域子系统来说,情况更是如此。但是,分析和设计毕竟是性质不同的两类开发工作,分析工作可以而且应该与具体实现无关,设计工作则在很大程度上受具体实现环境的约束。开始进行设计工作之前,设计者应该了解本项目预计要使用的编程语言、可用的软构件库,以及程序员的编程经验。

通过 OOA 所得出的问题域精确模型为设计问题域子系统奠定了良好的基础,建立了完整的框架。只要可能,就应该保持 OOA 所建立的问题域结构。通常,OOD 仅需从实现角度对问题域模型做一些补充或修改,主要是增添、合并或分解类与对象、属性及服务,调整继承关系等。当问题域子系统过分复杂庞大时,应该进一步分解成若干个更小的子系统。

使用面向对象方法学开发软件,能够保持问题域组织框架的稳定性,从而便于追踪分析、设计、编程。在设计、实现过程中,所做的细节修改(如增加具体类、增加属性或服务)并不影响开发结果的稳定性,因为系统的总体框架是基于问题域的。对于需求可能随时间变化的系统来说,稳定性至关重要。稳定性也是能够在类似系统中重用分析、设计、编程结果的关键因素。

下面介绍在 OOD 过程中,可能对 OOA 所得出的问题域模型做的补充或修改。

1)调整需求

有两种情况会导致修改通过 OOA 所确定的系统需求:第一,是用户需求或外部环境发生了变化;第二,是分析员对问题域理解不透彻,或缺乏领域专家帮助,致使 OOA 模型不能完整、准确地反映用户的真实需求。无论出现上述哪种情况,通常都只需简单地修改 OOA 结果,然后再把这些修改反映到问题域子系统。

2)重用已有的类

代码重用从设计阶段开始,在研究 OOA 结果时,就应该寻找使用已有类的方法。若因

为没有合适的类可以重用,而确实需要创建新的类,则在设计这些新类的协议时,必须考虑到将来的可重用性。如果有可能重用已有的类,则重用已有类的典型过程如下:

(1)选择有可能被重用的已有类,标出这些候选类中对本问题无用的属性、服务,尽量重用那些能使无用的属性和服务降到最低程度的类。

(2)在被重用的已有类和问题域类之间添加泛化关系,即从被重用的已有类派生出问题域类。

(3)标出问题域类中从已有类继承来的属性和服务,现在已经无须在问题域类内定义它们。

(4)修改与问题域类相关的关联,必要时,改为与被重用的已有类相关的关联。

3)把问题域类组合在一起

在OOD过程中,设计者往往通过引入一个根类,而把问题域类组合在一起。事实上,这是在没有更先进的组合机制可用时才采用的一种组合方法。此外,这样的根类还可以用来建立协议。

4)增添一般化类以建立协议

设计过程中常常发现,一些具体类需要有一个公共的协议,也就是说都需要定义一组类似的服务。在这种情况下,可以引入一个附加类(如根类),以便建立这个协议(即命名公共服务集合,这些服务在具体类中仔细定义)。

5)调整继承层次

如果OOA模型中包含了多重继承关系,然而,所使用的程序设计语言却并不提供多重继承机制,则必须修改OOA的结果。即使使用支持多重继承的语言,有时也会出于实现考虑而对OOA结果做一些调整。

下面分两种情况进行讨论。

(1)使用多重继承机制时,应该避免出现属性及服务的命名冲突。下面通过例子说明避免命名冲突的方法。图6-2是一种多重继承模式的例子,该模式可以称为窄菱形模式。使用这种模式时,出现属性及服务命名冲突的可能性比较大。

相反,图6-3是另一种多重继承模式,称为阔菱形模式。使用这种模式时,属性及服务的名字发生冲突的可能性比较小,但是,需要用更多的类才能表示同一个设计。

图 6-2 窄菱形模式

(2)使用单继承机制。如果打算使用仅提供单继承机制的语言实现系统,必须把OOA模型中的多重继承结构转换成单继承结构。常见的做法是,把多重继承结构简化成单一的单继承层次结构,如图6-4所示。显然,在多重继承结构中的某些继承关系简化后将不再存在,这表明,需要在各个具体类中重复定义某些属性和服务。

2. 人机交互部分的设计

在OOA过程中已经对用户界面需求做了初步分析,在OOD过程中,则应该对系统的人机交互子系统进行详细设计,以确定人机交互的细节,其中包括指定窗口和报表的形式、设计命令层次等项目。

面向对象方法

图 6-3 阔菱形模式

图 6-4 把多重继承简化为单一层次的单继承

人机交互部分的设计结果将对用户情绪和工作效率产生重要影响。人机界面设计得好,则会使系统对用户产生吸引力,用户在使用系统的过程中会感到兴奋,能够激发用户的创造力,提高工作效率;相反,人机界面设计得不好,用户在使用过程中就会感到不方便、不习惯,甚至会产生厌烦和恼怒的情绪。

由于对人机界面的评价在很大程度上由人的主观因素决定,因此,使用由原型支持的系统化的设计策略,是成功地设计人机交互子系统的关键。具体内容参见第 8 章。本节仅从 OOD 的角度补充讲述一下设计人机交互子系统的策略。

1) 分类用户

人机交互界面是给用户使用的,显然,为设计好人机交互子系统,设计者应该认真研究使用它的用户。应该深入到用户的工作现场,仔细观察用户是怎样做他们的工作的,这对设计好人机交互界面是非常必要的。

为了更好地了解用户的需要与爱好,以便设计出符合用户需要的界面,设计者首先应该把将来可能与系统交互的用户分类。通常从以下几个不同角度进行分类。

(1) 按技能水平分类(新手、初级、中级、高级)。

(2) 按职务分类(总经理、经理、职员)。

(3) 按所属集团分类(职员、顾客)。

2) 描述用户

应该仔细了解将来使用系统的每类用户的情况,把获得的以下各项信息记录下来。

(1) 用户类型。

(2) 使用系统欲达到的目的。

(3) 特征(年龄、性别、受教育程度、限制因素等)。

(4) 关键的成功因素(需求、爱好、习惯等)。

(5) 技能水平。

(6) 完成本职工作的脚本。

3) 设计命令层次

设计命令层次的工作通常包含以下几项内容。

(1) 研究现有的人机交互含义和准则。现在,Windows 已经成了微机图形用户界面事实上的工业标准。所有 Windows 应用程序的基本外观及给用户的感受都是相同的。Windows 程序通常还遵守广大用户习以为常的许多约定。设计图形用户界面时,应该保持与普通 Windows 应用程序界面相一致,并遵守广大用户习惯的约定,这样才会被用户接受和喜爱。

(2) 确定初始的命令层次。所谓命令层次,实质上是用过程抽象机制组织起来的、可供选用的服务的表示形式。设计命令层次时,通常先从对服务的过程抽象着手,然后再进一步修改,以适合具体应用环境的需要。

(3) 精化命令层次。为了进一步修改完善初始的命令层次,应该考虑下列因素:

① 次序:仔细选择每个服务的名字,并在命令层的每一部分内把服务排好次序。排序时或者把最常用的服务放在最前面,或者按照用户习惯的工作步骤排序。

② 整体-部分关系:寻找在这些服务中存在的整体-部分模式,这样做有助于在命令层中分组组织服务。

③ 宽度和深度:由于人的短期记忆能力有限,命令层次的宽度和深度都不应该过大。

④ 操作步骤:应该用尽量少的单击、拖动和击键组合来表达命令,而且应该为高级用户提供简捷的操作方法。

(4) 设计人机交互类。人机交互类与所使用的操作系统及编程语言密切相关。例如,在 Windows 环境下运行的 C♯ 语言提供了.NET 类库,设计人机交互类时,往往仅需从.NET 类库中选出一些适用的类,然后,从这些类派生出符合自己需要的类就可以了。

3. 控制驱动部分的设计

虽然从概念上来说,不同对象可以并发地工作,但是实际系统中,许多对象之间往往存在相互依赖关系。此外,在实际使用的硬件中,可能仅由一个处理器支持多个对象。因此,设计工作的一项重要内容就是,确定哪些是必须同时动作的对象,哪些是相互排斥的对象,然后进一步设计控制驱动子系统。

1) 分析并发性

通过 OOA 建立起来的动态模型是分析并发性的主要依据。如果两个对象彼此间不存在交互,或者同时接受事件,则这两个对象在本质上是并发的。通过检查各个对象的状态图及它们之间交换的事件,能够把若干个非并发的对象归并到一条控制线中。所谓控制线,是指一条遍及状态图集合的路径,在这条路径上每次只有一个对象是活动的。在计算机系统中用任务实现控制线,一般认为任务是进程的别名,有时也称为控制流。通常,把多个任务(或控制流)的并发执行称为多任务。

对于某些应用系统来说,通过划分控制流可以简化系统的设计及编码工作。不同的控制流标识了必须同时发生的不同行为。这种并发行为既可以在不同的处理器上实现,也可以在单个处理器上利用多任务操作系统仿真实现(通常采用时间分片策略,仿真多处理器环境)。

2) 设计控制驱动子系统

为了描述问题域固有的并发行为,表达实现所需的设计决策,需要在 OOD 部分对控制驱动部分进行建模。控制流驱动部分用于定义和表示并发系统中的每个控制流。其中,用主动对象表示每个控制流(进程、线程),所有的主动类构成控制流驱动部分。通常,用包括主动类的类图捕捉控制流的静态结构,用包括主动对象的顺序图或通信图捕捉控制流的动态行为。

既然每个控制流都以一个表示进程或线程的主动对象为根,这意味着,控制流的创建与撤销的时机分别为:

(1) 创建一个主动对象,就启动了相关的控制流,从此按照程序的操作逻辑,就开始了层层调用,形成了一个控制流。

(2) 撤销主动对象,就终止了相关的控制流,即在主动对象被撤销后,所代表的线程或进程就终止了。

常见的控制流有事件驱动型控制流、时钟驱动型控制流、优先控制流、关键控制流和协调控制流等。设计控制驱动子系统,包括确定各类控制流并把控制流分配给适当的硬件或软件去执行。

1) 确定事件驱动型控制流

某些控制流是由事件驱动的,这类控制流可能主要完成通信工作。例如,与设备、屏幕窗口、其他控制流、子系统、另一个处理器或其他系统通信。事件通常是表明某些数据到达的信号。

在系统运行时,这类控制流的工作过程如下:控制流处于睡眠状态(不消耗处理器时间),等待来自数据线或其他数据源的中断;一旦接收到中断就唤醒了该控制流,接收数据并把数据放入内存缓冲区或其他目的地,通知需要知道这件事的对象,然后该控制流又回到睡眠状态。

2) 确定时钟驱动型控制流

某些控制流每隔一定时间间隔就被触发以执行某些处理,例如,某些设备需要周期性地获得数据;某些人机接口、子系统、控制流、处理器或其他系统也可能需要周期性地通信。在这些场合往往需要使用时钟驱动型控制流。

时钟驱动型控制流的工作过程如下:控制流设置了唤醒时间后进入睡眠状态;控制流

睡眠(不消耗处理器时间)等待来自系统的中断;一旦接收到这种中断,控制流就被唤醒并做它的工作,通知有关的对象,然后,该控制流又回到睡眠状态。

3) 确定优先控制流

根据任务的紧急程度设置控制流:高优先控制流和低优先控制流。

(1) 高优先级:某些服务具有很高的优先级,为了在严格限定的时间内完成这种服务,可能需要把这类服务分离成独立的高优先控制流。

(2) 低优先级:与高优先级相反,有些服务是低优先级的,属于低优先级处理(通常指那些背景处理)。设计时,可能用额外的控制流把这样的处理分离出来。

4) 确定关键控制流

关键控制流是有关系统成功或失败的关键处理,这类处理通常都有严格的可靠性要求。在设计过程中,可能用额外的控制流把这样的关键处理分离出来,以满足高可靠性处理的要求。对高可靠性处理应该精心设计、编码,并且应该严格测试。

5) 确定协调控制流

当系统中存在三个以上控制流时,就应该增加一个控制流,作为协调控制流。

引入协调控制流会增加系统的总开销,但是,引入协调控制流有助于把不同控制流之间的协调控制封装起来。使用状态转换矩阵可以比较方便地描述该控制流的行为。这类控制流应该仅做协调工作,不要再承担其他服务工作。

6) 尽量减少控制流数

必须仔细分析和选择每个确实需要的控制流,应该使系统中包含的控制流数尽量少。

设计多任务系统的主要问题是,设计者常常为了自己处理时的方便而轻率地定义过多的任务(或控制流)。这样做加大了设计工作的技术复杂度,并使系统变得不易理解,从而也加大了系统维护的难度。

7) 确定资源需求

使用多处理器或固件主要是为了满足高性能的需求。设计者必须通过计算系统载荷(即每秒处理的业务数及处理一个业务所花费的时间),来估算所需要的CPU(或其他固件)的处理能力。

设计者应该综合考虑各种因素,以决定哪些子系统用硬件实现,哪些子系统用软件实现。下述两个因素可能是使用硬件实现某些子系统的主要原因。

(1) 现有的硬件完全能满足某些方面的需求,例如,买一块浮点运算卡比用软件实现浮点运算要容易得多。

(2) 专用硬件比通用的CPU性能更高。例如,目前在信号处理系统中,广泛使用固件实现快速傅里叶变换。

设计者在决定到底采用软件还是硬件时,必须综合权衡一致性、成本、性能等多种因素,还要考虑未来的可扩充性、可修改性。

4. 数据管理部分的设计

数据管理子系统是系统存储或检索对象的基本设施,建立在某种数据存储管理系统之上,并且隔离了数据存储管理模式(文件、关系数据库或面向对象数据库)的影响。

1) 选择数据存储管理模式

不同的数据存储管理模式有不同的特点,适用范围也不相同,设计者应该根据应用系统的特点选择适用的模式。

(1) 文件管理系统。文件管理系统是操作系统的一个组成部分,使用它长期保存数据具有成本低和简单等特点,但是文件操作的级别低,为提供适当的抽象级别还必须编写额外的代码。此外,不同操作系统的文件管理系统往往有明显差异。

(2) 关系数据库管理系统。关系数据库管理系统的理论基础是关系代数,不仅理论基础坚实,而且有以下主要优点。

① 提供了各种最基本的数据管理功能(如中断恢复、多用户共享、多应用共享、完整性、事务支持)。

② 为多种应用提供了一致的接口。

③ 标准化的语言(大多数商品化关系数据库管理系统都使用 SQL 语言)。

但是,为了做到通用与一致,关系数据库管理系统通常都相当复杂,且有下述一些具体缺点,以致限制了这种系统的普遍使用。

① 运行开销大:即使只完成简单的事务(如只修改表中的一行),也需要较长的时间。

② 不能满足高级应用的需求:关系数据库管理系统是为商务应用服务的,商务应用中数据量虽大,但数据结构却比较简单。事实上,关系数据库管理系统很难用在数据类型丰富或操作不标准的应用中。

③ 与程序设计语言的连接不自然:SQL 语言支持面向集合的操作,是一种非过程性语言,然而,大多数程序设计语言本质上却是过程性的,每次只能处理一个记录。

(3) 面向对象数据库管理系统。面向对象数据库管理系统是一种新技术,主要有两种设计途径:扩展的关系数据库管理系统和扩展的面向对象程序设计语言。

① 扩展的关系数据库管理系统是在关系数据库的基础上,增加了抽象数据类型和继承机制,此外,还增加了创建及管理类和对象的通用服务。

② 扩展的面向对象程序设计语言扩充了面向对象程序设计语言的语法和功能,增加了在数据库中存储和管理对象的机制。开发人员可以用统一的面向对象观点进行设计,不再需要区分存储数据结构和程序数据结构(即生命期短暂的数据)。

目前,大多数"对象"数据管理模式都采用"复制对象"的方法,先保留对象值,然后在需要时创建该对象的一个副本。扩展的面向对象程序设计语言则扩充了这种机制,支持"永久对象"方法,准确存储对象(包括对象的内部标识在内),而不是仅仅存储对象值。使用这种方法,当从存储器中检索出一个对象时,就完全等同于原先存在的那个对象。"永久对象"方法为在多用户环境中从对象服务器中共享对象奠定了基础。

2) 设计数据管理子系统

设计数据管理子系统时,既需要设计数据格式,又需要设计相应的服务。

(1) 设计数据格式。设计数据格式的方法与所使用的数据存储管理模式密切相关,下面分别介绍适用于每种数据存储管理模式的设计方法。

① 文件系统。

(a) 定义第一范式表:列出每个类的属性表;把属性表规范成第一范式,从而得到第一范式表的定义。

(b) 为每个第一范式表定义一个文件。

(c) 测量性能和需要的存储容量。

（d）修改原设计的第一范式，以满足性能和存储需求。

（e）必要时把泛化结构的属性压缩在单个文件中，以减少文件数量。

（f）必要时把某些属性组合在一起，并用某种编码值表示这些属性，而不再分别使用独立的域表示每个属性。这样做可以减少所需要的存储空间，但是增加了处理时间。

② 关系数据库管理系统。

（a）定义第三范式表：列出每个类的属性表；把属性表规范成第三范式，从而得出第三范式表的定义。

（b）为每个第三范式表定义一个数据库表。

（c）测量性能和需要的存储容量。

（d）修改先前设计的第三范式，以满足性能和存储需求。

③ 面向对象数据库管理系统。

（a）扩展的关系数据库途径：使用与关系数据库管理系统相同的方法。

（b）扩展的面向对象程序设计语言途径：不需要规范化属性的步骤，因为数据库管理系统本身具有把对象值映射成存储值的功能。

（2）设计相应的服务。如果某个类的对象需要存储起来，则在这个类中增加一个属性和服务，用于完成存储对象自身的工作。应该把为此目的增加的属性和服务作为"隐含"的属性和服务，即无须在 OOD 模型的属性和服务层中显式地表示它们，仅需在关于类与对象的文档中描述它们。

这样设计之后，对象将知道怎样存储自己。用于"存储自己"的属性和服务，在问题域子系统和数据管理子系统之间构成一座必要的桥梁。利用多重继承机制可以在某个适当的基类中定义这样的属性和服务，然后，如果某个类的对象需要长期存储，该类就从基类中继承这样的属性和服务。

下面看看使用不同数据存储管理模式时的设计：

① 文件系统。被存储的对象需要知道打开哪个（些）文件，怎样把文件定位到正确的记录上，怎样检索出旧值（如果有的话），以及怎样用现有值更新它们。

此外，还应该定义一个 ObjectServer（对象服务器）类，并创建它的实例。该类提供以下服务：

（a）通知对象保存自身。

（b）检索已存储的对象（查找、读值、创建并初始化对象），以便把这些对象提供给其他子系统使用。

（c）注意，为提高性能应该批量处理访问文件的要求。

② 关系数据库管理系统。被存储的对象应该知道访问哪些数据库表，怎样访问所需要的行，怎样检索出旧值（如果有的话），以及怎样用现有值更新它们。

此外，还应该定义一个 ObjectServer 类，并声明它的对象。该类提供以下服务。

（a）通知对象保存自身。

（b）检索已存储的对象（查找，读值，创建并初始化对象），以便由其他子系统使用这些对象。

③ 面向对象数据库管理系统。

（a）扩展的关系数据库途径：与使用关系数据库管理系统时方法相同。

面向对象方法

(b) 扩展的面向对象程序设计语言途径：无须增加服务，这种数据库管理系统已经给每个对象提供了"存储自己"的行为。只需给需要长期保存的对象加个标记，然后，由面向对象数据库管理系统负责存储和恢复这类对象。

5. 构件部署设计

部署设计用来设计软件开发过程中形成的软件制品，软件运行平台中的物理节点和通信方式以及软件制品到相应硬件节点的部署或映射。一般需要考虑以下问题。

（1）最终开发完成的软件包括哪些制品形式？

（2）软件运行环境存在哪些类型的物理节点？

（3）不同节点之间的连接和通信形式是什么？

（4）软件制品应该如何在物理节点上进行部署，即部署映射关系是什么？

6.3 基于 UML 的图书管理系统

标准建模语言 UML 适用于以面向对象技术来描述任何类型的系统，而且适用于系统开发的不同阶段，从需求规格描述直至系统完成后的测试和维护。但是，UML 是一种建模语言而不是方法，这是因为 UML 中没有过程的概念，而过程正是方法的一个重要组成部分。

UML 本身独立于过程，这意味着用户在使用 UML 进行建模时，可以选用任何适合的过程。然而，使用 UML 建模仍然有着大致统一的过程框架，该框架包含了 UML 建模过程中的共同要素，同时，又为用户选用与其所开发的工程相适合的建模技术提供了很大的自由度。

一般情况下，运用面向对象方法来具体开发一个系统，其分析和设计过程包括以下几个方面的内容：识别系统目标与边界；识别用例，建立用例图；识别对象，建立类图；设计用例的详细逻辑，建立顺序图、协作图；精化和完善模型。

基于 UML 的分析与设计，主要包括以下几个基本步骤。

（1）用例分析与设计：标识用例并生成系统用例图，编写基本用例叙述。

（2）静态建模：建立各层次类图，以表示系统中的概念、属性、关联、操作。

（3）系统设计：描述了整个系统的总体结构，使得所设计的软件能够满足客户定义的需求，并实现支持客户需求的技术基础设施。

（4）对象设计：对类的属性和操作的实现细节进行设计和优化。

（5）部署模型设计：对软件最终的元素结构以及运行的具体环境进行描述。

实际工作中，系统开发人员可以同时进行几个不同步骤。在进行不同步骤时，由于在后续步骤中获得了新认识，前面步骤中所做的工作不断被修改，这反映了系统开发的迭代性。

6.3.1 用例分析与设计

现以某图书管理系统为例，说明 UML 设计的具体过程。

首先，需要进行需求分析，这是一个决定系统能否符合用户需求的关键步骤，该阶段的好坏直接影响到设计的进度及质量。需求分析主要是定义用例，对该系统的主要功能进行描述，从而确定系统的功能需求，在这部分主要应用的是用例图，用例图要详尽地表示系统的各种关系。在该案例中,图书管理系统的需求简述如下。

在图书管理系统中,管理员要为每个读者建立借阅账户,并给读者发放不同类别的借阅卡(借阅卡可提供卡号、读者姓名),账户内存储读者的个人信息和借阅记录信息。持有借阅卡的读者可以通过管理员(作为读者的代理人与系统交互)借阅、归还图书,不同类别的读者可借阅图书的范围、数量和期限不同,可通过互联网或图书馆内查询终端查询图书信息和个人借阅情况,以及续借图书(系统审核符合续借条件)。

借阅图书时,先输入读者的借阅卡号,系统验证借阅卡的有效性和读者是否可继续借阅图书,无效则提示其原因,有效则显示读者的基本信息(包括照片),供管理员人工核对。然后,输入要借阅的书号,系统查阅图书信息数据库,显示图书的基本信息,供管理员人工核对。最后,提交借阅请求,若被系统接受则存储借阅记录,并修改可借阅图书的数量。归还图书时,输入读者借阅卡号和图书号(或丢失标记号),系统验证是否有此借阅记录以及是否超期借阅,无则提示,有则显示读者和图书的基本信息,供管理员人工审核。如果有超期借阅或丢失情况,先转入过期罚款或图书丢失处理,然后提交还书请求,系统接受后删除借阅记录,登记并修改可借阅图书的数量。

图书管理员定期或不定期对图书信息进行入库、修改、删除等图书信息管理以及注销(不外借),包括图书类别和出版社信息管理。

1. 确定用例

采用用例模型描述系统需求时,首先需要开发人员从业务需求描述出发,获取参与者(Actor)和场景,对场景进行汇总、分类、抽象,形成用例。

场景是从单个参与者的角度观察目标软件系统的功能和外部行为,这种功能通过系统与用户之间的交互来表示。

场景是用例的实例,而用例是某类场景的共同抽象。

1)获取场景

获取场景时需要考虑以下问题。

(1)目标软件系统有哪些参与者?

(2)参与者希望系统执行的任务有哪些?

(3)参与者希望获得哪些信息?这些信息由谁生成,由谁修改?

(4)参与者需要通知系统哪些事件?系统响应这些事件时,会表现出哪些外部行为?

(5)系统将通告参与者哪些事件?

2)定义用例

在场景确定之后,通过对场景的汇总、分类归并、抽象即可形成用例。

需要特别注意的是,参与者并不只限于人员,其他与目标软件发生交互的外部实体或系统也是参与者。用例应该是对参与者可见的系统需求或功能,否则不能作为用例。

(1)确定参与者。通过对系统需求陈述的分析,可以确定系统有两个参与者,即管理员和读者。

首先,管理员按系统授权维护和使用系统不同功能,可以创建、修改、删除读者信息和图书信息(即读者管理和图书管理),借阅、归还图书及罚款等(即借阅管理)。

其次,通过互联网或图书馆查询终端,查询图书信息和个人借阅信息,还可以在符合续借的条件下自己办理续借图书。

（2）确定用例。确定执行者之后,结合图书管理的领域知识,进一步分析系统的需求,可以确定系统的用例有以下几个。

① 借阅管理:包含借书、还书(可扩展过期和丢失罚款)、续借、借阅情况查询。

② 读者管理:包含读者信息和读者类别管理。

③ 图书管理:包含图书信息管理、图书类别管理、出版社信息管理、图书注销和图书信息查询。

下面是借阅情况查询、读者信息管理、读者类别管理、图书类别管理、出版社信息管理和图书信息查询等用例的简要描述。

① 借阅情况查询:读者通过互联网或图书查询终端登录系统后,查阅个人的所有借阅记录。

② 读者信息管理:管理员登录后,对读者详细信息进行增、删、改等维护管理。

③ 读者类别管理:管理员登录后,对读者类别进行增、删、改等维护管理。

④ 图书类别管理:管理员登录后,对图书类别进行增、删、改等维护管理。

⑤ 出版社信息管理:管理员登录后,对出版社详细信息进行增、删、改等维护管理。

⑥ 图书信息查询:读者或管理员通过互联网或图书查询终端登录后,查询所需要的图书信息。

2. 生成用例图

生成用例图是一个逐步精化的过程。首先,可以建立初步的用例图,包括前面发现的参与者和用例;然后,对用例图进行细化,定义用例之间"包含""扩展""继承"等关系,并可能需要定义新的用例,以能够更准确地使用用例图描述系统需求。

图书管理系统用例图,如图6-5所示。

图 6-5　图书管理系统用例图

3. 用例描述

对用例的完整描述包括用例名称、参与者、前置条件、一个主事件流、0到多个辅事件流、后置条件。

主事件流表示正常情况下参与者与系统之间的信息交互及动作序列,辅事件流则表示特殊情况或异常情况下的信息交互及动作序列。

以借书和还书为例,其用例描述如下。

1）借书

用例名称：借书
参与的执行者：管理员
前置条件：一个合法的管理员已经登录到这个系统
事件流：

  A.输入读者编号；
  提示超期未还的借阅记录；
  B.输入图书编号；
   if 选择"确定" then
    if 读者状态无效或该书"已"注销或已借书数>=可借书数 then
     给出相应提示；
    else
     添加一条借书记录；
     "图书信息表"中"现有库存量"－1；
     "读者信息表"中"已借书数量"＋1；
     提示执行情况；
    endif
    清空读者、图书编号等输入数据；
   endif
  if 选择"重新输入"then
    清空读者、图书编号等输入数据；
  endif
  if 选择"退出"then
    返回上一级界面；
  endif
  返回 A.等待输入下一条；

后置条件：如果是有效借书,在系统中保存借阅记录,并修改图书库存量和读者借书数量

2）还书

用例名称：还书
参与者：管理员
前置条件：一个合法的管理员已经登录到这个系统
事件流：
A.输入读者编号；
提示超期未还的借阅记录；
if 有超期 then
  提示,调用"计算超期罚款金额"；
endif
if 丢失 then
  选择该书借阅记录；
  调用"计算丢失罚款金额"＋调用"计算超期罚款金额"；
endif
 if 选择"确定"还书 then //要先交罚款后才能还
B.输入图书编号；
 if 读者状态无效或该图书标号不在借书记录中 then

```
            提示该读者借书证无效或该图书不是该读者借阅的;
    else
            添加一条还书记录;
            删除该借书记录;
            "图书信息表"中"现有库存量"+1;
            "读者信息表"中"已借书数量"-1;
            提示执行情况;
        endif
        清空读者、图书编号等输入数据;
    endif
    if 选择"重新输入"then
            清空读者、图书编号等输入数据;
    endif
    if 选择"退出"then
            返回上一级界面;
    endif
    返回 A.等待输入下一条;
    后置条件:如果是有效还书,在系统中删除借阅记录,并修改图书库存量和读者借书数量
```

用例的描述既可以像上面这样描述,也可以采用 UML 活动图,使得表示更为精确、直观。这里不再给出相应的活动图,感兴趣的读者可以自己使用活动图对上述描述进行建模。

6.3.2 静态建模

通过寻找系统需求陈述中的名词,结合图书管理的领域知识,首先给出候选的对象类,经过筛选、审查,可确定图书管理系统的类有:读者、图书、借阅记录、图书注销记录、读者类别、图书类别、出版社等。然后,经过标识责任、标识协作者和复审,定义类的属性、操作和类之间的关系。

这里仅以"读者"类为例列出该类的属性和操作,其他类的属性,读者可以自行进行分析和设计,操作与"读者"类的类似。

```
"读者"类
◆私有属性
读者编号(借书证号码和用户名与此同): 文本
读者姓名: 文本
读者类别编号: 文本
读者性别: 文本
出生日期: 时间/日期
读者状态: 文本
办证日期: 时间/日期
已借图书数量: 数值
证件名称: 文本
证件号码: 文本
读者单位: 文本
联系地址: 文本
联系电话: 文本
EMAIL: 文本
用户密码: 文本
办证操作员: 文本
```

备注：文本
◆公共操作
永久写入读者信息
永久读取读者信息
新增读者
删除读者
修改读者信息
获取读者信息
查找读者信息
返回借阅数量

最后得到图书管理系统类之间的关系，如图 6-6 所示。

图 6-6　图书管理系统类图

6.3.3　系统的设计

不难想象，一个大型的软件系统，其具体的用例必然会众多而复杂，为了进一步简化分析，依据具体用例之间的关系对用例进行分类。经过分类之后，系统化为了各个更小的子系统。在 UML 中，采用包图的语言机制来实现这种子系统的描述。图 6-7 用包图描述了本章所述的图书管理系统的基本功能。

图 6-7　图书管理系统包图

接下来，需要对各个子系统中具体用例的实现进行更深层次的刻画，即考虑到软件的具体实现。一个系统用例，对外部用户而言，是系统为其提供的一项"服务"，而为了实现这个"服务"，则需要系统内部众多对象之间相互合作来共同完成。顺序图便是 UML 描述软件行为图的一种，可以对对象之间消息传递的先后的动态交互过程进行精确描述。

面向对象方法

"借书"功能的消息交互顺序如图 6-8 所示。

图 6-8　借书顺序图

6.3.4　对象设计

对象设计主要有以下两个任务。

第一,是对类的属性和操作的实现细节进行设计。例如,上面"读者"类的属性"联系电话"有多个时,决定用一个链表或数组来存放,也可能需要增加属性和操作,如"读者"类中增加属性"相片",操作增加"打印与发生过期通知书",而后设计每一个操作的算法。

第二,是分别从人机交互、数据管理、任务管理和问题域方面考虑,以实现的角度添加一些类,或优化类的结构。例如,从数据管理方面,需要添加一个"永久数据"类,作为需要永久保存数据类的父类,承担读写数据库的责任;从人机交互方面,需要添加一个"对话框"类(其父类是"窗口"类),来实现人机交互的功能,则图 6-6 可改进为图 6-9。

图 6-9　图书管理系统设计后类图

必要时,可针对系统的某一类对象,画出表示该对象在系统中的状态变化过程,例如,
"图书"对象的状态变化如图 6-10 所示。

图 6-10　图书对象状态图

6.3.5　部署模型设计

图书管理系统的物理结点分布如图 6-11 所示。

图 6-11　图书管理系统的部署图

6.4　面向方面的方法

面向对象技术有一些衍生技术,如面向方面编程、领域驱动设计,在后来的软件开发方法中也被广为应用。

随着软件系统规模扩大,其复杂性也急速增长,且难以控制。以日志、安全为典型代表的非功能性属性,在常规的面向对象开发中分布于业务逻辑的各个角落,难以有效统一处理,给软件的理解、维护带来较大障碍。这样,作为面向对象方法的一个有效补充,面向方面方法(Aspect Oriented Programming,AOP)将相关属性统一为横切关注点进行理解、整理,并将其抽象为"方面(Aspect)",从而可以一体化设计、实现,大幅度增加了代码的可理解性和可维护能力。

6.4.1 面向方面程序设计

随着软件系统规模快速扩大,在软件开发过程中,程序开发者经常碰到特定属性散布于多个功能模块,导致难以统一维护、更新、管理的情况。以系统级关注点为例,如日志记录、安全检测等,它们与系统基本任务属性之间是横切的关系,分布在各个功能模块之中。

前面讨论的 OOD 主要着眼于系统核心业务需求,将数据和对应操作紧密地连接并封闭在一起。因此,使用 OOD 实现上文所述的日志记录、安全检测等任务,自然就会将其与相关对象封装在各自的类中,从而导致处理这些关注点的代码在程序中多次重复出现。可以想象,这些关注点的代码实现其实是高度类似,甚至一致的。同样的代码,在整个系统中散落、频繁出现,很容易降低程序的可理解性,而在面对后期潜在的需求变更时,维护性也会受到很大影响,进而影响系统的质量。以上就是所谓的代码分散(Code Scattering)现象。

另一个广为人知的问题,是代码缠结(Code Tangling),即同一个模块的代码中,要同时处理安全、功能、性能等各类关注点。于是,这样的代码,其可读性、可维护性自然会存在较大问题。

上述问题由来已久,Dijkstra 提到"关注点分离"的概念,即每次处理某一个特定的关注点相关部分。随着系统规模的快速扩大,代码分散与代码缠结这两个问题使得"关注点分离"更加必要且迫切。

针对以上问题,英属哥伦比亚大学(UBC)的 GregorKiczales 等人在 1997 年提出了AOP 这一思想。相比于 OOP,AOP 把系统关注点分为核心关注点与横切关注点(Crosscutting Concern)两类:核心关注点是业务处理中主要商业逻辑与流程;横切关注点是分布在各核心关注点内的共享关注点,如上文所提到的日志、安全等。AOP 将上文中这些影响了多个类的横切关注点封装到一个可重用模块,命名为 Aspect(方面)。

在此基础上,进一步提供了类和方面的自动编织(weave)机制,将横切关注点对应的方面编织到特点的连接点(Join Point)位置,实现代码整合。通过对这些"方面"的封装,以及方面与类的自动编织,来减少系统的重复代码,降低模块间的耦合度,并有利于未来的可操作性和可维护性。面向方面程序设计的思想如图 6-12 所示。

图 6-12 面向方面程序设计的思想

可以看到，AOP是在OOP的基础上，针对"关注点分离"这一目标的有力补充。在OOP处理核心关注点和其业务逻辑的基础上，AOP以一种模块化的方式来理解、封装、处理横切关注点相关"方面"。在运行、编译时应用这些方面，从而实现与原核心业务逻辑的结合。

这一机制使横切关注点的实现更加模块化，降低了代码的理解和维护难度，提高了系统适应不断变化的需求的能力。

6.4.2 面向方面方法概述

AOP受到了业界的关注，其设计思想已被引入了需求分析、代码实现、测试维护各个阶段，并衍生出面向方面软件开发（Aspect-Oriented Software Development，AOSD）、面向方面需求工程（Aspect-Oriented Requirement Engineering，AORE）等多个方向。同时，也出现了以AspectJ、AspectC、AspectC++等为代表的面向方面程序设计语言。

其中，AspectJ是目前使用最为广泛的AOP语言，是对Java程序设计语言面向方面的扩展，经编译后生成的类文件可以直接在Java虚拟机上执行，所以也得到了相关领域的应用与实践。在软件开发的各个阶段，如需求分析、建模、测试与验证、重构与应用，AOP的相关思想和技术也得到了不断的发展。

1. 面向方面需求分析

需求分析是软件开发的首要步骤，只有在得到正确需求的情况下，才可以进行后续开发。AOP的主要出发点是横切关注点提取。所以，如何提取与表达横切关注点，是AOP相关领域的重点关注问题。

在横切关注点提取方面，如何对需求文档进行分析并自动提取很重要。在表达横切关注点方面，存在基于状态机的表达、基于用例图扩充等多种方法，来具体描述相关横切需求。

2. 面向方面建模

以UML为代表的建模工具主要关注系统的核心业务逻辑，对于横切关注点缺乏必要的支撑。因此，如何对UML进行扩展以支持横切关注点建模，显得很有必要。

相关扩展可分为轻量级和重量级两类：轻量级扩展需要利用UML所提供的Stereotype、Tagged Value、Constraint等扩展机制进行模型扩展，如文献等，其优点在于可直接利用UML建模工具进行建模；重量级扩展则主要在元模型层面进行直接扩展，给出方面建模的新型建模元素，这种方法所建立的模型更加直观，但是需要对应的工具支撑，存在大量工作分布在状态机图、用例图、顺序图、交互概观图、活动图以及Petri网等多种建模语言上。

3. 面向方面的重构与应用

将AOP的思想利用到系统重构领域，特别是针对方面来基于横切关注点进行重构，是相关领域的热点。主要问题关注在两个层面，如何发现与识别横切关注点，以及如何基于相关横切点进行重构。

在上述基础上，扩展思想也在各类领域得到了大量的实际应用，如安全、数据存储、云计算、竞争检测等。也可以在操作系统、构件化开发、轨道计算等领域上展开面向方面思想的应用。

6.5　小　　结

在应对需求复杂性方面,面向对象的软件开发方法通过建立与现实世界中的实体、概念、关系、结构直接对应的软件抽象来刻画需求,并支持该软件抽象在需求、设计、实现之间的无缝过渡,有助于弥合问题空间与解空间之间的语义鸿沟。和结构化方法相比,面向对象方法开发的软件具有更好的结构稳定性、可修改性、可复用性。

本章首先介绍了面向对象方法的相关知识,对于面向对象方法支持的三种基本活动进行了说明,即识别对象和类,描述对象和类之间的关系,以及通过描述每个类的功能定义对象的行为。然后说明了面向对象的分析与设计的过程,用面向对象方法设计软件,原则上也是先进行总体设计(即系统设计),然后再进行详细设计(对象),当然,它们之间的界限非常模糊,事实上是一个多次反复迭代的过程。本章分别讲述了问题域子系统、人机交互子系统、控制驱动子系统、数据管理子系统及构件部署的设计方法。在实际开发中,基于 UML 的面向对象的分析与设计得到了大量的应用,因此,本章以一个"图书管理系统"为例介绍了其软件分析与设计的过程。最后一部分则介绍面向方面方法,来作为面向对象技术的一种衍生技术。本章描述的过程与方法可以看作是一种指导,在实践应用时,应该根据目标软件特点、开发机构背景、开发人员习惯等因素,进一步灵活定制,寻找最合适的分析与设计过程。

6.6　思　考　题

(1) 简述面向对象方法支持的三种基本的活动。

(2) 简述面向对象的系统开发生命周期。

(3) 试用面向对象方法设计以下软件问题,并提交最终的设计模型和文档。

银行 ATM 自动柜员机

ATM 系统能够为顾客提供以下基本服务(它们统一称为交易)。

① 取款服务。顾客可以用银行卡从对应的账户中支取现金,现金必须是 100 元的整数倍,且每次取款不能超过 5000 元。

② 存款服务。顾客可以把现金存入与银行卡对应的账户中。

③ 转账服务。顾客可以把一个银行卡对应账户中的款项转账到另一个银行账户中。

④ 查询服务。顾客能够查询一个银行卡对应账户中的余额。

该 ATM 系统包括以下组成部分。

① 读卡器。

② 交互的控制台。

③ 存款的插槽。

④ 打印机。

⑤ 启动和关闭 ATM 系统的开关键盘。

⑥ ATM 系统与银行服务通过特定的网络连接进行通信。

ATM 系统在提供以上服务的过程中,必须满足以下要求。

① 一个顾客可以在最终确认前放弃一项交易。

② ATM 在执行交易过程中将与银行系统进行通信,对是否允许交易进行验证。

③ ATM 为每次成功的交易提供一个打印回执。

④ ATM 需要维护一个内部日志,对每次交易进行记录。

面向对象方法

第 7 章　面向数据流的设计方法

> 计算机科学领域的所有问题都可以通过其他方式间接解决。
>
> ——David Wheeler

结构化开发方法是现有的软件开发方法中最成熟、应用最广泛的方法。结构化开发方法由结构化分析方法、结构化设计方法及结构化程序设计方法构成。

1978 年,E. Yourdon 和 L. L. Constantine 提出了结构化方法,即 SASD 方法,又称为面向功能的软件开发方法或面向数据流的软件开发方法。该方法首先用结构化分析(Structured Analysis,SA)对软件进行需求分析,然后用结构化设计(Structured Design,SD)方法进行总体设计,最后是结构化编程(Structured Programming,SP)。这一方法不仅开发步骤明确,SA、SD、SP 相辅相成,一气呵成,而且给出了两类典型的软件结构(变换型和事务型),便于参照,使软件开发的成功率大大提高,从而深受软件开发人员的青睐。

面向数据流的分析方法和面向数据结构的分析方法都是结构化分析方法家族中的一员。其中,面向数据流的分析方法是最具代表性的结构化分析方法。本章主要介绍面向数据流的软件设计方法。

本章共分六个部分:7.1 节为数据流图与数据字典,7.2 节为实体关系图,7.3 节为状态迁移图,7.4 节为案例说明:教材购销系统,7.5 节为面向数据流的需求分析方法,7.6 节为面向数据流的设计方法。

7.1　数据流图与数据字典

一个基于计算机的信息处理系统由数据和对数据的处理构成,为了描绘数据在系统中的流动和被处理情况以及表达分析员对新系统的设想,使用数据流图和数据字典共同定义新系统的逻辑模型。

7.1.1　数据流图:运动会管理系统

数据流图(Data Flow Diagram,DFD)是一种建模技术,能以图形的方式刻画数据流从输入到输出的变换过程。数据流图通过描述对数据流进行变换的功能,来建立系统的功能模型。如图 7-1 所示,数据流图提供了四种基本建模元素。

(1)数据源点表示系统中要处理的数据的来源,数据汇点表示系统处理的结果要送到的地方。数据源点和数据汇点均不是系统中的部分,只是系统环境中与系统有数据交互关系的实体部分,因此称为外部实体。实际中,外部实体可能对应人、部门、其他软件系统、硬数据源点或数据汇点，对输入数据进行变换产生输出数据，圈中应给出处理名字。

加工或处理，对输入数据进行变换产生输出数据，框中应给出处理名字。

数据存储，代表静态存储的数据，需要给出数据存储名。

数据流，表示被加工的数据及数据的流向，要给出数据流名。

图 7-1　数据流图的基本建模元素

件设备等。

（2）数据流表示动态的数据，沿着箭头方向流动，由一组固定的数据项组成。数据流可以表示在加工之间传送的数据，也可以表示数据存储和加工之间传送的数据，还可以是从数据源点流向处理或从处理流向数据汇点的数据。数据流需要用名词或名词短语命名。

（3）数据存储表示静态的数据，即保存到数据库文件或其他文件中的数据。数据存储可以引出箭头，也可以引入箭头，分别表示对数据存储的读取、写入。数据流图中，从数据存储引出或指向数据存储的箭头上不需要标数据流名，默认与数据存储同名。

（4）加工是对数据的处理或变换。一个加工至少有一个输入流和一个输出流，表示加工对输入流所做的变动。每个加工也要有名字，通常是动词短语，简明地描述完成什么加工。

数据流图中，还可以使用一些辅助的图形。如图 7-2 所示，这些图形刻画流向一个处理的多个数据流，或从一个处理流出的多个数据流之间的关系。

"*"表示与的关系，即数据A和B同时输入才能变换成C

"*"表示与的关系，输入数据C变换成A与B

"+"表示或的关系，数据A或B，或A和B同时输入都能变换成C

"+"表示或的关系，输入数据C变换成A或B，或A和B

"⊕"表示异或的关系，数据A或B(但不能够A、B同时)输入能变换成C

"⊕"表示异或的关系，输入数据C能变换成数据A或B(但不能A、B同时)

图 7-2　多个数据流之间的三类关系

"自顶向下，逐步求精"和"分解与抽象"，是面向数据流方法建模的基本思想。利用数据流图建立功能模型的过程也是分层次、由抽象到具体一步一步进行的。如图 7-3 所示，顶层

面向数据流的设计方法

数据流图抽象地描述了整个系统,底层具体地画出了系统的每一个细节,而中间层是从抽象到具体的逐层过渡。

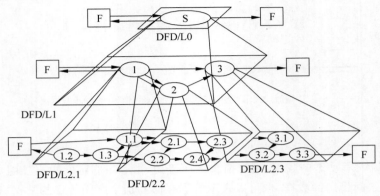

图 7-3　分层数据流图

在多层数据流图中,顶层数据流图又称 0 层数据流图,用 DFD/L0 表示;对顶层数据流图进行功能分解得到第一层数据流图 DFD/L1;对第一层数据流图中的功能进行分解,进一步得到第二层数据流图 DFD/L2,以此类推。

顶层数据流图仅包含一个加工,代表被开发系统,输入流是该系统的输入数据,输出流是系统所输出数据。底层数据流图是指其加工不需要再做分解的数据流图,处在最底层;中间层数据流图则表示对其上层父图的细化,每一加工可能继续细化,形成子图。

数据流图中,需按层给加工框编号。编号表明该加工所处层次及上下层的亲子关系。规定任何一个数据流子图必须与它上一层的一个加工对应,二者的输入数据流和输出数据流必须保持一致。例如,第一层数据流图中的加工 2 有两个输入和一个输出,对应的子图 DFD/L2.2 也同样有两个外部输入和一个输出。

画分层数据流图时,首先遇到的问题就是应该如何分解。不能够一下子把一个加工分解成它所有的基本加工,一张图中画出过多的加工使人难以理解,但是,如果每次只是将一个加工分解成两个或三个加工,又可能需要分解过多的层次,也会影响系统的可理解性。那么,一个加工每次分解成多少个子加工才合适呢?根据经验,最多不要超过七个。统计结果证明,人们能有效地同时处理七个或七个以下的问题,但当问题多于七个时,处理效果就会下降。当然也不能机械地应用,关键是要使数据流图易于理解。

下面给出画数据流图的一般步骤。

(1)首先,找出数据源点和数据汇点作为外部实体,来确定系统与外界的接口。

(2)找出外部实体的输出数据流与输入数据流,画出顶层数据流图。

(3)从顶层加工出发,逐步细化,画出所需子图。分析系统的主要处理功能,把每一个处理功能作为一个加工,并且确定之间的数据流入和流出关系,画出第一层数据流图。

(4)对当前层数据流图中的每个加工进行细化,画出所需子图,直到加工不需要再分解为止。

注意,数据流图不是传统的流程图或框图,数据流也不是控制流。数据流图是从数据的角度来描述一个系统,而框图则是从对数据进行加工的工作人员的角度来描述系统。数据流图中的箭头是数据流,而框图中的箭头则是控制流,控制流表达的是程序执行的次序。

下面介绍一个实例——运动会管理系统。

组织一个大型运动会的工作过程如下:首先,决定日期、地点、规模、设立哪些比赛项目、报名期限等,并做出一些规定,如每人最多可参加多少项目,每个项目每队最多可有多少人参加等。报名结束后,要给每个运动员编号,统计每个项目有多少运动员以及有哪些运动员参加,并根据每个项目的参加人数等具体情况,排出比赛日程表。在运动会进行过程中,要按各项比赛的成绩及时公布单项名次,并累计团体总分。比赛全部结束后,要公布团体名次。

所以,组织一个大型运动会有大量的数据处理工作。现在打算建立一个计算机化的运动会管理系统,作为第一步,必须仔细分析运动会的组织工作,明确计算机系统应该具有什么功能,为此,画出运动会管理系统的一套分层数据流图,如图 7-4 所示。

图 7-4　运动会管理系统分层数据流图

这套数据流图简要分为三层。顶层数据流图描绘了系统的外貌,系统从收发员那里接收"报名单",将"运动员号码单""各队成绩"输出给收发员,系统将"项目参加者"输出给裁判长,裁判长将"比赛项目""项目成绩"送交给系统,系统还向公布台输出"单项名次"和"团体名次"。

第一层说明系统分成"登记报名单"和"统计成绩"两部分,并画出了每一部分的输入、输出以及要存取的文件,如图 7-5 所示。

图 7-5　分层数据流图第一层

面向数据流的设计方法

同样,图7-6说明"登记报名单"可分成四个加工,图7-7说明"统计成绩"可分成五个加工,这两张图也描绘了各个加工之间的联系。由于图7-6中的加工已足够简单,图7-7中的加工也已足够简单,所以图7-6和图7-7就可作为底层不再分解下去。

图7-6 分层数据流图中"登记报名单"部分

图7-7 分层数据流图中"统计成绩"部分

由于每张子图的输入输出都与父图中相应加工的输入输出一致,所以这套分层数据流图是平衡的。这套数据流图描述了运动会管理系统的"分解",至于图中出现的数据流"报名单""运动员号码单"、文件"运动员名单""团体成绩"和加工"记录成绩""汇报各队成绩"等各是什么含义,还有待于数据词典和加工说明来做出解释。

这样的一套数据流图中,不可避免地存在一些错误或者缺陷,下面将介绍如何对它的正确性进行检查并做出改进。

人们对一个大型系统的理解不可能一开始就是十全十美的,总要经过逐步去粗取精、去伪存真的过程。在刚开始分析一个系统时,尽管我们对问题的理解有不正确、不确切之处,但还是应把我们的理解用数据流图画出来,然后再对它们进行逐步修改,以获得较正确完美的图样。

下面讨论如何检查数据流图的正确性和提高数据流图的易理解性。

1. 检查数据流图的正确性

分析员通常可从以下几个角度来检查数据流图的正确性:数据守恒、文件的使用、父图和子图的平衡。下面分别进行讨论。

(1) 数据守恒。数据不守恒的情况有以下两种。

一种情况是,某个加工用以产生输出的数据并没有输入给这个加工,这时可以肯定是某些数据流被遗漏了。

如图 7-8 所示,"决定比赛名单"这个加工根据"项目"和"运动员名单"产生"项目参加者",如果"运动员名单"和"项目参加者"组成如下:

$$运动员名单＝队名＋姓名＋项目$$

$$项目参加者＝项目＋姓名＋运动员号$$

可以看出,这个加工要输出"运动员号"这个数据,但是并没有接收,所以一定有数据流被遗漏了。

另一种情况是,一个加工的某些输入并没有从这个加工输出,这并不一定是错误,但值得与用户再研究一下,为什么要将这些数据输入给这个加工,而加工却不使用? 如果确实是不必要的,就可将多余的数据流去掉,以简化加工之间的联系。

如图 7-9 所示,加工"开发票"根据"订货单"和"价目"文件开出"发票",如果这些数据的组成如下:

$$订货单＝单位名＋货名＋货号＋数量$$

$$价目＝货名＋单价$$

$$发票＝单位名＋货名＋数量＋单价＋总计$$

图 7-8　加工图 1　　　　　图 7-9　加工图 2

可以发现,这个加工并不使用"货号"这个数据,经过同用户商量,如果确实是不必要的,就可将它删去。

(2) 文件的使用。如图 7-10 所示,父图与子图有个明显的错误,只有流向文件 DELTA 的数据流而没有从该文件流出的数据流,即只有写文件的加工而没有读文件的加工,这说明一定是某些加工被遗漏了。

在画数据流图时,应该注意加工与文件间数据流的方向。一个加工要读文件,则数据流的箭头是指向加工的;加工要写文件,则箭头是指向文件的;如果加工要修改文件(尽管修改文件一般先要读文件,但其本质还是写),箭头也应指向文件,而不是双向的;只有当加工除了修改文件

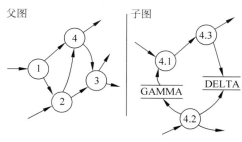

图 7-10　父图与子图 1

之外,为了其他目的,还要读该文件时,才画双向箭头。如果不遵循以上规则,图 7-10 中的错误就不易被发现。

(3) 父图和子图的平衡。父图和子图的数据流没有保持平衡,是一种常见的错误,不平衡的分层图是无法使人理解的,因此应该特别注意,尤其是在对子图做了某些修改(如添加或删去了某些数据流)之后,必须再次检查和修改父图,以便保持平衡。

2. 提高数据流图的易理解性

数据流图应该简明易懂,这有利于后面的设计、编写等工作,也有利于以后对系统说明书进行维护。

提高数据流图的易理解性,可从以下几方面进行:简化加工间的联系、注意分解的均匀、适当地命名。下面分别进行讨论。

1) 简化加工间的联系

分析的基本手段是"分解",分解的目的是控制复杂性,所以,分解不能随心所欲地进行,随意的分解有可能反而使问题复杂化。合理的分解是将一个问题分成相对独立的几个部分,这样每一部分就可单独地理解,一个复杂的问题就被几个较简单的问题代替了。

数据流图中,加工间的数据流越少,各个加工就越相对独立,所以应尽量减少加工间输入输出数据流的数目。

如图7-11所示,加工2与其他加工的联系相当复杂,输入输出数据流达九个之多,所以很难独立理解。一般来说,这样的分解是不合适的,应该考虑重新分解,第三部分将具体讨论如何简化这张图。

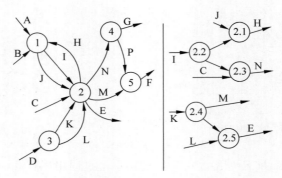

图 7-11 父图与子图 2

2) 注意分解的均匀

理想的分解是将一个问题分解成大小均匀的几个部分。当然,这点是不易做到的,但是应该避免特别不均匀的分解。如果在一张图中,某些加工已是基本加工,而另一些加工却还可进一步分解三、四层,那么这张图是不易被理解的,因为其中某些部分描述的是细节,而另一些部分描述的却是较高层的抽象。遇到这种情况,也应考虑重新分解。

3) 适当地命名

数据流图中各成分的命名与图样的"易理解性"直接有关,应该注意适当地命名。

先看下面几个加工的名字:"计算总工作量""开发票""存储和打印提货单""处理订货单""处理输入""做杂事"。

前两个名字的意义很明确,所以容易理解。第三个也不错,但看来可将它分解成两个加工。后面几个名字就很不好,不易理解:"处理"是个很空洞的动词,没有告诉我们这个加工究竟做什么。"处理输入"则具有双重缺点,不仅动词空洞,宾语也不具体。"做杂事"就更差了,这相当于没有给加工命名。

理想的加工名由一个具体的动词加一个具体的宾语组成,在底层尤其应该用这样的方式命名。同样,对数据流和文件也应适当地命名,尽量避免产生错觉,以减少设计、编程等阶段的错误。如果难以为某个成分取合适的名字,往往是分解不当的迹象,此时,可以考虑重新分解。

3. 重新分解

多数情况下,需要对数据流图进行重新分解。例如,在画第 N 层时,意识到在第 $N-1$ 层或第 $N-2$ 层所犯的错误,此时,就需要对第 $N-1$ 层、第 $N-2$ 层进行重新分解。

下面叙述"重新分解"的一种机械的做法:

(1)把需要重新分解的某张图的所有子图连接成一张。

(2)把图分成几部分,使各部分之间的联系最少,也就是说,某个加工属于这一部分还是那一部分决定于这一点:使各部分之间的联系最少。

(3)重新建立父图,即把第二步所得的每一部分画成一个圆,而各部分之间的联系就是加工间的界面了。

(4)重新建立各张子图,只需把第二步所得的图按各部分的边界剪开即可。

(5)为所有加工重新命名和编号。

图 7-11 的父图经重新分解,得到图 7-12,更加简明易懂。图 7-11 的子图是由不相连的两部分组成的,现象说明,将父图加工分成两部分更合适。

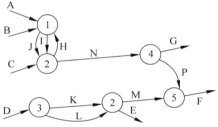

图 7-12　父图与子图 2 重新分解图

7.1.2　数据字典

分层数据流图只是表达了系统的"分解",为了完整地描述这个系统,还需借助数据字典和"小说明",对图中的每个数据和加工给出解释。

对数据流图中包含的所有元素定义的集合,构成了数据字典。有四类条目,数据流、数据存储、数据项及基本加工。在定义数据流或数据存储时,使用表 7-1 中的符号。将这些条目按照一定的规则组织起来,构成数据字典。

表 7-1　在数据字典定义中使用的符号

符号	含　义	实例及说明
—	被定义为	
＋	与	$X=a+b$ 表示 X 由 a 和 b 组成
[…｜…]	或	$X=[a｜b]$ 表示 X 由 a 或 b 组成
{…}	重复	$X=\{a\}$ 表示 X 由 0 个或多个 a 组成
m {…} n	重复	$2\{a\}6$ 表示重复 2~6 次 a
(…)	可选	$X=(a)$ 表示 a 可在 X 中出现,也可不出现
"…"	基本数据元素	$X="a"$ 表示 X 是取值为字符 a 的数据元素
‥	连接符	$X=1‥8$ 表示 X 可取 1 到 8 中的任意一个值

1. 数据流条目

数据流条目给出了数据流图中数据流的定义,通常对数据流的简单描述为,列出该数据流的各组成数据项。

例如,数据流"乘客名单"由若干"乘客姓名""单位名"和"等级"组成,则数据字典中的"乘客名单"条目是,乘客名单＝{乘客姓名＋单位名＋等级}。

又如,报名单＝姓名＋单位名＋年龄＋性别＋课程名。

也可以对数据流进行较详细的描述。

例如,某查询系统中,有个名为"查询"的数据流,目前"查询"有三种类型,即"顾客状况查询""存货查询"和"发票存根查询",预计至 2025 年年底,还将增加三到四种其他类型的查询。系统每天约需处理 2000 次查询,每天上午 9:00 到 10:00 是查询高峰,此时约有 1000 次查询。上述信息是"用户要求"的一部分,在分析阶段应该认真收集,并记录在词典的有关条目中,所以,"查询"条目描述如下:

数据流名:查询
简述:系统处理的一个命令
别名:无
组成:[顾客状况查询｜存货查询｜发票存根查询]
数据量:2000 次/天
峰值:每天上午 9:00－10:00 有 1000 次
注释:至 2025 年年底还将增加 3～4 种查询

2. 数据存储条目

数据存储条目给出某个数据存储的定义,数据存储的定义通常是列出数据存储记录的组成数据流,还可指出数据存储的组织方式。

例如,某销售系统的订单如下:订单＝订单编号＋顾客名称＋产品名称＋订货数量＋交货日期。

3. 数据项条目

数据项条目给出某个数据单项的定义,通常是该数据项的值类型、允许位等。

例如,账号＝00000～99999;存款期＝【1｜3｜5】;(单位:年)。

4. 加工条目

加工条目就是"加工小说明"。由于加工是数据流图的重要组成部分,一般会使用输入处理输出(Input Process Output,IPO)表单独进行说明。IPO 表将在设计部分介绍。

使用 IPO 表定义数据加工描述起来更方便,并且使得数据字典的内容更单纯,形式更统一。因此,今后讲到的数据字典将主要包括对数据流、数据项和数据存储三类条目的定义。

数据字典是对数据流图中所包含的各种元素定义的集合,是对数据流图的补充,有助于改进分析人员和用户之间的通信。

7.2 实体关系图

在数据密集型系统中,数据量大且数据间的关系复杂,因此,对数据的分析和建模就很有必要。结构化分析方法中,使用实体关系图(Entity-Relationship,ER)来建立数据建模。这种技术采用应用领域的概念来创建数据对象和数据对象间关系的图解表示。

实体关系图的建模元素有三种,即数据对象(实体)、描述数据对象的属性、数据对象间存在的各种关系。

(1)实体是人、事物、地方,甚至是收集的数据。举例来说,如果为企业考虑信息系统,实体包括的内容就不只是客户,而是客户的地址和订单。实体用矩形表示,并贴上名词标签。

（2）属性定义了数据对象的特征。可以用来为数据对象的实例命名,描述这个实例、主码,为了唯一地标识数据对象的某一个实例,定义数据对象中的一个属性或几个属性为关键码(key)。在实体关系图中,属性用椭圆或圆角矩形表示。

例如,在订单数据对象中,用订单号做关键码,可以唯一地标识一个订单数据对象中的实例。

（3）关系是指实体间的相互作用。在上面的例子中,客户提交订单,所以,"提交"这个词描述客户实例和订单或订单之间的关系。关系可以用菱形表示,或者更简单地,由连接实体的线表示。在任一个例子中,动词都用来标记关系。

具体实例中,实体间的关系有三种:一对一（1∶1）、一对多（1∶m）、多对多（$n∶m$）。实体是可选的,例如,销售人员可能没有客户或有一个或多个客户;实体也可能是强制的,例如,在一个订单中至少要有一件列出的产品。

在实体关系图中表示实体关联数量的符号如图 7-13 所示,用"O"表示所关联的实例是可选的,"|"表示关系必须出现一次,"<"表示多次出现。

图 7-13　实体关系图中表示实体关联数量的符号

考虑某教学管理系统中教师、学生和课程的实体关系图。一位教师可以教授零门、一门或多门课程,每位学生也需要学习几门课程,每门课程只能由一位教师授课。涉及的对象（实体型）有学生、教师和课程。所建立的实体关系图如图 7-14 所示。

图 7-14　教学管理系统实体关系图

7.3　状态迁移图

需求分析中用行为模型来刻画系统响应外部事件的过程。状态迁移图(State Transition Diagram,STD)又称状态转换图,通过描绘系统的状态及引起系统状态转换的事件,来表示系统的行为。

此外,状态转换图还指出了作为特定事件的结果,将执行哪些动作(如处理数据)。因此,状态转换图提供了行为建模机制。

状态转换图中的建模元素分为以下两类。

1. 状态

状态是任何可以被观察到的系统行为模式,一个状态代表系统的一种行为模式。在状态转换图中,用圆形框或椭圆框表示状态,通常在框内标上状态名。状态规定了系统对事件的响应方式。系统对事件的响应,既可以是做一个(或一系列)动作,也可以是仅仅改变系统本身的状态。通常,在表示状态的框内用关键字 do(后接冒号)标明进入该状态时系统的行为(即所做的动作)。

状态转换图里的状态又可以分为初态(初始状态)、终态(结束状态)和中间状态。一个状态转换图中,初态仅有一个,而终态可以有任意多个(包括 0 个)。图 7-15 为这三类状态的图形表示。

状态名
状态变量
活动表

●　　　　　　　　　　　　◉

初态　　　　　中间状态　　　　终态

图 7-15　三类状态的图形表示

活动表的语法格式如下:事件名(参数表)/动作表达式。其中,事件名是任意事件的名称,例如,entry 事件表示进入状态应做的动作,exit 事件表明退出该状态的动作,do 事件表明在该状态下的动作;参数表是可选的;动作表达式表明具体应做的动作。

2. 事件

事件是在某个特定时刻发生的事情,是对引起系统从一个状态转换到另一个状态的外界事件的抽象。例如,当某个特定的时间段已经过去,发生鼠标移动或单击等都可以是事件。简而言之,事件就是引起系统状态发生变换的控制信息。

在状态转换图中,从一个状态到另一个状态的转换用箭头线表示,箭头表明转换方向,箭头线上标有事件名。箭头线上也可以没有事件,这时的状态转换是自动触发的。

事件的语法格式如下:

事件说明[守卫条件]/动作表达式

其中,事件说明包括事件名和可选的参数表。当无守卫条件时,事件发生能引起箭头所示的状态转换;当有守卫条件时,仅当方括号内所列出的条件为真时,事件的发生才能引起箭头所示的状态转换。

图 7-16 为一个用户登录管理子系统的状态转换图。

在开始状态时,系统显示主屏。用户提出使用该管理系统的请求后,进入登录界面显示状态,提示用户输入用户名和密码。用户输入后,进入核对状态。若用户名称或密码不正确,则返回登录状态;若正确,则进入系统主界面。需要指出,在需求分析阶段,并不一定要建立系统的行为模型。如果系统是以响应外部事件为主的控制系统,则行为模型是系统需求分析的重点。如果系统的主要工作是对数据的处理,则无须考虑行为模型。

图 7-16　用户登录管理子系统的状态转换图

7.4　案例说明：教材购销系统

数据流图和数据字典是结构化分析的重要部分，能刻画系统的功能模型。下面通过一个教材购销系统来介绍数据流图与数据字典的建立。

由于在需求分析部分已经做了需求获取工作，假定教材购销系统在需求获取阶段得到的信息如下。

学校教材管理主要由教材计划订制、采购、发放、记账、结算等一系列工作所组成，该工作由教材科负责完成。教材购销系统是教材科内部的一个系统，实现教材的销售和采购。系统只负责集体售书，即以班级为单位售书。售书时，要根据学生内部建立的学生用书表审核学生此次购书的有效性。

系统在向学生售书时主要输入班级代号、购书数量、购书书名信息，然后打印领书单和发票返回给学生领取书籍。在查询数据库时，主要输入需要查询的相关信息，包括图书编号、书名、出版社信息等。对缺货的图书要登记缺书，并发缺书单给书库采购人员；一旦新书入库后，即发进书通知。

此外，系统还需要与学校的财务科发生数据交换，售书时形成的财务信息直接和财务科交换，方便结算。即向学生集体售书时不需要直接收取现金，而待教材科结算时向财务科提交数据，由财务科从学生的预支书费里扣除，从而保证教材财务信息的完整。

7.4.1　数据流图的建立

按照数据流图的建立步骤，首先建立顶层数据流图，经过初步分析得到以下结论：

（1）系统中的外部实体有学生代表和教材科工作人员。

（2）学生输入系统的数据流是购书单，系统输给学生的数据流是发票和领书单。

（3）系统输给教材科工作人员的数据流是缺书单，工作人员输入的数据流是进书通知。

根据以上分析，得出了图 7-17 所示的系统顶层数据流图。

接下来，就要根据系统的主要功能构建系统的第一层数据流图，分析结果如下：

（1）本系统可进一步细化为两个子系统——销售子系统和采购子系统。

（2）外部实体学生代表应与销售子系统联系，教材科工作人员与采购子系统联系。

面向数据流的设计方法

图 7-17　教材购销系统顶层数据流图

（3）销售子系统需要对缺书进行登记,采购子系统需要根据缺书登记来确定所采购的图书。因此,缺书信息流要由销售传给采购。由于销售和采购在处理时间上的非同步,缺书信息流要用数据存储表示。

（4）销售子系统需要读写图书库存信息,采购子系统也要读写图书库存信息,并且库存信息要在销售和采购子系统间保持一致性。

（5）当所缺图书入库时,采购子系统要将进书信息通知给销售子系统。

根据上述分析,可以得到如图 7-18 所示的第一层数据流图。图中,指向缺书登记表和教材库存信息的双向箭头代表对相应库存信息的读和写,实际上是两个箭头线的组合。

图 7-18　教材购销系统第一层数据流图

接着,需要将系统的主要功能进行进一步分解,建立第二层数据流图,分析过程如下。

1. 销售子系统的分解

销售子系统的工作过程为:首先,由学生代表提交购书单,经教材科工作人员审核是有效购书单后,开发票、登记并返给学生代表领书单;然后,学生代表即可去书库领书。若是脱销教材,则登记缺书;若有新书到达,则产生补售书单并通知学生领书。

图 7-19 为销售子系统的细化数据流图,销售子系统被分为六个处理,编号从 1.1 到 1.6,图中的虚线框代表整个采购子系统。

在数据流图中,为了增加清晰程度,有时代表同一个外部实体或数据存储的符号会多次出现。为了避免引起误解,如果代表同一个事物的符号出现 n 次,则在这个符号的某个角上画 $(n-1)$ 条短线做标记,图 7-19 为外部实体学生代表。

2. 采购子系统的分解

采购子系统的主要工作过程为:对缺书信息进行汇总,产生待购教材信息,再将待购教材按出版社分类,生成缺书单给书库采购人员。一旦新书入库后,即发进书通知并修改教材库存和待购量。

图 7-20 为采购子系统的细化数据流图,采购子系统被分为三个处理,编号从 2.1 到 2.3。由于系统较小,数据流图通常可以只建立三层。因此,图 7-19 和图 7-20 给出的销售子系统数据流图和采购子系统数据流图合起来,就是系统的最底层数据流图。

图 7-19 教材购销系统的第二层数据流图——销售子系统

图 7-20 教材购销系统的第二层数据流图——采购子系统

7.4.2 数据字典的建立

数据流图描述了系统的"分解",即描述了系统由哪几部分组成,各部分之间有什么联系等,但是,并没有说明系统中各个成分是什么含义,因此仅仅一套数据流图并不能构成系统说明书,只有为图中出现的每一个成分都给出定义后,才算较完整地描述了一个系统。

数据流图中所有名字的定义构成了一本字典。同日常使用的字典一样,SA方法所用的字典也是这样一个工具,当我们不知道某个名字的含义时,借助它就可查出这个名字的含义。字典中所有条目应该按一定次序排列起来,这样才能供人们方便地查阅。

数据流图与字典有密切联系,二者结合在一起构成了"需求说明书",单独一套数据流图或单独一本字典都是没有任何意义的。数据流图中出现的每一个数据流名、每一个文件名和每一个加工名,在字典中都应有一个条目给出这个名字的定义。此外,在定义数据流、文件和加工时,又要引用到它们的组成部分,所以,每一个组成部分在字典中也应有一个条目给出定义。

面向数据流的设计方法

字典中可有以下四种类型的条目:数据流、文件、数据项(指不再分解的数据单位)、加工。数据流、文件和数据项等数据型条目构成了数据字典,加工类条目就是"加工说明"。

1. 数据流条目

数据流条目给出某个数据流的定义,通常列出该数据流的各组成数据项。例如,数据流"报名单"由"姓名""单位名""年龄""性别"和"课程名"等数据项组成,字典中的"报名单"这个条目就可写成:

$$报名单=姓名+单位名+年龄+性别+课程名$$

有些数据流的组成很复杂,一下子列出它所有的数据项可能不易使人理解,此时同样可采用"自顶向下逐步分解"的方式来说明。例如,在某学校管理系统中,有个名为"课程"的数据流,它由"课程名""教员""教材"和"课程表"组成,而"课程表"又由"星期几""第几节"和"教室"组成,则字典中可以建立"课程"及"课程表"两个条目,分别为:

$$课程=课程名+教员+教材+课程表$$
$$课程表=\{星期几+第几节+教室\}$$

这样,只要依次查阅这两个条目,就可确切地理解"课程"这个名字的含义。给出数据流的定义时,需要使用一些简单的符号,如:

(1)＋表示"与"。

(2)[|]表示"或",即选择括号中的某一项。

(3){ }表示"重复",即括号中的项要重复若干次,重复次数的上限和下限也可在括号边上标出。

(4)( )表示"可选",即括号中的项可能没有。

分析员可根据自己的习惯选择使用类似的符号。下面再给出一些数据流条目的例子。

(1)数据流"取款单"由"账号""户名""金额"和"日期"等数据项组成,则字典中的"取款单"条目为:

$$取款单=账号+户名+金额+日期$$

(2)数据流"乘客名单"由若干行"乘客姓名""单位名"和"等级"组成,则字典中的"乘客名单"条目为:

$$乘客名单=\{乘客姓名+单位名+等级\}$$

(3)数据流"发票"由一至五个"发票行"组成,而每个"发票行"又由"货名""数量""单位"和"总价"组成,则字典中的"发票"条目为:

$$发票=\{货名+数量+单价+总价\}$$

可以分别建立"发票"和"发票行"两个条目如下:

$$发票=\{发票行\}$$
$$发票行=货名+数量+单价+总价$$

2. 文件条目

文件条目(数据库表)给出某个文件的定义。同数据流一样,文件的定义通常是列出其记录的组成数据项,此外,文件条目还可指出文件的组织方式,如"按账号递增次序排列"等。例如:

$$定期账目=账号码+户名+地址+款项+存期$$
$$组织:按账号递增顺序排列$$

3. 数据项条目

数据项条目给出某个数据单项的定义,通常是该数据项的值类型、允许值,例如,"账号"这个数据项的值可以是00000~99999之间的任意整数,字典条目"账号"可写成:

账号=00000~99999

又如,数据项"存期"可取 1 或 3 或 6 或 12 等几个值,字典条目"存期"可写成:

存期=[1|3|6|12]

有了这样的字典,只要依次查阅"定期账目""账号""存期"等条目,就可了解文件"定期账目"的精确含义了。有些数据项本身的名字已足以说明其含义,如字典条目"学生"中:

学生=姓名+年龄+性别+班级

这里,"姓名""年龄""性别"等数据项的含义是不言而喻的,所以不必再解释,这些名字称为是"自定义"的,自定义的词在字典中就不必再给出条目了。

字典条目的具体格式往往因系统而异,也同用户习惯使用的表达方式有关。

下面将为某教材购销系统提供必要的数据字典,以方便对系统的查阅、理解和最终实现。数据字典中,需要定义数据流图中出现的数据流、数据存储、数据项三类条目,分别针对教材购销系统数据流图的各个项目进行定义。

4. 数据流描述

数据流图中的数据流包括购书单、领书单、缺书单、进书通知、图书、发票等,具体定义如下:

数据流名称:购书单
组成:班号+书籍名称+书籍编号+书籍出版社+购书单位+单价+数量
组织:
备注:
数据流名称:领书单
组成:班号+书号+单价+数量+总价+书名+书籍出版社+出版时间+书籍信息
组织:
备注:
数据流名称:缺书单
组成:书号+书名+出版社+数量+出版时间+书籍信息+单价
组织:
备注:
数据流名称:进书通知
组成:书籍名称+书籍编号+书籍出版社数量+出版时间+单价+总价+书籍信息
组织:
备注:
数据流名称:图书
组成:书号+书名+出版社+出版时间+图书信息(面向 21 世纪教材、国家优秀教材、国家指定教材)
组织:
备注:
数据流名称:发票
组成:学号+姓名+{书号+单价+数量+总价}+书费合计
组织:
备注:

面向数据流的设计方法

注意,尽管系统中领书是以班级为单位进行的,但发票部分是以学生个体为单位开出的。

5. 数据存储描述

数据流图中的数据存储包括缺书登记表、教材库存信息表、学生用书表、售书登记表、待购教材表、教材一览表等,具体定义如下:

数据存储名称:缺书登记表	
组成:书号＋书名＋出版社＋缺书数量＋出版时间＋书籍信息	
组织:	
备注:	

数据存储名称:教材库存信息表	
组成:书号＋书名＋出版社＋数量＋出版时间＋书籍信息＋是否特殊用途(教学用、零售)	
组织:	
备注:	

数据存储名称:学生用书表	
组成:系编号＋班级编号＋年级＋书号＋书名＋数量＋书籍信息	
组织:按系、年级、班级、书号、书名等排列	
备注:	

数据存储名称:售书登记表	
组成:学号＋姓名＋班级＋所购书号＋书名＋单价数量＋总价	
组织:	
备注:学号、班级、姓名可为空	

数据存储名称:待购教材表	
组成:书号＋书名＋出版社＋出版时间＋单价＋数量＋总价＋书籍信息	
组织:	
备注:	

数据存储名称:教材一览表	
组成:书名＋书号＋出版社＋出版时间＋书籍信息	
组织:	
备注:	

数据存储名称:班级信息表	
组成:班级＋班级人数＋专业＋班级所交书费	
组织:	
备注:	

数据存储名称:学生基本信息表	
组成:学号＋姓名＋班级＋预交书费剩余	
组织:	
备注:	

数据存储班级信息表和学生基本信息表,在开发票以及和财务系统联系时使用,在本数据流图中并没有直接出现。

6. 数据项描述

数据项是用来定义数据流和数据存储的最基本数据元素,具体定义如下:

数据元素名称：数量
取值：正整数：00000～99999
备注：
数据元素名称：书名
取值：字符（满足计算机取值要求）
备注：
数据元素名称：书号
取值：数值（书籍特殊编号）
备注：
数据元素名称：班号
取值：班级编号
备注：
数据元素名称：院系
取值：院系编号
备注：
数据元素名称：学号
取值：入学年份＋院系代号＋班级代号＋排序
备注：
数据元素名称：书费合计
取值：000.00～999.99
备注：

7.5　面向数据流的需求分析方法

　　软件工程中，所谓"用户要求"（或称"需求"），是指软件系统必须满足的所有性质和限制。用户要求通常包括功能要求、性能要求、可靠性要求、安全保密要求以及开发费用、开发周期、可使用的资源等方面的限制。其中，功能要求是最基本的，又包括数据要求和加工要求两方面。

　　用户和软件人员充分地理解了用户的要求之后，要将共同的理解明确地写成一份文档——需求说明书（Requirement Specification）。所以，需求说明书就是"用户要求"的明确表达。

　　需求说明书主要有以下三个作用。

　　(1) 作为用户和软件人员之间的合同，为双方相互了解提供基础。

　　(2) 反映出问题的结构，可以作为软件人员进行设计和编写的基础。

　　(3) 作为验收的依据，即作为选取测试用例和进行形式验证的依据。

　　这三种作用对需求说明书提出了不同的、有些矛盾的要求。作为设计的基础和验收的依据，需求说明书应该是精确而无二义的，这样才不致被人误解。需求说明书越精确，则以后出现错误、混淆、反复的可能性越少。例如，"本系统应能令人满意地处理所有的输入信息"是一种含糊不清的描述，验收时，无法检查这一要求是否满足；又如"响应时间足够快"也是不明确的，而"响应时间小于 3s"则是精确的描述，在测试时，可以检查系统"满足"还是"不满足"这个要求。

面向数据流的设计方法

184

用户能看懂需求说明书,能发现和指出其中的错误,是保证软件系统质量的关键,所以,需求说明书必须简明易懂,尽量不包含计算机技术上的概念和术语,使用户和软件人员双方都能接受。

由于用户往往不是一个人,而是企业组织中各个部门的好几个工作人员,他们可能提出相互冲突的要求,分析阶段必须协调和解决这些冲突,最后,在需求说明书中表达的应该是一致的、无矛盾的用户要求。

用户的要求时时会发生变化,需求说明书也就需要做相应的修改,所以,需求说明书的表达方式必须易于修改和维护。

总之,需求说明书应该既完整、一致、精确、无二义,又要简明易懂并易于维护,显然,要达到这样的目标并不容易。

过去,软件人员往往不写需求说明书,或者是在程序完成之后,作为善后工作才补写需求说明书,对于大型软件系统来说,这种做法不科学。我们应该认识到,需求说明书是软件生命期中的一份至关重要的文档,在分析阶段必须及时地建立并保证其质量。需求说明书实际上是为软件系统描绘一个逻辑模型,因此,在开发早期就为尚未诞生的软件系统建立起一个可见的模型,将是确保产品质量的有力措施,并可保证开发工作的顺利进行。

大型系统的需求说明书往往有一两百页,一些超大型系统的需求说明书则可能超过一千页,当然,其中不可避免地含有各种错误,开发人员应该清醒地认识,错误发现得越早,则纠正代价越小。所以,需求说明书编写完成后,应该组织用户和一些专家反复对其进行检验和审查,争取尽早发现错误并及时纠正。分析阶段纠正需求说明书上的一个错误,可能只要花费半小时,而迟至后期纠正,则可能要花成千倍的代价。

分析阶段是用户和软件人员双方讨论协商的阶段,由于双方缺乏共同语言,所以需要有中间人来主持工作,分析员就是双方之间的中间人。一个分析员应具有以下能力。

(1) 熟悉计算机技术。

(2) 了解用户业务领域的相关知识。

(3) 能在用户和软件人员之间借助数据处理的概念进行交流。

过去,计算机的应用领域还比较简单,相比之下,训练软件人员去理解用户的业务比使用户掌握软件技术要容易些。由于历史原因,目前分析员一角通常由软件人员一方资历较高的人担任。计算机将会应用于技术上比较复杂的领域,而计算机知识将越来越普及,那时,分析员一角由用户方面熟悉计算机技术的人来担任将会更合适。

分析阶段由分析员主持,用户一方应派代表积极参加,应包括企业负责人、企业中各部门的负责人以及具体工作人员等三个层次的代表,因为企业负责人了解总的策略及今后的发展,部门负责人了解各部门的业务情况,而具体工作人员则熟悉具体的操作,所提供的情况在分析阶段都应认真收集和考虑。用户一方的责任,是从他们的业务角度出发对系统提出要求,一般来说,他们不应干预系统如何实现。分析员的责任是做用户的顾问和翻译,但他们不应该代替用户对系统提出要求。

在分析员的主持下,用户和软件人员经过充分交流,最后,对系统具体应该"做什么"达成协议,这个协议实际上就是需求说明书。

分析阶段是保证软件质量的第一步,任务是复杂的,如何分析用户要求,需求说明书用什么形式表示等都需要有一定的技术来指导。由于分析阶段是同用户进行讨论,因此,这个阶段的方法、模型、语言和工具都必须考虑到用户的特点。众多的分析技术中,面向数据流的方法是一种易于理解的方法。下面将介绍这一典型的分析方法。

面向数据流的方法是一个简单实用、使用广泛的方法,适用于分析大型的数据处理系统,特别是企业管理方面的系统。这个方法通常与系统设计衔接起来使用。

7.5.1 自顶向下逐层分解

软件工程技术中,控制复杂性的两个基本手段是"分解"和"抽象"。对于一个复杂的问题,由于人的理解力、记忆力均有限,所以不可能触及问题的所有方面和全部的细节。为了将复杂性降低到人可以掌握的程度,可以把大问题分割成若干个小问题,然后分别解决,这就是"分解"。

分解也可以分层进行,即先考虑问题最本质的属性,暂把细节略去,以后再逐层添加细节,直至涉及最详细的内容,这就是"抽象"。同许多典型的分析方法一样,数据流图方法也是采用了这两个基本手段。

对于一个复杂的系统,如何理解和表达功能呢?面向数据流的方法使用了"自顶向下逐层分解"的方式。如图 7-21 所示,系统 X 很复杂,为了便于理解,可以将其分解成 1、2、3、4 几个子系统。如果子系统 1 和 2 仍然很复杂,可以将它们再分解成 1.1、1.2 等子系统,如此继续下去,直到子系统足够简单,能够清楚地被理解和表达为止。对系统进行了合理的逐层分解后,就可分别理解系统的每一个细部(图中的 1.1、1.2、1.3、1.4 等),并为每个细部写下说明(称为"加工说明"),再将所有这些"加工说明"组织起来,就获得了整个系统的系统说明书。

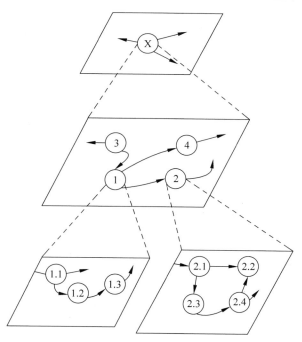

图 7-21 "自顶向下逐层分解"方法示意图

"逐层分解"体现了分解和抽象的原则,使人们不至于一下子陷入细节,而是有控制地逐步了解更多的细节,是有助于理解问题的。图 7-21 的顶层抽象地描述了整个系统,底层具体地画出了系统的每一个细部,而中间层则是从抽象到具体的逐步过渡。

按照这样的方式,无论系统多么复杂,分析工作都可以有计划、有步骤、有条不紊地进行,系统规模再大,分析工作的复杂程度也不会随之增大,而只是多分解几层而已,所以这种方法有效地控制了复杂性。

7.5.2　描述方式和步骤

面向数据流的方法采用了介于形式语言和自然语言之间的描述方式。该方法虽然不如形式语言精确,但是简明易懂,所表达的意义也比较明确。

用这种方法获得的需求说明书由以下几部分组成。

(1) 一套分层的数据流图。

(2) 一本数据字典。

(3) 一组加工说明。

(4) 补充材料。

这套文档中,"数据流图"描述系统的分解,即描述系统由哪些部分组成、各部分之间有什么联系等;"数据字典"描述系统中的每一个数据;"加工说明"则详细描述系统中的每一个加工。上述资料再加上视系统而定的各种补充材料,就可明确而完整地描述一个系统的功能。

描述方式上的特点是尽量采用图形表示,因为图形比较形象、直观、易于理解,一张图的表达效果可能比用几千字的叙述还要好。目前,大多数计算机系统都是用来代替一个当前已经存在的人工数据处理系统,对于这类系统的分析过程,可分以下四步进行。

(1) 理解当前的现实环境,获得当前人工系统的具体模型。

(2) 从当前系统的具体模型抽象出当前系统的逻辑模型。

(3) 分析目标系统与当前系统逻辑上的差别,建立目标系统的逻辑模型。

(4) 为目标系统的逻辑模型做补充。

7.6　面向数据流的设计方法

面向数据流的设计方法的目标,是给出设计软件结构的一个系统化的途径。

在软件工程的需求分析阶段,信息流是一个关键考虑,通常用数据流图描绘信息在系统中加工和流动的情况。面向数据流的设计方法定义了一些不同的"映射",利用这些映射,可以把数据流图变换成软件结构。因为任何软件系统都可以用数据流图表示,所以,面向数据流的设计方法理论上可以设计任何软件的结构。通常所说的结构化设计方法(简称 SD 方法),也就是基于数据流的设计方法。

7.6.1　基本概念

面向数据流的设计方法把信息流映射成软件结构,信息流的类型决定了映射的方法。信息流有以下两种类型。

1. 变换流

如图 7-22 所示,信息沿输入通路进入系统,同时由外部形式变换成内部形式,进入系统的信息通过变换中心,经加工处理以后,再沿输出通路变换成外部形式,离开软件系统。当数据流图具有这些特征时,这种信息流就称为变换流。

2. 事务流

基本系统模型意味着变换流,因此,原则上所有信息流都可以归结为这一类。但是,当数据流图具有和图 7-23 类似的形状时,这种数据流是"以事务为中心的",也就是说,数据沿输入通路到达一个处理 T,这个处理根据输入数据的类型在若干个动作序列中选出一个来执行。这类数据流应该划为一类特殊的数据流,称为事务流。图 7-23 中的处理 T 称为事务中心,完成以下任务。

(1) 接收输入数据(输入数据又称为事务)。

(2) 分析每个事务,以确定类型。

(3) 根据事务类型,选取一条活动通路。

图 7-22　变换流　　　　　　　　　　　　图 7-23　事务流

图 7-24 所示说明了使用面向数据流方法逐步设计的过程。

图 7-24　面向数据流方法的设计过程

注意,任何设计过程都不是机械的、一成不变的,设计首先需要人的判断力和创造精神,这往往会凌驾于方法的规则之上。

7.6.2　变换分析

变换分析是一系列设计步骤的总称,经过这些步骤,把具有变换流特点的数据流图按预先确定的模式映射成软件结构。下面通过一个例子说明变换分析的方法。

我们已经开始进入"智能"产品时代。在这类产品中把软件做在只读存储器中,成为设备的一部分,从而使设备具有某些"智能"。因此,这类产品的设计都包含软件开发的任务。作为面向数据流的设计方法中变换分析的例子,考虑汽车数字仪表板的设计,假设仪表板将完成以下功能。

(1) 通过模数转换实现传感器和微处理机接口。

(2) 在发光二极管面板上显示数据。

(3) 指示每小时英里数(mile per hour,mile/h)、行驶的里程、每加仑油行驶的英里数(miles per gallon,mpg)等。

(4) 指示加速或减速。

(5) 超速警告:如果车速超过 55mile/h*,则发出超速警告铃声。

在软件需求分析阶段,应该对上述每条要求及系统的其他特点进行全面的分析评价,建立起必要的文档资料,特别是数据流图。

相关的设计步骤如下。

第一步:复查基本系统模型。

复查的目的是确保系统的输入数据和输出数据符合实际。

第二步:复查并精化数据流图。

应该对需求分析阶段得出的数据流图认真复查,并且在必要时进行精化。不但要确保数据流图给出了目标系统的正确的逻辑模型,而且应该使数据流图中每个处理都代表一个规模适中且相对独立的子功能。

假设在需求分析阶段产生的数字仪表板系统的数据流图如图 7-25 所示。

这个数据流图对于软件结构设计的"第一次分割"而言,已经足够详细,因此,不需要精化就可以进行下一个设计步骤。

第三步:确定数据流图具有变换特性还是事务特性。

一般来说,一个系统中的所有信息流都可以认为是变换流,但是,当遇到有明显事务特性的信息流时,建议采用事务分析方法进行设计。在这一步,设计人员应该根据数据流图中占优势的属性确定数据流的全局特性。此外,还应该把具有和全局特性不同特点的局部区域孤立出来,以后可以按照这些子数据流的特点精化根据全局特性得出的软件结构。

从图 7-26 可以看出,数据沿着两条输入通路进入系统,然后沿着五条通路离开,没有明显的事务中心。因此,可以认为这个信息流具有变换流的总特征。

第四步:确定输入流和输出流的边界,从而孤立出变换中心。

输入流和输出流的边界和解释有关,也就是说,不同设计人员可能会在流内选取稍微不

---

* 1mile/h=1.609344km/h。

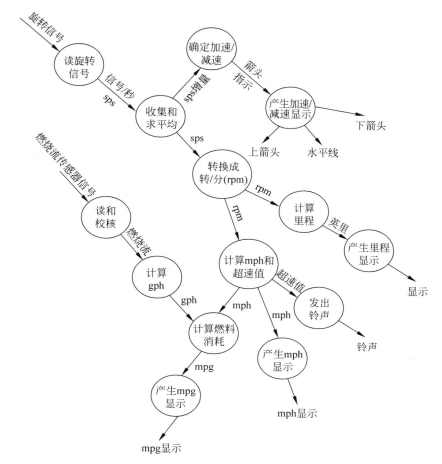

图 7-25　数字仪表板系统的数据流图

同的点作为边界的位置。当然,在确定边界时,应该仔细认真,但是把边界沿着数据流通路移动一个处理框的距离,通常对最后的软件结构只有很小的影响。

对于汽车数字仪表板的例子,设计人员确定的流的边界如图 7-26 所示。

第五步:完成"第一级分解"。

软件结构代表对控制的自顶向下的分配,所谓分解,就是分配控制的过程。

对于变换流的情况,数据流图被映射成一个特殊的软件结构,这个结构控制输入、变换和输出等信息处理过程。图 7-27 说明了第一级分解的方法。位于软件结构最顶层的控制模块 Cm 协调以下从属的控制功能:输入信息处理控制模块 Ca,协调对所有输入数据的接收;变换中心控制模块 Ct,管理对内部形式的数据的所有操作;输出信息处理控制模块 Ce,协调输出信息的产生过程。

虽然图 7-27 给出一个三叉的控制结构,但是,对于一个大型系统中的复杂数据流,可以用两个或多个模块完成上述一个模块的控制功能。应该在能够完成控制功能并且保持好的耦合和内聚特性的前提下,尽量使第一级控制中的模块数目取最小值。

对于数字仪表板的例子,第一级分解得出的结构如图 7-28 所示。每个控制模块的名字表明了所控制的那些模块的功能。

面向数据流的设计方法

图 7-26　具有边界的数据流图

图 7-27　第一级分解的方法　　　　　图 7-28　数字仪表板系统的第一级分解

第六步：完成"第二级分解"。

所谓第二级分解，就是把数据流图中的每个处理映射成软件结构中一个适当的模块。完成第二级分解的方法是，从变换中心的边界开始，沿着输入通路向外移动，把输入通路中每个处理映射成软件结构中 Ca 控制下的一个低层模块。然后，沿输出通路向外移动，把输出通路中每个处理映射成直接或间接受模块 Ce 控制的一个低层模块。最后，把变换中心内的每个处理映射成受 Ct 控制的一个模块。图 7-29 表示进行第二级分解的方法。

虽然图 7-29 描绘了在数据流图中的处理和软件结构中模块之间的一对一的映射关系，但是，不同的映射经常出现。应该根据实际情况及"好"设计的标准，进行实际的第二级分解。

对于数字仪表板系统的例子，第二级分解的结果分别用图 7-30、图 7-31 和图 7-32 描绘。这三张图表示对软件结构的初步设计结果。虽然图中每个模块的名字表明了它的基本功能，但是仍然应该为每个模块写一个简要说明来描述。

（1）进出该模块的信息（接口描述）。

（2）模块内部的信息。

（3）过程陈述，包括主要判定点及任务等。

（4）对约束和特殊特点的简短讨论。

图 7-29　第二级分解的方法

图 7-30　未经精化的输入结构

图 7-31　未经精化的变换结构

图 7-32　未经精化的输出结构

这些描述是第一代的设计规格说明，在这个设计时期进行进一步的精化和补充，是经常发生的。

第七步：使用设计度量和启发式规则对第一次分割得到的软件结构进行进一步精化。

第一次分割得到的软件结构可以根据模块独立原理进行精化。为了产生合理的分解，得到尽可能高的内聚、尽可能松散的耦合，重要的是，为了得到一个易于实现、易于测试、易于维护的软件结构，应该对初步分割得到的模块进行再分解或合并。

具体到数字仪表板的例子,对于从前面的设计步骤得到的软件结构,可以做许多修改。下面是某些可能的修改。

(1)输入结构中的模块"转换成 rpm"和"收集 sps"可以合并。

(2)模块"确定加速/减速"可以放在模块"计算 mph"下面,以减少耦合。

(3)模块"加速/减速显示"可以相应地放在模块"显示 mph"的下面。

经过上述修改后的软件结构如图 7-33 所示。

图 7-33　精化后的数字仪表板系统的软件结构

上述七个设计步骤的目的是开发出软件的整体表示。一旦确定了软件结构,就可以把它作为一个整体来复查,从而能够评价和精化软件结构。在这个时期进行修改,只需要很少的附加工作,但是却能够对软件的质量,特别是软件的可维护性产生深远的影响。

7.6.3　事务分析

在任何情况下都可以使用变换分析方法设计软件结构,但是,在数据流具有明显的事务特点时,也就是有一个明显的"发射中心"(事务中心)时,还是以采用事务分析方法为宜。

事务分析的设计步骤和变换分析的设计步骤大部分相同或类似,主要差别仅在于,由数据流图到软件结构的映射方法不同。

由事务流映射成的软件结构包括一个接收分支和一个发送分支。映射出接收分支结构的方法和变换分析映射出输入结构的方法很相像,即从事务中心的边界开始,把沿着接收流通路的处理映射成模块。发送分支的结构包含一个调度模块,控制下层的所有活动模块;然后,把数据流图中的每个活动流通路映射成与它的流特征相对应的结构。图 7-34 说明了上述映射过程。

对于一个大型系统,常常把变换分析和事务分析应用到同一个数据流图的不同部分,由此得到的子结构形成"构件",可以用来构造完整的软件结构。

一般来说,如果数据流不具有显著的事务特点,最好使用变换分析;反之,如果具有明显的事务中心,则应该采用事务分析技术。但是,机械地遵循变换分析或事务分析的映射规则,很可能会得到一些不必要的控制模块,如果确实用处不大,那么可以合并;反之,如果一个控制模块功能过分复杂,则应该分解为两个或多个控制模块,或者增加中间层次的控制模块。

图 7-34　事务分析的映射方法

7.6.4　启发式设计策略

变换分析和事务分析的最后一个步骤,都是运用启发式策略对程序结构雏形进行优化,以提高软件设计的整体质量。启发式设计策略是人们从长期的大量软件开发过程中积累总结的经验,最常用的有以下几条。

(1) 改造程序结构,降低耦合度,提高内聚度。得到程序结构雏形以后,应从增强模块独立性的角度对模块进行分解或合并,力求降低耦合度,提高内聚度。例如,若在几个模块中发现了共有的子功能,一般应将此子功能独立出来作为一个模块,以提高各模块的内聚度。合并模块通常是为了减少控制信息的传递以及对全程数据的引用,同时,降低接口的复杂性。

(2) 改造程序结构,减少扇出,在增加程序深度的前提下追求高扇入。图 7-35 给出了应避免与应追求的两种典型程序结构。通过观察大量软件实例后发现,设计良好的软件结构通常顶层扇出较高,中层扇出较低,底层又高扇入到公共的实用模块中去。

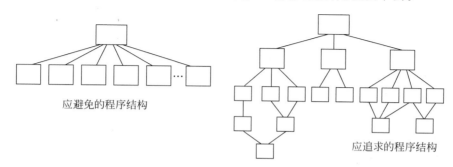

图 7-35　应避免与应追求的程序结构

(3) 改造程序结构,使任一模块的作用域在其控制域之内。模块作用域是指受该模块内部判定影响的所有模块,模块控制域为其所有下层模块。图 7-36 显示了根据这一原则改

面向数据流的设计方法

造前后的两个程序结构。

图 7-36　作用域与控制域

（4）改造程序结构，降低界面的复杂性和冗余程度，提高协调性。界面复杂是引起软件错误的一个基本因素。界面上传递的数据，应尽可能简单并与模块的功能相协调，界面不协调（即在同一个参数表内或以其他某种方式传递不甚相关的一堆数据）本身，就是模块低内聚的表征。

（5）模块功能应该可预言，避免对模块施加过多限制。模块功能可预言是指，若视模块为"黑匣子"，输入恒定，则输出恒定。此外，如果设计时对模块中局部数据的体积、控制流程的选择及外部接口方式等诸因素限制过多，则以后为去掉这些限制要增加维护开销。

（6）改造程序结构，追求单入口单出口的模块。

（7）为满足设计或可移植性的要求，把某些软件用包（package）的形式封装起来。软件设计常常附带一些特殊限制，例如，要求程序采用覆盖技术。此时，根据模块重要的程度、被访问的频率及两次引用的间隔等因素，对模块进行分组。此外，程序中那些供选择的或"单调"（one-shot）的模块，应单独存在，以便高效地加载。

无论是采用变换分析法还是事务分析法，获得程序结构后，都必须开发一系列辅助文档作为软件总体设计的组成部分。其主要工作包括：陈述每个模块的处理过程；描述每个模块的界面；根据数据字典定义数据结构；综述设计中所有限制和约束；对概要设计进行复审；对设计进行优化。

7.6.5　设计优化

设计优化时应该记住，"一个不能工作的最佳设计的价值，是值得怀疑的"。软件设计人员应该致力于开发能够满足所有功能和性能要求，且按照设计原理和启发式设计规则衡量是值得接收的软件。

应该在设计的早期阶段尽量对软件结构进行精化。可以导出不同的软件结构，然后进行评价和比较，力求得到"最好"的结果。这种优化的可能，是把软件结构设计和过程设计分开的真正优点之一。

注意，结构简单通常既表示设计风格优雅，又表明效率高。设计优化应该力求做到在有效的模块化的前提下，使用最少量的模块，以及在能够满足信息要求的前提下，使用最简单的数据结构。

对于时间是决定性因素的应用场合，可能有必要在详细设计阶段，也可能在编写程序的过程中进行优化。软件开发人员应该认识到,程序中相对比较小的部分(典型的,10%到20%),通常占用全部处理时间的大部分(50%到80%)。用以下方法对时间起决定性作用的软件进行优化是合理的。

(1) 在不考虑时间因素的前提下,开发并精化软件结构。

(2) 在详细设计阶段,选出最耗费时间的那些模块,仔细地设计处理过程(算法),以求提高效率。

(3) 使用高级程序设计语言编写程序。

(4) 在软件中,孤立出那些大量占用处理机资源的模块。

(5) 必要时,重新设计或用依赖于机器的语言重写上述大量占用资源的模块的代码,以求提高效率。

上述优化方法遵守格言——"先使它能工作,然后再使它快起来。"

7.7 小 结

结构化设计方法给出一组帮助设计人员在模块层次上区分设计质量的原理与技术,通常与结构化分析方法结合起来使用,以数据流图为基础,得到软件的模块结构。设计过程中,从整个程序的结构出发,利用模块结构图表述程序模块之间的关系,使每个模块执行一个功能(坚持功能性内聚),每个模块用过程语句(或函数方式)调用其他模块,模块间传送的参数作为数据使用,模块间共用的信息(如参数等)尽量少。

本章主要介绍了面向数据流的软件需求分析与设计的概念和特点、软件分析的目的和设计原则,以及软件分析与设计的任务和步骤,在软件分析描述工具中主要概述了数据流图、数据字典、实体关系图、状态迁移图,并通过实际案例对数据流图与数据字典的构建和应用进行了详细阐述。在需求分析方法中介绍了"自顶向下逐一分解"的分析描述方式与步骤。在设计方法中,对"变换分析"与"事务分析"两个重要部分进行了详细描述,并通过案例引入的方式展现启发式设计策略与后续优化。

7.8 思 考 题

(1) 结构化分析需要从哪几个方面建立系统的模型? 对于任意一个系统来说,结构化分析提供的每个模型都是必须的吗? 如果不是,请给出选择建立各种模型的依据。

(2) 结构化分析中的各种建模技术有何特点? 为什么能刻画系统的某个方面? 如何改进这些技术?

(3) 下面是某大学图书管理系统的问题描述:

图书采购员根据各系的要求(书名或期刊名,作者或期刊出版社)购买图书,并以入库单的形式交库房管理员。库房管理员按购买日期负责登记库存账目,并将图书和期刊摆放在不同的位置,以便借阅和阅读。

负责借书的员工根据借还书的要求(书名或期刊名,作者或期刊出版社)负责借还图书处理。当没有要借的图书时,通知借阅人;当借书人将图书丢失时,以图书丢失单的形式报告借书员,由借书员负责修改账目,并通知库房管理员。图书管理负责人每月末查看图书和

面向数据流的设计方法

期刊存量(包括数量和金额),按书名或期刊名查看库存量。

请给出该系统的数据流图,并给出相应的数据字典。

(4) 一个图书管理系统中有书目、书籍、读者、图书管理员等数据对象,按照对这些数据对象的理解给出实体关系图。

(5) 一个人带着一头狼、一头羊和一棵青菜,处于河的左岸。有一条小船,每次只能携带人和其余的三者之一。人和他的伴随品都希望渡到河的右岸。然而,如果人留下狼和羊,不论在左岸还是在右岸,狼肯定会吃掉羊。类似地,如果单独留下羊和菜,羊也肯定会吃掉菜。如何才能既渡过河而羊和菜又不被吃掉呢?请用状态转换图来刻画这一过程。

第8章　用户界面

设计是一个发现问题而不是发现解决方案的过程。

——Leslie Chicoine

用户界面(User Interface,UI)设计是指对软件的人机交互、操作逻辑、界面美观的整体设计。好的用户界面设计不仅是让软件变得有个性有品位,还要让软件的操作变得舒适、简单、自由,充分体现软件的定位和特点。用户界面是系统和用户之间进行交互和信息交换的媒介,来实现信息的内部形式与人类可以接受形式之间的转换。用户界面包含人机交互与图形用户接口,凡是参与人类与机械的信息交流的领域,都存在着用户界面。

用户界面是用户与计算机系统进行信息交互的区域,是评价一个软件系统的重要标志,在软件设计中有着非常重要的地位。

本章共分七个部分:8.1节为界面设计的人性因素,8.2节为用户界面分析,8.3节为用户界面设计,8.4节为用户界面设计,8.5节为用户界面原型,8.6节为规则和评估,8.7节为用户界面和用户体验。

8.1　界面设计的人性因素

用户界面从字面上看,包括用户与界面两个组成部分,但实际上,还包括用户与界面之间的交互关系。

界面设计是为了满足软件专业化、标准化的需求,从而产生的对软件的使用界面进行美化、优化、规范化的设计分支。界面是人与物体互动的媒介,也是设计师赋予物体的新面孔。认真确定用户集合是人机界面设计的基础。每个人的身体能力、所处环境、个性差异特点不同,认识到这些不同并对其进行测量,才能设计出符合该用户集合和任务集合特点的人机界面。

人机界面设计必须符合使用该系统的用户多样性的特点。人的多样性包括身体能力的多样性、工作环境的多样性、认知能力的多样性、个性的多样性和文化的多样性。人的身体各有特征,如年龄、性别、身高、体重,所有的这些特征,在设计时必须予以考虑。例如,每个人对光亮的敏感度不同,显示器的生产厂商在显示器中设置了光亮对比调节功能,以适应不同用户的需求。

用户在使用软件时所处的环境不同,而工作环境对于用户的使用也有很大的影响。不适合的环境会增加系统的出错概率,降低用户的工作效率。在进行界面设计时,要考虑用户集合的工作环境,做出相应的调整。

用户的认知能力差异很大。对界面设计者来说,对用户认知能力的理解非常重要。不同的界面都假定用户能依靠自己的认知能力理解计算机的反馈和功能,并进行工作。设计界面必须考虑到不同用户的认知能力,控制系统的复杂度和学习开销。

个性差异体现在很多方面。例如,男性和女性个性差异就是一种基本的个性差异。在开发时,需要考虑到用户的个性特点。对于女性用户,需要一些色彩柔和、有较多对话交互的界面;而对于男性用户,更重要的是动作交互的界面。在这方面并没有统一的标准和测量方法,但越来越多的实践表明,对于不同个性的用户,调查其使用习惯进行设计是必要的。

文化差异体现在民族、语言等用户文化背景的差异,不同地区的设计者,对于其他地区的文化缺少了解。为了解决文化差异,需要将软件系统国际化、本地化,界面也必须支持国际化和本地化设计。

界面设计中,对于每个用户和任务来说,精确的测量可以对设计者、使用者、管理者进行更好的指导。

主要的可测人性因素有以下几个。

(1)用户时间:在系统面向的使用者集合中,选择一些具有代表性的典型用户,统计其使用系统完成一系列特定任务所需要使用的时间。

(2)基准时间:统计系统正确完成基准任务所需要的时间。

(3)基准出错率:在系统面向的使用者集合中,选择一些具有代表性的典型用户,统计其在完成基准任务时所犯的错误情况。

(4)任务出错率:在系统面向的使用者集合中,选择一些具有代表性的典型用户,统计其使用系统完成一系列特定任务时所犯的错误情况。

(5)学习能力:在系统面向的使用者集合中,选择一些具有代表性的典型用户,统计其学习使用系统的时间。

(6)记忆能力:在系统面向的使用者集合中,选择一些具有代表性的典型用户,统计其在使用系统后的记忆保持时间。

(7)主观看法:在系统面向的使用者集合中,选择一些具有代表性的典型用户,统计其使用系统后的主观满意情况。

以上几种可测量的人性因素并不是每种都能保持最佳的,设计时,必须根据实际情况进行取舍。如果要维持比较低的出错率,那么系统的效率可能就要变差;如果要保证系统的效率,那么用户的学习时间就要增加,记忆时间也会减少。这样,在进行界面设计时,就要针对系统的用户集合和任务集合,对设计目标进行论证。

8.2　界面设计的主要途径

设计良好的界面包括分析用户类型和运用黄金规则。

8.2.1　分析用户类型

因为用户的多样性,在进行人机界面设计时,必须分析用户类型。

对于多数人机界面设计工作,了解用户必须是第一原则。所有的设计都必须从了解预想的用户开始。需要了解的内容包括用户集合的身体能力、认知能力、个性、文化背景。由于使用系统往往不只一个用户集合,所以必须了解系统所有用户集合的相关信息。对于专业的系统,如金融系统、数学系统,还需了解用户的专业水平和外语水平。对于每一个用户集合,有非常大量的特征可以提取,必须选择性提取对于该系统的界面设计有帮助的信息。例如,一个自动取款机终端界面,必须考虑用户的消费习惯、用户的语言习惯、用户的身高、用户的视力等。

还有些分类方法,将用户分成偶然型、生疏型、熟练型、专家型用户:

(1)偶然型用户是第一次使用系统的或者是极少使用系统的用户。这样的用户对系统完全没有记忆,每次使用都要经历一次重新学习的过程。对于这类用户,人机界面的功能必须简单,所有的操作必须能预防错误,能及时给予用户提示和反馈信息。

(2)生疏型用户是对系统有些了解,但是很少使用的用户。这样的用户对系统功能有所理解,但是如何操作却没有记忆。对于这类用户,界面设计必须给予简单的提示,并且设计一套符合常规的操作序列,帮助这类用户进行工作。

(3)熟练型用户经常使用系统的某些功能,如果为这些用户设计人机界面,可以为其经常使用的功能设置快捷方式或定义宏操作,提高用户的使用效率。

(4)专家型用户通晓系统的各个方面和各种操作,但这类用户需要系统高效率的工作,为这类用户设计人机界面时,必须保证高效、及时地反馈结果信息。

为其中的某一用户类型设计人机界面的工作量较小,但很多情况下,必须同时面对几个不同的用户类型,可以使用分类递进的策略。为偶然型用户提供最少的功能和最差的性能,但是为其提供最好的健壮性;为高级的用户提供更多的功能、更好的性能,同时,界面的操作出错率会增加。

8.2.2　运用黄金规则

人机界面设计的基本定律又被称为黄金规则,是从实践中总结出来的一些设计规则,包括:

(1)努力做到一致性。这条准则是经常最被违反的,同时也最容易被修改和避免。在类似的操作环境,必须有一致性的操作序列。在提示、菜单和帮助里,必须使用相同的术语。颜色、布局、大小写、字体等应当自始至终保持一致。相同情况,如密码没有重输、删除命令没有确认提示,应是容易理解的,而且要限制其数量。

(2)允许熟练用户使用快捷键。随着使用次数的增加,用户自己也希望减少交互的次数,提高交互的速度。缩略语、特殊按键、隐含的命令和宏,对于这些用户来说是必须的。另外,响应时间短、显示速度快,也能吸引这些用户。

(3)价值的反馈。对每个用户操作都应有对应的系统反馈信息。对于常用的或较次要的操作,反馈信息可以很简短,而对于不常用且重要的操作,反馈信息应丰富一些。

(4)设计说明对话框以生成结束信息。应当把操作序列分成几组,包括开始、中间和结束三个阶段。一组操作结束后应有反馈信息,这可以使操作者产生完成任务的满足感和轻松感,而且可以让用户放弃临时的计划和想法,并告诉用户系统已经准备好接受下一组操作。

(5)提供预防错误和简单的错误处理手段。设计出的系统要尽可能不让用户犯严重的

200

错误。可采取某些措施,如使用菜单选择风格而不是表格填充风格,不允许在数字输入字段存在字母。如果用户犯了错误,系统应检测到错误,并给出简单、积极、具体的批示,以便用户恢复正常。例如,用户无须重新输入整条命令,只要修改部分错误就可以了,错误的操作应改变系统状态,或者系统应给出提示来恢复正常状态。

(6) 允许轻松的反向操作。操作应尽可能地允许反向。这个特点可以减轻用户的焦虑,由于用户知道错误可以被撤销,就会大胆尝试不熟悉的选项。反向操作的单元可以是单独的操作,如单个数据输入任务,也可以是完整的一组操作,如输入名字和地址。

(7) 支持内部控制点。有经验的操作者非常希望能控制系统,并希望系统对他们的操作进行反馈。而如果用户碰到奇怪的系统行为,进行冗长的数据输入,很难或无法得到所需信息,或者无法进行所需操作,这样就会使他们感到焦虑和不满。

(8) 较少短时记忆。由于人凭借短时记忆进行信息处理存在局限性,所以要求显示简单,多页显示统一和窗口移动频率低,并且要保证分配足够的时间用于学习代码、记忆方法操作序列,另外还应该提供一个地方,可以对命令语法形式、缩略语、代码及其他信息进行适当的在线访问。

8.3　用户界面分析

软件工程遵循的一个关键原则是,在试图设计某个问题的解决方案之前,最好能够很好地理解这个问题。对于用户界面设计,理解这个问题意味着需要理解以下内容:

(1) 通过界面与系统交互的用户。
(2) 用户为了完成工作必须进行的任务。
(3) 界面展示的内容。
(4) 处理任务所处的环境。

本节会逐一讨论界面分析所需理解的要素。

8.3.1　用户分析

每个用户都有对于软件表象或系统的感知,并且这些感知因人而异,用户的感知也可能与软件工程师的设计模型有很大的不同。设计人员使设计模型与用户感知达成一致的方法,就是在理解用户的同时,也要理解用户使用系统的方式。在这个过程中,有以下几种信息获取方式:

(1) 用户会谈。这是最直接的方法,会谈的人员包括软件开发团队的代表人员,这个过程可以是一对一的会议,也可以是集体会议。

(2) 销售人员信息采集。销售人员与客户进行会谈,这个过程收集的信息可以帮助软件团队更好地对用户进行分类,而且可以更好地理解用户的需求。

(3) 市场分析。能够给出每类用户的软件使用方式之间的细微差异。

(4) 用户支持人员信息收集。用户支持人员经常与用户进行日常的交流,因而可以提供以下一些信息:系统哪些部分可以工作、哪些部分不能工作,用户喜欢哪些部分或不喜欢哪些部分等。这些信息对软件的正确设计提供了重要的保证。

8.3.2　任务分析和建模

在仔细确定了用户的集合后,设计者必须分析确定人机系统需要完成的任务。任务设计应在考虑工作方式及系统环境的支持等因素下进行。任务设计的目的在于重新组织任务规范说明以产生一个更有逻辑性的编排。设计应分别给出人与计算机的活动,使设计者较好地理解在设计一个界面时遇到的问题,这是形成系统操作手册和用户指南的基础。

每一个设计者都认同在设计之前就确定任务的集合,但是大多数情况下,任务分析并不是很正规或很明确。如果实现者发现可以增加一个命令,设计者常会改变设计将其包含。因为设计或实现的方便而确定系统的功能和命令的特点是不恰当的。

任务分析通常有两种途径。一种是从实际出发,通过对原有处于手工或半手工状态下的应用系统的剖析,将其映射为在人机界面上执行的一组类似的任务;另一种是通过研究系统的需求规格说明,导出一组与设计模型、用户模型和系统假想相协调的用户任务。

逐步求精和面向对象分析等技术同样适用于任务分析。逐步求精,就是把高层的行为分解为多个层次的任务行为,并能进一步精化为用户能通过一个命令、一次菜单选择等完成的原子任务行为。选择一系列最恰当的原子任务行为集合,是一项很困难的工作。如果分得太细,用户在完成高层次任务时会需要大量的操作。如果原子行为过于庞大,用户就需要使用很多这类行为和特殊的选项,否则他们就无法从系统中得到真正的功能。

面向对象分析技术可识别出与应用有关的所有客观的对象,以及与之相关联的动作。

此外,在设计中,相对任务使用频率是很重要的。例如,使用频率高的任务应当能简单快速地完成,即使会导致一些不经常使用的任务执行时间变长。相对使用频率是体系结构设计的一个基础。

经常使用的操作可以用一些特殊的按键调用,如工具栏上的快捷图标;而中等频率的操作可以用一些相对复杂的快捷键或者菜单项完成;不常用的操作或复杂的操作,可能需要一系列的菜单或者表格填充才能完成,如修改打印属性等。

8.3.3　内容展示分析

识别出用户任务后,可能会有不同类型的内容展示。展示的内容包括文字报告、图形图像或其他专门的信息。在显示内容分析这个步骤中,需要考虑界面显示内容的格式和关系,其中,包括以下一些问题:不同类型的数据是否具有一致的屏幕位置分布?用户是否能够定制所展示内容的屏幕位置?是否所有的内容都有恰当的屏幕标记?为了便于理解,大型报告该如何划分?对于大型的数据集合,是否具有摘要信息获取机制?图形输出比例是否与显示设备的比例一致?如何用颜色来提高可理解性?错误消息和警告如何展现给用户?

可能还有其他的一些问题,在回答完这些问题后,就建立了内容表示的需求。

8.3.4　工作环境分析

对于某些应用程序,计算机辅助系统的用户界面被放置在有利于用户使用的环境中,如良好的显示高度、简单的键盘控制,但也有可能存在没有键盘或鼠标、显示不理想等情况,界面设计人员有可能受到这些因素的影响,从而减弱软件的易用性。

除了物理环境因素,工作地点和文化也可能对界面设计人员产生影响。在界面设计开始之前,必须回答以下问题:系统交互能否以某种方式进行度量?在提供输入之前,多人之间是否必须共享信息?如何给系统用户提供支持?

8.4 用户界面设计

一旦前期的数据收集和分析工作完成后,就可以开始更加详细的设计工作了。设计本质上是创造性的和不可预知的活动。设计的过程是无层次的,不是严格的自下而上或自上而下的过程。

8.4.1 设计过程

制订一份指导工作的文档是设计的关键。在设计初期就应该不断完善这份文档。文档在项目的实现过程中起到了非常重要的作用。指导文档必须是动态,这样才能适应设计的不断变化和完善。每一个项目都有不同的目标,但是指导文档通常包括表 8-1 所示内容。

表 8-1　设计阶段指导文档的主要内容

文字和图标	术语、缩略语和大小写
	字符集、字体、字体大小和样式
	图标、图形和线的粗细度
	色彩、背景、突出显示和闪烁的使用
屏幕布局问题	菜单选择、表格填充和对话框格式
	提示用语、反馈和出错消息
	对齐方式、空白区和边缘空白
	数据项的输入显示方式,表格的输入显示方式
	页眉和页脚的使用和内容
输入输出设备	键盘、显示器、鼠标和其他指点设备
	声音探测、声音反馈、触摸式输入和其他特殊设备
	各种人物的响应时间
行为顺序	图形界面的单击、拖动等输入行为
	命令的语法、语义、优先级
	程序功能键
	错误处理和恢复
培训	在线帮助
	培训和参考资料

以用户为中心,是设计过程的重点。有非常多的失败的用户界面设计,其原因往往是在设计的早期并没有重视以用户为中心的要点。以用户为中心进行设计,可以显著地减少开发的时间和成本,使系统更易于学习,大大降低用户出错的可能性,让用户有一种完全控制系统的感觉。合理的以用户为中心的界面设计分为以下六个阶段:第一阶段,产品概念的开发;第二阶段,调查研究和需求分析;第三阶段,设计思路和关键屏幕画面原型;第四阶段,反复的设计和改进;第五阶段,软件的实现;第六阶段,大力推广。

用户界面设计的一个重要的地方,就是将注意力集中在关键屏幕画面的原型上,这个原型把系统主要的导航路径合并在一起,把预想设计的系统呈现给用户,促进用户的早期参与。

许多界面的创作人员都极力强调运用参与性设计的方法。用户群体相当复杂,不可能非常顺利地得到完美的设计,而且一旦完成系统,再对其进行较大的修改就非常困难,所以更需要给出一个用户原型,使用户参与设计。用户参与性方法可以使设计者获得有关任务的更准确的信息,可以使设计缺陷尽快暴露,使最终的产品更易被用户所接受。

但用户参与也会产生负面影响。例如,增加了成本,并且延长了系统实现的周期。为了降低成本,可以使用一些开发原型的工具,这一点很重要,因为产品原型是过渡的阶段,最终将不会被发布,所以必须降低开发原型的时间和成本。目前,有很多界面建造工具可以辅助这一过程。

8.4.2　界面对象、动作、布局

用户界面设计中一个很重要的步骤是定义界面对象,然后定义在界面对象上使用的动作。为了完成这个步骤,需要先对用例进行分析,在描述完用例后,可以把其中的名词(应用于对象)和动词(应用于动作)进行分离,建立对象和动作的列表。

一旦对象和动作被定义并被迭代,就可以对它们进行分类,可以指定目标对象、源对象及应用对象。源对象可以被拖放到目标对象上,例如,一个报告图标可以被拖放到一个打印图标上,这个动作表示需要打印一份报告。

当设计人员认为所有重要的对象和动作都已经定义,就可以开始进行屏幕布局。与其他界面设计活动类似,屏幕布局也是一个迭代的过程,其中包括图像设计和图表的放置、描述性文字的定义、窗口的描述和标题的命名,然后,可以开始定义主要的菜单项。

界面的设计主要包括布局(Layout)、文字用语(Message)及颜色等,下面分别进行讨论。

1. 布局的原则

屏幕布局因功能不同,考虑的侧重点不同。各功能区要重点突出,功能明显。无论哪一种功能设计,其屏幕布局都应遵循以下五项原则。

(1) 平衡原则。注意屏幕上下左右平衡,不要堆挤数据,过分拥挤的显示也会产生视觉疲劳和接收错误。

(2) 预期原则。屏幕上的所有对象,如窗口、按钮、菜单等处理应一致化,使对象的动作可预期。

(3) 经济原则。即在提供足够信息量的同时还要注意简明、清晰。特别是媒体,要运用好媒体选择原则。

(4) 顺序原则。对象显示的顺序应依照需要排列。通常,应最先出现对话,然后通过对话将系统分段实现。

(5) 规则化原则。画面应对称,显示命令、对话及提示行在一个应用系统的设计中,尽量统一规范。

屏幕布局中,还要注意到一些基本数据的设置。

2. 文字用语

文字用语除了作为正文显示媒体出现外,还在设计题头、标题、提示信息、控制命令、会话等功能时要展现。文字用语的设计应注意以下内容。

(1) 用语简洁性：避免使用计算机专业术语；尽量用肯定句,而不要用否定句；用主动语态,而不用被动语态；用礼貌而不过分的强调语句进行文字会话；对不同的用户,实施心理学原则使用用语；英文词语尽量避免缩写；在按钮、功能键标示中,应尽量使用描述操作的动词；在有关键字的数据输入对话和命令语言对话中,采用缩码作为略语形式；在文字较长时,可用压缩法减少字符数或采用一些编码方法。

(2) 格式：屏幕显示设计中,一幅画面不要文字太多,若必须有较多文字时,应尽量分组分页,在关键词处进行加粗、变字体等处理,但同行文字尽量字型统一。英文词除标语外,应尽量采用小写和易认的字体。

(3) 信息内容：信息内容显示不仅应采用简洁、清楚的表达,还应采用用户熟悉的简单句子,尽量不用左右滚屏。当内容较多时,应以空白分段或以小窗口分块,以便记忆和理解。重要字段可用粗体和闪烁吸引注意力和强化效果,强化效果有多样,针对实际进行选择。

3. 颜色的使用

颜色的调配对于屏幕显示也是重要的一项设计,颜色除了是一种有效的强化技术外,还具有美学价值。使用颜色时应注意以下内容。

(1) 限制同时显示的颜色数。一般情况下,同一画面不宜超过四种或五种,可用不同层次及形状来配合颜色,增加变化。

(2) 画面中活动对象颜色应鲜明,而非活动对象颜色应暗淡。对象颜色应尽量不同,前景色宜鲜艳一些,背景色则应暗淡。

(3) 尽量避免不兼容的颜色放在一起,如黄与蓝、红与绿等,除非做对比时使用。

(4) 若用颜色表示某种信息或对象属性,要使用户懂得这种表示,且尽量用常规准则表示。

总之,屏幕显示设计最终应达到令人愉悦的显示效果,要指导用户注意到最重要的信息,但又不包含过多相互矛盾的刺激。

8.4.3 需要考虑的问题

设计任何一个用户界面时,一般必须考虑系统响应时间、用户求助机制、错误信息处理、命令方式四个方面的问题。

1. 系统响应时间

系统响应时间是指当用户执行了某个控制动作后(如按 Enter 键、单击鼠标等),系统做出反应(指输出所期望的信息或执行对应的动作)的时间。系统响应时间过长是交互式系统中用户抱怨最多的问题,当几个应用系统分时运行时尤甚。除了响应时间的绝对长短外,用户对不同命令在响应时间上的差别也很在意,若过于悬殊,用户将难以接受。

2. 用户求助机制

几乎每一位交互式系统的用户都希望得到联机帮助,即在不切换环境的情况下解决疑惑的问题。目前,流行的联机求助系统有两类：集成式和叠加式。集成式求助一般都与软件设计同时考虑,上下文敏感,即可供用户选择的求助词与正在执行的动作密切相关,整个求助过程快捷而友好。叠加式求助一般是软件完成后附上一个受限的联机用户手册,用户为查找某项指南时,不得不浏览大量无关信息。显然,集成式求助机制优于叠加式求助机制。除此之外,设计求助子系统时,还要考虑诸如帮助范围(仅考虑部分还是全部功能)、用户求助的途径、帮助信息的显示、用户如何返回正常交互工作,以及帮助信息本身如何组织等一系列问题。

3. 错误信息处理

任何错误和警告信息对用户而言不只是"坏消息",若此类信息不很清楚地表明含义,用户接到后只能徒增烦恼。试想,当用户看到这样一行显示:"severe system failure-14A",一定会牢骚满腹。其原因是,尽管能从某个地方查出 14A 的含义,可设计者为什么不就在此处指明呢? 一般来说,出错信息应选用用户明了、含义准确的术语进行描述,同时,还应尽可能提供一些有关错误恢复的建议。此外,显示出错信息时,若辅以听觉(如铃声)、视觉(专用颜色)刺激,则效果更佳。

4. 命令方式

键盘命令曾经一度是用户与软件系统之间最通用的交互方式,随着面向窗口的点选界面的出现,键盘命令虽不再是唯一交互形式,但许多有经验的熟练的软件人员仍喜欢这一方式,更多的情形是菜单与键盘命令并存,供用户选用。除此之外,许多系统提供批命令机制,用户可设计并存储一个命令序列,供日后多次使用。

8.5 用户界面原型

用户界面具有动态性,文本和图形的描述不足以表示用户的需求性,构建原型的目标是容许用户对界面能够有一个直观的体会。

8.5.1 涉及方面

下面列出了设计用户界面原型工作的不同方面。

1. 确定主窗口

每一个边界类聚合关系都可以产生备选的用户界面主窗口。然而构建对象模型的目标之一,是确定层次尽可能少的聚合关系分层结构。其根本目的是最大限度地减少主窗口的数目,因而也最大限度地减少之间的导航路径。导航路径太长,不仅增加不必要的交互开销,而且使得用户更容易在系统中"迷路"。理想状况是,所有窗口都应当从一个主要主窗口打开,这样窗口导航长度最大为 2,设法避免窗口导航长度大于 3。

主要主窗口应当是用户启动应用程序时打开的窗口。正常情况下,只要应用程序在运行时,就始终处于打开状态,而且还是让用户花费大量"使用时间"的地方。由于主要主窗口始终处于打开状态,并且构成用户与系统的第一接触,因而是加强用户系统思维模型的最重要载体。

最明显的备选主要主窗口是由聚合关系分层结构的顶层边界类所确定的,如文档编辑器中的文档类。如果有几个聚合关系分层结构,则选择对用户而言最重要的一个分层结构,即让用户花费大部分使用时间的结构。

主要主窗口确定之后,应当考虑组成聚合关系分层结构的其他聚合关系类,并决定是否应设计为主窗口。默认的推荐方案是应当设计成复合窗口而不是主窗口本身。同样,这也是为了最大限度地减少主窗口的数目,从而最大限度地减少之间所需的窗口导航路径。此外,复合窗口通常通过需要共同显示的组成成分、之间的空间关系,以及其他复合窗口的组成成分来说明其合理性。注意,如果使用(主)窗口,则很难达到同样的目的。

我们把文档编辑器中的段落聚合关系设计成复合窗口,而不是主窗口本身。这其中一部分是由需要一起显示的段落的组成成分(即字符、组成成分的空间关系)和其他段落的字符共同决定的。

然而,由于屏幕显示的限制,通常不能将所有的聚合关系设计成复合窗口。如果没有足够的空间将所有的聚合关系设计成复合窗口,至少尝试将以下聚合关系设计成复合窗口。

(1) 作为用户的系统思维模型核心的聚合关系。

(2) 用户将花费大部分使用时间的聚合关系。

(3) 提供用例初始化的聚合关系。

注意,在本步骤中,对象的平均容量是一项重要的输入,因为规定可能需要同时显示多少个对象。对象太多,意味着不能设计成复合窗口;反之,在所属的主窗口中,不仅可以有一个简洁表示,还可以定义自己的主窗口。

2. 设计可视化主窗口

主窗口可视化,尤其是主要主窗口的可视化,对系统的可用性有非常重要的影响。显示窗口的设计,在一定程度上意味着必须考虑所包含对象的哪些部分(属性)应当显示;使用事件流无疑将有助于确定显示属性的优先顺序,尤其是在使用所需指导说明对其进行扩展时,更有帮助。如果用户需要查看对象许多不同的属性,可以实现在一个主窗口中包含几个视图,每一个视图显示一组不同的属性。

设计此可视化窗口,也意味着必须考虑应当如何使用所有的可视化元素,实现所包含对象的组成部分(属性)可视化。

如果一个主窗口包含几个不同类的对象,则找到这些类的"公有基"很重要,例如,在所有或大部分类中都包含的属性类型。通过某种维度显示公有基,这样用户就能把不同类的对象互相联系起来,并可以查看主窗口的样式。这大大地增加了用户界面的"带宽"。

假设希望在一个客户服务系统中显示以下几个方面。

(1) 一定时间内客户的抱怨和问题。

(2) 客户一定时间内购买的产品。

(3) 一定时间内客户的发票累计金额。

这里的公有基是"时间"。因此,在同一水平时间轴上将抱怨/问题、所购物品及发票金额相继显示出来,这样,用户就能看到显示它们之间的联系(如果有)模式。

3. 设计主窗口操作

边界类的职责指定了对应的窗口所需的操作。主窗口和所包含对象的操作,常作为快捷菜单和工具栏中的替代选项及补充选项显示出来。如果某个主窗口包含几个类的对象,并且具有不同的操作,就可以给每一个类或者给每一组紧凑的操作分配一个菜单。

例如,在文档编辑器中设有编辑菜单,将紧密相连的操作如剪切、复制等进行分组。还有某些操作可能需要与用户进行复杂的交互,因而使用自己的辅助窗口就顺理成章了。例如,在文档编辑器中,针对文档的打印操作需要进行复杂的交互,因此,有必要使用一个单独的对话窗口。

4. 设计特征窗口

需要为所有边界类设计特征窗口,这样用户就可以得到这些类的所有属性。注意,某些对象在主窗口中可能只是部分显示出来。另一方面,特征窗口将显示所有的属性。

边界类的某些简单职责(如设置某个具体属性的值)通常作为某项操作在特征窗口中显示出来。这样的操作或者在对象所在的主窗口中无法执行,或者是作为主窗口中的相似操作的备选项或者补充项。

另外,如果边界类是某个关联关系的一部分,则在特征窗口中通常显示该关联关系,包括被关联关系的对象。

5. 多个对象的操作

如果某个边界类定义了许多将在用户界面中显示的对象,则设计包含这些对象的操作通常会比较棘手。以下是这类操作的不同变形。

(1) 提供在多个对象中进行搜索的机制的操作。

(2) 提供对多个对象进行排序的机制的操作。

(3) 提供多个对象间用户控制继承的机制的操作。

(4) 提供对浏览多个对象的分层结构进行管理的机制的操作。

(5) 提供选择多个对象的机制的操作。

6. 设计其他功能

给用户界面添加需要的动态行为。大多数动态行为由目标平台产生,如选择操作范式、双击打开、右击鼠标弹出菜单等。这里仍然需要做出一些决策,包括:

(1) 如何支持窗口管理。

(2) 在会话之间存储什么样的会话信息,如输入光标位置、滚动条位置、打开的窗口、窗口大小、窗口相对位置等。

(3) 主窗口是否支持单文档接口(Single Document Interface,SDI)或者多文档接口(Multiple Document Interface,MDI)。

同时,评估其他增强可用性的常见功能包括:

(1) 是否应提供"联机帮助",包括"向导"。

(2) 是否应当提供"撤销"操作,保证系统在探索使用阶段的安全。

(3) 是否应当提供"代理",以监控用户事件并主动建议应执行的操作。

(4) 是否应当提供"动态突出显示",以显示关联关系。

(5) 是否应当支持用户定义的"宏"。

(6) 是否应当有用户可配置的特定区域。

然而在项目中,不必考虑原型设计中所有这些方面的问题。相反,通常可以把某些方面的问题留给实施员,而不用在原型设计中对它们进行处理。这种情况下,建议忽略清单中列出的次要方面问题,集中处理重要方面的问题。

8.5.2 实施用户界面原型

实施用户界面原型有以下三种基本方法。

(1) 制图:使用铅笔和纸绘制。

(2) 位图:在位图编辑器中绘制。

(3) 可执行文件:可以"运行"并能和最终用户交互的模拟应用程序。

大多数项目中,应当按照上面列出的顺序采用所有这三种实施方法。由于三者的标准实现时间存在极大的差异(绘制和修改图样的速度,比创建和修改可执行文件的速度要快很多),所以,采用这一顺序可以在初期直接纳入变更内容。然而,制图并没有正确地反映受限制的屏幕范围。在制图中,很容易放置过多的组件,而在屏幕中却容纳不下。

最终,确定用户界面的最好方法是结合使用位图和可执行文件。一旦需要将原型展示给除了用户界面设计员之外的其他人员,则应该采取种方法。位图可以指定主窗口的准确外观,而可执行文件可以近似地显示主窗口的外观,支持主窗口的操作,以及辅助窗口的外观和行为。当然,如果可以通过适当努力,在可执行文件中表示主窗口的准确外观,这要胜过结合使用可执行文件和位图。如果没有足够的资源生成可执行文件,也可以使用位图作为原型的最终实施手段。这种情况下,用说明动态行为的用例示意板进行补充很有益处。否则,用户界面实施员造成动态行为错误的可能性很大。

通常情况下,实施可执行原型比实施实际用户界面耗费更低,这一点是很有价值的。下面列出了原型和用户界面实际实施之间的一些差别。

(1)原型无须支持所有的用例和场景。相反,只有很小数目的用例和(或)场景可以确定优先顺序,原型只支持这些用例和场景。

(2)实施主窗口通常是最复杂的。如果正在制作一个高级用户界面,它能够真正充分利用可视化的潜在价值,这时可能很难找到现成的构件。与实施新构件的做法相反,通常可以使用原始构件(如按钮开关、切换按钮或选项按钮等)来近似说明用户界面将如何查找某一组数据。在可能情况下制作几个原型,显示几组不同的数据,数据中包括平均值和平均对象容量。

(3)模拟或者忽略在实施并不烦琐的窗口中的所有操作。

(4)模拟或者忽略系统的内部操作,如业务逻辑、辅助存储器、多进程,以及与其他系统的交互。

任何想法都离不开借助工具来实现,界面设计有以下一些工具。

(1) Sketch:是一款强大的界面设计工具,适用于矢量绘图应用,可让界面设计变得更简单、更高效。除了矢量编辑功能,Sketch 还添加了一些基本的位图工具,如模糊、色彩校正。Sketch 容易理解,上手简单,用户能轻松地设置图层面板,可批量命名图层、智能标注页面、填充头像和文字等,可实现多层式填充、渐变、噪点等操作功能。Sketch 提供"全部导出"功能,可导出 pdf、jpg、png 等格式,还为设计师提供了丰富的插件。但是,Sketch 只支持Mac OS。

(2) Mockplus(摹客):是一款简洁快速的原型图设计工具,适合个人、团队在软件开发的设计阶段使用,具有低保真、无须学习、快速上手、功能够用的特点。摹客是一款高效简单的 App 界面设计工具,提供封装好的 3000 多个图标和 200 多个组件,拖拽即可进行用户界面设计,学习成本低,无须代码参与。作为一款国产界面原型设计工具,摹客发布的一款摹客设计系统提供标准色、标准字、图标、布局这类大纲,包括一份设计规范文档该有的所有内容,支持 Sketch 插件。设计师们可在 Sketch 中一键复用自己的设计规范,节省了大量的操作时间。

(3) Zeplin:是一款协作型界面设计工具,为设计师、开发者提供设计图交接与沟通的高效平台,核心功能为标注。设计师可通过插件将已完成的设计图直接导入到 Zeplin 中,无须手动标注。查看设计图时,可通过鼠标单击设计图显示相应位置的尺寸、色值、文字大小信息。Zeplin 操作很简单,设计师可直接从 Sketch 上传制作的用户界面设计,应用会自动生成一些注释,在面板右侧会直观地看到每个元素的大小、颜色、边距甚至代码信息,填补了开发与设计之间的沟通障碍,为设计师和开发人员节省了大量宝贵的时间。

(4) After Effects(AE):是 Adobe 公司推出的一款关于图形和视频处理的界面设计工具,如今动效设计在用户界面设计中的应用已经越来越广泛,而且国内许多公司开始重视动效设计。AE 这款界面设计工具可以帮助用户界面设计师对图像视频进行任何特效处理,是一个灵活的基于层的 2D 和 3D 后期合成软件,包含了上百种特效及预置动画效果,可与 Premiere、Photoshop、Illustrator 等软件无缝结合,创建无数种引人注目的动态图形和震撼人心的视觉效果。

(5) Photoshop(PS):是由 Adobe Systems 开发和发行的图像处理软件。作为用户界面设计神器,PS 有着强大的图片编辑和处理功能,想要什么样的图形都可以用它来实现,可用于摄影的后期制作,可给图像添加各种滤镜、调整亮度和对比度,生成高分辨的图形。PS 借助图层面板可非常简单和高效地处理修复图片,提供了不同文件格式保存的选项,调整图像大小和分辨率也不会丢失图像质量。Adobe 支持 Windows、Android、Mac OS,Linux 用户可以通过使用 Wine 来运行 PS。

8.5.3 获得有关原型的反馈

将用户界面原型展示给其他人极其重要。但是为获得有价值的反馈,不必非得进行完全的使用测试,即实际用户使用原型执行实际任务。在使用测试中,发现的大多是一些"视而不见"的缺陷。这些缺陷是任何未参与用户界面设计的人本来可以提醒注意的问题。

随着原型设计和实施的不断深入,需要将设计展示给越来越多的复审员。

(1) 将设计展示给其他项目成员:这是一种被低估的展示设计的方法。这种做法需要的时间很短。项目成员比较熟悉应用程序,通常都会自愿参加这项演示活动。活动过程中连续不断地使用该方法,以克服"视而不见"的问题。

(2) 将设计展示给外部可用性专家:一个好的可用性专家可以利用他的技能以及通过对用户界面不同角度的观察,指出原型中存在的明显的可用性缺陷,从而减少开发工作。因此,在设计原型活动进行到一半之前,让外部可用性专家加入是有意义的。这样可以有时间按照可用性专家的建议重新调整工作方向。

(3) 将设计展示给用户:给用户演示原型通常是利用时间的好方法。尽可能地做到这一点(接近用户的机会通常有限),以纠正在需求分析时对用户需求的错误理解。但是,在得到至少还过得去的主要主窗口的位图原型之前,不要将原型展示给用户,也不要把原型不止一次展示给同一位用户。因为第二次展示时,用户就会受到早先设计思想的影响,和"视而不见"类似。

同时,还要合理地设定期望。许多用户希望在系统建立后能对用户界面(即窗口)进行正确操作。

展示原型的最佳途径,通常是与要向其展示原型的人员对象一起,坐在屏幕前观察显示的原型。按用例示意板中的说明走查常见的场景,如具有标准取值的用例标准流。鼓励他们提出问题和发表评论,并把这些问题和评论记录下来。

另一种有些被高估的展示原型的方法,是执行使用测试。使用测试中,实际用户使用原型执行实际任务。

8.6 规则和评估

8.6.1 界面设计十大规则

好的界面设计不仅能让产品变得有个性、有品位,还能让操作变得舒适、简单、自由。界面的简洁是要让用户便于使用、便于了解,并减少用户发生错误选择的可能性。根据用户的行为习惯,通过清晰的流程和界面,让用户减少对每一次选择的思考以及寻找的时间,让准确的色彩和表述提高用户的选择效率。

为了让用户在操作中简单到极致,应当去了解用户习惯,例如,用户在什么地方寻找导航栏,把哪部分作为浏览重点,在什么地方单击注册,在什么地方寻找搜索框,喜欢单击什么样的按钮,什么颜色会增强用户的单击冲动等。然后,在界面按照用户习惯的样子进行布局,合并同类项,将任务精简。

不要设计太多的层级,只需将最基本的需要简单地呈现出来,结构不需要复杂,而应该尽可能清晰。合理使用黄金分割和点线面的结合,更加符合大众的审美观。图8-1给出了用户界面设计的十大规则。

图 8-1　用户界面设计的十大规则

(1) 创建故事:好的用户界面通常会讲一个好的故事,来展示真实图像和交互内容,并用消息传达真实的声音。如果设计者有一个吉祥物并联到社交媒体,那就更好了。2012年诺贝尔文学奖获得者莫言在瑞典学院发表演讲时,主题就是"讲故事的人"。视觉界面的设计对品牌形象、用户体验、本能反应都有一定的支持作用。

(2) 简化导航:确保用户界面和应用程序能在移动环境下运行,采用图标和按钮来触发清楚、明确、直接的活动,使得用户导航更容易。视觉元素应该是紧凑、通用的视觉语言的一部分,相似的元素应该采用相同的视觉属性,在一致的位置摆放信息和控件。不同页面上提供的相同功能的控件和数据显示,应该摆放在每一页上的相同的位置,而且还应有相同的颜色、字体、阴影等。这样的一致性能让用户很快地找到并识别它们。除了具备功能价值，图标在传递品牌属性上还有重要的作用。最后，无论采用什么样的风格，风格都必须保持一致。

（3）使其响应：响应式在线平台需要满足一些标准（如 Google 标准），简单使用列，采用流式格网（Fluid Grid）布局和下拉菜单，以及视差滚动（Parallax Scrolling）应用。其中，视差滚动是指让多层背景以不同的速度移动形成立体的运动效果所带来的视觉体验。在绝大多数的程序界面设计中，并不是所有的元素都具有相同的重要性，所以应抓住重点，将较重要的元素定位在一目了然的位置，重要的和需要经常访问的元素应当处于显著的位置，次要的元素则应当处于次要的位置。习惯的阅读顺序一般是从左到右、从上到下。将控件和元素适当分组也是很重要的，可以根据"功能"和"关系"来组成一个逻辑信息组。根据控件的功能或关系将它们放在不同的屏幕区域，在视觉效果上比将它们分散在屏幕的各处要好得多。

（4）确保访问：内容根据通用模式设计，采用单色设置使得用户更容易访问在线平台。控件的大小设置是设计时经常遇到的问题，虽然其操作非常简单，但是决定控件大小却很让人头疼。在控件中使用相同的颜色作为背景色，如果没有特别需要，尽量不使用鲜艳的颜色。如果两种控件选择了不同的颜色和显示效果，那么应用程序将会显得十分不协调。所以在确定设计思路时，一定要坚持用同一种风格贯穿整个应用程序的想法，用这个思路来完成整个程序的设计。

（5）形式追随功能：图标和其他按钮的形状应遵循形式追随功能的原则，使得形状和设计符合预期功能，如单击按钮、复选框、下拉列表。提供常用操作的快捷方式，根据常用操作的使用频度大小减少操作序列的长度。对于相对独立的操作序列，一般提供回退、中途放弃等功能，让用户感觉到操作合理，具有亲切感。靠空间位置的主次关系来确保流程的合理性，使视觉区域的流动符合人的生理习惯。界面各元素应按视觉运动的规律给以一定的组合，形成界面的脉络，诱导读者的视线从主到次、从强到弱、从文字到图像，形成一个和谐整体。

（6）颜色主题：采用鲜艳的颜色和对比度来提升网站内容的清晰度。此外，最好选择适合某些行业的常用颜色。例如，绿色代表医疗产业，蓝色代表科技产业，黄色代表食品产业。在界面设计中，尽量使用少的色系，鲜艳的色彩面积不宜过大，注意三种颜色的搭配和统一等，都能够帮助实现简约时尚和独特的设计风格：

① 整体色：指界面主要倾向于某一色调，表现这些色调时，色彩所体现的感觉将有效地突出主题内涵，创造主题特有的情调。

② 重点色：在同调的色中，局部加上不同调的色，形成视觉美点，点缀色应该采用较小的面积，并与其他色形成强烈反差，以加强吸引力，形成视觉中心。

③ 对比色：画面上冷暖色对比，同时占有相同面积及地位。

（7）定义字体：为了很好地处理这一方面，应知道字体实际上分为四类，即衬线、无衬线、脚本（类似手写的字体类型）、装饰字体类型。决定哪种字体类型和合适的组合可能很棘手，但如果有疑问，哥特式似乎是最安全的选择。应用高亮和清晰的字体也有助于提高内容的可读性。尽量使用通用的字体（如 Arial、Courier New、Garamond、TimesNew Roman、中文宋体），减少特殊字体（如 Cloister、Gothic、Script、Westminster、华文彩云、华文行楷）的使用,这样不仅能提高用户阅读的效率,也能减少界面的无序感和违和感,给用户整齐划一的感觉和轻松的阅读体验。英文字体的结构与汉字有明显的差异,汉字能容纳在一个方块内,而英文字不但有大小写,且每个字的排列结构均不相同,设计编排时,更要注意间距的视觉美感。一个界面中一般只使用三四种字体,多了就会引起视觉上的混乱。

(8) 最强优化图像:向量通常是首选,并缩小图像元数据。此外,还应正确选择图像格式(如 jpg、png 和 bmp 三种格式),并配备自动缩放和适当的分辨率。图标设计上也追求的是信息的直观、造型的简单,要求图标识别性高、通用性高,不会给用户带来认知障碍,能够尊重用户的使用习惯,避免用户在使用过程中产生学习障碍的状况。界面中图标都以平面的方式展现给用户,尽量避免使用透视、纹理、渐变及 3D 效果的元素。做到所有图标所传递的信息都可以使用户直观明了地获取。

(9) 极简主义:为了达到理想的极简主义,必须时刻避免冗余。简单地使用大号字体和有效的视觉符号也是有帮助的。优秀设计的经典要素之一就是形式简约。对于界面设计来说,就是用最少的操作与学习成本来完成任务。简约同样适用于行为,在视觉设计中给予用户简单的工具,运用最少的视觉区别来明确传达想要表达的意思。在界面的空间使用上,应当形成一种简洁明了的布局。在用户界面中,合理使用窗体控件及其四周的空白区域,有助于突出元素和改善可用性。在设计中,需要留出一些空白区域来突出设计元素。各控件之间一致的间隔以及垂直与水平方向各元素的对齐,也可以使设计更为明了,行列整齐、行距一致的界面安排也会使其更容易阅读。

(10) 排除错误:维护无错误平台需要的专业性很强。然而,这些责任实际上可以由用户自己分担,我们需要为用户提供一个快捷的访问渠道,让用户能够及时给出反馈和回答。另外,但凡出现错误,我们应该快速提供解决方案。界面要有容错能力,当用户出现录入错误或命令错误时,系统应尽量准确地检测出错误发生的位置,报告出错误发生的性质,提供简单和容易理解的错误处理结果或提示给用户一个修正参考,保证用户操作的连续性。

8.6.2 界面设计的评估

用户界面领域已经开始逐步成熟起来,许多工程的复杂性、规模及重要程度都已经有了很大的变化,因此对系统的测试评估必不可少:

(1) 评估计划必须包含长期持续测试的方法,以便对界面的整个生命周期里出现的各种问题进行不断的评估和修正。

(2) 虽然问题可能会不断地出现,但在适当的时候必须果断地完成原型测试并交付产品。

(3) 必须为关键系统的界面设计开发出特别的评估计划,如核反应堆等系统的人机界面。

有效的设计评估包括专家评审和可用性测试。

正式的专家评审需要依托专家作为支柱或者顾问,这些专家往往具有丰富的应用领域或者用户界面领域的专业知识。专家评审可以在设计阶段的前期或者后期进行。对于评审的结果,可以由进行评审的专家们出一份正式的报告,其中包含评审中所发现的问题以及对其修改的建议,或者由这些专家与设计院或者管理人员直接进行面对面的讨论。

专家评审有以下几种方法。

（1）启发式评审：评审人员对界面进行评判，以便使其余一系列的设计启发规则与之相符合，如果评审人员熟悉这些规则并能够理解应用，将会对评审非常有利。

（2）指导文档评审：检查所涉及的界面与组织内的指导文档或者其他的一些指导文档是否相符。

（3）一致性检查：检查所有同类界面的一致性，检查内容包括，实际界面中的术语、颜色、布局、输入输出格式等与培训材料或者在线帮助是否一致。

（4）认知尝试：专家模仿用户使用界面执行典型的任务，以执行频率高的任务作为起点进行尝试，但执行较少的关键性任务（如错误恢复等）也都要尝试到。

（5）正式的可用性评审：专家们组织一场讨论，整个设计小组的成员也参与其中，仲裁设计的利弊。

（6）专家评审可能出现的问题：专家对任务或用户缺乏足够的理解，且对项目目标有不同的意见，所以必须选择熟悉项目、经验丰富的专家组成专家小组。

可用性指的是针对产品的使用效率、易学和舒适程度。对界面进行可用性测试和评价是确保产品可用性的重要手段，通过各种可用性测试方法及早发现界面存在的可用性问题，不仅可以节约开发成本、提高产品的品质，还可以降低用户使用产品的心理负荷、减少操作错误、提高工作效率以及对产品的认可度和满意度，从而为建立人机界面匹配模型提供支持。

可用性测试对一个设计阶段的完成有一种强大的推动力。可用性测试报告可以反映出所取得的进步，并能提供详细具体的改进意见。在进行可用性测试前，设计者需要制订出更加具体详细的测试计划，包括任务列表、主观满意标准以及所要询问的相关问题。同时，必须确定参与测试的用户数目、类型、来源。

可用性测试可以要求用户完成一系列任务，对用户的完成过程进行记录，再对记录进行评审，可以给设计人员很大的启发，及时发现缺陷并改正。

虽然可用性测试有很多好处，但也至少存在两种局限性：首先，它强调的是首次使用的情况；其次，它只能涉及部分的界面，因为可用性测试不能延续太长时间，所以很难确定长时间使用后的情况。

8.7　用户界面和用户体验

简单来说，用户界面（User Interface，UI）主要是设计页面上的功能、顾及使用的便利性与整个设计的美学，网站的美观性与之息息相关。用户体验（User Experience，UX）则是根据使用者的习惯安排整个网站页面的内容规划，例如，哪些区块的内容要先在网站上出现，行动呼吁按钮（Call to Action，CTA）的位置应该摆在哪里。

图 8-2 给出了用户界面和用户体验的区别。用户界面主要负责的项目是整体视觉呈现，用户体验则是从使用者的角度去看怎么样对使用者来说最直觉。人的大脑在结构上分为左右两半球，大脑左右两半球的功能是不对称的。大脑左半球的功能侧重于抽象思维，如语言、逻辑、数学、分析、判断等，是以线性方式处理输入信息的；大脑的右半球侧重于形象思维，如空间关系、艺术等，是以视觉空间、非线性方式处理输入信息的。左半球为逻辑半球，右半球为情感半球。

214

图 8-2　用户界面和用户体验的区别

　　用户体验所做的是网站的骨架设计(Wireframe & Prototype)和网站的互动设计,并且应该包括使用者的研究(User Research)和情境分析(Scenario)。而在透过研究与分析将网站的架构勾勒出来之后,接着才交棒给用户界面。

　　如果把产品比作人体,那么用户界面就是身体,用户体验则是心脏,代码是骨骼。用户界面关注产品功能,用户体验关注用户情感。从工作分工上看,用户体验的职责包括用户画像、用户故事、用户调研、可用性测试,用户界面的职责包括布局设计、视觉设计、品牌形象。连接两者的是线框图。

　　用户界面涉及人机交互、工业设计、视觉、声音设计;而用户体验则包含信息架构、内容策略在内的更多部分,需要从整体动态流程上考虑产品是否能解决用户的问题。用户界面属于用户体验的一部分。用户体验设计以用户为中心,关注任务流和使用场景;用户界面设计的重心则是色彩、排版等视觉方面内容。用户界面是使用的部分,而用户体验是使用时的感受。用户界面设计的师关注按钮的颜色,考虑的是视觉的部分,即产品看起来如何;而用户体验设计师则关注按钮放置的位置是否合适,出发点是用户的感受,想要弄清楚用户想要使用的是什么。

8.8　小　　结

　　软件设计可分为两个部分:编码设计与用户界面设计。用户界面介于用户与硬件之间,是为彼此之间交互沟通而设计的相关软件,使得用户能够方便有效地去操作硬件以达成双向交互,完成所希望的工作。用户界面定义广泛,包含了人机交互与图形用户界面,凡参与人类与机械的信息交流的领域都存在着用户界面。

　　本章介绍了用户界面设计的一般过程、用户界面实现的原则、用户界面的任务分析、用户界面的设计实现及界面设计评估等问题。用户界面是人与机器之间传递和交换信息的媒介,包括硬件界面和软件界面,是计算机科学与心理学、设计艺术学、认知科学和人机工程学的交叉研究领域。近年来,随着信息技术与计算机技术的迅速发展及网络技术的突飞猛进,人机界面设计和开发已成为国际计算机界和设计界最为活跃的方向。

8.9 思 考 题

（1）简述设计良好界面的主要途径。

（2）简述用户界面分析包含的内容。

（3）简述用户界面设计过程及需要考虑的问题。

（4）简述用户界面原型的实施。

（5）简述用户界面设计评估。

（6）使用本章介绍的知识尝试完成一个软件工程教学软件的界面设计。

（7）举一两个由于界面设计的缺陷而可能导致非常严重后果的例子。

第9章　设计模式

> 每一个模式描述了一个在我们周围不断重复发生的问题，以及该问题的解决方案的核心。这样，你就能一次又一次地使用该方案而不必做重复劳动。
>
> ——Christopher Alexander

随着软件的规模和复杂性越来越大，人们认识到，迫切需要对软件的总体结构进行清晰的描述和分析，并来指导软件的后续开发。好的软件体系结构可以显著提高系统质量，可以进行设计方案的重用，从而提高软件开发的效率。软件的设计模式提供了一个用于细化软件子系统的组件或之间关系的图式。面向对象编程中，软件设计模式是通用的解决方案，并不提供具体问题的解，而是一种结构式的提纲，可以提高软件开发的效率，为计算机科学提供了真正步入工程领域的基石。

面向对象方法在 20 世纪 80 年代就已经备受业界关注，但是直到 1994 年才提出了使用面向对象的基本思想，即设计模式（Design Patterns）。面向对象程序要能够重用，能够灵活应对各种变化，否则即使采用了面向对象的设计和面向对象的编程，也不是好的设计。设计模式带来了一些好的思想，并且纠正了人们对面向对象的一些错误认识。

设计模式总结了三大类型共计 23 种设计模式，代表了面向对象设计和实现的最佳实践。正确应用设计模式，可以使得系统实现更易复用、更易理解、更易维护、更加可靠。软件体系结构从比类更大的粒度、更高的抽象层次上刻画系统的构件组成、构件之间的关联结构及交互行为，并给出这种宏观设计的动机，即在功能目标、非功能目标以及各种制约因素之间的权衡取舍。

本章共分四个部分：9.1 节为设计模式概述，9.2 节为设计模式的主要作用，9.3 节为常用设计模式解析，9.4 节为常用的原则。

9.1　设计模式概述

正如统一建模语言 UML 的三位创始人之一 Booch 所说，"软件领域的设计模式，为开发人员提供了使用专家设计经验的有效途径"。在对建筑物、城镇、街道等实际上人类为自身所建造的各种生活空间的方方面面进行大量观察，可以发现特定的建筑物中，优秀的结构都有一些共同之处。

设计模式的核心思想是总结和积累前人成功的设计经验，通过对这些经验的学习，使得人们在面对新的设计问题时，不用再重复所有的环节，而是尽量套用已有的模式实施，以提高编程的效率。模式是解决特定问题的经验，其实质是软件的复用。模式由特定的环境、问题、解决方案三个要素组成，按照软件开发的层次可以分为体系结构模式、设计模式、程序模式。体系结构模式属于层次较高的模式，如模型-视图-控制器（Model-View-Controller，MVC）。

设计模式是对被用来在特定场景下解决一般设计问题的类和相互通信的对象的描述。在以往的软件开发中，经常在某种特定场合中遇到一些以前经常出现或感觉似曾相识的问题，直截了当的解决方案就是套用原有的经过证明的解决方案，或参考别人成熟的思路来解决。长时间下来，通过不断的完善并文档化，就形成了针对这种问题的处理模式，形成了特定问题的解决方案。

由四名科学家 Erich Gamma、Richard Helm、Ralph Johnson 和 John Vlissides 所著的《设计模式》一书，第一次将设计模式提升到理论高度，并将之规范化，如图 9-1 所示。该书提出了 23 种基本设计模式。时至今日，在可复用面向对象软件的发展过程中，新的设计模式仍然不断出现。

图形化体系结构的表达工具是由矩形框和有向线段组合而成的图形，是对于软件体系结构的描述和

图 9-1　设计模式四人组

表达，是一种简洁易懂、使用广泛的方法。这种方法中，矩形框代表抽象构件，框内标注的文字为抽象构件的名称，有向线段代表辅助各构件进行通信、控制或关联的连接件。图 9-2 表示某软件辅助理解和测试工具的部分体系结构描述。

图 9-2　体系结构描述

目前，这种图形表达工具在软件设计中占据着主导地位。尽管由于在术语和表达语义上存在着一些不规范和不精确问题，而使得以矩形框与线段为基础的传统图形表达方法在不同系统和不同文档之间有着许多不一致甚至矛盾，但该方法仍然以其简洁易用的特点在实际的设计和开发工作中被广泛使用，并为工作人员传递了大量重要的体系结构思想。

9.2　设计模式的主要作用

设计模式记录和提炼了软件人员在面向对象软件设计中的成功经验和问题的解决方案,是系统可复用的基础。正确地使用设计模式,有助于快速开发出可复用的系统。

设计模式的作用和研究意义表现在以下几个方面。

(1) 优化的设计经验。设计模式为开发者提供了良好的经过优化的设计经验。模式中所描述的解决方案是人们从不同的角度对某个问题进行精细研究,然后得出来的最通用的解决方案。

(2) 较高的复用性。设计模式为重用面向对象代码提供了一种方便途径,使得复用某些成功的设计和结构更加容易。没有经验的程序员也可借助设计模式提高设计水平。多个模式可以组合起来构成完整的系统,这种基于模式的设计具有更大的灵活性、可扩展性和更好的可重用性。

(3) 丰富的表达能力。在面向对象的编程中,软件编程人员往往更加注重以往代码的重用性和可维护性。通过提供某些类和对象的相互作用关系以及之间潜在联系的说明规范,设计模式甚至能够提高系统维护的有效性。

(4) 降低耦合性。设计模式的基本思想是将程序中可能变化的部分与不变的部分分离,尽量减少对象之间的耦合,当某些对象发生变化时,不会导致其他对象都发生变化。这样使得代码更容易扩展和维护,而且也让成功程序更容易被读懂。

9.3　常用设计模式解析

设计模式总结了三大类型共计23种设计模式,如图9-3所示。根据其目的(模式是用来做什么的)可分为创建型(Creational)、结构型(Structural)和行为型(Behavioral)三种。

(1) 创建型模式:主要用于创建对象。

(2) 结构型模式:主要用于处理类或对象的组合。

(3) 行为型模式:主要用于描述对类或对象怎样交互和怎样分配职责。

模式主要是用于处理类之间的关系和处理对象之间的关系。根据范围分为类模式和对象模式两种。

(1) 类模式(Class Scope):处理类和子类之间的关系,这些关系通过继承建立,在编译时被确定下来,是属于静态的。

(2) 对象模式(Object Scope):处理对象之间的关系,这些关系在运行时刻变化,更具动态性。

9.3.1　创建型设计模式

所有的创建型模式都有两个永恒的主旋律:第一,都将系统使用哪些具体类的信息封装起来;第二,隐藏了这些类的实例是如何被创建和组织的。外界对于这些对象只知道它们共同的接口,而不清楚其具体的实现细节。

正因如此,创建型模式在创建什么(what)、由谁(who)来创建以及何时(when)创建这

图 9-3　设计模式的分类

些方面,都为软件设计者提供了尽可能大的灵活性。创建型模式就是隐藏了对象创建的具体细节,使程序代码不依赖具体的对象。这样,应用程序在运行时,将对象的创建工作延迟到子类进行。创建型模式包括简单工厂(Simple Factory)模式、工厂方法(Factory Method)模式、抽象工厂(Abstract Factory)模式、单例(Singleton)模式、原型(Prototype)模式、建造(Builder)模式。下面对其中部分模式进行简要介绍。

1. 简单工厂模式

简单工厂模式专门定义一个类来负责创建其他类的实例,被创建的实例通常都具有共同的父类,如图 9-4 所示。该模式又称静态工厂方法模式,属于类的创建型模式。简单工厂模式根据所提供的参数数据返回几个可能类中的一个类的实例。通常,返回的类都有一个公共的父类和公共的方法。

图 9-4　简单工厂模式

1) 意图

提供一个类,负责根据一定的条件创建某一具体类的实例。

2) 角色及其职责

(1) 工厂(Creator)角色:是简单工厂模式的核心,负责实现创建所有实例的内部逻辑。工厂类可以被外界直接调用,创建所需的产品对象。

(2) 抽象(Product)角色:是简单工厂模式所创建的所有对象的父类,负责描述所有实例所共有的公共接口。

(3) 具体产品(Concrete Product)角色:是简单工厂模式的创建目标,所有创建的对象都是充当这个角色的某个具体类的实例。一般来讲,它是抽象产品类的子类,实现了抽象产品类中定义的所有接口方法。

3) 简单工厂模式的特点

(1) 其优点在于,简单工厂模式包含必要的判断逻辑,能够根据外界给定的信息决定究竟应该创建哪个具体类的对象。用户在使用时,可以直接根据工厂类去创建所需的实例,而无须了解这些对象是如何创建以及如何组织的,有利于整个软件体系结构的优化。

(2) 其缺点在于,体现在其工厂类上,由于工厂类集中了所有实例的创建逻辑,所以"高内聚"方面做得并不好。另外,当系统中的具体产品类不断增多时,可能会出现要求工厂类也要做相应的修改,扩展性并不很好。当产品有复杂的多层等级结构时,工厂类只有自己,以不变应万变就是该模式的缺点。

2. 工厂方法模式

工厂方法模式对简单工厂模式进行了抽象和推广。由于使用了多态性,工厂方法模式保持了简单工厂模式的优点,而且克服了其缺点,如图 9-5 所示。通过设计一个抽象的Factory 类或接口,这个类将不再负责具体的产品生产,而是只制定一些规范,具体的生产工作推延到其子类去完成。

图 9-5　工厂方法模式

1) 意图

定义一个用户创建对象的接口,让子类决定实例化哪一个类。工厂方法模式使一个类的实例化延迟到其子类。

2) 角色及其职责

(1) 抽象工厂(Creator)角色:是工厂方法模式的核心,与应用程序无关。任何在模式中创建的对象的工厂类必须实现这个接口。

(2) 具体工厂(Concrete Creator)角色:是实现抽象工厂接口的具体工厂类,包含与应用程序密切相关的逻辑,并且受到应用程序调用以创建产品对象。

（3）抽象产品（Product）角色:是工厂方法模式所创建的对象的超类型,也就是产品对象的共同父类或共同拥有的接口。

（4）具体产品（Concrete Product）角色:实现了抽象产品角色所定义的接口。某具体产品有专门的具体工厂创建,之间往往一一对应。

3）优点

（1）用工厂方法在一个类的内部创建对象通常比直接创建对象更灵活。

（2）实现了开闭原则可以在不改变工厂的前提下增加新产品。

（3）工厂方法模式通过面向对象的手法,将所要创建的具体对象的创建工作延迟到了子类,从而提供了一种扩展的策略,较好地解决了这种紧耦合的关系。

4）适用性

（1）当一个类不知道所必须创建的对象的类的时候。

（2）当一个类希望由子类来指定所创建的对象的时候。

（3）当类将创建对象的职责委托给多个帮助子类中的某一个,并且希望将哪一个帮助子类是代理者这一信息局部化的时候。

3. 抽象工厂模式

抽象工厂模式是指一个工厂等级结构可以创建出分属于不同产品等级结构的一个产品族中的所有对象,如图 9-6 所示。如果用图来描述,提供创建对象的接口与工厂方法模式类似,返回一系列相关产品,实现过程也需推迟到子系列类去实现。与工厂方法模式的区别在于,它们的层次模型不同。

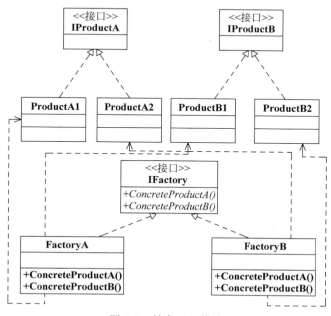

图 9-6　抽象工厂模式

1）意图

提供一个创建一系列相关、相互依赖对象的接口,而无须指定它们具体的类。

2）角色及其职责

（1）抽象工厂（Abstract Factory）角色：担任这个角色的是工厂方法模式的核心，是与应用系统商业逻辑无关的。

（2）具体工厂（Concrete Factory）角色：这个角色直接在客户端的调用下创建产品的实例。这个角色含有选择合适的产品对象的逻辑，这个逻辑是与应用系统的商业逻辑紧密相关的。

（3）抽象产品（Abstract Product）角色：担任这个角色的类是工厂方法模式所创建的对象的父类或共同拥有的接口。

（4）具体产品（Concrete Product）角色：抽象工厂模式所创建的任何产品对象都是某一个具体产品类的实例。这是客户端最终需要的东西，内部一定充满了应用系统的商业逻辑。

3）简单工厂模式、工厂方法模式、抽象工厂模式比较

简单工厂模式、工厂方法模式、抽象工厂模式都属于设计模式中的创建型模式，其主要功能都是帮助我们把对象的实例化部分抽取出来，优化了系统的架构，并且增强了系统的扩展性。

（1）简单工厂模式：简单工厂模式的工厂类一般是使用静态方法，通过接收参数的不同来返回不同的对象实例。不修改代码的话是无法扩展的。

（2）工厂方法模式：工厂方法模式是针对每一种产品提供一个工厂类。通过不同的工厂实例来创建不同的产品实例。在同一等级结构中，支持增加任意产品。

（3）抽象工厂模式：抽象工厂模式是应对产品族概念的。例如，每个汽车公司可能要同时生产轿车、货车、客车，那么每一个工厂都要有创建轿车、货车和客车的方法。应对产品族概念而生，增加新的产品线很容易，但是无法增加新的产品。

4. 单例模式

单例模式保证某个类有且仅有一个实例。

1）意图

单例模式属于对象创建型模式，保证应用只有一个全局唯一的实例，并且提供一个访问它的全局访问点，如图 9-7所示。

图 9-7　单例模式

单例模式包含的角色只有一个，就是 Singleton。Singleton 拥有一个私有构造函数，确保用户无法通过 new 直接实例化。除此之外，该模式中包含一个静态私有成员变量 instance 与静态公有方法 Instance()。Instance 方法负责检验并实例化自己，然后存储在静态成员变量中，以确保只有一个实例被创建。

（1）结构：包括防止其他对象创建实例的私有构造函数、保存唯一实例的私有变量和全局访问接口等。

（2）效果：单例提供了全局唯一的访问入口，因此易于控制可能发生的冲突。单例是对类静态函数的一种改进，首先避免了全局变量对系统的污染。

2）优点

包括对唯一实例的受控访问、缩小命名空间、允许对操作和表示的精化、允许可变数目的实例、比类操作更灵活。

单例模式中需要解决的重要问题是方法的同步问题、同步的粒度有多大等。以下例子

中，获得实例时使用了同步，代码如下：

```
Public class Singleton{
Private Singleton(){
Generator = new Random();
}
Public void setSeed(int seed){
Generator.setSeed(seed);}
Public int nextInt(){
Return generator.nextInt();
}
Public static synchronized Singleton getInstacne(){
if(instance == null){
instance = new Singleton();
}
return instance;
}
private Random generator;
private static Singleton instance;
}
```

3）适用场合

当类只能有一个实例存在，并且可以在全局访问时，这个唯一的实例应该可以通过子类实现扩展，并且用户无须更改代码即可使用。

9.3.2　结构型设计模式

结构型设计模式描述的是如何组合类和对象以获得更大的结构。结构型设计模式描述两种不同的东西，即类与类的实例。根据这点，结构型设计模式可以分为类模式和对象模式。

类模式和对象模式之间的区别是，类描述的是如何通过继承提供更有用的接口，而对象描述的是通过使用对象的组合或将对象包含在别的对象里面以获得更有用的结构。常用的结构型设计模式包括适配器模式（Adapter）、桥接模式（Bridge）、组合模式（Composite）、装饰模式（Decorator）、外观模式（Facade）、享元模式（Flyweight）、代理模式（Proxy）等。

1. 适配器模式

适配器模式将一个类的程序设计接口转换成另一个接口。这很像变压器把一种电压变换成另一种电压。例如，美国的生活用电电压是 110V，而中国的电压是 220V。如果要在中国使用美国电器，就必须有一个能把 220V 电压转换成 110V 电压的变压器，这个变压器就是一个 Adapter。

1）意图

复用已存在的接口与所需接口不一致的类。

（1）类适配器：从一个不一致的类派生出一个类，然后在派生类里面增加所需要的方法，使得派生类能够匹配所需的接口。

（2）对象适配器：将原始类包含在新类里，然后在新类里创建方法去转换调用。

类的适配器模式的结构如图 9-8 所示。

图 9-8　类的适配器模式的结构

从图 9-8 中可以看出,Adaptee 类没有 Request 方法,而客户期待这个方法。为了使客户能够使用 Adaptee 类,需要提供一个中间环节,即 Adapter 类,Adapter 类实现了 Target 接口,并继承自 Adaptee,Adapter 类的 Request 方法重新封装了 Adaptee 的 SpecificRequest 方法,实现了适配的目的。因为 Adapter 与 Adaptee 是继承的关系,所以这决定了这个适配器模式是类的。

该适配器模式涉及以下角色。

(1)目标(Target)角色:是客户所期待的接口。因为 C♯ 不支持多继承,所以 Target 必须是接口,不可以是类。

(2)源(Adaptee)角色:需要适配的类。

(3)适配器(Adapter)角色:把源接口转换成目标接口,这一角色必须是类。

对象的适配器模式的结构如图 9-9 所示。

图 9-9　对象的适配器模式的结构

从图 9-9 中可以看出,客户端需要调用 Request 方法,而 Adaptee 类没有该方法,为了使客户端能够使用 Adaptee 类,需要提供一个包装的类 Adapter。这个包装类包装了一个 Adaptee 的实例,从而将客户端与 Adaptee 衔接起来。因为 Adapter 与 Adaptee 是委派关系,所以决定了这个适配器模式是对象的。

该适配器模式涉及以下角色。

(1)目标(Target)角色:是客户所期待的接口,目标可以是具体的或抽象的类,也可以是接口。

（2）源（Adaptee）角色：需要适配的类。

（3）适配器（Adapter）角色：通过在内部包装（Wrap）一个 Adaptee 对象，把源接口转换成目标接口。

2）适用范围

（1）系统需要使用现有的类，而此类的接口不符合系统的需要。

（2）想要建立一个可以重复使用的类，用于与一些彼此之间没有太大关联的一些类，包括一些可能在将来引进的类一起工作。这些源类不一定有很复杂的接口。

（3）对象适配器在设计时需要改变多个已有子类的接口，如果使用类的适配器模式，就要针对每一个子类做一个适配器，而这不太实际。

2. 桥接模式

桥接模式是一个非常有用的模式，也是比较复杂的一个模式，如图 9-10 所示。熟悉这个模式，对于理解面向对象的设计原则，包括开放封闭原则及组合/聚合复用原则（CARP）都很有帮助。理解好这两个原则，有助于形成正确的设计思想和培养良好的设计风格。

图 9-10　桥接模式的结构

1）意图

将抽象部分与实现部分分离，使得两个部分可以独立变化。

2）角色及其职责

（1）抽象化（Abstraction）角色：抽象化给出的定义，并保存一个对实现化对象的引用。

（2）修正抽象化（Refined Abstraction）角色：扩展抽象化角色，改变和修正父类对抽象化的定义。

（3）实现化（Implementor）角色：给出实现化角色的接口，但不给出具体的实现。必须指出，这个接口不一定和抽象化角色的接口定义相同，实际上，这两个接口可以非常不一样。实现化角色应当只给出底层操作，而抽象化角色应当只给出基于底层操作的更高一层的操作。

（4）具体实现化（Concrete Implementor）角色：给出实现化角色接口的具体实现。

3）优势和缺陷

桥接模式可以从接口分离实现功能，使得设计更具有扩展性，这样，客户调用方法时根

设计模式

本不需要知道实现的细节。桥接模式减少了子类,使代码变得更清洁,生成的执行程序更小了;但是,桥接模式的缺陷是抽象类与实现类的双向连接使得运行速度更慢了。

4)适用场景

(1)避免抽象方法和其实现方法绑定在一起。

(2)抽象接口和实现都需要扩展出子类以备使用。

(3)变动实现的方法根本不会影响客户程序调用的部分。

3. 组合模式

组合模式有时又称部分-整体模式。它的一个重要思想是递归组合,一个抽象类既可以代表组合对象,又可以代表一个被组合的对象。可视化编程中,经常遇到的容器就是使用了组合模式,一方面,组件可以放在容器中;另一方面,容器也可以作为组件放在另外的容器中。

1)意图

将对象组合成树形结构,以表示"部分-整体"的层次结构。组合模式使得用户对单个对象和组合对象的使用具有一致性。

(1)安全式的合成模式的结构。安全式的合成模式要求管理聚集的方法只出现在树枝构件类中,而不出现在树叶构件中,如图 9-11 所示。

图 9-11 安全式的合成模式的结构

这种形式涉及以下三个角色:

① 抽象构件(Component)角色:是一个抽象角色,给参加组合的对象定义出公共的接口及其默认行为,可以用来管理所有的子对象。在安全式的合成模式里,构件角色并不是定义出管理子对象的方法,这一定义由树枝构件对象给出。

② 树叶构件(Leaf)角色:树叶对象是没有下级子对象的对象,定义出参加组合的原始对象的行为。

③ 树枝构件(Composite)角色:代表参加组合的有下级子对象的对象。树枝对象给出所有的管理子对象的方法,如 add()、remove()等。

(2)透明式的合成模式结构。与安全式的合成模式不同的是,透明式的合成模式要求所有的具体构件类,不论是树枝构件还是树叶构件,均符合一个固定的接口,如图 9-12 所示。

图 9-12　透明式的合成模式结构

这种形式涉及以下三个角色：

① 抽象构件（Component）角色：是一个抽象角色，给参加组合的对象规定一个接口，规范共有的接口及默认行为。

② 树叶构件（Leaf）角色：代表参加组合的树叶对象，定义出参加组合的原始对象的行为。树叶类会给出 add()、remove() 之类的用来管理子类对对象的方法的平庸实现。

③ 树枝构件（Composite）角色：代表参加组合的有子对象的对象，定义出这样的对象的行为。

2）效果及实现要点

（1）组合模式采用树形结构来实现普遍存在的对象容器，从而将"一对多"的关系转化"一对一"的关系，使得客户代码可以一致地处理对象和对象容器，无须关心处理的是单个的对象还是组合的对象容器。

（2）将"客户代码与复杂的对象容器结构"解耦是组合模式的核心思想，解耦之后，客户代码将与纯粹的抽象接口，而非对象容器的复内部实现结构发生依赖关系，从而更能"应对变化"。

（3）组合模式中，是将"Add 和 Remove 等和对象容器相关的方法"定义在"表示抽象对象的 Component 类"中，还是将其定义在"表示对象容器的 Composite 类"中，是一个关乎"透明性"和"安全性"的两难问题，需要仔细权衡。这里有可能违背面向对象的"单一职责原则"，但是对于这种特殊结构又是必须付出的代价。ASP.NET 控件的实现在这方面为我们提供了一个很好的示范。

（4）组合模式在具体实现中可以让父对象中的子对象反向追溯。如果父对象有频繁的遍历需求，可使用缓存技巧来改善效率。

4. 装饰模式

装饰模式又称包装（Wrapper）模式，以对客户端透明的方式扩展对象的功能，是继承关系的一个替代方案。动态地给对象添加一些额外的职责，就增加功能来说，装饰模式比生成子类更灵活。

1）意图

装饰模式是为已有的功能动态地添加更多功能的一种方式，如图 9-13 所示。在起初的设计当中,当系统需要新功能时,是向旧的类中添加新的代码,这些新加的代码通常装饰了原有类的核心职责或主要行为,在主类中加入了新的字段、新的方法、新的逻辑,从而增加了主类的复杂度,而这些新加入的东西仅仅是为了满足一些只在某种特定情况下才会执行的特殊行为的需要。

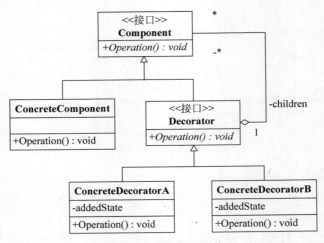

图 9-13   装饰模式结构

装饰模式提供了一个非常好的解决方案,把每个要装饰的功能都放在单纯的类中,并让这个类包装它所要装饰的对象,因此,当需要执行特殊行为时,客户代码就可以在运行时根据需要有选择地、按顺序地使用装饰功能包装对象了。

2)角色及其职责

(1)抽象构件(Component)角色:给出一个抽象接口,以规范准备接收附加责任的对象。

(2)具体构件(Concrete Component)角色:定义一个将要接收附加责任的类。

(3)装饰(Decorator)角色:持有一个构件(Component)对象的实例,并定义一个与抽象构件接口一致的接口。

(4)具体装饰(Concrete Decorator)角色:负责给构件对象"贴上"附加的责任。

3)优点

(1)装饰模式与继承关系的目的都是要扩展对象的功能,但是装饰模式可以提供比继承更多的灵活性。

(2)通过使用不同的具体装饰类以及这些装饰类的排列组合,设计师可以创造出很多不同行为的组合。

4)缺点

使用装饰模式可以比使用继承关系需要较少数目的类,使用较少的类可以使设计比较易于进行;但是在另一方面,使用装饰模式会产生比使用继承关系更多的对象,更多的对象会使得查错变得困难,特别是这些对象看上去都很相似。同时,比继承更加灵活机动的特性,也意味着装饰模式比继承更加易于出错。

5. 外观模式

外观模式外部与一个子系统的通信必须通过一个统一的门面对象进行。

1）意图

为子系统提供了一个更高层次、更简单的接口，从而降低了子系统的复杂度和依赖性。这使得子系统更易于使用和管理。对外提供一个统一的接口，用来访问子系统中的一系列接口。外观是一个能为子系统和客户提供简单接口的类。当正确地应用外观时，客户不再直接和子系统中的类交互，而是与外观交互。图9-14给出了外观模式结构。

外观承担与子系统中类交互的责任。实际上，外观是子系统与客户的接口，这样，外观模式降低了子系统和客户的耦合度。外观对象隔离了客户和子系统对象，从而降低了耦合度。当子系统中的类进行改变时，客户端不会像以前一样受到影响。

2）角色及其职责

（1）门面（Facade）角色：客户端可以调用这个角色的方法。此角色知晓相关的（一个或者多个）子系统的功能和责任。正常情况下，本角色会将所有从客户端发来的请求委派到相应的子系统去。

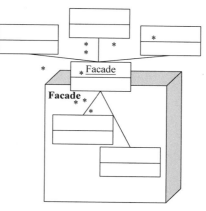

图 9-14　外观模式结构

（2）子系统（subsystem）角色：可以同时有一个或者多个子系统。每一个子系统都不是一个单独的类，而是一个类的集合。每一个子系统都可以被客户端直接调用，或者被门面角色调用。子系统并不知道门面的存在，对于子系统而言，门面仅仅是另一个客户端而已。

3）适用范围

（1）不需要使用一个复杂系统的所有功能，而且可以创建一个新的类，包含访问系统的所有规则。

（2）希望封装或者隐藏原系统。

（3）希望使用原系统的功能，而且还希望增加一些新的功能。

（4）编写新类的成本小于所有人学会使用或者未来维护原系统上所需的成本。

6. 享元模式

享元模式用一个共享来避免大量拥有相同内容对象的开销。这种开销中最常见、直观的就是内存的损耗，享元模式以共享的方式高效地支持大量的细粒度对象。

1）对象的状态

（1）内蕴状态（Internal State）：存储在享元对象内部，且不会随环境改变而改变，因此内蕴状态可以共享。

（2）外蕴状态（External State）：外蕴状态是随环境改变而改变的不可以共享的状态。享元对象的外蕴状态必须由客户端保存，并在享元对象被创建之后，在需要使用时再传入到享元对象内部。

2）意图

享元模式在编辑器系统中大量使用，如图9-15所示。一个文本编辑器往往会提供很多种字体，通常的做法就是将每一个字母做成一个享元对象。享元对象的内蕴状态就是这个字母,而字母在文本中的位置和字体风格等其他信息则放在其他位置处于外蕴状态。例如,字母 a 可能出现在文本的很多地方,虽然这些字母 a 的位置和字体风格不同,但是,所有这些地方使用的都是同一个字母对象。这样一来,字母 a 对象就可以在整个系统中共享。

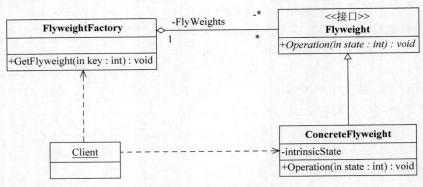

图 9-15　享元模式结构

3) 角色及其职责

(1) 抽象享元(Abstract Flyweight)角色:是所有的具体享元类的超类,为这些类规定出需要实现的公共接口。那些需要外蕴状态(External State)的操作,可以通过调用商业方法以参数形式传入。

(2) 具体享元(Concrete Flyweight)角色:实现抽象享元角色所规定的接口。如果有内蕴状态,必须负责为内蕴状态提供存储空间。享元对象的内蕴状态必须与对象所处的周围环境无关,从而使得享元对象可以在系统内共享。

(3) 享元工厂(Flyweight Factory)角色:负责创建和管理享元角色。本角色必须保证享元对象可以被系统适当地共享。当一个客户端对象调用一个享元对象时,享元工厂角色会检查系统中是否已经有一个符合要求的享元对象。如果已经有了,享元工厂角色就应当提供这个已有的享元对象;如果系统中没有一个适当的享元对象,享元工厂角色就应当创建一个合适的享元对象。

(4) 客户端(Client)角色:本角色需要维护对所有享元对象的引用,还需要自行存储所有享元对象的外蕴状态。

4) 适用范围

(1) 一个系统有大量的对象。

(2) 这些对象耗费大量的内存。

(3) 这些对象的状态中的大部分都可以外部化。

(4) 这些对象可以按照内蕴状态分成很多的组,当把外蕴对象从对象中剔除时,每一个组都可以仅用一个对象代替。

(5) 软件系统不依赖于这些对象的身份,换言之,这些对象可以是不可分辨的。

5) 优点

大幅度地降低内存中对象的数量。

6) 缺点

(1) 享元模式使得系统更加复杂。为了使对象可以共享,需要将一些状态外部化,这使得程序的逻辑复杂化。

（2）享元模式将享元对象的状态外部化，而读取外部状态使得运行时间稍微变长。

（3）享元模式一般是解决系统性能问题的，所以经常用于底层开发，在项目开发中并不常用。

7. 代理模式

代理就是一个人、一个机构代表另一个人、另一个机构采取行动。一些情况下，一个客户不想或者不能够直接引用一个对象，而代理对象可以在客户端和目标对象之间起到中介的作用。

1）意图

为其他对象提供一种代理以控制对这个对象的访问。

代理模式结构如图 9-16 所示。

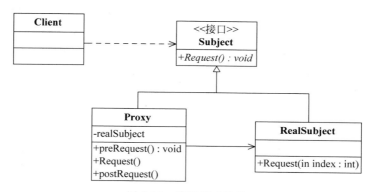

图 9-16　代理模式结构

2）角色及其职责

（1）抽象主题（Subject）角色：声明了真实主题和代理主题的共同接口，这样一来，在任何使用真实主题的地方都可以使用代理主题。

（2）代理主题（Proxy）角色：代理主题角色内部含有对真实主题的引用，从而可以在任何时候操作真实主题对象。代理主题角色提供一个与真实主题角色相同的接口，以便在任何时候都可以替代真实主体。控制真实主题的应用，负责在需要时创建真实主题对象（或删除真实主题对象）。代理角色通常在将客户端调用传递给真实主题之前或之后都要执行某个操作，而不是单纯地将调用传递给真实主题对象。

（3）真实主题（RealSubject）角色：定义了代理角色所代表的真实对象。

3）适用范围

（1）远程（Remote）代理：为一个位于不同地址空间的对象提供一个局域代表对象。例如，可以将一个在世界某个角落的一台机器通过代理想象成局域网中的一部分。

（2）虚拟（Virtual）代理：根据需要，将一个资源消耗很大或者比较复杂的对象延迟到真正需要时才创建。例如，如果一个很大的图片需要花费很长时间才能显示出来，那么当这个图片包含在文档中时，使用编辑器或浏览器打开这个文档，这个大图片可能就影响了文档的阅读，这时需要做个图片 Proxy 来代替真正的图片。

（3）保护（Protect or Access）代理：控制对一个对象的访问权限。例如，在论坛中，不同的身份登录拥有的权限是不同的,使用代理模式可以控制权限(当然,使用别的方式也可以实现)。

(4) 智能引用(Smart Reference)代理：提供比对目标对象额外的服务。例如,记录访问的流量(这是个再简单不过的例子)、提供一些友情提示等。

4) 实现

(1) 指明一系列接口创建一个代理对象。

(2) 创建调用处理器对象。

(3) 将这个代理指定为其他代理的代理对象。

9.3.3 行为型设计模式

行为型设计模式描述算法及对象之间的任务职责分配,所描述的不仅仅是类或对象的设计模式,还有之间的通信模式。行为型设计模式是对在不同的对象之间划分责任和算法的抽象化。这些模式描述了在运行时刻难以跟踪的复杂的控制流。

行为型设计模式有职责链(Chain of Responsibility)模式、命令(Command)模式、迭代器(Literator)模式、中介者(Mediator)模式、备忘录(Memento)模式、观察者(Observer)模式、策略(Strategy)模式、访问者(Visitor)模式等。行为模式分为类的行为模式和对象的行为模式两种。类的行为模式使用继承关系在几个类之间分配行为；对象的行为模式则使用对象的聚合来分配行为。

1. 职责链模式

在职责链模式里,很多对象由每一个对象对其下家的引用而连接起来形成一条链,如图 9-17 所示。请求在这个链上传递,直到链上的某一个对象决定处理此请求。允许多个类处理同一个请求,而不必了解彼此的功能。在类之间提供一个松散的耦合。类之间唯一的联系就是相互之间的传递请求。请求在类之间传递,直到其中一个类处理为止。

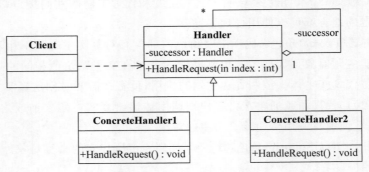

图 9-17　职责链模式结构

当一个对象向多个对象发送相同的信息时,就需要一种策略来确定由哪个对象对所发送的信息进行处理,这样的处理对象也只能有一个。使用 switch 语句或 if 语句的方法会给程序的维护带来很大难度,这就需要职责链模式来完成。职责链模式将发送对象和接收对象进行了解耦,以更好地应对变化。职责链模式将接收对象形成一个链,发送对象将信息发送给接收对象链中的一个对象,这时信息就沿着对象链向下传送,直到有一个对象对信息进行处理。

下面举个例子。击鼓传花是一种热闹而又紧张的饮酒游戏。在酒宴上，宾客依次坐定位置，由一人击鼓，击鼓的地方与传花的地方是分开的，以示公正。开始击鼓时，花束就开始依次传递，鼓声一落，如果花束在某人手中，则该人就得饮酒。击鼓传花便是职责链模式的应用。职责链可能是一条直线、一个环链或者一个树结构的一部分。

1）意图

使多个对象都有机会处理请求，从而避免请求的发送者和接收者之间的耦合关系。将这些对象连成一条链，并沿着这条链传递请求，直到有一个对象处理为止。

2）角色及其职责

（1）抽象处理者（Handler）角色：定义一个处理请求的接口。如果需要，接口可以定义出一个方法，以设定和返回对下家的引用。这个角色通常由一个抽象类或接口实现。

（2）具体处理者（ConcreteHandler）角色：具体处理者接到请求后，可以选择将请求处理掉，或者将请求传给下家。由于具体处理者持有对下家的引用，因此如果需要，具体处理者可以访问下家。

3）优点

该模式的优点是松散耦合。

4）缺点

该模式的缺点是效率低下、扩展性差。

2．命令模式

命令模式把申请特定操作的请求封装到一个对象中，并给对象一个众所周知的接口。命令模式允许系统使用不同的请求把客户端参数化，对请求排队或者记录请求日志，可以提供命令的撤销和恢复功能。每一个命令都是一个操作，请求的一方发出请求要求执行一个操作，接收的一方收到请求并执行操作。命令模式允许请求的一方和接收的一方独立开来，使得请求的一方不必知道接收请求的一方的接口，更不必知道请求是怎么被接收，以及操作是否被执行、何时被执行、怎么被执行的。

1）意图

把发出命令的责任和执行命令的责任分割开，委派给不同的对象。

命令模式结构如图 9-18 所示。

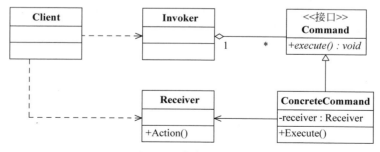

图 9-18　命令模式结构

2）角色及其职责

（1）客户（Client）角色：创建了一个具体命令（Concrete Command）对象，并确定其接收者。

设计模式

(2) 命令(Command)角色：声明了一个给所有具体命令类的抽象接口。这是一个抽象角色。

(3) 具体命令(Concrete Command)角色：定义一个接收者和行为之间的弱耦合；实现 Execute()方法,负责调用接收者的相应操作。Execute()方法通常称为执行方法。

(4) 请求者(Invoker)角色：负责调用命令对象执行请求,相关的方法称为行动方法。

(5) 接收者(Receiver)角色：负责具体实施和执行一个请求。任何一个类都可以成为接收者,实施和执行请求的方法称为行动方法。

3) 适用范围

(1) 使用命令模式作为"CallBack"在面向对象系统中的替代,将一个函数登记上,然后在以后调用此函数。需要在不同的时间指定请求并排队。原先的请求发出者可能已经不在了,而命令对象本身仍然是活动的。这时命令的接收者可以在本地,也可以在网络的另一个地址。命令对象可以在串形化之后传送到另外一台机器上去。

(2) 系统需要支持命令的撤销(Undo)。命令对象可以把状态存储起来,等到客户端需要撤销命令所产生的效果时,可以调用 Undo()方法把命令所产生的效果撤销掉。命令对象还可以提供 Redo()方法,以供客户端在需要时再重新实施命令效果。

(3) 如果一个系统要将系统中所有的数据更新到日志里,以便在系统崩溃时可以根据日志读回所有的数据更新命令,重新调用 Execute()方法一条一条执行这些命令,从而恢复系统在崩溃前所做的数据更新。

4) 优点

(1) 命令模式使新的命令很容易地被加入系统里,允许接收请求的一方决定是否要否决(Veto)请求。

(2) 能较容易地设计一个命令队列,可以容易地实现对请求的 Undo 和 Redo。

(3) 在需要的情况下,可以较容易地将命令记入日志,命令模式把请求一个操作的对象与知道怎么执行一个操作的对象分割开。

(4) 可以把命令对象聚合在一起合成为合成命令,宏命令便是合成命令的例子。合成命令是合成模式的应用。

(5) 由于加进新的具体命令类不影响其他的类,因此增加新的具体命令类很容易。

5) 缺点

使用命令模式会导致某些系统有过多的具体命令类。某些系统可能需要几十个、几百个甚至几千个具体命令类,这会使命令模式在这样的系统里变得不实际。

3. 中介者模式

中介者模式又称调停者模式,用一个中介对象来封装一系列的对象交互,如图 9-19 所示。中介者使各对象不需要显式地相互引用,从而使其耦合松散,而且可以独立地改变之间的交互。简单地说,将原来两个直接引用或者依赖的对象拆开,在中间加入一个"中介"对象,使得两头的对象分别和"中介"对象引用或者依赖。

由于中介者的行为与要使用的数据与具体业务紧密相关,抽象中介者角色提供一个能方便很多对象使用的接口是不太现实的。所以,抽象中介者角色往往是不存在的,或者只是一个标示接口。如果有幸能够提炼出真正带有行为的抽象中介者角色,同事角色对具体中介者角色的选择也是策略的一种应用。

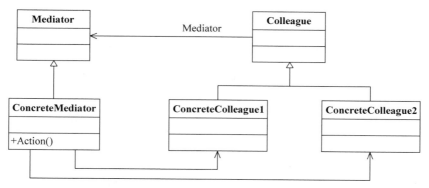

图 9-19　中介者模式结构

1）意图

用一个中介对象来封装一系列的对象交互。

2）角色及其职责

（1）抽象中介者（Mediator）角色：定义统一的接口，用于各同事角色之间的通信。

（2）具体中介者（Concrete Mediator）角色：通过协调各同事角色实现协作行为，为此要知道并引用各个同事角色。

（3）同事（Colleague）角色：都知道对应的具体中介者角色，而且与其他同事角色通信时，一定要通过中介者角色协作。

3）中介者模式和外观模式的对比

（1）中介者模式解决的是多个对象之间的通信问题，减少类之间的关联；外观模式解决的是子系统的接口复杂度问题。

（2）中介者模式中对象可以向中介者请求；外观模式中对象不会对外观有任何协作请求。

4）优点

（1）可以避免同事类之间的过渡耦合，使得各同事类之间可以相对独立地使用。

（2）可以将对象间一对多的关联转变为一对一的关联，使对象间的关系易于理解和维护。

（3）可以将对象的行为和协作进行抽象，能够比较灵活地处理对象间的相互作用。

5）缺点

使用控制集中化中介者模式将交互的复杂性变为中介者的复杂性。中介者封装了协议，可能比任何一个 Colleague 都复杂，这可能使得中介者自身成为一个难于维护的庞然大物。

6）适用范围

在面向对象编程中，一个类必然会与其他的类发生依赖关系，完全独立的类是没有意义的。一个类同时依赖多个类的情况也相当普遍，既然存在这样的情况，说明一对多的依赖关系有它的合理性，适当地使用中介者模式可以使原本凌乱的对象关系变得清晰，但是如果滥用，则可能会带来相反的效果。一般来说，只有对于那种同事类之间是网状结构的关系，才会考虑使用中介者模式。可以将网状结构变为星状结构，使同事类之间的关系变得清晰一些。

4. 观察者模式

观察者模式,又称发布-订阅(Publish/Subscribe)模式、模型-视图(Model/View)模式、源-监听器(Source/Listener)模式或从属者(Dependents)模式,如图 9-20 所示。

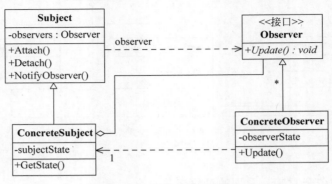

图 9-20　观察者模式结构

1) 意图

定义了一种一对多的依赖关系,让多个观察者对象同时监听某一个主题对象。这个主题对象在状态上发生变化时,会通知所有观察者对象,能够自动更新自己。

一个软件系统常常要求在某一个对象的状态发生变化时,某些其他的对象做出相应的改变。做到这一点的设计方案有很多,但是为了使系统能够易于复用,应该选择低耦合度的设计方案。减少对象之间的耦合有利于系统的复用,同时设计师需要使这些低耦合度的对象之间能够维持行动的协调一致,保证高度的协作(Collaboration)。观察者模式是满足这一要求的各种设计方案中最重要的一种。

2) 角色及其职责

(1) 抽象主题(Subject)角色:抽象主题角色把所有对观察者对象的引用保存在一个聚集里,每个主题都可以有任何数量的观察者。抽象主题提供一个接口,可以增加、删除观察者对象。抽象主题角色又称抽象被观察者(Observable)角色,一般用一个抽象类或者一个接口实现。

(2) 抽象观察者(Observer)角色:为所有的具体观察者定义一个接口,在得到主题的通知时更新自己。这个接口称为更新接口。抽象观察者角色一般用一个抽象类或者一个接口实现。在这个示意性的实现中,更新接口只包含一个方法(即 Update()方法),这个方法称为更新方法。

(3) 具体主题(Concrete Subject)角色:将有关状态存入具体观察者对象,在具体主题的内部状态改变时,给所有登记过的观察者发出通知。具体主题角色又称具体被观察者(Concrete Observable)角色。具体主题角色通常用一个具体子类实现。

(4) 具体观察者(Concrete Observer)角色:存储与主题的状态自洽的状态。具体观察者角色实现抽象观察者角色所要求的更新接口,以便使本身的状态与主题的状态相协调。如果需要,具体观察者角色可以保存一个指向具体主题对象的引用。具体观察者角色通常用一个具体子类实现。

从具体主题角色指向抽象观察者角色的合成关系,代表具体主题对象可以有任意多个抽象观察者对象的引用。之所以使用抽象观察者而不是具体观察者,意味着主题对象不需要知道引用了哪些 Concrete Observer 类型,而需要只知道抽象 Observer 类型。这就使得具体主题对象可以动态地维护一系列的对观察者对象的引用,并在需要时调用每一个观察者共有的 Update()方法。这种做法称为"针对抽象编程"。

3)优点

(1)观察者模式在被观察者和观察者之间建立一个抽象的耦合。被观察者角色所知道的只是一个具体观察者聚集,每一个具体观察者都符合一个抽象观察者的接口。被观察者并不认识任何一个具体观察者,只知道它们都有一个共同的接口。由于被观察者和观察者没有紧密地耦合在一起,因此它们可以属于不同的抽象化层次。

(2)观察者模式支持广播通信。被观察者会向所有登记过的观察者发出通知。

4)缺点

(1)如果一个被观察者对象有很多直接和间接的观察者,将所有的观察者都通知到会花费很多时间。

(2)如果在被观察者之间有循环依赖,被观察者会触发它们之间进行循环调用,导致系统崩溃。

5.访问者模式

访问者模式表示一个作用于某个对象结构中的各元素的操作,它可以在不改变各元素的类的前提下定义作用于这些元素的新操作,如图 9-21 所示。访问者模式适用于数据结构相对稳定的系统,把数据结构和作用于结构上的操作之间的耦合解脱开,使操作能相对自由地进化。

图 9-21　访问者模式结构

1)意图

将算法与对象结构分离。先前,我们拥有一个由许多对象构成的对象结构,这些对象的类都拥有一个 accept 方法,用来接受访问者对象。访问者是一个接口,拥有一个 visit 方法,这个方法对访问到的对象结构中不同类型的元素做出不同的反应。在对象结构的一次访问过程中,我们遍历整个对象结构,对每一个元素都实施 accept 方法,在每一个元素的 accept 方法中回调访问者的 visit 方法,从而使访问者得以处理对象结构的每一个元素。我们可以针对对象结构设计不同的实在的访问者类,来完成不同的操作。

2) 角色及其职责

(1) 访问者抽象接口(Visitor):通过 visit(Element)方法访问 Element(数据结构),完成对 Element 的操作行为。

(2) 访问者的具体实现类(Concrete Visitor)。

(3) 复合对象(Object Structure):包括所有需要被访问的数据结构对象 Element。Object Structure 本身也可以作为被访问者。Element 元素(也就是被访问者)通过 accept (Visitor)方法接受 Visitor 的访问。

(4) Element 的具体实现类(Concrete Element)。

3) 优点

(1) 访问者模式使得增加新的操作变得很容易。如果一些操作依赖于一个复杂的结构对象,那么增加新的操作会很复杂。而使用访问者模式增加新的操作,就意味着增加一个新的访问者类,因此变得很容易。

(2) 访问者模式将有关的行为集中到一个访问者对象中,而不是分散到一个个的节点类中。

(3) 访问者模式可以跨过几个类的等级结构访问属于不同等级结构的成员类。迭代子只能访问属于同一个类型等级结构的成员对象,而不能访问属于不同等级结构的对象。访问者模式可以做到这一点。

(4) 积累状态。每一个单独的访问者对象都集中了相关的行为,从而也就可以在访问的过程中将执行操作的状态积累在自己内部,而不是分散到很多的节点对象中。这是有益于系统维护的优点。

4) 缺点

(1) 增加新的节点类变得很困难:每增加一个新的节点都意味着要在抽象访问者角色中增加一个新的抽象操作,并在每一个具体访问者类中都增加相应的具体操作。

(2) 破坏封装:访问者模式要求访问者对象访问并调用每一个节点对象的操作,这隐含了一个对所有节点对象的要求,它们必须暴露一些自己的操作和内部状态,不然访问者的访问就变得没有意义。由于访问者对象自己会积累访问操作所需的状态,从而使这些状态不再存储在节点对象中,这也是破坏封装的。

9.4　常用的原则

设计模式能较好地实现代码复用,增加可维护性。设计模式的实现遵循了以下原则,从而达到了代码复用及增加可维护性的目的。在程序设计领域,SOLID 是由 Robert C. Martin(设计模式和敏捷开发先驱,敏捷联盟首任主席,业界称"Bob 大叔")引入,指代了面向对象编程和面向对象设计的五个基本原则。当这些原则被一起应用时,使得一个程序员开发一个容易进行软件维护和扩展的系统变得更加可能。

其中,SOLID 是几个重要编码原则的缩写,即单一责任原则(Single Responsibility Principle,SRP)、开放封闭原则(Open Closed Principle,OCP)、里氏替换原则(Liskov's Substitution Principle,LSP)、迪米特法则(The law of Demeter,LD)、接口隔离原则(Interface Segregation Principle,ISP)、依赖倒置原则(Dependency Inversion Principle,DIP)。这些原则如图 9-22 所示。

图 9-22　Robert C. Martin 和设计模式的 SOLID 原则

下面具体来看看设计模式应当遵循的几个常用原则。

1. 单一职责原则

单一职责原则要求类的职责单一,引起类变化的原因单一,这是实现软件灵活性的前提。如果我们有多个动机想去改变一个类,那么这个类就具有多个职责,应该把多余的职责分离出去,分别再创建一些类来完成每个职责。例如,在电话类的设计中,接口包含三个方法:拨号、通话和挂电话。但是这个接口包含了两个职责,拨号和挂电话属于协议管理,通话属于数据传输,不符合单一职责原则。可以将拨号和挂电话作为一个接口,通话作为一个接口。

该原则的优点是降低了类的复杂度,提高了可读性、可维护性,降低了变更引起的风险。单一职责不仅适用于接口、类,还适用于方法,尽量使每个方法的职责清晰。

2. 开放封闭原则

一个软件实体如类、模块和函数应该对扩展开放,对修改关闭。开放封闭原则是面向对象设计的核心,即对扩展开放,对修改封闭。该原则要求尽量通过扩展软件实体的方法来适应变化,而不是通过修改已有的代码来完成变化。它是为软件实体的未来而制定的对现行开发设计进行约束的一个原则,也就是说,在不必修改源代码的情况下改变这个模块的行为,在保持系统一定稳定性的基础上,对系统进行功能扩展。应用开放封闭原则需要预测将来可能出现的变化,将相同的变化封装到一个接口或者抽象类中,将不同的变化封装到不同的接口或者抽象类中。

3. 里氏替换原则

对于里氏替换原则,所有引用基类的地方必须透明地使用其子类的对象。该原则由美国第一个获得计算机科学博士学位的女性、2008 年图灵奖获得者、麻省理工学院的 Barbara Liskov 提出。通俗地讲,只要父类出现的地方,子类都可以出现,而且替换为子类也不会发生任何异常或错误,使用者根本不需要知道是子类还是父类。该原则包含以下四层含义。

(1) 子类必须完全实现父类的方法。

(2) 子类可以有自己的方法。

(3) 覆盖或实现父类的方法时,输入参数可以放大。

(4) 覆盖或实现父类的方法时,返回值要变小。

4. 依赖倒置原则

对于依赖倒置原则,要求面向对象的设计要对结构化的方法进行倒置,即高层模块不应依赖低层模块,二者都应依赖于抽象。简单地讲,要依赖于抽象,不要依赖于具体。即针对接口编程,不要针对实现编程。该原则包含以下三层含义。

(1) 高层模块不应该依赖低层模块,二者都应该依赖于抽象。

(2) 抽象不应该依赖于细节。

(3) 细节应该依赖于抽象。

简单地说,就是面向接口编程,模块间的依赖是通过抽象发生的,实现类之间不发生直接的依赖关系,其依赖是通过接口或者抽象类来发生的。

该原则的优点是可以减少类之间的耦合性,提高系统的稳定性,降低并行开发引起的风险,提高代码的可读性和可维护性。

编程原则如下。

(1) 每个接口尽量有接口或者抽象类,或者抽象类和接口都有。

(2) 变量的表面类型尽量是接口或者抽象类。

(3) 尽量不要覆写基类的方法,类间依赖的是抽象,覆写了抽象的方法会对依赖的稳定性造成一定的影响。

依赖倒置要求编程时面向抽象或者接口。这就要求子类继承时尽量不要新增方法,否则按照依赖倒置原则编程根本访问不到子类新增的方法。

5. 接口隔离原则

接口隔离原则强调接口的高内聚和低耦合,客户端不应该依赖它不需要的接口。根据定义,客户端需要什么接口就提供什么接口,把不需要的接口剔掉,这就需要对接口进行细化。这种定义实质上都是要求建立单一接口。

接口是设计时对外提供的契约,通过分散定义多个接口,可以预防未来变更的扩展,提高系统的灵活性和可维护性。

接口的设计原则如下。

(1) 接口要尽量小。但是小是有限度的,不能违反单一职责原则,也就不能把一个职责拆分成两个接口。

(2) 接口要高内聚。高内聚就是提高接口、类和模块的处理能力,减少对外的交互。接口要尽量少地公布 public 方法,接口是对外的承诺,承诺得越少,对系统开发越有利,变更的风险就越少,同时有利于降低成本。

(3) 定制服务。即单独为一个个体提供优良的服务,在做系统设计时也需要考虑对系统之间或模块之间的接口提供定制服务。这就要求接口只提供访问者需要的方法。

(4) 接口设计是有限度的。接口设计粒度越小,系统越灵活,但是灵活的同时也会带来结构的复杂化,增加开发难度,降低可维护性。

（5）一个接口只服务于一个子模块或者业务逻辑，通过业务逻辑压缩接口中的 public 方法。被污染的接口尽量去修改，若修改的风险太大，则可以使用适配器模式进行转化处理。

6. 迪米特原则

迪米特原则要求控制对象之间的信息流量、流向及信息的影响，即注意信息的隐藏。该原则又称最小知识原则（Least Knowledge Principle，LKP），一个对象应该对其他对象有最少的了解，通俗地讲，一个类应该对自己需要耦合或调用的类知道得最少。

9.5　小　　　结

设计模式是一套被反复使用的、多数人知晓的、经过分类编目的代码设计经验的总结。使用设计模式是为了可重用代码，让代码更容易被他人理解，保证代码可靠性和程序的重用性。设计模式是对面向对象设计中反复出现的问题的解决方案，这个术语是由 Erich Gamma 等人从建筑设计领域引入到计算机科学中来的。算法不是设计模式，因为算法致力于解决问题而非设计问题。设计模式通常描述了一组相互紧密作用的类与对象。它提供了一种讨论软件设计的公共语言，使得熟练设计者的设计经验可以被初学者和其他设计者掌握。同时，设计模式还为软件重构提供了目标。

本章主要介绍了设计模式的发展历程，分析了设计模式在实际软件开发中的作用。设计模式能较好地实现代码复用，增加可维护性。设计模式通常分为创建型模式、结构型模式、行为型模式三类。这三大类又包含了 23 种常用的模式。本章对其中主要的模式从意图、基本思想、角色与职责及适用范围等方面做了较详细的描述。本章最后介绍了使用设计模式时要遵循的六大基本原则。

9.6　思　考　题

（1）什么是设计模式？设计模式的目标是什么？

（2）设计模式具有哪三大特点？

（3）简述单例模式的两种实现方法，并说明其优缺点。

（4）常用的设计模式有几种？设计模式按照模式的目的可分为哪三类？

（5）MVC 模式是个复合模式，请写出两种你所知道的 MVC 中使用的模式。

（6）简述面向对象程序设计的六大基本原则。

（7）在面向对象程序设计中，常常需要避免过多 case 语句或者 if 语句，请给出一种设计模式避免过多的条件分支语句，同时指出这种设计模式如何帮助避免过多的 case 语句。

（8）某房地产公司欲开发一套房产信息管理系统，根据以下描述选择合适的设计模式进行设计：

① 该公司有多种房型，如公寓、别墅等，在将来可能会增加新的房型。

② 销售人员每售出一套房子，主管将收到相应的销售消息。

如果对上述场景编程，那么上述①和②可能分别用到哪些设计模式？

第 10 章　Web 服务体系结构

一个人在教会计算机之前，别说他真正理解这个东西了。

——Donald Knuth

WWW 自 20 世纪 90 年代由蒂姆·伯纳·李（Tim Berners-Lee）爵士发明以来，经过多年的发展，已经在互联网上占据了主导地位，学术界、工业界技术厂商如 IBM、微软、甲骨文等，一直密切关注并推动着 Web 技术的发展，近年来出现的 Web 服务技术成为 Web 技术发展的一种重要发展趋势。

随着以互联网为主干，电信网、传感网不断渗透融合，软件系统的运行环境正在逐步从静态、封闭、固定的单机环境转变为动态、开放、多变的网络环境。为了应对网络环境中各类分布式资源的共享、集成对计算机软件技术的挑战，软件服务得到了业界的广泛关注。

软件服务是指将软件的功能以服务的形式通过互联网来交付，可以被使用者（最终用户或者第三方客户端程序）直接使用的独立的基本单元。就形态而言，软件服务基于可共享、集成的应用系统和资源来构建，对外则表现为一组相对独立的业务功能单元（通常是可供外部直接调用的应用程序接口），更加方便使用者直接使用。

Web 服务的一个重要目标是屏蔽开放网络环境带来的异构性，所以具有较高的抽象级别和独立性。这种独立性带来了软件服务之间更加松散的耦合关系，从而使得使用者可以灵活选择服务，并进行组装来生成增值服务。

本章共分五个部分：10.1 节为 Web 服务，10.2 节为 Web 服务模型，10.3 节为 Web 服务的核心技术，10.4 节为面向服务的体系结构，10.5 节为 Web 服务的应用实例。

10.1　Web 服务

Web 服务是通过 Web 接口提供的某个功能程序段。通过标准的互联网协议（如 HTTP）可以很容易地访问该功能，这意味着所有客户机都可以使用互联网进行远程过程调用（Remote Procedure Call，RPC），该操作将对互联网上的服务器进行请求，并接受 XML 格式的返回响应。

这些在客户机、服务器之间来回传递的消息被编码到一个特殊的 XML 语句中，这些语句称为简单对象访问协议（Simple Object Access Protocol，SOAP）。也就是说，Web 服务是由一套协议栈构成的层次化体系结构，如图 10-1 所示，最底层部分是已经定义好的并且广泛使用的传输层、网络层的标准，包括 IP、HTTP 等；中间四层部分是目前 Web 服务的相关协议标准，包括 SOAP、WSDL、UDDI 等。

图 10-1　Web 服务体系结构

以前的分布式组件技术,如分布式组件对象模型(Distributed Component Object Model, DCOM)、公共对象请求代理体系结构(Common Object Request Broker Architecture, CORBA)、Java 中的远程方法调用(Remote Method Invocation,RMI),在企业内联网环境中都工作得很好,但是在与其他协议进行交互时,都不能很好地发挥作用。使用 DCOM 无法调用 Java 组件,通过 RMI 也无法调用 COM 对象。由于防火墙常常阻碍对 TCP/IP 端口请求的访问,试图在互联网上使用这些技术则会带来更困难的问题。

SOAP 协议的优点在于是在 HTTP 协议之上传输。

大多数防火墙都支持 HTTP 通信,在 Web 服务中,所使用的端口与防火墙所使用的端口(基于 HTTP 的端口 80 和基于 HTTPS 的端口 443)一样,这样便可以在通过 Web 服务提供业务功能时,为服务器应用程序提供安全性保护。SOAP 协议是一个 XML 标准,定义了客户机和 Web 服务之间传递的消息。因此,所有的 Web 服务能够与所有的技术解决方案进行交互,这样可以增强分布式系统的功能,使之无须依赖于某一项技术(如 DCOM、CORBA 或 RMI)。使用 Web 服务的好处如下。

(1) 平台的无关性:任何与互联网建立连接的应用程序,都可以向互联网上任何一个 Web 服务发送 SOAP 消息,同时也可以接收来自 Web 服务的 SOAP 消息。

(2) 通用的通信信道:Web 服务运行以互联网作为通信机制。互联网建立在如 TCP/IP 和 HTTP 这些开放的、标准的通信协议之上,将互联网作为通信信道,可以确保获得最高级别的访问和可用性。

(3) 企业的互操作性:长期以来,都使用电子文档交换(Electronic Document Interchange, EDI)来实现企业对企业的电子商务(Business-to-Business,B2B),但是其开销十分昂贵且十分耗时。Web 服务提供了真正的企业互操作性功能,允许通过 XML 和 HTTP 这两个协议来完成这一过程。

(4) 功能复用:通过外部厂商提供的 Web 服务,开发人员能够利用外部厂商已经实现的功能。这意味着,可以使用较少的时间开发与解决具体的业务问题无关的应用程序。开发人员不必创建基础结构和支撑服务就可以集中精力针对问题提供最好的业务解决方案。

(5) 拓展业务:Web 服务支持企业拓展与消费者的关系及消费者领域。通过允许第三方使用 Web 服务访问内部系统的方式,企业允许消费者以更加集成化的方式和以用户为中心的方式访问。Web 服务也能够被用来拓展贸易伙伴关系。通过将供应链与 Web 服务的供应商集成在一起,可以使业务过程能够动态、灵活地变换需求。当有新的业务伙伴加入时,新伙伴就能够使用公司所提供的 Web 服务顺利地集成到整个系统中。

（6）服务器的中立性：开发 Web 服务所使用的程序设计语言和服务器软件没有关系。Web 服务的接口是基于标准的,在 Web 服务和客户机之间传递的消息,在 HTTP 之上使用了 XML。Web 服务所在的服务器可以运行 UNIX、Windows、Linux 或其他操作系统。在 Web 服务幕后执行功能的软件可以是用 Java、C++、C♯ 或者其他编程语言编写的。

（7）安全的通信：Web 服务像所有的 Web 应用程序一样安全。可以使用安全套接层（Secure Sockets Layer,SSL）加密技术来保护传输中的数据,使用非对称数字用户环路（Asymmetric Digital Subscriber Line,ADSL）或轻量目录访问协议（Lightweight Directory Access Protocol,LDAP）,能够查找成员的关系和进行身份验证。

Web 服务出现之前,已经有了提供和使用分布式功能的技术。分布式组件对象模型（Distributed COM,DCOM）技术和公共对象请求代理体系结构（Common Object Request Broker Architecture,CORBA）技术就是其中两个。

Web 服务所有的消息都是通过 HTTP 协议发送的。在 Web 服务和客户机之间传输的消息是以 XML 格式编码的。Web 服务请求的编码格式在简单对象访问协议 SOAP 中指定。

除了 SOAP 协议之外,要使 Web 服务成为一个可行的解决方案,需要以下几个标准：

（1）可扩展标记语言（Extensible Markup Language,XML）：一种在所有 Web 服务中表示数据和消息的统一的标准方式。

（2）Web 服务描述语言（Web Service Description Language,WSDL）：说明了 Web 服务的接口,即每个被调用的方法以及能够接受和返回的参数。

（3）发现协议（Discovery Protocol,DISCO）：作用相当于一个指针,帮助所有的 Web 服务在特定的 Web 站点上进行定位,该协议可以为一个公司动态地发现已发布的 Web 服务。

（4）通用描述、发现和集成（Universal Description,Discovery and Integration,UDDI）：相当于存储可用的 Web 服务的中心仓库,应用程序和开发人员可以通过访问 UDDI 注册表来了解互联网上都有哪些可用的 Web 服务。

10.2　Web 服务模型

使用 Web 服务时,有两种不同的方式。每种方式都有一个完全不同的体系结构,不是所有的解决方案都需要使用这两种方式。一种方式是通过将 Web 服务提供给外界,以允许访问其内部系统的功能；另一种方式是作为一个客户端或者外部 Web 服务的用户。

（1）提供 Web 服务：创建 Web 服务是为了可以在其他应用程序中进行访问,通过向 Web 服务发送消息和数据,可以以一种新的方式来扩充业务应用程序。可以把 Web 服务看成是新形式的表示层。Web 服务仅仅是访问中间层业务逻辑的另一种方式,主要的差别是,Web 服务是为应用程序提供服务,而不是为最终用户提供服务。

（2）使用 Web 服务：从应用程序的任意层都可以访问 Web 服务。用户界面层可能会使用 Web 服务来验证某些特殊的数据,如国家名称和电话号码的格式。中间层是集成大多数 Web 服务的地方,因为在其他业务系统中调用 Web 服务会使数据和信息的共享变得很容易,所以,B2B 的集成就是在中间层上进行的。在数据层可以利用 Web 服务提供系统的一些或全部的基本数据。这便给 Web 服务提供了一个耦合的、分布式的体系结构。

Web 服务是一个大型的分布式系统组件。作为开发人员,有了 Web 服务后,互联网上的所有功能都是开放的。不必编写程序代码,只要简单地利用 Web 服务的功能,就可以扩展应用程序。

10.3　Web 服务的核心技术

Web 服务可以在组织内部或者公司之间的异构计算资源中共享、组合、使用、复用。Web 服务是一个可编程的部件,提供一种易于通过互联网获取的商业服务。而且,Web 服务可以是独立的,也可以连接在一起,向外部世界提供更强大的系统功能。

Web 服务逐渐成为构建电子商务应用的基础体系结构。基于 Web 服务的体系结构,是从一个分布式面向对象部件的系统向一个服务网络的逻辑演进,该服务网络提供一个能够跨企业集成的松散耦合的底层基础结构。

Web 服务是基于互联网的模块化应用,执行特定的商业任务并遵循特定的技术格式。如果应用中的某过程可以在互联网上以一种标准格式被调用,则称为 Web 服务的服务器;如果通过互联网调用本应用以外的某过程,则是 Web 服务的客户。因此,实质上 Web 服务是互联网上应用之间的客户服务器,目的是实现 B2B 伙伴之间的个性化信息交换,并以一种易用的格式提供和发布应用模块。为了实现这种开放工作,必须要有标准的格式和方法。

几乎所有主流技术公司都已相继涉足 Web 服务的标准化工作,参与了各种标准化组织。当前,最主要的标准化组织是 W3C(World Wide Web Consortium);其他组织也做了大量的工作,如 UDDI. org、OASIS、UN/CEFACT、BPMI. org、ebXML. org 等。

1. Web 服务栈

Web 服务不同于已有的构件对象模型以及相关的对象模型协议,如 CORBA 和互联网内部对象请求代理协议(InternetInter-ORB Protocol,IIOP)、COM 和 DCOM 以及 Java 和远程方法调用(Remote Method Invocation,RMI)。Web 服务可以用任何语言编写,并且可以使用 HTTP 访问。

从技术上来看,一个 Web 服务是一个由内容、应用代码、过程逻辑或者这些部分的任意组合所构成的 XML 对象,并且可以通过任何 TCP/IP 网络访问,只要网络中使用 SOAP 标准集成,使用 WSDL 标准进行自描述,使用 UDDI 标准在一个公共的或者私有的目录中注册和发现。

如图 10-2 所示,Web 服务由多层构成,这些层堆叠在一起形成了发现和调用一个独立的 Web 服务所提供功能的标准机制的基础。Web 服务栈以层次结构来表示,高层在低层的基础之上构建。

可以看出,HTTP 提供了分布式应用之间的通信机制,XML 定义了数据交换和描述的格式,SOAP 是调用 Web 服务的协议,WSDL 描述 Web 服务的格式,而 UDDI 则是注册、查找和使用 Web 服务的中枢组织。下面分别介绍这些协议及相关规范。

图 10-2　Web 服务栈

2. HTTP

Web 服务栈中的最底层是网络层,又称协议层。分布式的应用需要由网络协议来定义两个并发过程之间的通信机制。在概念上,Web 服务的设计是与协议无关的,在 Web 分层体系结构模型中,从底向上任何标准的互联网协议都可以用于在网络上调用 Web 服务。但目前主要是超文本传输协议(Hypertext Transport Protocol,HTTP)和安全超文本传输协议(Hypertext Transfer Protocol Secure,HTTPS)。

HTTP/1.1 是一个基于文本的、"请求-响应"(Request-Response)型的协议,它规定一个客户打开到服务器的一个连接,然后以专门的格式发送一个请求,服务器进行响应,同时如果必要,则保持连接的打开状态。HTTP 使用的普遍性及其固有的穿防火墙的能力,使其成为主导的 Web 服务网络协议。但同时由于 HTTP 是基于文本的协议,因而缺乏表示远程过程调用(Remote Procedure Call,RPC)消息参数值的机制。

其他请求/响应类型的传输协议,如文件传输协议(File Transfer Protocol,FTP)和简单邮件协议(Simple Mail Transport Protocol,SMTP)也可以使用,但是并没有在 Web 服务的各种标准中定义,目前也只有极少数实现支持这些协议。

另外,IBM 发布了一个可靠通信协议的提案,称为 HTTPR(可靠 HTTP)。HTTPR 在HTTP 的基础上加强了可靠性,在保持 HTTP 优点的同时,能够保证消息可以不受阻碍地发送到目的地。可靠的通信对 Web 服务来说非常关键。

3. XML

基于可扩展标记语言(Extensible Markup Language,XML)的消息层包括数据表示、数据格式和消息传输协议。XML 为信息交换定义了描述和格式。

1) 数据表示

HTTP 是一种基于文本的协议,因而缺乏表示 RPC 消息中的参数值的机制,这也是XML 作为 Web 服务的一个重要成分出现的原因。XML 是一种元语言,可以通过标准的编码和格式化信息的方法进行跨平台的数据交换。XML 允许数据被串行化,为易于被任何平台解码的消息格式提供了在网络应用之间交换结构化数据的机制。

XML 采用纯文本表示,设计的初衷是为了存储、传送、交换数据。XML 是一种标记语言,标记在 XML 中不是预先确定的,必须由使用者自己定义。XML 允许使用者自由发表有用的信息,不仅可以是有关数据结构的,也可以是关于数据意义的。另外,XML 文档的结构、内容、外观可以作为三个不同的部分进行维护,以提供更高的独立性。

对于数据表示层来说,可扩展性是一个关键因素。为了支持可扩展性,Web 服务需要一种机制以避免名字冲突,并允许一个程序只处理自己所关心的元素。XML 命名空间提供了一种简单、通用的方式,以区分相同名字的元素或属性。为了支持可扩展性,XML 中的每个元素和属性都有一个相关的名空间 URI。

2) 数据格式

Web 服务需要一种方法定义 Web 服务消息中使用的数据类型。XML Schema 规范标准化了一个描述 XML 数据类型的符号集,还定义了一个内置简单数据类型的集合和在各 XML 文档中建立元素类型的机制。XML Schema 规定了 XML 文档的逻辑结构,定义了元素、元素属性,以及元素和元素属性之间的关系。

XML 仍然处于不断的发展中。需要说明,XML 本身只是一种标记语言,只是进行描述,并不提供商务逻辑,Web 服务提供对这些逻辑的访问。这也是为什么 Web 服务的更高层的、基于 XML 概念同样非常重要的原因。

4. SOAP

简单对象访问协议(Simple Object Access Protocol,SOAP)是被广泛接受的消息传输协议。SOAP 是一个为信息交换设计的轻量协议,用于在网络应用程序之间交换结构化数据,是一种基于 XML 的机制。SOAP 在分布的、分散的环境中提供了一个跨互联网调用服务的框架结构,并提供了独立于编程语言和分布对象底层基础结构的跨平台集成机制。SOAP 代表了 XML-RPC 的发展,已被 W3C 作为一种互联网标准采纳。

SOAP 是一个远程过程调用(Remote Procedure Call,RPC)协议,使用标准的互联网协议进行传输:同步调用时的 HTTP 或异步调用时的 SMTP。由于可以在 HTTP 上运行,这使得 SOAP 在穿防火墙进行操作的方面优于 DCOM、RMI、IIOP,而在嵌入设备上实现 SOAP 也比开发一个 ORB 更简单。

SOAP 的主要设计目标是简单性和可扩充性。为了达到这两个目标,SOAP 中省略了在其他消息系统和分布式对象系统中常见的一些特性,如无用存储单元收集、消息批处理等。

SOAP 没有定义一种编程模型或实现,而是定义了一个模块化的包装模型,并在模块内定义了编码数据的编码机制。这使得 SOAP 可以在从消息传递系统到远程过程调用的任何系统中应用。

SOAP 由以下四个部分组成。

(1) 一个 SOAP 封皮(Envelope):定义了描述消息所包含信息的框架结构,即消息中包含什么信息、由谁来处理以及是必需的还是可选的。

(2) 一组 SOAP 编码规则(Encoding Rules):定义了一个串行化机制,用于交换应用定义的数据类型的实例。SOAP 编码的类型使用简单的标量类型和复合类型,如结构和数组。这些类型以 XML 文档元素的形式表现,XML Schema 规范中定义的数据类型及这些数据类型的派生类型都可以直接用作 SOAP 元素。

(3) SOAP RPC 表示:定义如何表示 RPC 和响应。SOAP 的设计目标之一是用 XML 的可扩展性和灵活性封装 RPC 功能。在 SOAP1.2 中详细定义了 RPC 和响应的统一表示,将对一个方法的调用和响应作为结构来建模,结构中包含了返回值,或者还可能包括传入的参数。

（4）SOAP 绑定（binding）：定义如何使用底层传输协议进行 SOAP 消息的交换。虽然 SOAP 本身可以和多种协议结合使用，但 SOAP1.2 只描述了在 HTTP 中的使用。SOAP 和 HTTP 绑定可以同时使用 SOAP 的形式方法与分散的灵活性以及 HTTP 丰富的特性集。在 HTTP 中使用 SOAP 并不意味着 SOAP 覆盖了 HTTP 现有的语义，而是 SOAP 继承了 HTTP 的语义。

SOAP 消息是用 XML 编码的文档，由以下三个部分组成。

（1）SOAP 封皮（SOAP Envelope）：描述 SOAP 消息的 XML 文档的顶点元素。

（2）SOAP 消息头（SOAP Header）：提供了一种灵活的机制对 SOAP 消息以分散的、模块化的方式进行扩充，而通信的各方（SOAP 发送者、SOAP 接收者、SOAP 中介）不必预先知道。SOAP 消息头是可选的。

（3）SOAP 消息体（SOAP Body）：定义了一个简单的机制来交换要发送给最终 SOAP 接收者的消息中的必要信息，是这些信息的容器。典型的使用是编组 RPC 调用和 SOAP 错误报告。

SOAP 消息是单方向的，从一个 SOAP 发送者（sender）到一个 SOAP 接收者（receiver）。但单独的消息通常可以被组合在一起形成其他消息机制。例如，SOAP 通过在 HTTP 请求中提供一个 SOAP 请求消息和在 HTTP 响应中提供一个 SOAP 响应消息，实现 HTTP 的请求/响应消息模型。

SOAP 消息交换模型要求接收到一个 SOAP 消息的应用程序执行以下操作。

（1）识别 SOAP 消息中意图供给本应用的部分，本应用可以作为 SOAP 中介将消息的其他部分传递给另外的应用。

（2）检验 SOAP 消息中指定的所有必须处理的部分，并进行相应的处理。

（3）如果 SOAP 应用不是消息的最终目的地，那么它应该在删除所有自己消耗的部分后，将消息转发给消息要供给的下一个应用。

SOAP 只是一种包装和绑定调用一个 Web 服务所需信息的方式，Web 服务也可以使用其他编码技术调用。另外，SOAP 本身没有严格地归入 Web 服务，SOAP 可以作为一种对任何类型的远程对象或过程的访问机制使用，也可以只是一个简单的消息传递机制。

除了 SOAP 以外，W3C 创建的 XMLP 工作组还建立了 XML 协议（Extensible Markup Language Protocol，XMLP）。XMLP 是类似于 SOAP 的 XML 消息协议，包括封皮、对象串行化方式、HTTP 传输绑定以及进行远程过程调用的方式几个部分。

5. WSDL

Web 服务的目标之一是允许应用程序以标准的方式在两个或多个同等的服务之间进行选择，因为有时应用可以由作为支持网络的服务而实现的构件构造而成，甚至可以从这些服务中进行动态选择。服务描述层定义了为程序提供足够信息所需的描述机制，使程序能够根据一定的准则选择服务，如服务的质量、安全性、可靠性。

到 Web 服务的接口由基于 XML 的 WSDL 定义，它提供了应用访问指定的 Web 服务所必需的全部信息，描述服务提供了什么功能、服务位于何处以及服务如何调用。

Web 服务描述语言（Web Services Description Language，WSDL）以 XML 格式描述网络服务，将服务描述为在包含面向过程或面向文档信息的消息上进行操作的一组端点。操作和消息是抽象描述的，然后绑定到具体的网络协议和消息格式以定义一个端点。相关的具体端点被组合成为抽象端点（服务）。WSDL 是可扩展的，允许描述任何端点和消息，而不考虑通信使用的消息格式或网络协议。

WSDL 使用以下元素定义网络服务。

（1）类型（Types）：使用某种类型系统的数据类型定义的容器。WSDL 并没有引入新的类型定义语言，而将 XSD 作为自己的标准类型系统，并允许通过可扩展性使用其类型定义语言。

（2）消息（Message）：对要传送的数据的一个抽象定义。

（3）操作（Operation）：对服务支持的动作的抽象描述。

（4）端口类型（Port Type）：一个或多个端点支持的操作的一个抽象集合。

（5）绑定（Binding）：对特定端口类型的一个具体协议和数据格式规格。

（6）端口（Port）：一个单独的端点，由一个绑定和一个网络地址组合在一起定义。

（7）服务（Service）：一组相关的端点的集合。

一个 Web 服务由一组端口定义，而端口由绑定到一个具体协议和数据格式规范的一组抽象操作和消息定义。操作和消息的抽象是为了可以复用和绑定到不同的协议和数据格式，如 SOAP、HTTP GET/POST、MIME。

在 WSDL 中，端点和消息的抽象定义是和具体网络配置和数据格式绑定相分离的。另外，WSDL 定义了一个公共的绑定机制，用于将特定的协议、数据格式或结构连接到抽象的消息、操作或端点，这些都允许对抽象定义的复用。

WSDL 目前已经被广泛支持，但还不是 W3C 推荐的标准语言。

6. UDDI

面对极度丰富的服务，最常出现的问题是"在哪里以及如何找到需要的信息"。统一 UDDI 规范在底层协议的基础上又定义了一层，在这一层，不同的企业能够以相同的方式描述自己提供的服务和查询对方提供的服务。

统一描述、发现和集成（Universal Description，Discovery，and Integration，UDDI）是一套基于 Web 的、分布式的、为 Web 服务提供的信息注册中心的实现标准规范，同时也包含一组使企业能将自身提供的 Web 服务注册以使别的企业能够发现的访问协议的实现标准。

1）信息结构

UDDI 为表示 XML 中商业服务描述定义了一个数据结构标准，提供了更高层次的商业信息以补充 WSDL 中的说明。UDDI 定义了以下四种基本的结构：

（1）商业实体（Business entity）：描述商业信息，如名称、类型。

（2）商业服务（Business service）：已发布的 Web 服务的集合。

（3）绑定模板（Binding template）：访问信息，如 URL。

（4）技术规范（Technical specification）：对服务类型的技术规格说明，如接口定义、消息格式、消息协议、安全协议。

2）服务发布和发现

在进行 Web 服务调用之前，必须先找到具有所需服务的企业，发现调用接口和语义，然后编写或配置自己的软件以便与服务合作。UDDI 的核心部件是 UDDI 商业注册，用一个 XML 文档来描述企业及其提供的 Web 服务。UDDI 商业注册是一个基于 SOAP 的 Web

服务,提供企业用于将服务发布到注册中心的接口。注册中心是分布式的,彼此之间不断进行复制操作。

Web 服务基本上是机器到机器的通信,为了有效工作,这种体系结构必须具有进行基于 Web 的应用和业务过程集成的有效工具。UDDI 商业注册中心包含三类信息,企业可以通过这些信息发现一个 Web 服务。

(1) 白页:包括企业的名称、地址、联系方式、企业标识,允许其他公司按照名称查找目录。

(2) 黄页:包括基于标准分类法的行业类别。

(3) 绿页:包括了关于该企业所提供的 Web 服务的技术信息,形式可能是一些指向文件或 URL 的指针,而这些文件或 URL 是为服务发现机制服务的。绿页还允许注册的公司之间使用 XML 进行连接,提供业务过程自动化的关键机制。

3) 编程接口

UDDI 规范提供了编程接口,允许商业注册一个 Web 服务,以及查找指定 Web 服务的注册。一旦想要的 Web 服务被确定,将提供一个指向 WSDL 文档所在位置的指针。编程接口分为查询 API 和发布 API 两个逻辑部分。

查询 API 又分为两个部分,一部分用来构造搜索和浏览 UDDI 注册信息的程序,另一部分在 Web 服务出现错误时使用。发布 API 可以用来创建各种类型的工具,以直接与 UDDI 注册中心进行交互,便于企业技术人员管理发布信息。

4) 使用 UDDI

UDDI 规范包含了对基于 Web 的 UDDI 商业注册中心可以实施的整套共享操作。一般来说,程序或程序员通过 UDDI 商业注册中心来获得 Web 服务的位置及其技术信息。其中对于程序员来说,是对自己的系统实现准备,以使自己的系统能和那些 Web 服务实现访问兼容,或是描述自己的 Web 服务从而能让别人使用。从商业层次上说,UDDI 商业注册中心可以被用于核查某个合作伙伴是否拥有特定的 Web 服务的调用接口,或是找出在某行业中能提供某种类型服务的公司,并确定某合作伙伴的 Web 服务的技术描述及交互时所需的技术细节。

UDDI 是完全可选的,也就是说,具有 Web 服务的公司如果只是想对有限的人员或设备提供特定功能,则不需要对外发布它们的服务。

5) 其他标准

除了 UDDI 以外,服务发现层还有其他标准,如由微软开发的 DISCO(Discovery of Web Services)规范。DISCO 定义了一个基于 XML 的发现文档格式和一个检索该发现文档的协议。DISCO 允许开发人员通过一个 HTTP GET 操作发现服务。使用发现文档格式,可以将一个发现文档发送到一台远程服务器,如果存在支持 SOAP 的 Web 服务,则收回一个服务所提供的 WSDL 描述。

7. 服务集成和工作流

工作流的概念在设计电子商务应用时愈加重要。当一个企业需要集成来自多方的 Web 服务并为终端用户组织这些服务时,必须掌握其系统的过程和顺序。对于这些具有异步特征的应用,适合使用工作流引擎。

要使 Web 服务的实现不仅仅停留在简单的请求/响应模式上,商业过程协作和工作流必不可少,其中包括跨企业边界的 Web 服务的合成与自动化。成功进行企业间的自动化和协作的必需条件是要有一个标准化的商业协议来描述这些商业过程。服务工作流领域目前尚未形成固定的标准,有一定影响的是 WSFL、Xlang、BPMI。

1) WSFL

Web 服务流程语言(Web Services Flow Language,WSFL)是一个描述商业过程的规范。WSFL 提出了两种 Web 服务组合的类型:一种是商业过程,另一种是合作伙伴交互。商业过程作为一组为达到一个特定的商业目标而顺序执行的 Web 服务建模;合作伙伴交互描述 Web 服务之间如何彼此交互。Web 服务被连接在一起,表明一个 Web 服务与另一个 Web 服务接口的操作交互作用。

2) XLang

Xlang 是微软的 BizTalk 服务器使用的 XML 商业过程语言。Xlang 用于描述商业过程,这些过程在运行时由 BizTalk 控制引擎(Orchestration Engine)执行。Xlang 还允许将 Web 服务结合到商业过程中以及 Web 服务的组合。另外,Xlang 支持补偿过程。Xlang 不支持代价较高的两阶段提交协议,而是提供了一个可供选择的开放式模型的表示方法,其中可以为活动明确指定抵消该活动影响的补偿活动。

3) BPMI

业务流程管理计划(Business Process Management Initiative,BPMI)推进公共商业过程的标准化。这些过程可能跨多个应用、部门或商业合作伙伴,可能在防火墙之后或者可以通过互联网访问。BPMI.org 制定了一些开放规范,如 BPML 和 BPQL,使得可以对电子商务过程用即将出现的业务流程管理系统(Business Process Management System,BPMS)进行基于标准的管理。

业务流程建模语言(Business Process Modeling Language,BPML)是商业过程建模的元语言。BPML 将商业过程定义为:为了达到一个共同目标,在参与者和根据定义的规则集合执行的活动之间的交互作用。

业务流程查询语言(Business Process Query Language,BPQL)是到一个过程服务器的管理接口,允许商业分析员查询由过程服务器管理的过程实例的状态,并控制过程实例的执行。该接口是基于 SOAP 的。为了过程的注册、广告和发现,由过程库管理的过程模型通过 BPQL 接口可以作为 UDDI 服务对外提供。

BPML 和 BPQL 都是开放规范。

8. 其他相关标准和领域

许多其他组织在 Web 服务规范的制定方面也做了大量的工作,这里只简单介绍几种比较知名的规范。

1) ebXML

ebXML 的结构类似于 Web 服务栈,是在互联网上用标准技术引导电子商务的协议和规范的一个栈。ebXML 曾被考虑作为 Web 服务的另一个选择,其时间也早于 Web 服务模型。然而这两个模型之间有一些重叠,ebXML 更注重 EDI 方式的信息交换。

2) JAX Pack

JAX Pack 是 SUN 封装了 Java 领域的各种标准的结果。JAX 是一组 XML 的 Java API,设计支持 Web 服务标准 API,包括 SOAP、XMLP、WSDL、UDDI。

JAX Pack 中包括的 API 如下：JAXP(Java API for XML Parsing)，包含 SAX(Simple API for XML)、DOM(Document Object Model)和 XSLT；JAXB(Java API for XML Binding)，一种将 XML 数据类型定义编译到能够将 XML 读入 Java 对象并将其再次写回的 Java 类中的机制；JAXM(Java API for XML-based Messaging)，一个发送消息的基于 SOAP 的协议；JAXR(Java API for XML Registries)，一个包罗众多的规范，其中为 UDDI 和 ebXML 注册及其他可能的注册提供了统一接口；JAX-RPC(Java API for XML-based Remote Process Communication)，一个请求远程服务器上操作的基于 SOAP 的协议。

除了上面描述的各种规范以外，还需要提及一些其他的重要领域，这些领域涉及 Web 服务栈的所有层，其中包括安全性、管理、服务质量、事务。在 Web 服务具有转换企业商业关系的能力之前，企业需要这些额外的特性以及随之而来的附加机制、安全、身份确认、合同管理、质量控制等。其中，最重要的是安全性和事务。

XML 密钥管理系统(XML Key Management System，XKMS)是将 PKI 和数字化证书与 XML 应用集成的结果，由 W3C XML 签名工作组开发。该领域的其他规范包括安全服务标记语言(Security Services Markup Language，S2ML)和 AuthXML，正由 OASIS XML 安全服务委员会支持其统一标准化。

事务在 Web 服务中有独特的需求。在保证相关联的工作流可靠协调的同时，事务协议必须能够处理长时间运行的企业之间的商业事务。商务事务协议(Business Transaction Protocol，BTP)是一个基于 XML 的规范，用于描述和管理这些互联网上的复杂的多步事务。BTP 为 XML 消息接口提供了一个开放规范，支持来自不同互联网贸易伙伴的 Web 服务的协调。另外，BTP 定义了一个模型来定义和管理这些交互，以保证可靠消息传输和商业过程的完成而无论其执行多长时间。BTP 最初由 BEA 开发，并提交给 OASIS 商业事务技术委员会。该委员会的任务是定义需求、技术评估，最后产生一个商业事务协议的推荐规范，以补充现存的 Web 服务标准。

至此，我们可以了解 Web 服务领域的复杂性及其不断变化的特性。描述的 Web 服务栈是一个开放规范集，其中有的是现有的互联网标准，有的还只是被广为接受的规范，正在逐步成为真正的标准。注意，由于这些标准是不断发展变化的，因而在开发中使用时要考虑到变更是不可避免的，应该始终依据通用的设计原则和体系结构。

Web 服务栈定义了如何建造基于 Web 的解决方案，是实现互操作性的基础。Web 服务是否成功，其首要因素在于能真正支持互操作性的开放标准。为此，需要建立一致的标准和消除差异。各方面的参与者何时能够对这些标准达成一致意见，对 Web 服务的成功程度起着决定性作用。

10.4　面向服务的体系结构

10.4.1　基本思想

当前，软件服务不仅成为网络环境下最为重要的一种软件形态，而且还改变了传统的软件交付方式，使得软件产业开始从"以产品为中心的制造业"向"以用户为中心的服务业"转变。

软件由服务的运营商负责运行和维护，用户无须拥有软件的本地备份，也不必考虑软件的维护和升级,还可以按需定制和购买软件。软件服务使其使用者能够在不拥有软件产品的前提下直接使用软件的功能,实现即拿即用效果。这种"只求使用,不求拥有"的特性,也只有通过互联网和软件的组合才可能实现,如图 10-3 所示。软件服务的使用者可以更加灵活地进行服务组装以生成增值服务,并能不断地选择最优服务来满足适应性的需求。

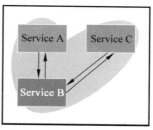

图 10-3　一体化体系结构和面向服务的体系结构

基于服务的软件开发主要包含三类主要角色,即服务提供者、服务使用者和服务代理。

(1) 服务提供者: 按照服务契约(Service Contract)实现了提供业务功能的软件模块。从业务角度上来看,是服务的拥有者;从体系结构上来看,是访问服务的平台。对于提供同一业务功能的服务,可以有多种不同的服务提供者。

(2) 服务使用者(即服务的用户): 调用服务提供者所实现的服务以完成特定的业务需求。从业务角度上来看,是请求特定功能的业务;从系统体系上来看,是寻找并调用服务或启动与服务交互的应用。服务请求者可以是用户通过客户端应用程序(如浏览器或智能手机)实现,也可以是没有用户界面的程序实现(如另一个服务)。

(3) 服务代理: 是一个可搜索的第三方注册机构,如 UDDI。服务提供者将服务描述发布给服务代理,服务请求者在服务代理处查找服务并进行绑定(分为静态绑定和动态绑定)和调用。

从某种程度上来看,软件服务可以看成是软件构件在网络环境下的进一步延伸和发展。围绕软件服务的开发过程,可将其分为以下几个部分。

(1) 服务封装和生成。服务提供者将软件系统中需要开放的功能和数据按照一定的标准(Web 服务)进行封装并发布。服务的生成一般是对已有的软件系统的功能和数据进行封装,也可以是服务提供者新开发的功能和数据。

(2) 服务查找和选择。服务使用者查找并选择满足其功能性需求和非功能性需求的服务。服务查找既可以通过统一的服务代理(UDDI),也可以通过搜索引擎来进行。

(3) 服务组装。服务使用者对若干服务进行组装来形成新的增值服务应用。组装的过程既可以按照预先定义的规则(如业务流程规约 WS-BPEL 或 WSCI)及其引擎自动/半自动地完成,也可以根据当前的情境以人机协同的方式来完成(如 Web Mashups)。

(4) 服务进化。由于每个软件服务都是相对独立的实体,其功能和质量均可能发生进化。相应地,通过服务组装而成的应用也会随之发生进化,可表现为服务的升级、降级、增加、退出、替换等。

10.4.2 基本特征

面向服务的体系结构(Service-Oriented Architecture,SOA)是指为了解决在互联网环境下业务集成的需要,通过连接能完成特定任务的独立功能实体实现的一种软件系统架构。

(1) 软件系统架构:SOA 不是一种语言,也不是一种具体的技术,而是一种软件系统架构,尝试给出在特定环境下推荐采用的一种架构,从这个角度上来看,它更像一种模式。因此,它与很多已有的软件技术(如面向对象技术)是互补的而非互斥的。它们分别面向不同的应用场景,用来满足不同的特定需求。

(2) SOA 的使用范围:需求决定同时也限制功能。SOA 并不是包治百病的万灵丹,其最主要的应用场合在于解决在互联网环境下的不同商业应用之间的业务集成问题。下面在详细讨论互联网的各种特点如何决定 SOA 的特点之前,简单回顾一下互联网环境的几个特点。

① 大量异构系统并存,计算机硬件工作方式不同,操作系统不同,编程语言也不同。

② 大量、频繁的数据传输仍然速度缓慢,并且不稳定。

③ 版本升级无法完成,根本无法知道互联网上有哪些机器直接或者间接地使用某个服务。

随着时间推移,功能被说明、发布、使用的抽象级别会越来越高。软件已经经历了从模块化、对象到现在的服务的发展过程。然而在许多方面,SOA 的命名还是令人遗憾的。当然,SOA 也和体系结构相关,但不可能将讨论限制在体系结构方面,因为一些事物,如业务设计和发送过程也是重要的考虑因素。一个更有用的命名方法可能是面向服务(Service Orientation,SO)。实际上,这与面向对象和基于组件的开发有许多相似之处,类似于对象和组件,服务代表了自然的建造单元块,可以按更熟悉的方式来组织功能。

服务是一个功能建造单元块,它可以组合信息和行为,隐藏内部的工作,以防外部入侵,为其他部分提供一个相对简单的接口。对象使用了抽象数据类型和数据抽象,服务可以通过上下文环境提供类似级别的适应性。对象和组件可以按照类或继承行为的服务层次来组织,服务可以单独发布和使用,或者按层次或协作方式来使用。对于许多组织,研究面向服务的体系结构的起点是对 Web 服务的考虑。然而 Web 服务不是内在的面向服务的。一种 Web 服务只是提供一种符合 Web 服务协议的功能。

基于上述前提,下面介绍 SOA 的三大基本特征。

1. 独立的功能实体

在互联网松散的使用环境中,任何访问请求都有可能出错,因此,任何企图通过互联网进行控制的结构都会面临严重的稳定性问题。SOA 非常强调架构中提供服务的功能实体的完全独立自主的能力。传统的组件技术,如. NET Remoting、EJB、COM、CORBA,都需要有一个宿主(Host 或者 Server)来存放和管理这些功能实体,当这些宿主运行结束时,这些组件的寿命也随之结束。这样,当宿主本身或者其他功能部分出现问题时,在该宿主上运行的其他应用服务就会受到影响。SOA 架构中非常强调实体自我管理和恢复能力。常见的用来进行自我恢复的技术,如事务处理(Transaction)、消息队列(Message Queue)、冗余部署(Redundant Deployment)、集群系统(Cluster),在 SOA 中都起到至关重要的作用。

2. 大数据量低频率访问

对于.NET Remoting、EJB 或者 XML-RPC 这些传统的分布式计算模型而言,服务提供都是通过函数调用的方式进行的,一个功能的完成往往需要通过客户端、服务器来回很多次函数调用才能完成。互联网的环境下,这些调用给系统的响应速度和稳定性带来的影响都可以忽略不计。这些因素往往是决定整个系统是否能正常工作的一个关键决定因素。因此,SOA 系统推荐采用大数据量的方式一次性进行信息交换。

3. 基于文本的消息传递

由于互联网中大量异构系统的存在,决定了 SOA 系统必须采用基于文本而非二进制的消息传递方式。在 COM、CORBA 这些传统的组件模型中,从服务器端传往客户端的是一个二进制编码的对象,在客户端通过调用这个对象的方法来完成某些功能。但是在互联网环境下,不同语言、不同平台对数据甚至是一些基本数据类型的定义不同,给不同的服务之间传递对象带来很大困难。由于基于文本的消息本身是不包含任何处理逻辑和数据类型的,因此服务间只传递文本,对数据的处理依赖于接收端的方式,可以帮忙绕过兼容性这个大泥坑。

此外,对于一个服务来说,互联网与局域网的最大区别就是在互联网上的版本管理极其困难,传统软件采用的升级方式在这种松散的分布式环境中几乎无法进行。采用基于文本的消息传递方式,数据处理端可以只选择性地处理自己理解的那部分数据,而忽略其他的数据,从而得到非常理想的兼容性。

每一项新技术都是在一些旧技术的基础上发展出来的。正如 XML 根本思想来自在 20 世纪 60 年代就已经出现的早期标记性语言,SOA 虽然出现的较晚,但是它所表达的观念应该说在网络这种分布式系统结构出现不久就已经广泛应用了。例如,我们最熟悉的 HTTP 协议就是一个非常典型的 SOA 架构设计。HTTP 协议的工作过程简单叙述如下:

(1) 客户端通常是通过浏览器向服务器端以文本的方式发送一个请求,索取一个 Web 页面。

(2) 服务器端接收到这个请求之后,根据请求的内容进行处理并且返回一个符合 HTML 语法的文本。

(3) 客户端接收到服务器端的响应文本后调用本地的程序,通常还是浏览器把返回的 HTML 文本的内容展现出来。

下面来看一下 HTTP 协议如何满足了 SOA 的特点。

(1) 独立的功能实体:作为服务器端的 Web 服务器是绝对不会因为客户端的状况变化而改变的,总是非常稳定地按照自己的内在逻辑运行,响应外部的请求,管理自己的资源和数据。一个很好的例子就是 Web 服务器对缓存(Cache)的处理,很多 Web 服务器为了提高性能都或多或少地对数据进行缓存,但是缓存数据、刷新数据这些与客户端完全无关的操作完全由服务器端独立完成,完全不受客户端的影响。

(2) 大数据量低频率访问:对于 HTTP 请求来说,客户端、服务器之间访问的边界非常简单,就是一个请求,一个响应,没有任何其他的信息往返。无论客户端申请的网页上除了文字之外还有什么信息,对于客户端来说,发出的请求只是简单地告诉 Web 服务器所需要的网页的位置。至于为了生成这个网页,服务器端是否需要访问数据库、执行 Servlet 或者其他 CGI 程序,对于客户端而言都是完全透明的。

（3）基于文本的消息传递：迄今为止，兼容性最好的系统可能就是 HTTP 协议支撑的大部分的 Web 应用，可以在 Windows 平台下用 IE 查看互联网上一个 Linux＋Apache 服务器上的由 Perl 脚本自动生成的网页。这里的关键就是所有内容都是以格式化的文本方式传递的，不管 Perl 脚本如何执行，只要输出是符合 HTML 规范的网页，就可以被客户端的浏览器解释。而由于不同的操作系统上对于相同的 HTML 的解释遵循相同的规范，因此，不同操作系统下仍然能够看到一致的用户界面。

上面基本描述了 SOA 作为一种软件架构所具有的特点，下面来看看 Web 服务与 SOA 的关系。

Web 服务是就现在而言最适合实现 SOA 的一些技术的集合，事实上，SOA 的广泛使用很大程度上归功于 Web 服务标准的成熟和应用的普及，为广泛地实现 SOA 架构提供了基础。下面看看 Web 服务中的各种协议是如何互相工作来满足 SOA 所需的特点的。

（1）独立的功能实体：通过 UDDI 的目录查找，可以动态改变一个服务的提供方，而无须影响客户端的应用程序配置。所有的访问都通过 SOAP 访问进行，只要 WSDL 接口封装良好，外界客户端根本没有办法直接访问服务器端的数据。

（2）大数据量低频率访问：通过使用 WSDL 和基于文本的 SOAP 请求，可以实现能一次性接收大量数据的接口。需要指出，SOAP 请求分为文本方式和 RPC 两种方式，正如之前已经提到的，采用 RPC 方式的 SOAP 请求并不符合这点要求。但是令人遗憾的是，现有的大多数 SOAP 请求采用的仍然是 RPC 方式，在某些平台上，如 IBM WebSphere 的早期版本，甚至没有提供文本方式的 SOAP 支持。

（3）基于文本的消息传递：Web 服务所有的通信都通过 SOAP 进行，而 SOAP 是基于 XML 的，不同版本之间可以使用不同的 DTD 或者 XML Schema 加以辨别和区分。因此只需要我们为不同的版本提供不同的处理，就可以轻松实现版本控制的目标。

SOA 对于软件架构设计是有影响的，无论现在的系统是否涉及基于互联网的业务集成，采用 SOA 推荐的架构都对提高系统的扩展性有很大帮助。下面是在系统中引入 SOA 后需要在软件架构方面做出的改变。

（1）使用基于文本方式的 SOAP 调用，摆脱 RPC 中出现的函数参数类型等与数据无关的信息，保证所有 SOAP 传递的都是有意义的商业数据。依赖于 Schema 而不是类定义对这些数据进行解释。

（2）传统的三层 Web 应用将可能变成四层结构：传统意义上的商业逻辑层将被进一步划分为存放每个会话信息的客户逻辑层和与状态无关 Sateless 的 SOA 层。

现在的 Web 服务实现往往是简单的，通常类似于客户端-服务器模型。然而，平台中立的交换是受支持的，这就使一系列不同的客户端实现可以与作为服务器函数的新代码或遗留代码进行交互。同样，现代的业务集成也受益于标准，使异构的计算机系统能够有效地互操作。这些技术合在一起称为 Web 服务。Web 服务的出现是以 SOAP 1.1 的引入为标志的，SOAP 1.1 定义了将 XML 内容用于分布式系统，同时隐藏实现的细节。许多公司正在使用 Web 服务，业界正处在 Web 服务主流时代的开端。

IBM 将 SOA 视为按需（On demand）业务前景的互操作性和灵活性的关键。SOA 支持跨企业和业务合作伙伴之间的端到端集成。这就提供了一种灵活的业务流程模型，使得客户可以迅速地响应新的顾客需求、新的业务机会及竞争的威胁。

10.5 Web 服务的应用实例

选择的开发工具是 Visual Studio. NET，数据库用微软 SQL Server 和其他辅助工具，使用的语言是 C#。

10.5.1 Web 服务的创建

首先，用 Visual Studio. NET 做了一个网络论坛，用于提供 Web 服务。然后，点击服务就可以调用 Web 服务了。下面介绍如何创建信息搜索的 Web 服务。

如图 10-4 所示，选择所用的语言，在模板选项中选择 ASP. NET Web 服务。修改名字和路径，单击"确定"按钮就可以创建一个新的 Web 服务工程了。

图 10-4　Web 服务创建

在名称栏修改名字，. NET 会自动生成一些相关的文件，其中 * . vsdisco 是普通的工程没有的。

在设计页面上用鼠标双击就可以进入程序设计了，编写 Web 服务并提供给外部应用程序通过互联网调用的函数，其与一般函数的声明相似，仅需要在声明函数时在前面多加关键字就可以了，这样系统就知道这个函数是可以被其他的程序通过 SOAP 来调用的。

10.5.2 Web 服务的发布

每一种 Web 服务都需要一个名字空间。名称空间就是标识 Web 服务的一种附加方法。如果创建了两个同名的 Web 服务，且这两个 Web 服务在不同的名称空间内存在，调用就不会混淆。因此在 Web 服务公开发布之前，必须修改默认的名称空间。通常用自己公司的域名作为命名空间。为了发布 Web 服务以便其他人能够使用，需要在一个可查找的目录登记自己的服务，UDDI 就是最好的目录。UDDI 是一种开发的、与供应商无关的标准。可以通过 UDDI 找到现有的 Web 服务或发布 Web 服务。

实际上，Web 服务并没有复制到 UDDI 的服务器上，UDDI 的作用不过是列出现有的服务指引人们找到服务所在的服务器。在这个意义上，UDDI 是一种真正的信息索引目录，而不是存储具体信息的仓库。为了使用公共 UDDI 目录，必须注册一个账号。当然，也可以在

Web 服务体系结构

自己的机构内引入 UDDI,在自己的企业内部安装 UDDI 服务器。

10.5.3 Web 服务的调用

服务请求方和服务提供方都应该包含一个 SOAP 消息监听器(SOAP Listener),专门负责 SOAP 消息的接收与发送。运行时,首先由请求方的应用程序发出服务调用请求,由客户端代理程序将该请求转化成符合 Web 服务调用所要求的格式。然后,由 SOAP 消息监听器将消息以 SOAP 请求的形式传给服务提供方,服务提供方的 SOAP 监听器收到 SOAP 请求后,由 SOAP 路由器(SOAP Router)处理该请求,并将请求转发给能处理该请求的 Web 服务应用程序,由该程序处理并返回相应结果。最后,由 SOAP 消息监听器将处理结果封装成 SOAP 响应的形式返回给客户端,服务请求方收到响应后,由客户端代理程序解析出处理结果,并返回给实际的请求程序。至此,一个 Web 服务的简单应用经过创建、发布、调用就完成了。

10.6　小　　结

Web 服务体系结构是电子商务解决方案中面向体系结构、设计、实现、部署而采用的组件化的合理发展。Web 服务认为所有东西都是服务,这些服务发布一个应用程序接口供网络中的其他服务使用,并且封装了实现细节。Web 服务体系结构是基于三种角色(即服务提供者、服务注册中心、服务请求者)之间的交互。在这种模型中,互联网上的任何分布式系统都有可能被整合到一个用户定制的应用程序中。

本章首先介绍了 Web 服务概述,其中包括 Web 服务的优点;然后介绍了 Web 服务体系结构模型,介绍了 Web 服务的核心技术,说明了 Web 服务栈和主要的协议,介绍了面向服务软件体系结构及其特点和使用范围;最后通过实例介绍了 Web 服务应用。

10.7　思　考　题

(1) 什么是 Web 服务?

(2) 简述文本服务协议栈。

(3) 什么是面向服务的体系结构?

(4) 分析服务提供者、服务请求者和服务注册中心的作用,以及它们之间的工作流程。

第11章　基于分布构件的体系结构

> 当你选择了一种语言,意味着你还选择了一组技术、一个社区。
>
> ——Joshua Bloch

互联网时代,分布式应用越来越普遍和重要,如何高效地开发这类系统成为必须应对的课题。为了将构件思想应用于分布式系统的开发,业界提出了一些基于分布构件的解决方案。

在这个体系结构中,最关键的部分是分布构件框架。分布构件封装了网络通信的细节,具有两部分功能:其一,向客户提供访问服务器上的分布构件的接口;其二,向服务器上的分布构件提供一个运行的环境(又称容器)。可见在此方案下,客户和分布构件都不需要关心网络通信问题,只需要使用分布构件框架提供的访问接口即可。

分布构件与分布构件框架相互之间紧密配合,在上述体系结构中占据主体地位。描述了分布构件框架,实际上也就说明了与分布构件之间的接口,说明了分布构件的外在特征。对于上述体系结构,工业界有几个主要的实现方案,分别是由 SUN 公司(已被甲骨文公司收购)主导提出的 EJB 分布构件框架、由微软公司提出的 DCOM 分布构件框架、由 OMG 组织提出的 CORBA 分布构件框架。

本章共分三个部分:11.1 节为 EJB 分布构件框架,11.2 节为 DCOM 分布构件框架,11.3 节为 COBRA 分布构件框架。

11.1　EJB 分布构件框架

11.1.1　EJB 技术

分布式构件技术的出现和发展,为网络计算平台上软件的开发提供了强有力的解决方案。基于分布构件的系统体系结构如图 11-1 所示。

EJB(Enterprise Java Beans)是基于分布式事务处理的企业级应用程序的组件。EJB 是用于开发和部署多层结构的、分布式的、面向对象的 Java 应用系统的跨平台构件体系结构。

1996 年 10 月,为了让第三方可以生成和销售其他人员开发的 Java 构件,SUN 公司(已被甲骨

图 11-1　基于分布构件的系统体系结构

文收购)定义了一种 Java 的软件构件模型 JavaBean。根据 SUN 公司定义,JavaBean 是一种"能够在开发工具中被可视化操作的、可重用的软件构件"。Bean 可以被放置在"容器"中,提供具体的操作性能。JavaBean 构件模型以 Java 类为基础,并规定程序员必须遵循使 JavaBean 可重用及用可视工具管理的规则。Bean 既能在容器中运行,也能在工具程序、应用 Applets、HTML 网页中运行。

EJB 规范是 SUN 公司于 1997 年 12 月发布的 JavaBean 构件模型。一个 EJB 是特定的在服务器上运行的 JavaBean,并且 EJB 能在可视化的工具下装配成新的应用。EJB 应用程序只能用 Java 语言编写,且必须使用 EJB API。编写良好的 EJB 应用程序,无须修改任何源代码就可以在 J2EE 认证的应用服务器之间移植和互操作。

EJB 规范是位于服务器方的 JavaBean 和一种新的构件协调者 OTM(Object Transaction Monitor,EJB 称为包容器)之间的协定。OTM 提供远程服务器方构件的框架,负责激活构件或撤销构件、协调分布式事务捕获构件事件以及自动管理构件的状态。EJB 定义了服务器方构件模型和一个构件协调者的框架,解决了 CORBA 由于缺乏完整的服务器方构件模型与构件协调者的框架所引起的服务器方构件无法相互交互的问题,实现了与 CORBA 的兼容,使得 EJB 具备了基于 JavaBean 的客户方和服务器方的构件模型。

EJB 简化了用 Java 语言编写的企业应用系统的开发和配置,定义了一组可复用构件,利用这些组件,开发人员可以像搭积木一样构建所需的应用程序。

EJB 基础结构是由 EJB 组件、EJB 容器及 OTM 组成的。EJB 组件是运行在服务器上由 OTM 管理的 Bean。OTM 充当构件协调者的角色,使用标准的 JAR 从其他 OTM 或工具中导入 EJB。一旦 EJB 处于 OTM 内,就可以加入事件处理、状态管理、自动激活、撤销等功能。EJB 容器提供了系统级的服务,控制了 EJB 的生命周期。所有 EJB 实例都运行在 EJB 容器中。

EJB 是一种基于构件的开发模型,是 Java 服务器端服务框架的规范。EJB 详细地定义了一个可以方便部署 Java 构件的服务框架模型,用于创建可伸缩、多层次、跨平台、分布式的应用,并可创建具有动态扩展性的服务器端的应用。

EJB 具有以下特点。

(1) EJB 以构件的形式组织服务器:EJB 构件是直接用 Java 语言编写的服务器构件。Java 语言编写的跨平台特性,使得 EJB 构件可以非常方便地移植到各种操作系统平台和 EJB 服务器上。

(2) EJB 构件实现仅需考虑应用需求,其系统级服务诸如事务管理、安全性、构件生命周期与线程等,都是通过 EJB 服务器自动进行管理的。

(3) EJB 体系结构具有面向对象、分布式、跨平台、可扩充性、安全性及便于开发等特点,同时还是以协议为中心的,任何协议都可以被利用。

在 J2EE 里,EJB 称为 Java 企业 Bean,是 Java 的核心代码,分别是会话 Bean(Session Bean)、实体 Bean(Entity Bean)和消息驱动 Bean(Message Driven Bean)。

(1) Session Bean 用于实现业务逻辑,可以是有状态的,也可以是无状态的。每当客户端请求时,容器就会选择一个 Session Bean 来为客户端服务。Session Bean 可以直接访问数据库,但更多时候会通过 Entity Bean 实现数据访问。

(2) Entity Bean 是域模型对象,用于实现 O/R 映射,负责将数据库中的表记录映射为内存中的 Entity 对象。事实上,创建一个 Entity Bean 对象相当于新建一条记录,删除一个 Entity Bean 会同时从数据库中删除对应记录,修改一个 Entity Bean 时,容器会自动将 Entity Bean 的状态和数据库同步。

（3）Message Driven Bean 是 EJB 2.0 中引入的新的企业 Bean,基于 JMS 消息,只能接收客户端发送的 JMS 消息然后处理。实际上,MDB 是一个异步的无状态 Session Bean,客户端调用 MDB 后无须等待并立刻返回,MDB 将异步处理客户请求。这适合于需要异步处理请求的场合,如订单处理。这样就能避免客户端长时间地等待一个方法调用,直到返回结果。

11.1.2 EJB 的规范介绍

EJB 规范为基于构件的事务性、分布式对象系统定义了一个体系结构。该规范颁布了一个编程模块,即组成 EJB API 的契约或协议以及一组类和接口,如图 11-2 所示。EJB 编程模块向 bean 开发人员和 EJB 服务器供应商提供了一组契约。这组契约约定了开发的公共平台,目标是在支持一组丰富功能性的同时,能够确保供应商之间的可移植性。

图 11-2 EJB 容器示意图

Enterprise Bean 是在称为 EJB 容器的特殊环境中运行的软件组件。容器容纳和管理 Enterprise Bean 的方式与 Java Web 服务器容纳 Servlet 或 HTML 浏览器容纳 Java Applet 的方式相同。Enterprise Bean 不能在 EJB 容器外部运行。EJB 容器在运行时管理 Enterprise Bean 的各个方面,包括远程访问 bean、安全性、持续、事务、并行性和资源的访问与合用。

容器不允许客户机应用程序直接访问 Enterprise Bean。当客户机应用程序调用 Enterprise Bean 上的远程方法时,容器首先拦截调用,以确保持续、事务、安全性都正确应用于客户机对 bean 执行的每一个操作。容器自动维护 bean 管理安全性、事务和持久性,于是 bean 开发人员不必将这种类型的逻辑写入 bean 代码本身中。Enterprise Bean 开发人员可以将精力集中于封装商业规则,而容器处理其他一切。

如同 Java Web 服务器管理许多 Servlet 一样,容器将同时管理许多 bean。为减少内存消耗和处理,容器合用资源并非常小心地管理所有 bean 的生命周期。当不使用某个 bean 时,容器将它放在池中以便另一个客户机重用,或者可能将它驱逐出内存,仅当需要时再调回内存。

由于客户机应用程序不能直接访问 bean(容器位于客户机和 bean 之间),因此客户机应用程序完全不知道容器的资源管理活动。例如,未在使用的 bean 可能被驱逐出服务器内存,而在客户机上的远程引用却丝毫不受影响。客户机在远程引用上调用方法时,容器只需重新实例化 bean 就可以处理请求。客户机应用程序并不知道整个过程。

Enterprise Bean 依赖容器来获取它的需求。如果 Enterprise Bean 需要访问 JDBC 连接或另一个 Enterprise Bean,那么需要利用容器来完成此项操作。如果 Enterprise Bean 需要访问调用者的身份、获取自身的引用或访问特性,那么需要利用容器来完成这些操作。Enterprise Bean 通过以下三种机制之一与容器交互。

(1) 回调方法:每个 bean 都会实现 Enterprise Bean 接口的子类型,该接口定义了一些方法,称为回调方法。每个回调方法在 bean 的生命周期期间向它提示一个不同事件,当容器要合用某个 bean、将其状态存储到数据库、结束事务、从内存中除去该 bean 等操作时,将调用这些方法来通知该 bean。回调方法可以让 bean 在事件之前或之后立即执行内部调整。

(2) EJBContext:每个 bean 都会得到一个 EJBContext 对象,是对容器的直接引用:EJBContext 接口提供了用于与容器交互的方法,因此 bean 可以请求关于环境的信息,如其客户机的身份或事务的状态,或者 bean 可以获取它自身的远程引用。

(3) Java 命名和目录接口(Java Naming and Directory Interface,JNDI):JNDI 是 Java 平台的标准扩展,用于访问命名系统,如轻型目录访问协议(Lightweight Directory Access Protocol,LDAP)、NetWare 与文件系统等。每个 bean 自动拥有对某个特定命名系统(称为环境命名上下文)的访问权。由容器管理,bean 使用 JNDI 来访问。JNDI ENC 允许 bean 访问资源,如 Java 数据库连接(Java Database Connectivity,JDBC)、其他 Enterprise Bean,以及特定于该 bean 的属性。

EJB 规范定义了 bean-容器契约,包括了以上描述的机制(回调、EJBContext、JNDI 等)以及一组严谨的规则。这些规则描述了 Enterprise Bean 及其容器在运行时的行为、如何检查安全性访问、如何管理事务、如何应用持续。bean 容器契约旨在使 Enterprise Bean 可以在 EJB 容器之间移植,从而可以只开发一次 Enterprise Bean,然后在任何 EJB container 运行该 Enterprise Bean。供应商如 BEA、IBM 和 GemStone 等,都销售包含 EJB 容器的应用程序服务器。

理想情况下,任何符合规范的 Enterprise Bean 都应该可以在任何符合规范的 EJB 容器中运行。

可移植性是 EJB 主要价值。可移植性确保了为一个容器开发的 bean 可以迁移到另一个容器中,如果另一个容器提供了更好的性能、特性或节省。可移植性还意味着可以跨几个 EJB 容器利用 bean 开发人员的技能,从而向公司和开发人员提供了更好的机会。

除了可移植性,EJB 编程模块的简易性也使得 EJB 变得更有价值。由于容器负责管理复杂任务如安全性、事务、持续、并行性、资源管理,因此,bean 开发人员可以自由地将精力集中在商业规则与一种非常简单的编程模型上。简单的编程模块意味着可以在分布式对象、事务、其他企业系统中更快地开发 bean,而无须高深的知识。EJB 将事务处理和分布式对象开发带入主流。

11.1.3 EJB 的体系结构

SUN 公司发布的文档中对 EJB 的定义如下:EJB 是用于开发和部署多层结构的、分布式的、面向对象的 Java 应用系统的跨平台构件体系结构。

采用 EJB 可以使开发商业应用系统变得容易,应用系统可以在一个支持 EJB 的环境中开发,开发完之后部署在其他的环境中,随着需求的改变,应用系统可以不加修改地迁移到其他功能更强、更复杂的服务器上。

1. EJB 的软构件模型

软构件模型的思想是创建可重用的构件并将其组合到容器中,以得到新的应用系统。构件模型定义了构件的基本体系结构、构件界面的结构、其他构件及容器相互作用的机制。利用构件模型规范说明,构件开发人员开发那些实现了应用系统逻辑的构件,而应用系统开发人员则将这些预先开发好的构件组合成应用系统。这些应用系统也可以作为新的构件。

软构件模型思想已经在软件开发界迅速流行,因为可以达到重用、高层开发、通过工具进行自动化开发、简化开发过程的目的。JavaBeans、EJB、COM/DCOM 等都是软构件模型的例子。

软构件模型有客户端构件模型和服务器端构件模型两种类型。客户端构件模型如 JavaBeans,是专门用于处理程序的表示及用户界面问题的;服务器端构件模型如 EJB,则向面向事务的中间件提供基础设施。

服务器端构件模型把构件模型的开发与中间件联系在一起。企业级应用的中间件以其复杂性著称,不仅涉及应用逻辑、并发性、伸缩性问题,还涉及如何把不兼容的系统组合在一起的问题。服务器端构件模型解决了中间件开发的复杂性问题,使中间件开发人员集中于应用系统的逻辑部分而不用处理同步、可伸缩性、事务集成、网络、分布式对象框架等一些分布式应用系统中存在的复杂细节问题。

EJB 构件模型如图 11-3 所示。

图 11-3　EJB 构件模型

EJB 构件模型给开发者提供了以下支持:构件包含应用程序逻辑、可重用的构件、可伸缩性、资源管理、事务支持、并发性管理。这些支持为服务器端构件的开发者提供了很大的方便,使得开发服务器端构件不再是一件很艰巨的任务。

EJB Server 负责与操作系统有关的底层细节,诸如和其他组件或系统的通信协议、多线程、负载平衡。EJB Container 提供 EJB 的生存环境和各种服务(如 Transaction Server),EJB Container 和 Server 共同组成了 EJB 运行环境。

通过使用远程方法调用(Remote Method Invocation,RMI),EJB 支持远程客户端存取。RMI 产生一个对象,这个对象被安装在客户机系统中,作为存取服务器对象的代理对象。它使得服务器的位置对于客户机来说是透明的,EJB 开发人员为每一个可存取的接口定义一个 Java 远程接口。

通过使用 IIOP 协议,EJB 也可以与其他非 Java 客户机进行通信,IIOP 允许 EJB 系统

基于分布构件的体系结构

与 CORBA 的集成。EJB 可以存取 CORBA 服务器,CORBA 客户机也可以存取 EJB 服务器。

EJB 构件与 Container 之间有统一的界面,每一个 EJB 构件都可以运行在所有的运行环境中。在 EJB 构件模型中有两种类型的 bean:会话 bean 和实体 bean。这两种类型的 EJB 代表了两种不同类型的事务逻辑的抽象。

会话 bean 是短暂的对象,运行在服务器端,并执行一些应用逻辑处理,由客户端应用程序建立并使用,其数据需自己来管理,系统停机后,会话 bean 不再恢复。

实体 bean 是持久的对象,可以被其他对象调用。实体 bean 必须在建立时确定一个唯一的标识并提供相应的机制,允许客户应用程序根据实体 bean 标识来定位 bean 实例。多个用户可以并发访问实体 bean,当系统停机时,实体 bean 可以被恢复。

2. EJB 构件模型的特点

EJB 构件模型的优点如下。

(1) EJB 将成为用 Java 语言开发分布式的、面向对象的企业级应用系统的标准构件体系结构,EJB 使得通过组合构件得到分布式应用系统成为可能。

(2) EJB 使得应用系统开发变得容易。应用系统开发人员不需要理解底层的事务处理细节、状态管理、多线程、资源共享管理以及其他复杂的底层 API 细节。

(3) EJB 遵循 Java 的"一次编写,到处运行(Write Once, Run Anywhere, WORA)"的思想,一旦一个 EJB 开发完成之后,就可以部署在任何支持 EJB 的平台上,而不需要重新编译或对源代码进行修改。

(4) EJB 定义了一个协议,使得用不同供应商提供的工具开发、部署的构件能在运行时互操作。

(5) EJB 体系结构与已有的服务器平台、其他 Java API、CORBA 等兼容。

(6) EJB 将支持 Enterprise Beans 和其他的非 Java 应用系统的互操作性。

采用 EJB 开发应用系统有以下优点。

(1) 标准的 Java 技术的便利应用系统可以在许多不同的服务器平台上运行。

(2) 修改应用系统变得容易,对单个构件进行增加、修改、删除操作不会对应用系统的体系结构产生很大影响。

(3) 应用系统经过划分之后,使得构件之间相互独立又可以相互协作,提供给用户的是该用户所需要的构件。

(4) 应用系统的开发变得容易,基本上是即插即用的方式。

(5) 应用系统从本质上说是可伸缩的,可以运行在多线程、多处理机的环境中。

(6) 可以在新的应用系统中得到重用,减少了新系统的开发时间。

同时,EJB 也存在以下缺点。

(1) EJB 的数量可能非常多,以至于在软件开发库中,很难对这些 EJB 进行跟踪和管理。

(2) 如果应用开发人员不能正确地使用 EJB,可能会导致不恰当的应用系统设计,结果使得应用系统的总体性能下降。

(3) 除非 WM 及编译器的性能得到提高,否则 EJB 应用系统的性能仍将是个问题。

(4) 由于 EJB 技术出现时间不长,目前可用的 EJB 还不多,要想得到大量的商业性 EJB

还需要一段时间。

3. EJB 的体系结构

EJB 的上层分布式应用程序是基于对象组件模型的，低层的事务服务用了 API 技术。EJB 技术简化了用 Java 语言编写的企业应用系统的开发、配置、执行。EJB 的体系结构的规范由 SUN 制定。

EJB 技术定义了一组可重用的组件 Enterprise Bean。我们可以利用这些组件像搭积木一样建立分布式应用程序，当把代码写好之后，这些组件就被组合到特定的文件中去。每个文件有一个或多个 Enterprise Beans，再加上一些配置参数。最后，这些 Enterprise Beans 被配置到一个装有 EJB 容器的平台上。客户能够通过这些 beans 的 home 接口定位到某个 bean，并产生这个 bean 的一个实例。这样，客户就能够调用 Beans 的应用方法与远程接口。

EJB 服务器作为容器与低层平台的桥梁，管理着 EJB 容器和函数，向 EJB 容器提供了访问系统服务的能力，如数据库的管理和事务的管理。所有的 EJB 实例都运行在 EJB 容器中，容器提供了系统级的服务，控制了 EJB 的生命周期。Enterprise Beans 的开发者不需要把应用逻辑考虑进来。

通常来说，EJB 容器具备以下系统级分配。

（1）Security-配置描述器（The Deployment Descriptor）：定义了客户能够访问的不同的应用函数。容器通过只允许授权的客户访问这些函数来达到这个效果。

（2）Remote Connectivity-容器：为远程链接管理着低层的通信分配，而且对 Enterprise Bean 的开发者与客户都隐藏了通信分配。Enterprise Bean 的开发者在编写应用方法时，像是在调用本地平台一样。客户也不清楚他们调用的方法可能是在远程被处理的。

（3）Life Cycle management-客户：简单地创建一个 Enterprise Beans 的实例，而容器管理着 Enterprise Beans 的实例，使 Enterprise Beans 实现最大的效能与内存利用率。

（4）Transaction management 配置描述器：定义了 Enterprise Beans 的事务处理的需求，容器管理着那些管理分布式事务处理的复杂的 issues。这些事务可能要在不同的平台之间更新数据库。容器使这些事务之间互相独立，互不干扰，保证所有的更新数据库都是成功发生的。否则，就回滚到事务处理之前的状态。

4. EJB 结构中的角色

一个完整的基于 EJB 的分布式计算结构由六个角色组成。这些角色可以由不同的开发商提供，每个角色所做的工作必须遵循 SUN 公司提供的 EJB 规范，以保证彼此之间的兼容性。这六个角色分别介绍如下。

（1）EJB 组件开发者（Enterprise Bean Provider）：负责开发执行商业逻辑规则的 EJB 组件，开发出的 EJB 组件打包成 ejb-jar 文件。EJB 组件开发者负责定义 EJB 的 remote 和 home 接口，编写执行商业逻辑的 EJB class，提供部署 EJB 的部署文件（Deployment Descriptor）。部署文件包含 EJB 的名字、EJB 用到的资源配置如 JDBC 等。EJB 组件开发者是典型的商业应用开发领域专家。EJB 组件开发者不需要精通系统级的编程，因此不需要知道一些系统级的处理细节如事务、同步、安全、分布式计算等。

（2）应用组合者（Application Assembler）：负责利用各种 EJB 组合一个完整的应用系统。应用组合者有时需要提供一些相关的程序，例如，在一个电子商务系统里，应用组合者需要提供 JSP（Java Server Page）程序。应用组合者必须掌握所用的 EJB 的 home 和

remote 接口,但不需要知道这些接口的实现。

(3) 部署者(Deployer):负责将 ejb-jar 文件部署到用户系统环境中。系统环境包含某种 EJB Server 和 EJB Container。部署者必须保证所有由 EJB 组件开发者在部署文件中声明的资源可用,例如,部署者必须配置好 EJB 所需的数据库资源。

(4) EJB 服务器提供者(EJB Server Provider):是系统领域的专家,精通分布式交易管理、分布式对象管理及其他系统级的服务。EJB 服务器提供者一般由操作系统开发商、中间件开发商、数据库开发商提供。

(5) EJB 容器提供者(EJB Container Provider):开发一个可伸缩的、具有交易管理功能的集成在 EJB 服务器中的容器。EJB 容器提供者为 EJB 组件开发者提供了一组标准的、易用的 API 访问 EJB 容器,使 EJB 组件开发者不需要了解 EJB 服务器中的各种技术细节。EJB 容器提供者负责提供系统监测工具,用来实时监测 EJB 容器与运行在容器中的 EJB 组件状态。

(6) 系统管理员(System Administrator):负责为 EJB 服务器与容器提供一个企业级的计算与网络环境。系统管理员负责利用 EJB 服务器与容器提供的监测管理工具监测 EJB 组件的运行情况。

11.2　DCOM 分布构件框架

DCOM(Microsoft Distributed Component Object Model)是一系列微软的概念和程序接口,利用这个接口,客户端程序对象能够请求来自网络中另一台计算机上的服务器程序对象。DCOM 基于组件对象模型 COM,COM 提供了一套允许同一台计算机上的客户端与服务器之间进行通信的接口。

11.2.1　DCOM 的使用

DCOM 是 COM 的扩展,支持不同两台机器上的组件间的通信,而且不论是运行在局域网、广域网还是互联网上。借助 DCOM,应用程序将能够任意进行空间分布。使用 DCOM,应用程序就可以在位置上达到分布性,从而满足客户和应用的需求。

由于 DCOM 是 COM 这个组件技术的无缝升级,所以能够从现有的有关 COM 知识中获益,以前在 COM 中开发的应用程序、组件、工具都可以移入分布式环境中。DCOM 将屏蔽底层网络协议的细节,只需要集中精力于应用。

例如,可以为一个网站创建应用页面,其中包括了一段能够在网络中另一台更加专业的服务器计算机上处理(在发送到发出请求的用户之前)的脚本或者程序。使用 DCOM 接口,网络服务器站点程序(现在以客户端对象方式发出动作)就能够将一个远程程序调用(Remote Procedure Call,RPC)发送到一个专门的服务器对象,可以通过必要的处理给站点返回一个结果。结果将发送到网页浏览器上。

DCOM 还可以工作在位于企业内部或者除了公共互联网之外的其他网络中,使用 TCP/IP 与超文本传输协议。DCOM 是作为 Windows 操作系统中的一部分集成的。DCOM 很快在所有的主流 UNIX 平台与 IBM 大型服务器产品中出现,替代了 OLE 远程自动控制。

在提供一系列分布式范围方面，DCOM 通常与 CORBA 相提并论。DCOM 是微软给程序和数据对象传输的网络范围的环境，CORBA 则是在对象管理组织（Object Management Group，OMG）的帮助下，由信息技术行业的其他商家提供赞助的。

11.2.2　DCOM 的特点

在现有的操作系统中，进程之间是相互屏蔽的。当一个客户进程需要与另一个进程中的组件通信时，不能直接调用该进程，而需要遵守操作系统对进程间通信所做的规定。COM 使得这种通信能够以一种完全透明的方式进行，截取从客户进程来的调用并将其传送到另一进程中的组件。

当客户进程与组件位于不同的机器时，DCOM 仅仅只是用网络协议来代替本地进程之间的通信。无论是客户还是组件，都不会知道连接它们的线路比以前长了许多。

1. 组件和复用

大多数分布式应用都不是凭空产生的，现存的硬件结构、软件、组件、工具需要集成起来，以便减少开发与扩展时间及费用。DCOM 能够直接且透明地改进现存的对 COM 组件与工具的投资。对各种各样组件需求的巨大市场，使得将标准化的解决方案集成到一个普通的应用系统中成为可能。许多熟悉 COM 的开发者能够很轻易地将他们在 COM 方面的经验运用到基于 DCOM 的分布式应用中去。

任何为分布式应用开发的组件都有可能在将来被复用。围绕组件模式来组织开发过程，使得在原有工作的基础上，不断地提高新系统的功能并减少开发时间。基于 COM 和 DCOM 的设计能使组件在现在与将来都能被很好地使用。

2. 位置独立性

在一个真正的网络上设计一个分布式应用时，以下几个相互冲突的设计问题会很清楚地反映出来：

（1）相互作用频繁的组件，彼此间应该靠得更近些。

（2）某些组件只能在特定的机器或位置上运行。

（3）小组件增加了配置的灵活性，也增加了网络的拥塞。

（4）大组件减少了网络的拥塞，也减少了配置的灵活性。

当使用 DCOM 时，这些设计上的限制很容易被解决，因为配置的细节并不是在源码说明的。DCOM 使得组件的位置完全透明，无论是位于客户的同一进程中还是在地球的另一端。任何情况下，客户连接组件与调用组件方法的方式都是一样的。DCOM 不但无须改变源码，而且无须重新编译程序。一个简单的再配置动作就改变了组件之间相互连接的方式。

DCOM 的位置独立性极大地简化了将应用组件分布化的任务，使其能够达到最合适的执行效果。

例如，设想某个组件必须位于某台特定的机器上或某个特定的位置，并且此应用有许多小组件，通过将这些组件配置在同一个局域网上或者同一台机器上甚至同一个进程中来减少网络的负载。应用是由比较少的大组件构成时，网络负载并不是问题，此时将组件放在速度快的机器上，而不用去管这些机器到底在哪里。

有了 DCOM 的位置独立性，应用系统可以将互相关联的组件放到相距比较近的机器上，甚至可以放到同一台机器上或同一个进程中。即使是由大量的小组件来完成一个具有

基于分布构件的体系结构

复杂逻辑结构的功能,之间仍然能够有效地相互作用。当组件在客户机上运行时,将用户界面与有效性检查放在客户端或离客户端比较近的机器上会更有意义。集中的数据库事务应该将服务器靠近数据库。

3. 语言无关性

在设计和实现分布式应用系统时,一个普遍的问题就是为开发一个特定的组件而选择语言及工具的问题。语言选择是一个典型的在开发费用、可得到的技术支持及执行性能之间的折中。作为 COM 的扩展,DCOM 具有语言独立性。

任何语言都可以用来创建 COM 组件,并且这些组件可以使用更多的语言和工具。Java、微软 Visual C++、微软 Visual Basic、Delphi、PowerBuilder 都能够和 DCOM 很好地相互作用。

因为 DCOM 具有语言独立性,应用系统开发人员可以选择他们最熟悉的语言和工具来进行开发。语言独立性还使得一些原型组件开始时可以用诸如 Visual Basic 这样的高级语言来开发,而在以后用另一种不同的语言(如 Visual C++ 和 Java)来重新实现,这种语言能够更好地支持诸如 DCOM 的自由线程/多线程以及线程共用这些先进特性。

4. 连接管理

网络连接本身比同一台机器中的连接更脆弱。当一个客户不再有效,特别是当出现网络或硬件错误时,分布式应用中的组件需要被加以注意。

DCOM 通过给每个组件保持一个索引计数来管理对组件的连接问题,这些组件有可能是仅仅只连到一个客户上,也有可能被多个客户所共享。当一个客户与一个组件建立连接时,DCOM 就增加此组件的索引计数。同理,当客户释放连接时,DCOM 就减少此组件的索引计数。如果索引计数为零,组件就可以被释放了。

DCOM 使用有效的地址合法性检查(pinging)协议来检查客户进程是否依然是活跃的。客户机周期性地发送消息,经过大于或等于三次 ping 周期而组件没有收到 ping 消息时,DCOM 就认为这个连接中断了。一旦连接中断,DCOM 就减少索引计数,当索引计数为零时就释放组件。从这点来看,无论是客户进程自己中断连接这种良性情况,还是网络或者客户机崩溃这种致命情况,都被同一种索引计数机制处理。

很多情况下,组件和它的客户进程之间的信息流是没有方向性的。组件需要在客户端进行某些初始化操作,例如,一个长进程的结束,用户所观看数据的更新或者诸如电视以及多用户游戏这些协作环境中的下一条信息等。许多协议使得完成这种对称性的通信十分困难。使用 DCOM,任何组件都既可能是功能的提供者,也可能是功能的使用者。通信的两个方向都用同一种机制来管理,使得完成对等通信和客户机/服务器之间的相互作用一样容易。

DCOM 提供了一个对应用完全透明的分布式垃圾收集机制。DCOM 是一个天生的对称性网络协议和编程模型,不仅提供传统的单向客户机-服务器之间的相互作用方式,还提供了客户机与服务器以及对等进程之间丰富交谈式的通信方式。

5. 可扩展性

分布式应用的一个重要因素是处理能力能够随着用户数量、数据量所需性能的提高而增加。需求比较小时,应用系统就比较小而速度快,并且要能够在不牺牲性能和可靠性的前提下处理附加的需求。DCOM 提供了许多特性来增强应用的可扩展性。

6. 对称的多进程处理

DCOM 提高了 Windows NT 对于多进程处理的支持。对于使用自由线程模式的应用，DCOM 使用一个线程队列来处理新来的请求。在多处理器机上，线程队列是由可利用的处理器数量来决定的。太多的线程会导致经常性的上下文切换，而太少的线程又会使处理器处于空闲状态。DCOM 只提供一个手工编码的线程管理器，从而使开发者从线程的细节中解脱出来并获得最好的性能。

DCOM 通过使用 Windows NT 对于对称性多进程处理的高级支持功能就能轻易地将应用从一个单处理机扩展到庞大的多处理机系统上去。

11.2.3　灵活配置与扩展机制

当负载增加时，即使买一台最快的多处理机，也有可能不能适应需求。DCOM 的位置独立性提供了一个简单、低成本的方法来提高扩展性，那就是将分布性的组件放到其他机器上。

1. 一般组件的配置

对于无状态或无须和其他组件共享状态的组件来说，重配置是再容易不过的事了。对于这样一些组件，可以在不同的机器上运行它们的多个副本。用户负载可以被平等地分配到各个机器中去，甚至可以考虑到机器的处理能力以及当时负载这些因素来进行分配。使用 DCOM 可以很容易地改变客户进程同组件以及组件之间的连接方式。

同一组件无须做别的改动，甚至无须重新编译就可以被动态地重新配置。所有必须做的工作只是更新登记文件系统以及所涉及的组件所在的数据库而已。

例如，一个组织在多个地方有办公室，如纽约、伦敦、旧金山、华盛顿等，可以将组件安装到服务器上。200 个用户同时在能达到预期性能的前提下访问 50 个组件。当新的事务应用发送给用户时，应用系统中同时在使用一些现存的及新的组件，服务器的负载增长到 600 个用户，同时事务组件的数目增加到 70。有了这些附加的用户和组件后，峰值时间的响应时间变得不能接受。管理员将其中的 30 个组件单独配置在另一台服务器上，而将 20 个组件单独放在原来的服务器上，剩下的 20 个组件同时在两台服务器上运行。

2. 关键组件的配置

绝大多数现实的应用系统都有一个或多个涉及大多数操作的关键性组件。这种组件有数据库组件或者事务规则组件，它们必须被串行地执行，以保证"先来先服务"策略。这些组件不能被复用，因为它们的唯一任务就是为应用系统的所有用户提供一个单一的时间同步点。为了增强分布式应用系统的整体功能，必须将这些瓶颈组件放到一个专门的、功能强大的服务器上去。

DCOM 可以使用户早在设计阶段就将这些关键性组件分开，最初将多个组件放在一台功能简单的机器上，以后再把关键性的组件放到专门的机器上去。这一过程无须再设计组件，甚至无须重新编译。

DCOM 对于这些决定性的瓶颈组件的处理使得整个任务能够迅速执行。这些瓶颈组件往往是过程执行序列的一部分，例如，电子交易系统中的买卖命令必须按照接收的顺序执行（先来的先被服务）。对于此问题的一个解决方法是将任务分成许多小的组件，并将这些组件配置到不同的机器上。这种效果类似于当今微处理器中的管道 pipelining 技术。第一

基于分布构件的体系结构

个请求来了,第一个组件执行(如一致性检查),然后将请求传递给下一个组件(如可能是更新数据库)。一旦第一个组件将一条请求传递给下一个组件,它就准备执行下一条请求。实际上有两台机器在并行地执行多个请求,并且能够保证按照请求到来的顺序执行。也可以在同一台机器上使用 DCOM 来达到同样的效果。

多个组件在不同的线程或者不同的进程中执行。这种方法在以后可以简化扩展,可以将线程分布到一个带多处理器的机器上,或者可以将进程配置到不同的机器上。

DCOM 的位置独立性编程模型使得随着应用增加而改变配置设计变得容易。最初,一个功能简单的服务器可以容纳所有的组件。随着需求的增加,其他机器被添加进来,而组件能够不做任何代码上的改动就被分到这些机器中去。

3. DCOM 的扩展机制

除了随着用户数量及事务的数量而扩展规模外,新的特性加入时,应用系统也需要扩展规模。随着时间的推移,新的任务被添加进来,原有的任务被更新。传统的做法是客户进程与组件都需要同时被更新,或者旧的组件必须被保留直到所有的客户进程被更新,当大量的地理上分布的站点和用户在使用系统时,这就成为一个非常费力的管理问题。

DCOM 为组件与客户进程提供了灵活的扩展机制。使用 COM 和 DCOM 客户进程能够动态地查询组件的机能。一个 COM 组件不是将其机能表现为一个简单、统一的方法和属性组,而是对于不同的客户进程表现为不同的形式。使用特定特性的客户进程,只需要访问所需要使用的方法和属性。客户进程也能够同时使用一个组件的多个特性。当新的特性加入组件时,不会影响不涉及这些特性的老客户进程。用这种方法来组织组件,能够有一种新的方法来发展组件功能。

最初的组件表现为诸如 COM 界面的一套核心特性,这些特性是每个客户进程都需要使用的。当组件需要新的特性时,大多数(甚至全部)的界面仍然是必须的,根本无须更改原来的界面就可以将新的功能与属性放到附加的界面中去。老的用户进程就好像什么事也没发生似的,继续访问核心界面。新的客户进程既可以测试新的界面是否存在以便能使用它,也可以仍然只使用原来的界面。

在 DCOM 编程模型中,可以设计使用老服务器程序的新客户程序,也可以设计使用老客户程序的新服务器程序,或者将这些混合起来以便能够适合需求和编程资源。使用传统的对象模型时,哪怕是对一个方法的细微改动,都可能在根本上改变客户和组件之间的协议。一些模型中可以将方法加到方法队列的队尾,但是不能在旧的组件上测试新的方法。

从网络发展的前景来看,这些事情将会变得越来越复杂,编码及其他一些功能典型地依赖于方法和参数的顺序。增加或改动方法和参数,也会显著地改变网络协议。DCOM 为对象模式和网络协议设计了一个简单、优雅、统一的方法来解决这些问题。

如果最初的执行性不能让人满意的话,可扩展性就不会带来太多好处了,经常考虑到更多更好的硬件会使得应用的向下发展是非常有益的,但是这些需求是怎样的? 这些尖端扩展特性是否有用呢? 是否对从 COBOL 到汇编每一种语言的支持会危害到系统的执行性能呢? 使组件能够在地球的另一面运行的能力,是否妨碍了当它和客户在同一个进程中时的执行性能呢?

在 COM 和 DCOM 中,客户自己看不到服务器,除非是在必要的情况下,否则客户进程决不会被系统组件将自己同服务器分开。这种透明性是通过一个简单的思想来实现的。客户进程同组件交互的唯一方式就是通过方法调用。客户进程从一个简单的方法地址表中得到这些方法的地址。当客户进程想要调用一个组件中的某个方法时,先得到方法的地址,然后再调用它。

在 COM 和 DCOM 模型中,调用一个传统的 C 或汇编函数的唯一开支就是对方法地址的简单查询。如果组件是和客户运行在同一个线程的过程中,那么无须调用任何 COM 或系统代码就可以直接找到方法的地址,COM 仅仅只定义了找到方法地址表的标准。

当用户和组件不是那么靠近——在另一个线程中、在另一个程序中或者在地球另一面的一台机器中时,情况又怎样呢? COM 将远程过程调用(Remote Procedure Call,RPC)框架代码放到方法地址表中,然后将每个方法调用打包,放到一个标准的缓冲器结构中,这个缓冲器结构将被发送给组件,组件打开包并且重新运行最初的方法调用。从这方面来说,COM 提供了一个面向对象的 RPC 机制。

11.2.4 在应用间共享连接管理

大多数应用级别的协议需要某种从头到尾的管理。

当客户机出现了严重的硬件故障或者客户和组件之间的网络连接中断已经超过一定时间时,应该及时通知组件。解决这一问题的一个典型方法是隔一段时间(pinging)发送保持活跃(keep-alive)消息。如果服务器在一定的时间间隔内没有收到一条 ping 消息,它就断定客户进程"死掉了"。

DCOM 对每台机器使用一个 keep-alive 消息。即使一台客户机使用了某一台服务器上的 100 个组件,仅仅只要一条 ping 消息,就能使所有这些客户连接保持活跃状态。为了将所有的 ping 消息组合起来,DCOM 使用 delta pinging 机制来将这些 ping 消息的数量最小化。对于这 100 个连接,并不是发送 100 个客户的标识符,而是创造了一个可变标识符来重复代表这 100 个引用。引用集改变时,仅仅只是两套引用的相交部分被互相交换。最后,DCOM 将所有 ping 消息转化为正常消息。对于服务器来说,当某台客户机完全是空闲时,它才定时发送 ping 消息(每隔两分钟一次)。

COM 允许多个应用(甚至来自不同的卖主)共享一个简单而且优化的生命期管理和网络错误检测协议,这样可以显著地减少带宽。如果在一台服务器上运行使用 100 个不同传统协议的 100 个不同应用时,对于每一个客户连接上的每一个应用来说,服务器都要接收一条 ping 消息。只有这些协议在 pinging 策略上相互合作时,整个网络的开销才有可能减少。而任意的基于 DCOM 的协议中都自动地提供了这种协作。

1. 优化网络的来回旋程

设计分布式应用的一个普遍问题是减少不同机器上组件之间在网络上过度地来回绕圈数。在互联网上,每一次网络绕圈就会引入 1 秒甚至更多的延迟。即使在速度快的局域网上,旋程时间也是以微秒来计算的——超过了本地操作所需时间的量级。减少网络绕圈数的一个普遍方法是将多个方法调用捆绑起来。

DCOM 将这种技术扩展使用,用来解决诸如连接一个对象或者创造一个对象查询对象的机能的任务中。这种技术对于一般组件的不足之处是它在本地与远程情况下的编程模型差别太大。

例 11-1:一个数据库组件提供了一个能够分行或多行显示结果的方法。在本地的情况

272

下,开发者只需使用这个方法将结果一列一列地加入列表框即可。在远程的情况下,每列出一行就会引起一定的网络旋程。使用批量方式的方法,需要开发者分配一个能容纳查询出的所有列的缓冲器,然后再一次调用将其取回并将其一列一列地加入列表框中。因为编程模型变化很大,开发者需要对设计做很大的改动,以便应用能够在分布式环境中有效地工作。

DCOM 使得组件开发者能够无须客户端就能轻易地执行批量技术,也能使用批量形式的 API。DCOM 的 marshling 机制使得组件可以将代码加到客户端(称为代理对象),可以拦截多个方法调用并将其捆绑到一个远程调用中去。

例 11-2:因为应用系统的逻辑结构需要(列表框 API 的要求),上面例子的开发者仍然需要一个一个地列举的方法。然而,为了列举查询结果的第一次调用应用中特殊的代理对象,取得了所有列(或者一批列)并将其缓存到代理对象中。后来的调用就直接从这个缓存中发出,避免了网络旋程。开发者仍然使用一个简单的编程模型,而整个应用却得到了优化。

DCOM 同样允许从一个组件到另一个组件的有效指引。如果一个组件保存了到另一台机器上的一个组件的索引,可以将其传递给在第三方机器上运行的一个客户进程(假设此客户进程正在使用另一台机器上运行的另一个组件)。客户进程使用此索引可以直接和第二个组件通信。DCOM 缩短了这种索引,并且使得第一个组件和机器可以完全从这个过程中脱离出来。这使得能够提供索引的传统目录服务适用于远程组件的范围。

例 11-3:一个棋类应用系统能够使正在等待对手的用户将自己登录到一个棋类目录服务中。其他的用户可以浏览并查询正在等待对手的用户的列表。当一个用户选择了自己的对手后,棋类目录服务系统将对手的客户组件索引返回给该用户。DCOM 自动连接两个用户,目录服务系统无须涉及任何其他的事务处理过程。

例 11-4:一个"经纪人"组件监控运行着同一个组件的二十台服务器,监测服务器的负载量与服务器的加入与删除情况。当一个客户需要使用该组件时,连接到"经纪人"组件,此组件返回负载最轻的服务器上的一个组件的索引。DCOM 自动连接客户和服务器,此时"经纪人"组件和以后的过程就无关了。

如果需要,DCOM 甚至允许将组件插入任意一个传统的协议中,这个协议可以使用不在 DCOM 范围内的方法。组件可以使用传统的配置方法将任意的代理对象放到客户进程中,此进程能够使用任何协议将信息传回组件。

例 11-5:一个服务器端组件可以使用一个 ODBC 连接来和一个 SQL Server 数据库通信。当客户取得对象后,客户机直接和 SQL Server 数据库通信(使用 ODBC)比使用 DCOM 和服务器通信同时服务器和 SQL Server 数据库通信更有效。在 DCOM 的传统配置情况下,数据库组件能够将自己复制到客户机上,并将自己同 SQL Server 相连接,而此时客户并没有意识到自己已经不再与服务器上的数据库组件相连了,而是和该组件的一个本地副本连接着。

例 11-6:一个商业系统需要两种通信机制。一种是从客户端到中央系统的一条安全而经过鉴定的通道,用来发出和撤销命令;另一种是一条分布式通道,用来将命令信息同时发送给连接在系统上的客户。使用 DCOM 的安全而同步的连接方式,可以简单而有效地操作客户机/服务器之间的通道,同时广播通道需要一种更为尖端的机制,使用多点广播技术以便容纳大量的侦听者。DCOM 允许将传统的协议(可靠的广播协议)无缝地插入到应用系统的体系结构中。

一个数据接收端组件能够将此协议封装起来,并使其对客户和服务器完全透明。当用户数量少、安装量小时,标准的 DCOM 点到点协议就足够了,而对于有很多用户的站点来说,就需要使用高级的广播协议。DCOM 将会提供一个标准的多通道广播传输协议,能够无缝地移植到应用系统中。

2. 安全性

使用网络来将应用系统分布化是一个挑战,这不仅是因为带宽的物理限制及一些潜在的问题,而且也是由于产生一些诸如关系到客户间、组件间以及客户和组件之间的安全问题。因为现在的许多操作可以被网络中的任何一个人访问,所以对这些操作的访问应该被限制在一个高级别上。

如果分布式开发平台没有提供安全支持,那么每一个分布式应用就必须完成自己的安全机制。一种典型的方法是用某种登录的方法,要求用户通过用户名及密码的检测,这些一般来说都是被加密了的。应用系统将通过用户数据库或者有关目录来确认以上用户身份,并返回动态的标识符以便用户以后用来进行方法调用。以后,每次涉及调用有安全检查的方法时,用户都需要通过这种安全认证。

每个应用系统都要存储和管理许多用户名和密码,防止用户进行未授权的访问,管理密码的改动以及处理在网络上传递密码而带来的危险。因此,分布式平台必须提供一个安全性框架来确切地区分不同的用户或者不同组的用户,以便系统或应用有办法知道谁将对某组件进行操作。DCOM 便用了 Windows NT 提供的扩展的安全框架。

Windows NT 提供了一套稳固的内建式安全模块,用来提供从传统的信用领域的安全模式到非集中管理模式的复杂身份确认和鉴定机制,极大地扩展了公钥式安全机制。安全性框架的中心部分是一个用户目录,存储着用来确认用户凭据(用户名、密码、公钥)的必要信息。大多数并非基于 Windows NT 平台的系统提供了相似或相同的扩展机制,可以使用这种机制而不用管此平台上用的是哪种安全模块。大多数 DCOM 的 Unix 版本提供了同 Windows NT 平台兼容的安全模块。

11.2.5 DCOM 的安全性设置

DCOM 无须在客户端和组件上进行任何专门为安全性而做的编码和设计工作,就可以为分布式应用系统提供安全性保障。就像 DCOM 编程模型屏蔽了组件的位置一样,也屏蔽了组件的安全性需求。在无须考虑安全性的单机环境下工作的二进制代码,能够在分布式环境下以一种安全的方式工作。DCOM 通过让开发者与管理员为每个组件设置安全性环境而使安全性透明。

就像 Windows NT 允许管理员为文件和目录设置访问控制列表一样,DCOM 将组件的访问控制列表存储起来。这些列表清楚地指出了哪些用户或用户组有权访问某一类的组件。使用 DCOM 的设置工具或者在编程中使用 Windows NT 的注册表,以及 Win32 的安全函数可以很简单地设置这些列表。

只要一个客户进程调用一个方法或者创建某个组件的实例,DCOM 就可以获得使用当前进程(实际上是当前正在执行的线程)的用户当前用户名。Windows NT 确保这个用户的

基于分布构件的体系结构

凭据是可靠的,然后组件上的 DCOM 用自己设置的鉴定机制再一次检查用户名,并在访问控制列表中查找组件(实际上是查找包含此组件的进程中运行的第一个组件)。如果此列表中不包括此用户(既不是直接在此表中又不是某用户组的一员),DCOM 就在组件被激活前拒绝此次调用。这种安全性机制对用户和组件都是完全透明的,而且是高度优化的。

DCOM 提供了一个非常有效的默认的安全性机制,使开发人员能够在无须担心任何安全性问题的情况下开发出安全的分布式应用。

1. 对安全性的编程控制

对某些应用系统来说,仅仅是组件级的访问控制列表是不够的,因为一个组件中的某些方法是只能被特定的用户访问的。

例 11-7:一个商务结算组件可以有一个方法用来登录新事务,以及另一个方法用来获得已经存在的事务。仅仅只有财务组(Accounting 用户组)的成员才能够添加新事务,同时仅仅只有高级管理人员(Upper Management 用户组)才能查看事务。

正如上一部分所说,应用系统能够通过管理自己的用户数据库及安全凭据来达到本身的安全。然而在一个标准的安全框架下工作,将会给最终用户带来更多的好处。没有一个统一的安全性框架时,用户需要为他们所使用的每一个应用记住和管理相应的登录凭据。开发者为每一个组件考虑到安全性问题。

DCOM 通过加入 Windows NT 提供的非常灵活的安全性标准,将安全性用户化的要求简化为对某些特定组件和应用的需求。使用 DCOM 安全性标准的应用达到上面例子所要求的安全性,当一个方法调用来到时,组件要求 DCOM 提供客户的身份。然后根据其身份,被调用线程就仅仅执行允许该客户执行的安全对象中的某些操作。接着,组件就试着访问诸如登录字之类的安全对象,这些对象中有一个访问控制列表(Access Control List,ACL),如果访问失败,说明客户不在 ACL 中,组件就拒绝方法调用。根据所调用方法的不同而选择不同的登录字,组件就能够用一种非常简单却又灵活有效的方式提供有选择的安全性。

组件也能够很轻易地得到客户的用户名,并且利用它在自己数据库中查找有关的许可和策略。这一策略使用了 Windows NT 的安全性框架(密码/公钥、传输线上加过密的密码等)所提供的鉴定机制。应用系统无须为储存密码与其他有关的敏感信息而担心。新版本的 Windows NT 将提供一个扩展的目录服务,允许应用系统将用户信息存储到 Windows NT 的用户数据库中。

DCOM 的做法更为灵活,组件能够要求不同级别的加密以及不同级别的鉴定,同时可以在自己进行身份认证时阻止组件使用自己的凭据。

2. 互联网上的安全性

设计在互联网上工作的应用系统时,需要面对两个主要问题,即使是在最大的公司,在互联网上用户的数量都会比原来提高好几个数量级。最后,用户希望对他们所使用的所有应用有相同的公钥或密码,即使这些应用是由不同的公司所提供的。提供服务的公司能在应用系统或安全性框架中储存用户的私人密码。

DCOM 灵活的安全性结构怎样帮助应用来解决这些问题呢?对于这个问题,DCOM 使用了 Windows NT 的安全性框架。Windows NT 的安全性体系结构提供了多个安全性模块,其中包括:

(1)Windows NT NTLM 鉴别协议,在 Windows NT 4.0 及以前版本的 Windows NT

中使用。

（2）Kerberos Version 5 鉴别协议，在处理 Windows NT 4.0 中及 Windows NT 间的访问时代替 NTLM 成为最主要的安全性协议。

（3）分布式密码鉴定，诸如 MSN 和 CompuServe 这些最大的互联网成员组织中的某些公司所使用的共享的密码鉴别协议。

（4）安全性通道服务，被用来完成 Windows NT 4.0 中的 SSL/PCT 协议。

下一版本的 Windows NT 将加强对支持 SSL 3.0 客户鉴定系统的公钥协议的支持。这些模块都是在标准互联网协议上工作的，各有其优缺点。NTLM 安全性模块以及在 Windows NT 5.0 中替代基于 Kerberos 的模块，都是私人密钥基础协议。这些在集中式管理环境以及使用相互或者单方面信任关系的基于 Windows NT 服务器的局域网中，是非常有效而安全的。对于大多数 UNIX 系统，都可以使用 NTLM 来进行商业实现，如 AT&T 的 UNIX 系统的高级服务器（Advanced Server for UNIX Systems）。

使用 Windows NT 4.0 的目录服务可以很好地扩展到大约 10 万个用户。使用 Windows NT 5.0 的扩展目录服务，一个 Windows NT 域控制器可以扩展到大约 1 亿个用户。通过将多个域控制器结合到 Windows NT 5.0 的目录树中，在一个域中所能支持的用户实际上是无限的。

因为有如此多互不相同的基本安全性提供模块（私人密钥、公共密钥）可以被使用，所以基于 DCOM 的分布式应用系统可以无须对其进行任何改动就能完成甚至更为先进、对安全性敏感的应用。Windows NT 的安全性框架无须牺牲灵活性和执行性能就能很容易地扩展应用并保证应用的安全性。

3. 负载平衡

一个分布式应用系统越成功，由于用户数量的增长而给应用系统中的所有组件带来的负载就越高。一个经常出现的情况是，即使是最快的硬件的计算能力，也无法满足用户的需求。这一问题的一个无法避免的解决方案是将负载分布到多个服务器中去。在可扩展性部分简要地提到了 DCOM 怎样促进负载平衡的几种不同的技术：并行配置、分离关键组件、连续进程的 pipelining 技术。

负载平衡是一个经常被使用的名词，描述了一整套相关技术。DCOM 并没有透明地提供各种意义上的负载平衡，但是使得完成各种方式的负载平衡变得容易起来。

1) 静态负载平衡

解决负载平衡的一个方法是不断地将某些用户分配到运行同一应用的某些服务器上。因为这种分配不随网络状况及其他因素的变化而变化，所以被称为静态负载平衡。

基于 DCOM 的应用，可以很容易地通过改变登记入口将其配置到某些特定的服务器上运行。顾客登记工具可以使用 Win32 的远程登记函数来改变每一个客户的设置。在 Windows NT 5.0 中，DCOM 可以使用扩展的目录服务来完成对分布类的储存，这使得将这些配置改变集中化成为可能。

在 Windows NT 4.0 中，应用系统可以使用一些简单的技术达到同样的效果。一个基本的方法是将服务器的名字存到诸如数据库与一个小文件这样众所周知的集中环境中。当组件想要和服务器相连接时，就能很轻易地获得服务器的名字。对数据库或文件内容的改动也就同时改变了所有用户及有关的用户组。

基于分布构件的体系结构

一个灵活得多的方法使用了一个精致复杂的指示组件。这个组件驻留在一台为大家所共知的服务器中。客户组件首先和此组件连接,请求一个指向所需服务的索引。指示组件能够使用 DCOM 的安全性机制来对发出请求的用户进行确认,并根据发出请求者的身份选择服务器。指示组件并不直接返回服务器名,实际上建立了一个到服务器的连接,并将此连接直接传递给客户。

然后,DCOM 透明地将服务器和客户端连接起来,这时指示组件的工作就完成了。还可以通过在指示组件上建立一个顾客类代理之类的东西而将以上机制对客户完全屏蔽起来。

用户需求增加时,管理员可以通过改变组件而为不同的用户透明地选择不同的服务器。此时,客户组件没有做任何改动,而应用可以从一个非集中式管理的模式变为一个集中式管理的模式。DCOM 的位置独立性以及对有效指示的支持使得这种设计的灵活性成为可能。

2) 动态负载平衡

静态负载平衡方法是解决不断增长的用户需求的一个好方法,但需要管理员的介入,并且只有在负载可预测时才能很好地工作。

指示组件的思想能够提供更加巧妙的负载平衡方法。指示组件不仅可以基于用户 ID 来选择服务器,还可以利用有关服务器负载、客户与可用服务器之间的网络拓扑结构以及某个给定用户过去需求量的统计数字来选择服务器。每当一个客户连接一个组件时,指示组件将其分配给当时最合适的可用服务器。当然,从客户的观点来看,一切都是透明发生的。这种方法称为动态负载平衡法。

对某些应用来说,连接时的动态负载平衡法可能仍然不充分。客户不能被长时间中断,或者用户之间的负载分布不均衡。DCOM 本身并没有提供对这种动态重连接以及动态的方法分布化的支持,因为这样做需要对客户进程和组件之间相互作用的情况非常熟悉才行。此时,组件在方法激活过程中保留了一些客户的特殊的状态信息。如果此时 DCOM 突然将客户和在另一台机器上的另一个不同的组件再连接,那么这些信息就丢失了。

然而,DCOM 使得应用系统的设计者能够很容易地将这种逻辑结构清楚地引入到客户和组件之间的协议中来。客户和组件能够使用特殊的界面来决定什么时候一个连接可以被安全地经过再寻径接到另一台服务器上而不丢失任何重要的状态信息。从这一点来看,无论是客户还是组件,都可以在下一个方法激活前初始化一个到另一台机器上的另一个组件的再连接。DCOM 提供了用来完成这些附加的面向特殊应用协议的所有丰富的协议扩展机制。

DCOM 结构也允许将面向特殊组件的代码放到客户进程中。当客户进程要激活一个方法时,由真实组件所提供的代理组件在客户进程中截取这一调用,并能够将其再寻径到另一台服务器上。客户根本无须了解这一过程,DCOM 提供了灵活的机制来透明地建立这些分布式组件。

有了以上特性,DCOM 使得开发用来处理负载平衡和动态方法寻径的一般底层结构成为可能。这种底层结构能够定义一套标准界面,可以用来在客户进程和组件之间传递状态信息的出现和消失情况。一旦组件位于客户端的部分发现状态信息消失,就能动态地将客户重新连接到另一台服务器上。

例如,微软的事务服务器(以前称为 Viper)使用这一机制扩展了 DCOM 编程模型。通过一套简单的标准状态信息管理界面,事务服务器能够获得必要的信息来提供高级别的负载平衡。新的编程模型中,客户和组件之间的相互作用被捆绑到事务中,能够指出什么时候一系列的方法调用所涉及的组件的状态信息都是清楚的。

DCOM 提供了一个用来完成动态负载平衡的强大的底层结构。简单的指示组件在连接时可以用来透明地完成动态服务器分配工作。用来将单一的方法调用再寻径到不同服务器的更尖端的机制也能够轻易地完成,但是需要对客户进程和组件之间的相互作用过程有更为深入的了解。微软的完全基于 DCOM 建立的事务服务器(Viper)提供了一个标准的编程模型,用来向事务服务器的底层结构传递面向这一附加的特殊应用的有关细节问题,可以用来执行非常高级的静态和动态的重配置与负载平衡。

4. 容错性

容错性对于需要高可靠性的面向关键任务的应用系统来说非常重要。对于错误的恢复能力,通常是通过一定量的硬件、操作系统以及应用系统的软件机制来实现的。DCOM 在协议级,提供了对容错性的一般支持。前面的"在应用间共享连接管理"部分所描述的一种高级 pinging 机制能够发现网络以及客户端的硬件错误。

如果网络能够在要求的时间间隔内恢复,DCOM 就能自动地重新建立连接。DCOM 使实现容错性变得容易起来,一种技术就是上一部分所说的指示组件的技术。

当客户进程发现一个组件出错时,它会重新连接到建立第一个连接的那个指示组件。指示组件内有哪些服务器不再有效的消息,并能提供在另一台机器上运行的这一组件的一个新的实例。当然,在这种情况下,应用系统仍然需要在高级别上(一致性及消息丢失问题等)处理错误的恢复问题。因为 DCOM 可以将一个组件分别放到服务器方和客户方,所以可以对用户完全透明地实现组件的连接和重连接以及一致性问题。

例 11-8:微软的事务服务器(Viper)提供了一个在应用级处理一致性问题的一般性机制。将多个方法调用组合到一个原子事务中就能够保证一致性,并使应用能够很容易地避免信息的丢失。另一技术经常被称为热备份。同一服务器组件的两个复本并行地在不同的机器上运行,处理相同的信息。客户进程能够明确地同时连接这两台机器。DCOM 的分布式组件通过将处理容错性的服务代码放到客户端使得以上过程对用户应用完全透明。

另一种方法是使用另一台机器上运行的一个协作组件,由它代表客户将客户请求发送给那两个服务器组件,当错误发生时试图将一个服务器组件转移到另一台机器上,经事实证明是失败的。Windows NT 组的最初版本使用了这一方法,当然它可以在应用级完成。DCOM 的分布式组件使得完成这一机能更容易了,并且对用户隐蔽了实现细节。

DCOM 使得完成高级的容错技术变得更为容易。使用 DCOM 提供的部分在客户进程中运行的分布式组件技术能够使解决问题的细节对用户透明。开发者无须改动客户组件,甚至客户机进行重新配置就能够增强分布式应用系统的容错性。

11.3 COBRA 分布构件框架

本节将简单介绍对象管理组织 OMG 及其制定的主要规范,详细讲解对象管理体系结构 OMA 参考模型与对象请求代理 ORB 的体系结构,并对 CORBA 的指导思想、基本概念、

基于分布构件的体系结构

工作原理和主要特点进行讨论。

11.3.1　COBRA 基本原理

对象管理组织(Object Management Group,OMG)负责制定与发布公共对象请求代理体系结构(Common Object Request Broker Architecture,CORBA)规范。由 OMG 发布的对象管理体系结构(Object Management Architecture,OMA)是包括 CORBA 规范在内的所有 OMG 规范的概念模型基础。

1. 对象管理组织

OMG 是一个国际协会,开始的目的是为分布式面向对象系统建立标准,现在致力于建立对程序、系统、业务流程建模的标准,以及基于模型的标准。该组织现有成员八百多个,包括信息系统产品供应商、软件开发商及最终用户。OMG 负责制定并维护一套规范,以支持分布式、异构环境的软件开发项目,覆盖了从分析、设计到编码、部署、运行、管理的整个软件开发过程。这些规范是一种工业或行业的标准,并不是由 ISO、ANSI 或 IEEE 接纳并发布的正式标准。

OMG 已发布的规范主要是 UML 和 CORBA。遵循 OMG 规范可开发出具有标准面向对象接口的、可互操作的、可重用的、可移植的软件组件。

UML 是关于面向对象分析与设计阶段的表示技术的规范,其底层支持元对象设施(Meta-Object Facility,MOF)、XML 元数据交换 XMI(XML Metadata Interchange)和公共库元模型(Common Warehouse Metamodel,CWM),这些基础设施规定了在不同设计工具之间交换 UML 设计模型的标准。由美国 Rational 公司开发的 RationalRose 是当前比较流行的 UML 软件工具。

CORBA 是 OMG 最具影响力的规范集,保证了应用程序的互操作性以及对于硬件平台、操作系统、编程语言及网络与通信协议的无关性。CORBA 规范中包含一系列单独的规范,如 OMG 接口定义语言 IDL、网络通信协议 GIOP 和 IIOP、可移植对象适配器 POA、CORBA 组件模型 CCM。

2. 对象管理体系结构

CORBA 所基于的概念框架是对象管理体系结构 OMA,因而在学习与使用 CORBA 之前应对 OMA 有所认识。OMA 描述了一个较高抽象层次的分布式计算环境。

由 OMG 发布的 Object Management Architecture Guide 是关于 OMA 的正式规范,该指南描述了 OMG 的技术目标与相关术语,并为所有 CORBA 规范提供了概念性的基础设施。该指南的核心内容是对象模型与参考模型,其中,对象模型定义了对象外部可见特征的、独立于具体实现的语义,参考模型则标识与刻画了组成 OMA 的组件、接口与协议。

OMA 体系结构的核心组件是对象请求代理(Object Request Broker,ORB),支持客户程序与对象实现在一个分布式环境中通信。ORB 仅提供了最基础的通信枢纽,在开发不同的实际应用程序时,对象还有许多共性可以提取与重用,OMG 将对象的这些共性依其基本性分别标准化为对象服务、公共设施与领域接口,应用程序中的对象接口则因其差异性较大而无法标准化。

OMA 体系结构中 ORB 组件与其他四类对象接口之间的关系如图 11-4 所示。对象服务是基于分布式对象的所有应用程序都可能用到的通用服务的接口;公共设施是可用于大多数应用领域的面向终端用户的工具接口。对象服务与公共设施的主要区别在于,对象服务比公共设施更加基本。领域接口是与具体应用领域有关的接口,应用接口则是与应用有关的非标准化接口。

图 11-4　OMA 参考模型

从软件体系结构角度来看,OMA 的各个组件形成一种层次设计风格,位于最上层的是应用程序接口,往下依次为领域接口、公共设施、对象服务,最底层是对象请求代理组件。上层组件可跨层调用底层的组件,例如,在应用程序中可直接调用公共设施和对象服务提供的功能。

3. 对象请求代理

对象请求代理是 OMA 参考模型的核心,它提供了分布式对象之间透明地发送请求或接收响应的基本机制,独立于实现对象的特定平台与技术。客户程序无须知道如何与对象通信、如何激活对象、对象如何实现、如何查找对象等。ORB 是基于分布式对象构建应用程序的基础,并保证了在异类网络中对象的可移植性和互操作性。

OMG 的接口定义语言(Interface Definition Language,IDL)为定义 CORBA 对象的接口提供了一种统一标准,用 IDL 定义的对象接口是对象实现与客户程序之间的合约。IDL是一种强类型的说明性语言,独立于任何程序设计语言。IDL 到程序设计语言的映射支持开发者选择自己的程序设计语言来实现对象和发送请求。

OMG 发布的“CORBA: Common Object Request Broker Architecture and Specification”是关于 ORB 体系结构的规范,定义了 ORB 组件的程序设计接口。OMG 发布的 CORBA Languages 是一系列独立的语言映射规范,包括 Java、C++、Smalltalk、Ada、C、COBOL 等语言。

4. 对象服务

对象服务是一些通用的服务,这些服务要么是利用分布式对象开发基于 CORBA 的应用程序的基础,要么为应用程序的互操作性提供与具体应用领域无关的基础。对象服务是分布式应用程序的基本组成构件,开发者可以用不同方式组合对象,在应用程序中发挥不同的作用。对象服务可用于构造具有可互操作的高层设施和应用程序的对象框架。

对象服务的本质是将覆盖对象整个生存期的对象管理任务标准化,例如,对象服务提供的功能包括了创建对象、对象访问控制、查找对象、维持对象间关系。这种标准化可导致不同应用程序的一致性,并提高软件开发者的生产率。

基于分布构件的体系结构

OMG 的对象服务统称 CORBA Services，OMG 发布的 CORBA Services：Common Object Services Specifications(简称 COSS)是关于对象服务的一组规范，其中包括对象命名、事件、生存期、持久对象、事务、并发控制、关系、外表化、许可机制、查询、属性、安全性、时间、对象收集、交易对象等服务的规范。

5. 公共设施

公共设施是可用于大多数应用领域的、面向终端用户的设施，包括分布式文档设施、打印设施、数据库设施、电子邮件设施。公共设施提供的一系列通用的应用程序功能可配置为特定的应用需求，公共设施的标准化使得通用操作具有统一性，并且终端用户可方便地选择自己的配置。

OMG 的公共设施统称 CORBA Facilities，OMG 发布的 CORBA Facilities：Common Facilities Architectures 是描述公共设施体系结构的规范。与对象服务规范一样，公共设施规范包括了一系列用 OMG IDL 表达的接口定义。

6. 领域接口

领域接口是与应用领域有关的接口，如金融、医疗、制造业、电信、电子商务、运输等应用领域。图 11-4 中的领域接口表示为一组领域的接口，暗示了开发者可按照不同的应用领域来组织领域接口。

OMG 正是按不同应用领域组织与发布一系列领域接口规范，例如，OMG 已发布了制造、医疗、金融、电信等行业的规范集 CORBA Manufacturing、CORBA Med、CORBA Finance、CORBAtelecoms 等。OMG 正在进一步完善并将陆续推出新的领域接口规范。

7. 应用程序接口

应用程序对象为终端用户执行特定的任务，它不是 OMG 标准化的内容，而是构成整个 OMA 参考模型的最上层元素。一个典型的应用程序由大量基本的对象类构建而成，其中部分对象与具体应用有关，部分对象则来自领域接口、公共设施、对象服务。应用程序对象可通过继承机制重用现有的对象。

应用程序只需支持或使用与 OMG 一致的接口即可加入 OMA 中，这些程序本身未必要用面向对象风格来实现。对象服务与应用程序接口展示了现有的非面向对象软件可以嵌入在一些对象包装器中，从而融入 OMA 体系结构。

11.3.2 CORBA 体系结构

CORBA 建立在 OMG 的对象模型基础之上，主要有三个关键部分：接口定义语言 IDL、对象请求代理 ORB、标准通信协议 IIOP。

1. OMG 的对象模型

OMG 在 Object Management Architecture Guide 中定义的对象模型描述了对象外部特征的标准语义，其中对象、类型、操作、属性、对象实现等语义与 Java、C++、Eiffel 等面向对象程序设计语言十分相近。在该模型中，客户程序通过一个由 IDL 书写的接口向服务对象提出服务请求。

请求是一个在特定时刻发生的事件，携带的信息包括操作、提供服务的目标对象引用、零个或多个实际参数以及一个可选的请求上下文(Request Context)。对象引用是可以有效地指称一个对象的对象名字。请求上下文提供了可能影响请求执行的额外信息，这些信息通常与操作有关。请求表（Request Form）用于发送请求,可多次求值与执行。请求表由 IDL 与特定语言的绑定来定义,另一种形式的请求表通过调用动态调用接口 DII 创建一个调用结构,往调用结构中添加参数后可发出调用。

在 OMG 的对象模型中,对象可以被创建或撤销。但从客户程序的角度来看,并没有什么特别的机制用于创建或撤销对象,对象创建与撤销只是发出请求的结果。客户程序通过对象引用指称新创建的对象。

2. 对象请求代理的结构

对象请求代理（Object Request Broker,ORB）是 OMA 的核心基础设施,CORBA 规范规定了 ORB 的标准体系结构。ORB 负责完成查找请求的对象实现、让对象实现准备好接收请求、传递构成请求的数据等任务所需的全部机制。客户程序所看到的对象接口完全独立于对象所处的位置、实现对象的程序设计语言以及对象接口中未反映的其他特性。

为调用远程对象实现的一个实例,客户程序必须首先获取一个对象引用（以后我们将知道有多种方式可获取对象引用）。客户程序发出远程调用的方式与本地调用相似,只不过调用的是远程对象实例的对象引用。ORB 检查对象引用,如果发现目标对象是远程的,就将参数打包并通过网络传递给远程对象所在的 ORB。

ORB 提供的最基本功能是从客户程序向对象实现传递请求。在逻辑上,ORB 可理解为一个由 ORB 接口定义的服务集合;但在物理上,ORB 通常不必实现为一个单独的组件（如进程或程序库）。ORB 内核（ORB Core）是 ORB 最关键的部分,负责请求的通信设施,每一个 ORB 产品供应商都有一个自己特有的 ORB 内核。图 11-5 展示了 ORB 体系结构的主要组成部分及其关系。

图 11-5　ORB 体系结构的主要组成部分及其关系

图 11-6 展示了客户程序与对象实现如何有效地组织和利用对象接口与对象实现的有关信息。

根据图 11-5 和图 11-6 不难看出 ORB 与 Java RMI 的相似性,其中,客户程序桩和对象实现框架与 RMI 中的作用相同。但 ORB 的体系结构显然比 RMI 更复杂,因为它不仅提供了动态调用的方式,还支持用不同的程序设计语言实现对象。通过比较 RMI 与 ORB,我们更容易掌握 ORB 的特性。

第 11 章

基于分布构件的体系结构

图 11-6　接口库与实现库

3. 对象接口定义

客户程序是想要执行对象上的操作的实体,对象实现则是真正实现该对象的代码与数据。客户程序与对象实现之间的界面是对象的接口定义。

对象接口采用接口定义语言(Interface Definition Language,IDL)定义,IDL 根据可执行的操作以及操作的参数来定义对象的类型,并可映射到特定的编程语言或对象系统。为了能在运行时充分利用对象接口定义的有关信息,还可将对象接口定义添加到接口库(Interface Repository)服务中(如图 11-6 所示),该服务将接口组件表示为对象,允许运行时动态访问这些组件。IDL 与接口库具有同等的表达能力。

客户程序只能通过对象的接口定义掌握对象的逻辑结构,并通过发送请求来影响对象的行为与状态。客户程序不必了解对象实现的具体实现方式,也不必知道该对象实现采用哪个对象适配器以及需要用哪个 ORB 访问该对象实现。CORBA 通过对象接口进一步延伸了传统程序设计语言的封装与信息隐藏概念。

对象实现可以用多种方式实现,如独立的服务程序、程序库、每个方法的程序代码、被封装的应用程序、面向对象数据库等。通过使用附加的对象适配器,ORB 事实上可支持所有风格的对象实现。通常对象实现不依赖于 ORB 或客户程序调用对象的方式,如果对象实现需要使用依赖于 ORB 的服务,则需要通过选择合适的对象适配器获得服务的接口。

对象实现信息在安装时提供,并被存储在实现库中,供传送请求时使用。

4. 客户程序发送请求

客户程序通过发送请求去调用由对象实现提供的服务。客户程序可通过静态调用或动态调用方式将请求发送给 ORB 内核,然后由 ORB 内核将请求转发给对象实现。静态调用方式借助于客户程序桩完成,动态调用方式则使用动态调用接口(Dynamic Invocation Interface,DII)。从发送请求的功能上来看,这两种调用方式具有完全相同的能力(即二者的调用语义相同),对象实现并不知道请求是如何从客户端发出的。

通常 ORB 产品会提供一个 IDL 编译器,在编译 IDL 文件时,会创建客户程序桩与对象实现框架。如果 IDL 文件进行了修改,则必须重新用 IDL 编译器创建新的桩与框架。由于桩与框架在编译时创建并且在运行时不再改变,因而这些接口相对于动态调用接口又称为静态调用接口(Static Invocation Interface,SII)。静态调用方式与 Java RMI 类似。IDL 桩负责客户程序的实现语言与 ORB 内核之间的映射,因而只要 ORB 支持某种语言的映射,客户程序就可选择该语言作为实现语言。

使用 SII 的客户程序开发者必须在程序编译之前就知道操作的名字和所有参数与返回值的类型,实际的操作名字、参数值和返回值编写在应用程序的源代码中。

SII 是一种最简单的调用机制,所有使用 SII 的应用程序也可用 DII 实现,但使用 DII 的应用程序则未必可用 SII 实现。选择这两种调用方式的基本原则是:如果应用程序可以用 SII 实现,那么就应使用 SII,这是因为 DII 需要更多的编码(本质上是要由程序员自己完成桩的所有任务)并且运行效率更低,并且编译器无法帮助检查类型和优化代码。

DII 允许客户程序调用在编译客户程序时尚未确定对象接口的对象实现。客户程序使用 DII 时必须生成一个请求,其中包括对象引用、操作及参数表。DII 的动态特性使得 DII 在某些应用场合更优于 SII,如编写 CORBA 服务的浏览器、应用程序浏览器、转换协议的桥接、访问大量不同接口、应用程序的监控、通用对象测试程序等。使用 DII 的应用程序访问对象实现提供的服务时,不必包含由 IDL 编译器生成的桩,只需在运行时访问 ANY 对象。当然,使用 DII 会比 SII 更麻烦,程序员必须用 DII 接口指定操作和每个参数的类型与值,并且由程序员自己利用 CORBA 定义的类型码(typecode)做类型检查。DII 类似于 Java 语言的自省机制。

DII 还提供了一种延迟同步调用,使得客户程序提交请求后不必等候答复。延迟同步调用与单向(one-way)操作相似,但延迟同步调用支持返回值和输出型参数(这时必须进行轮询)。CORBA 3.0 通过异步消息服务同时支持静态的和动态的延迟同步调用。

5. 对象实现接收请求

ORB 将请求分派给对象实现也有两种方式:静态方式使用由 IDL 生成的框架,动态方式使用动态框架接口(Dynamic Skeleton Interface,DSI)。ORB 通过 IDL 框架或 DSI 查找合适的实现代码、传送参数,并将控制传给对象实现,对象实现执行请求时,可通过对象适配器 OA(Object Adapter)获取 ORB 的某些服务,请求完成后,将结果返回给客户程序。

对象实现与 ORB 内核之间的通信由对象适配器完成,对象适配器负责对象引用的生成与解释、方法调用、交互的安全性、对象实现的激活与冻结、将对象引用映射到相应的对象实现、对象实现的注册等。为满足特定系统的需要,供应商会提供不同的专用对象适配器。对象实现可选择使用哪种对象适配器,这取决于对象实现所需的服务。

ORB 屏蔽了客户端发送请求与服务端接收请求的不同方式。从客户程序的角度来看,使用 DSI 的对象实现与使用 IDL 框架的对象实现行为相同,客户程序不必提供特别的处理去与使用 DSI 的对象实现通信。对象实现框架的存在并不意味着一定要有客户程序桩,客户程序也可以通过 DII 发送请求。

虽然 DSI 比较复杂且性能不高,但 DSI 的动态特性使得 DSI 在某些应用场合更优于静态分派请求,如开发服务端的桥接(协议转换器)、监控应用程序、解释性服务或由脚本驱动的服务等,后面还将看到 DSI 在实现对象的互操作性时发挥的作用。

使用 DSI 的应用程序提供服务时,不必包含由 IDL 编译创建的框架,因而这些服务支持更通用的请求,但需要更多的手工编程并且必须检查类型的安全性。

6. 对象的互操作性

互操作性(Interoperability)是指在一个系统中用不同工具或不同供应商的产品开发出来的两个组件是否可以协调工作。当前有许多商品化和免费的 ORB 产品,每一种产品都试图满足操作环境的特定需求,因而产生了不同 ORB 之间可互操作的需要。此外,有些分布式应用系统并不是 CORBA 兼容的,如 DCE、DCOM 等,这些系统与 CORBA 的可互操作需求也在不断增长。

影响对象之间互操作性的因素不仅仅是实现方面的差异,还包括安全性方面的严格限制或需要提供正在开发产品的受保护测试环境等原因。为了提供一个完全可互操作的环境,必须将这些差别都考虑进去。

这就是 CORBA 2.0 引入了域这一高层概念的原因。域支持开发人员根据自己的实现因素或管理原因将对象划分为不同的集合,不同域的对象之间需要桥接机制才可彼此交互。此外,桥接机制必须足够灵活,既可适用于协议翻译量少而传输性能比较重要的情况(如位于同一个 ORB 上两个不同的域),也可适用于性能不太重要但需要访问不同 ORB 的情况。

7. ORB 域和桥接

实现互操作性的方法通常可分为直接桥接和间接桥接两种方式。

采用直接桥接方式时,需交互的元素直接转换为两个域的内部表示,这种桥接方式具有较快的传输速度,但在分布式计算中缺乏通用性。采用间接桥接方式时,需交互的元素在域的内部表示形式与各个域一致认可的另一种表示形式之间相互转换,这种一致认可的中间表示形式要么是一种标准(如 OMG 的 IIOP),要么是双方的私下协议。如果中间表示是某一运行环境的内部表示(如 TCP/IP),则称为全桥(Full Bridge);否则,如果一个 ORB 运行环境不同于公共协议,则称该 ORB 为半桥(Half Bridge)。

桥接既可在一个 ORB 的内部实现(如只是连接两个管理领域的边界),也可在更高层次实现。在 ORB 内部实现的桥接称为内联桥(In-Line Bridge),否则称为请求层桥(Request-Level Bridge)。实现内联桥时,既可要求 ORB 提供某种附加的服务,也可引入额外的桩和框架代码。

请求层桥的工作方式大致如下:客户程序的 ORB 将桥与服务程序的 ORB 看作对象实现的一部分,并通过递送源指令(Delivered Source Instruction,DSI)向该对象发送请求(注意 DSI 无须在编译时知道对象的规格说明);DSI 与桥协作,将请求转换为服务程序的 ORB 能够理解的形式,并通过服务程序的 ORB 的 DII 调用被转换的结果;如果请求有返回结果,也是通过类似的路径返回。

实际上,桥为了完成其功能不得不了解对象的有关信息,因而要么必须访问接口库,要么只能是一个与特定接口有关的桥。

8. GIOP、IIOP 与 ESIOP

为了让桥能正常工作,还有必要制定传输请求的统一标准,规定传输底层的数据表示方法与消息格式,由 OMG 定义的通用 ORB 间协议 GIOP(General Inter-ORB Protocol)负责完成这一功能。GIOP 专门用于满足 ORB 与 ORB 之间交互的需要,并设计成可在任何传输协议的上层工作,只要这些协议满足最小的假设集。当然用不同传输协议实现的 GIOP 版本不必直接兼容,但它们能够交互将更加有效。

除了定义通用的传输语法外,OMG 还规定了如何以 TCP/IP 协议为基础实现 GIOP 协议,这一更具体的标准称为互联网 ORB 间协议 IIOP(Internet Inter-ORB Protocol)。GIOP 与 IIOP 之间的关系就像 IDL 与 Java、C++ 等具体语言之间的映射关系。由于 TCP/IP 是独立于供应商的最流行传输协议,IIOP 为 ORB 提供了开放式的互操作性。此外,IIOP 还可作为半桥的中间层,除了提供互操作性的功能之外,供应商还可用于 ORB 间的消息传递。

IIOP 是 ORB 之间的通信协议,虽然也可用于实现 ORB 内部的消息传递,但并不是

CORBA 的硬性规定。一个特写的 ORB 产品可能支持多种通信协议,但声称与 CORBA 2.0 兼容的 ORB 产品至少必须支持 IIOP。

CORBA 规范还提供了一套特定环境 ORB 间协议 ESIOP(Environment-Specific Inter-ORB Protocols),这些协议可用于特定环境(如 DCE、DCOM、无线网络等系统)的互操作性。与 IIOP 相比,ESIOP 可针对于特定环境进行优化。

9. CORBA 对互操作性的支持

CORBA 的目标是支持多个层次的互操作性,CORBA 规范经过多次改进和发展才达到这一目标。早期的 CORBA 版本强调不同平台与语言之间的互操作性,包括了 IDL 标准以及 IDL 到程序设计语言的映射。使用同一供应商的 ORB 产品开发的客户程序与服务程序之间可以交互,但使用不同供应商的 ORB 产品开发的客户程序与服务程序则未必是互操作的。

CORBA 2.0 版引入 GIOP 和 IIOP,实现了不同供应商的 ORB 产品之间的互操作性,所有供应商的 ORB 产品如果与 CORBA 2.0 兼容,则彼此之间可互操作。

更完善的互操作性还应包括不同服务之间是可互操作的,例如,一个 CORBA 对象可通过协议桥接操作一个 DCOM 对象。但 CORBA 的事务服务能否与微软的事务服务进行交互,从而为不同系统提供一个无缝的事务? 这类在服务层次的更广义互操作性是 CORBA 规范尚未解决的问题之一。

11.3.3　CORBA 规范

OMG 本身不生产任何软件或实现任何规范,它只是将 OMG 成员的信息需求(RFI)与建议需求(RFP)汇集为规范。CORBA 规范是一套开放式的规范,OMG 的成员或非成员公司均可免费实现符合 CORBA 规范的 ORB 产品。

CORBA 这一名词既用于专指关于 ORB 体系结构的规范,也泛指 OMG 基于 OMA 参考模型发布的一系列规范集。由于 OMG 需要不断改进与完善 CORBA 体系结构,因而为 CORBA 规范编制了完整的版本号。仅当对体系结构做重大改变时,OMG 才增加 CORBA 规范的主版本号,所以有时也以主版本号代指 CORBA 的新特征,例如,CORBA 2 指 ORB 之间的互操作性和基于 TCP/IP 协议的 IIOP。

2010 年 OMG 正式发布 CORBA 3.0,鉴于组件技术在面向对象技术中扮演着越来越重要的角色,3.0 版本的最大改进是为 CORBA 引入了组件模型。CORBA 组件模型参照 SUN Microsystems 的 EJB(Enterprise JavaBeans)为开发即插即用的 CORBA 对象提供了基本架构,程序员可用 CORBA 脚本语言 CSL(CORBA Scripting Language)合成 CORBA 组件。CORBA 组件模型将会给客户端和服务端的可伸缩性带来有力支持。此外,CORBA 3.0 更好地集成了 Java、互联网、DCE 遗留系统,允许在 IIOP 上使用 RMI,并支持 IIOP 穿越防火墙。

11.3.4　CORBA 产品概述

尽管 OMG 不断改进与完善 CORBA 规范,但每一版本都保持了较好的向后兼容性,因而 CORBA 规范相当成熟与稳定,并且拥有大量产品,在企业计算与互联网计算领域拥有庞大的市场。基于 CORBA 的软件适用于互联网应用与企业计算,特殊版本的 CORBA 还可

基于分布构件的体系结构

运行在实时系统、嵌入式系统与容错系统。

CORBA 规范并未约束 ORB 产品的实现方式,因而 ORB 可驻留在客户程序和对象实现中,也可将 ORB 作为一个服务程序,或者将 ORB 作为操作系统提供的基本服务。一个特定的 ORB 产品可能支持上述多种方式,并可能支持多种通信协议。

由于 CORBA 规范独立于软件供应商,在不同供应商的 ORB 产品上运行的程序之间具有较好的互操作性。当前市场上有许多 CORBA 产品可供用户选择,其中一些是商品化的,一些是免费的,许多商品化商品也提供了免费的试用期。但这些产品在对 CORBA 规范的支持程度、对 CORBA 对象服务的支持程度及其他附加特征等方面有很大差异。

1. 商品化 CORBA 产品

许多商品化 ORB 产品提供了或长或短的免费评估试用期。

(1) Orbix:是 IONA 公司在全球范围内部署最广的企业 CORBA 解决方案,完成对象分布配置、协调工作,在电信、金融服务、制造、政府等部门具有数以千计的用户。Orbix 标准版是全球使用的 CORBA ORB,适用于构建、部署满足企业集成需求的 SOA 系统。Orbix 使用 Java、C++构建新的分布式系统,将大型主机系统呈现为服务,或以非入侵方式使用新的逻辑加强系统。Orbix 允许开发人员使用基于标准的界面来构建新应用程序并扩展现有应用程序,Web 服务的开发和部署支持 XML、SOAP、WSDL、UDDI、JAX API,使 J2EE、.NET 和 Web 的服务用户更易于访问和利用 CORBA 基础架构中的信息资产,降低了成本。

(2) VisiBroker:是 Inprise 公司的 CORBA 技术的分布式对象产品,实现了 CORBA 中的 ORB 核心技术,同时提供了一些扩充功能。VisiBroker 支持 Java 和 C++语言,可在 Windows、Solaris、RedHat Linux、HP-UX、AIX 平台运行,完全遵循 CORBA 2.3 规范,支持可移植对象适配器、传值对象、IIOP 上的 RMI、具有簇和容错特性的命名服务、属性管理、服务质量、拦截器,并扩充了位置服务、对象包装器等 VisiBroker 专有特性。业务逻辑通常由 EJB 开发,并且运行在一个 EJB 容器中。EJB 容器负责安全性、事务策略、对象生存期、线程,这些问题实际上就是 CORBA 中的对象服务和公共设施,解决这类问题可让开发者将精力集中在开发业务逻辑自身。

(3) WebLogic:是 Oracle 公司出品的一个 Java 应用服务器。作为一个基于 J2EE 架构的中间件,WebLogic 是用于开发、集成、部署、管理大型分布式 Web 应用、网络应用、数据库应用,通过使用 RMI-IIOP(RMI over Internet Inter-ORB Protocol)协议部署近似 CORBA 的分布式应用系统。WebLogic Server 基于 Java 2 企业版(J2EE)和 CORBA 规范,是市场上主要的 Java 应用服务器,在许多关键业务的 Web 和无线应用中经受过考验,为企业 Web 应用与电子商务应用提供了一个可靠的、可伸缩的事务处理平台。WebLogic Server 和 WebLogic Enterprise 支持 Java 和 C++语言,提供与 COM 的桥接,支持命名与事务对象服务。

(4) Component Broker:WebSphere 应用服务器是 IBM 公司推出的电子商务应用开发与部署环境。该产品提供了三种版本:标准版可使用 Java servlet、JSP(Java Server Pages)和 XML 开发动态网站内容;高级版是一个高性能的 EJB 服务器,实现了包含业务逻辑在内的 EJB 组件;企业版则集成了 EJB 与 CORBA,适用于建立可处理大量事务的大规模电子商务应用。Component Broker 已融合为 WebSphere 应用服务器(企业版)的一部分,为应用服务器提供完整的对象分布性与持久性。该 ORB 产品支持 Java、C++、Smalltalk、COBOL 等语言,提供了与 COM 的桥接,并支持命名、生存期、事件、事务、外表化、并发、查询、安全性等多种对象服务。

市面上还有许多其他的商品化 CORBA 产品,如 Critical Path 公司的 InJoin BROKER、GemStone 公司的 GemORB、Objective Interface Systems 公司的 ORBexpress 等。

2. 免费 CORBA 产品

选择免费 CORBA 产品时,须注意有些产品的许可协议仅允许应用到非商业用途,有些则无此限制。许多免费 CORBA 产品还提供了 ORB 的源代码,对深入理解 CORBA 有很大帮助。

(1) OmniORB:是 AT&T 剑桥实验室开发的一个免费 ORB 产品,该产品是 CORBA 的一种开发库,主要适用于 C++ 和 Python,提供命名、属性等对象服务,主要特色是具有较高的性能。

(2) TAO:是美国华盛顿大学分布式对象计算研究小组开发的免费 ORB 产品,采用代码公开开发模式。TAO 支持 C++ 语言,提供命名、事件、交易对象、生存期、属性、并发性等对象服务。其特色是包括了支持实时 CORBA 的显式绑定与可移植同步器。

(3) ORBit:是一个遵循 CORBA 2.2 规范的 ORB 产品,支持 C 语言绑定。ORBit 的特色是具有较高的性能。

11.3.5　讨论

OMG 致力于解决分布式应用程序的复杂性与高成本问题。CORBA 顺应软件技术发展的潮流,成功地融合了两种技术:一个是基于消息传递的分布式客户机/服务器技术,另一个是面向对象软件开发技术。CORBA 采用面向对象方法创建在应用程序之间可重用与可共享的软件组件,每一个对象对外隐藏了内部工作的细节,并提供一个定义良好的外部接口,从而降低应用程序的复杂性。一旦实现并测试一个对象后,可以在新应用环境中多次被重用,因而减少了开发应用程序的成本。

CORBA 的平台无关性很适合用于集成企业内的异类计算机系统,包括不同供应商的不同硬件平台、操作系统、网络系统、程序设计语言或其他特性。CORBA 应用程序客户可运行在小至手持无线设备或嵌入式系统,大至大型计算机的平台。CORBA 支持多种现有的程序设计语言,并且支持在单个分布式应用程序中混合使用这些语言。

CORBA 的最大特点是提供了在异类分布式环境中对象之间高度的互操作性,从而保证了建立在不同 CORBA 产品之上的分布式对象可互相通信。大型企业不必强制规定所有开发项目使用单一的 CORBA 产品。

CORBA 提供了一个工业标准而不是一个软件产品,不同供应商的竞争保证了有高质量的、完全遵循 CORBA 的产品。使用 CORBA 标准也为开发者的实现提供了一定程度的可移植性。注意,应用程序在不同 CORBA 产品之间并不是 100% 可移植的。

CORBA 的一个典型应用是开发需要有效处理大量客户请求的服务程序,CORBA 的可伸缩性和容错性使得许多大型网站后台都应用了 CORBA 技术。

虽然 CORBA 规范只支持详细设计与编码阶段的任务,但在编码的前端,CORBA 可得到 OMG 的 UML 规范的支持。此外,超过 800 家企业支持 CORBA,包括硬件公司、软件公

基于分布构件的体系结构

司、电报公司、电话公司、大型银行等,这使得 CORBA 具有良好的市场前景。

影响分布式计算复杂性的因素有些是必然的,例如,必须考虑延迟时间带来的影响,必须检测与恢复网络与主机的部分失败,需要处理负载均衡和服务划分,需要考虑分布式事件时序的随机性,要求有高度安全性等。这些必然因素是分布式计算领域中最基本的问题。此外,有些因工具或技术手段等原因造成的限制增加了分布式计算的复杂性,这些偶然因素可能包括缺乏类型安全的、可移植的、可扩展的系统调用接口或组件库,缺少测试工具的支持,大量使用基于功能或算法的分解,没有统一的规范标准等。

显然,CORBA 帮我们解决了不少问题,如问题分解、容错性、安全性等方面,但在标准 CORBA 中仍有许多问题尚未解决,如时间延迟、随机时序、死锁、负载均衡、资源控制等。 CORBA 规范的不断发展就是为了更好地解决这些问题,但在此之前我们必须在实际应用中自己考虑并动手解决这些问题。

11.4　小　　结

软件架构师工作从宏观上可以分为七步:选用架构模式、识别关键进行抽象、分析机制、分析局部、确定核心元素、引入外围元素、进行组织优化。因此可以看出架构师的第一步工作就是选用架构模式。本章内容主要介绍了 EJB、DCOM 和 CORBA 三种集成技术的核心内容和体系结构。通过探讨这三种软件架构集成技术的核心思想与体系结构,让读者从最基础的层面上理解这三种软件架构集成技术的根本所在。软件复用的基本单元从程序代码开始发展到了面向对象的类及封装的构件,包括运行态的构件(如 EJB、DCOM 和 CORBA 等分布式运行构件)一直在向大粒度方向进化,为的是复用的粒度大,效益更为明显。

本章从体系结构、策略和实现三个层面描述了 EJB、DCOM 和 CORBA 的本质。这些内容是在对这三种技术做出正确选择时必须要考虑的。本章从三个方面来进行阐述:第一方面分别介绍了三种架构各自的由来、设计的规范及思想,讨论了它们之间的共性特征;第二方面阐述了 EJB、DCOM 和 CORBA 技术的基础架构;第三方面介绍了这三种技术的特点及各自优势。

11.5　思　考　题

(1) 什么是 CORBA? CORBA 主要用来解决什么问题?

(2) CORBA 中各个对象和接口之间是怎样交互的?

(3) 什么是 EJB? 它有哪些特点?

(4) EJB 由哪些角色组成? 其结构的优缺点有哪些?

(5) 什么是 DCOM? DCOM 的特性和优势有哪些?

(6) DCOM 服务端组件类型有哪些? 简单介绍一下 DCOM。

(7) 请比较 EJB、DCOM 和 CORBA 技术的优缺点。

第 12 章　软件体系结构评估

　　编程的时候,总是想着那个维护你代码的人会是一个知道你住在哪儿的有暴力倾向的精神病患者。

——Martin Golding

　　作为在软件生命周期早期保障软件质量的重要手段之一,软件体系结构评估技术是软件体系结构研究中的一个重要组成部分。

　　用户最关注软件系统的质量,尤其是大规模的复杂软件系统。软件体系结构对于确保最终系统的质量有重要意义。对软件的体系结构进行评估,是为了在系统被构建之前预测质量,通过分析体系结构对于系统质量的影响,进而提出改进意见。因此,软件体系结构评估的目的是分析软件体系结构潜在的风险,并检验设计中提出的质量需求。针对体系结构评估,许多研究组织在会议和杂志上提出了众多结构化的评估方法,对于评估方法的改进和实践工作仍在进行中。

　　本章共分四个部分:12.1 节为软件体系结构评估概述,12.2 节为 SAAM 软件架构分析方法,12.3 节为 ATAM 体系结构权衡分析方法,12.4 节为评估方法比较。

12.1　软件体系结构评估概述

12.1.1　质量属性

　　质量属性是一个组件或一个系统的非功能性特征。

　　软件质量在 IEEE1061 中定义,体现了软件拥有所期望的属性组合的程度。作为另一个标准,ISO/IEC Draft9126-1 定义了一个软件质量模型。依照这个模型,软件质量共有六种特征:功能性、可靠性、可用性、有效性、可维护性和可移植性,并且被分成子特征,根据各个软件系统外部的可见特征来定义这些属性。

　　质量属性很难定义,并且经常造成开发者设计的产品和客户满意的产品之间的差异。真正的现实系统中,在决定系统成功与失败的因素中,满足非功能性需求往往比满足功能性需求更为重要。

1. 功能性

　　功能性是系统完成所期望工作的能力。一项任务的完成需要系统中许多或大多数构件的相互协作。功能性可以细化成完备性和正确性。目前对软件的功能性评价主要采用定性评价方法。

（1）完备性：是与软件功能完整、齐全有关的软件属性。如果软件实际完成的功能少于或不符合研制任务书所规定的明确或隐含的那些功能，则不能说该软件的功能是完备的。

（2）正确性：是与能否得到正确或相符的结果或效果有关的软件属性。软件的正确性在很大程度上与软件模块的工程模型（直接影响辅助计算的精度与辅助决策方案的优劣）和软件编制人员的编程水平有关。

对这两个子特征的评价依据主要是软件功能性测试的结果，评价标准则是软件实际运行中所表现的功能与规定功能的符合程度。软件的研制任务书中明确规定了该软件应该完成的功能，如信息管理、提供辅助决策方案、辅助办公和资源更新等。那么，即将进行验收测试的软件应该具备这些明确或隐含的功能。

目前，对于软件的功能性测试主要针对每种功能设计若干典型测试用例，软件测试过程中运行测试用例，然后将得到的结果与已知标准答案进行比较。所以，测试用例集的全面性、典型性、权威性是功能性评价的关键。

2. 可靠性

可靠性是软件无故障执行一段时间的概率。健壮性和有效性有时可看成是可靠性的一部分。衡量软件可靠性的方法包括正确执行操作所占的比例、在发现新缺陷之前系统运行的时间长度和缺陷出现的密度。根据如果发生故障对系统有多大影响和对于最大的可靠性的费用是否合理来定量地确定可靠性需求。如果软件满足了可靠性需求，那么即使该软件还存在缺陷，也可认为达到其可靠性目标。要求高可靠性的系统也是为高可测试性系统设计的。

根据相关的软件测试与评估要求，可靠性可以细化为成熟性、稳定性和易恢复性。对于软件的可靠性评价，主要采用定量评价方法。即选择合适的可靠性度量因子（可靠性参数），然后分析可靠性数据而得到参数具体值，最后进行评价。

经过对软件可靠性细化分解，并参照研制任务书，可以得到软件的可靠性度量因子（可靠性参数）。

（1）可用度：是指软件运行后，在任一随机时刻需要执行规定任务或完成规定功能时，软件处于可使用状态的概率。可用度是对应用软件可靠性的综合（即综合各种运行环境，以及完成各种任务和功能）度量。

（2）初期故障率：是指软件在初期故障期（一般以软件交付给用户后的 3 个月内为初期故障期）内单位时间的故障数，一般以每 100 小时的故障数为单位，可以用来评价交付使用的软件质量与预测软件可靠性基本稳定的时间。初期故障率的大小取决于软件设计水平、检查项目数、软件规模、软件调试彻底与否等因素。

（3）偶然故障率：是指软件在偶然故障期（一般以软件交付给用户后的 4 个月以后为偶然故障期）内单位时间的故障数，一般以每 1000 小时的故障数为单位，反映了软件处于稳定状态下的质量。

（4）平均失效前时间：是指软件在失效前正常工作的平均统计时间。

（5）平均失效间隔时间：是指软件在相继两次失效之间正常工作的平均统计时间。实际使用时，通常是指当 n 很大时，系统第 n 次失效与第 $n+1$ 次失效之间的平均统计时间。对于失效率为常数和系统恢复正常时间很短的情况下，平均失效前时间与平均失效间隔时间几乎是相等的。一般民用软件的平均失效间隔时间在 1000 小时左右；对于可靠性要求高的软件,则要求在 1000～10000 小时之间。

(6) 缺陷密度:是指软件单位源代码中隐藏的缺陷数量,通常以每千行无注解源代码为一个单位。一般情况下,可以根据同类软件系统的早期版本估计缺陷密度的具体值。如果没有早期版本信息,也可以按照通常的统计结果来估计。统计表明,在开发阶段平均每千行源代码有 50～60 个缺陷,交付后平均每千行源代码有 15～18 个缺陷。

(7) 平均失效恢复时间:是指软件失效后恢复正常工作所需的平均统计时间。对于软件而言,失效恢复时间为排除故障或系统重新启动所用的时间,而不是对软件本身进行修改的时间(软件已经固化在机器内,修改软件势必涉及重新固化问题,这个过程的时间是无法确定的)。

3. 可用性

可用性又称易用性,所描述的是许多组成“用户友好”的因素。可用性衡量准备输入、操作和理解产品输出所花费的努力。必须权衡可用性和学习如何操纵产品的简易性。

例如,“化学制品跟踪系统”的分析员询问用户这样的问题,“你能快速、简单地请求化学制品并浏览其他信息,这对你有多重要?”“你请求一种化学制品大概需要花费多少时间?”对于定义使软件易于使用的许多特性而言,这只是一个简单的起点。对于可用性的讨论可以得出可测量的目标,例如,“一个培训过的用户,应该可以在平均 3 分钟或最多 5 分钟时间以内完成从供应商目录表中请求一种化学制品的操作”。

同样,调查新系统是否一定要与任何用户界面标准或常规相符合,或者其用户界面是否一定要与其他常用系统的用户界面相一致。

有一个可用性需求的例子:“在文件菜单中的所有功能都必须定义快捷键,该快捷键是由 Ctrl 键和其他键组合实现的。出现在微软 Word 中的菜单命令必须与 Word 使用相同的快捷键”。

可用性还包括对于新用户或不常使用产品的用户在学习使用产品时的简易程度。易学程度的目标可以经常定量地测量。

例如,“一个新用户用不到 30 分钟的时间适应环境后,就应该可以对一个化学制品提出请求”,或者“新的操作员在一天的培训学习之后,就应该可以正确执行他们所要求的任务的 95%”。在定义可用性或可学性的需求时,应考虑到在判断产品是否达到需求时而对产品进行测试的费用。

可用性可以细化为易理解性、易学习性和易操作性。这三个特征主要是针对用户而言的。对软件的可用性评价主要采用定性评价方法。

(1) 易理解性:是与用户认识软件的逻辑概念及其应用范围所花的努力有关的软件属性。该特征要求软件研制过程中形成的所有文档语言简练、前后一致、易于理解、语句无歧义。

(2) 易学习性:是与用户为学习软件应用(如运行控制、输入、输出)所花的努力有关的软件属性。该特征要求研制方提供的用户文档(主要是《计算机系统操作员手册》《软件用户手册》和《软件程序员手册》)内容详细、结构清晰、语言准确。

(3) 易操作性:是与用户为操作和运行控制所花的努力有关的软件属性。该特征要求软件的人机界面友好、界面设计科学合理、操作简单。

软件体系结构评估

4. 有效性

有效性指的是在预定的启动时间中,系统真正可用并且完全运行时间所占的百分比。更正式地说,有效性等于系统的平均故障时间除以平均故障时间与故障修复时间之和。有些任务比起其他任务具有更严格的时间要求,此时,当用户要执行一个任务但系统在那一时刻不可用时,用户会感到很沮丧。询问用户需要多高的有效性,并且是否在任何时间对满足业务或安全目标有效性都是必须的。

一个有效性需求可能这样说明:"工作日期间,在当地时间早上6点到午夜,系统的有效性至少达到99.5%,在下午4点到6点,系统的有效性至少可达到99.95%"。

5. 可维护性

可维护性表明了在软件中纠正一个缺陷或做一次更改的简易程度。可维护性取决于理解软件、更改软件、测试软件的简易程度,它与灵活性密切相关。高可维护性对于那些经历周期性更改的产品或快速开发的产品很重要。可以根据修复一个问题所花的平均时间和修复正确的百分比来衡量可维护性。

例如,"化学制品跟踪系统"包括以下可维护性需求:"在接到来自联邦政府修订的化学制品报告的规定后,对于现有报表的更改操作必须在一周内完成"。

在图形引擎工程中,必须不断更新软件以满足用户日益发展的需要,因此我们确定了设计标准以增强系统总的可维护性,"函数调用不能超过两层深度",并且"每一个软件模块中,注释与源代码语句的比例至少为1:2"。认真并精确地描述设计目标,以防止开发者做出与预定目标不相符的行为。

6. 可移植性

可移植性是度量把一个软件从一种运行环境转移到另一种运行环境中所花费的工作量。软件可移植的设计方法与软件可重用的设计方法相似。可移植性对于工程的成功是不重要的,对于工程的结果也无关紧要。可以移植的目标必须陈述产品中可以移植到其他环境的那一部分,并确定相应的目标环境。于是,开发者就能选择设计和编码方法,以适当提高产品的可移植性。

12.1.2 评估的必要性

软件架构是软件工程早期设计阶段的产物,对软件系统或软件项目的开发具有深远的影响,主要表现在以下两个方面。

(1) 不恰当的架构会给软件系统或软件项目的开发带来灾难。如果软件架构不恰当,就无法满足系统的性能要求,则系统的安全性也就无法实现。当客户要求提高可用性时,开发小组将会因忙于修改发现错误而影响开发的进度和预算,这样会使整个系统或项目的成本大幅度提高,甚至会使整个软件系统或软件项目的开发因成本太高而终止。

(2) 架构决定着项目的结构。配置控制库、进度与预算、性能指标、开发小组结构、文档组织、测试、维护活动都是围绕着架构展开的。假如在开发过程中发现错误,中途修改架构会使整个项目的工作陷入混乱。

鉴于以上架构对项目和系统的影响,需要对软件架构进行评估,这是降低项目和系统成本及避免灾难的有效手段。软件架构评估可以在架构生命周期的任何阶段进行,一般的时机有早期和后期两种情况。

（1）早期。通常把早期实施的评估称为发现性评审，目的是找出较难实现的需求并划分其优先级，分析在实施这一评估时已有的"原型架构"。进行发现性评审时，一定要保证：

① 在系统尚未最终确定、设计师已经比较清楚应采用什么方案的情况下实施。

② 风险承担者小组中，要有有权做出需求决策的人员。

③ 评审结果中，要有一组按优先级排列的需求，以备在不易满足所有需求的情况下使用。

（2）后期。这种评估是在架构已经完全确定后实施的，适用于开发组织有老系统的情况。评估老系统的架构和评估新系统的架构所用的方法相同，通过评估可以使用户明确是否可以通过改进老系统来满足新的质量及功能需求。

12.1.3 基于场景的评估方法

该方法的基本观点是，大多数软件质量属性极为复杂，根本无法用一个简单的尺度来衡量。同时，质量属性并不是处于隔离状态，只有在一定的上下文环境中才能做出关于质量属性的有意义的评判。利用场景技术可以具体化评估的目标，代替对质量属性（可维护性、可修改性、健壮性、灵活性等）的空洞表述，使得对软件体系结构的测试成为可能。

所以，场景对于评估具有非常关键的作用，整个评估过程就是论证软件体系结构对关键场景的支持程度。

基于场景的软件架构分析方法包括以下步骤，如图 12-1 所示。

图 12-1　基于场景的软件架构分析方法

（1）分析问题域，建立功能场景库。针对具体项目在应用领域中的定位，展开需求分析，汇总系统预期功能并对功能进行分类，以确保每项功能都能够得到详细描述，并为每个功能定义相应的场景，建立功能场景库。

（2）通过功能场景库测试评价软件架构对各功能的支持度，并针对支持度差的功能展开架构分析。支持度的评价涉及架构是否满足功能场景、是否容易扩展该功能等。一旦发现支持度差的功能，进一步分析是否是由架构设计导致的，从中发现可能的架构设计缺陷和不足。

（3）建立非功能指标参数树。选择一组感兴趣的非功能性指标，如可移植性、安全性、性能，并详细定义每一个指标的衡量属性、期望值和相应的场景。

（4）应用指标参数树对软件架构进行非功能性分析。通过比较架构在场景中的实际输出值和期望值来评价架构对各个指标的各个属性的支持度,并在该过程中发现软件架构的缺陷,找出风险决策、无风险决策、敏感点、权衡点。

基于场景的评估方法具有以下重要的特征。

(1)场景是这类评估方法中不可缺少的输入信息,场景的设计和选择是评估成功与否的关键因素。

(2)这类评估是人工智力密集型劳动,评估质量在很大程度上取决于人的经验和技术。基于场景的评估方法是研究最广泛、应用最成熟、数量最多的一类软件体系结构评估方法。后面将介绍两种基于场景的评估方法,分别是基于场景的软件体系结构分析方法(Software Architecture Analysis Method,SAAM)和软件体系结构折中分析方法(Architecture Tradeoff Analysis Method,ATAM)。

基于场景的评估方法有以下不足之处。

(1)评估的效果对评估师经验的依赖程度较高。这类方法的基础建立在人的智力水平上,效果主要取决于评估师的经验和知识。在 ATAM、SAAM 及其扩展方法中,无论是场景的选取、软件体系结构的分析还是评估的组织和控制,都需要评估师发挥重要的作用。在评估过程中,评估师的经验对评估的效果至关重要。一个好的评估师可以准确地发现软件体系结构设计中存在的问题。当评估师经验不足时,评估很难发挥其应有的作用。所以,评估的效果,取决于评估师的经验。

(2)"重量级"的评估技术成本较高。基于场景的评估方法规定的步骤比较复杂,参与人员较多,需要组织专门评估会议。因此它在较大规模的软件项目中是比较适用的,但需要的成本也较高。例如,采用 ATAM 进行中等规模评估的粗略成本是 70 人天;进行小规模评估的粗略成本也需要 32 人天。然而对于中小规模的软件项目,由于预算和时间的限制很难按照这些"重量级"的评估方法进行实施,因此,有必要研究适合中小规模软件项目的"轻量级"评估技术。

(3)没有考虑知识的积累和应用问题,造成资源的浪费。在软件工程中,知识的积累和应用是一个非常值得注意的问题。知识的积累和应用对软件技术的发展起着极大的推动作用。在经过一次又一次的软件体系结构评估后,是否能够积累足够的知识并让这些知识可以被重复利用,是一个非常重要的问题。在基于场景的评估方法中,对知识积累问题考虑不足已有研究表明,一些研究人员已经注意到这个问题。在软件体系结构评估的知识积累和应用方面还没有形成比较系统的研究成果。

(4)缺乏实用的评估信息管理工具。利用信息管理系统可以管理评估相关的各种信息,可以对评估过程进行控制和跟踪。工具还可以帮助评估人员提高评估效率,进一步规范评估过程的实施,提高评估的实施效果,并有利于积累评估的各种信息。现在仅有 SAAM 提供了 SAAM 工具对评估过程进行支持,该工具目前只是实验室产品,还没有出现真正的商业化和实用化的评估信息管理工具。

12.2 SAAM 软件架构分析方法

基于场景的软件体系结构分析方法(Software Architecture Analysis Method,SAAM)是 CMU 软件工程研究所的 Rick Kazman 等人于 1983 年提出的一种非功能质量属性的体系结构分析方法,是最早形成文档并被广泛使用的软件体系结构分析方法。它最初是用来分析体系结构的可修改性,经实践证明,SAAM 方法也可以对许多质量属性(可移植性、可扩充性、可集成性等)及系统功能进行快速评估。

SAAM 方法比较简单,易学易用,进行培训和准备的工作量都比较少。

(1)特定目标:是对描述应用程序属性的文档,验证基本的体系结构假设和原则。此外,该分析方法有利于评估体系结构固有的风险。SAAM 指导对体系结构的检查,使其主要关注潜在的问题点(如需求冲突)或仅从某一参与者的观点出发的不全面的系统设计。SAAM 不仅能够评估体系结构对于特定系统需求的使用能力,也能被用来比较不同的体系结构。

(2)评估技术:是场景技术。场景代表了描述体系结构属性的基础,描述了各种系统必须支持的活动和将要发生的变化。

(3)质量属性:这一方法的基本特点是把任何形式的质量属性都具体化为场景,但可修改性是 SAAM 分析的主要质量属性。

(4)风险承担者:SAAM 协调不同参与者所感兴趣的方面作为后续决策的基础,提供了对体系结构的公共理解。

(5)体系结构描述:SAAM 用于体系结构的最后版本,但早于详细设计。体系结构的描述形式应当被所有参与者理解。功能、结构、分配被定义为描述体系结构的三个主要方面。

(6)方法活动:SAAM 的主要输入问题是问题描述、需求声明和体系结构描述。

12.2.1　SAAM 的一般步骤

总的来说,SAAM 评估分为以下六个步骤,如图 12-2 所示。

图 12-2　SAAM 评估的六个步骤

(1)场景的形成。通过集体讨论,风险承担者提出反映自己需求的场景。

(2)描述软件体系结构。SAAM 定义了功能性、结构、分配三个视角来描述软件体系结构。功能性指示系统做了些什么,结构由组件和组件间的连接组成,从功能到结构的分配则描述了域上的功能性是如何在软件结构中实现的。场景的形成与软件体系结构的描述通常是相互促进的,并且需要重复地进行。

(3)场景的分类和优先级划分。在分析过程中,需要确定一个场景是否需要修改该体系结构。不需要修改的场景称为直接场景,需要修改的场景则称为间接场景。另一方面,需要对场景设置优先级,保证在评估的有限时间内考虑最重要的场景。

(4)间接场景的单独评估。主要针对间接场景,列出为支持该场景所需要对体系结构做出的修改,估计出这些修改的代价。对于直接场景,只需弄清体系结构是如何实现这些场景的。

(5) 评估场景交互。两个或多个间接场景要求更改体系结构的同一个组件就称为场景交互。对场景交互的评估能够暴露设计中的功能分配。

(6) 形成总体评估。按照相对重要性为每个场景及场景交互设置一个权值,根据权值得出总体评价。

12.2.2 场景的形成

在形成场景的过程中,要注意全面捕捉系统的主要用途、系统用户类型、系统将来可能的变更、系统在当前及可预见的未来必须满足的质量属性等信息。只有这样,形成的场景才能代表与各种风险承担者相关的任务。

形成场景的过程也是集中讨论的过程。集体讨论能够使风险承担者在一个友好的氛围中提出一个个场景。这些场景反映了他们的需求,也体现了他们对体系结构将如何实现他们的需求的认识。某一个场景可能只能反映一个风险承担者的需求,也可能反映多个风险承担者的需求。

例如,对于某个变更,开发人员关心的是实现该变更的难度和对性能的影响,而系统管理员则关心此变更对体系结构的可集成性的影响。

在评估过程中,随着场景的不断提出,记录人员要把它们都记录在册,形成文档,供所有参加评估的人员查阅。提出和收集场景的过程常常要重复进行,形成场景和描述体系结构的工作是相关联的,这两个步骤可以迭代进行。

12.2.3 描述软件体系结构

在这一步,软件体系结构设计师应该采用参加评估的所有人员都能充分理解的形式对待评估的体系结构进行适当的描述。这种描述必须要说明系统中的运算和数据构件,也要讲清楚它们之间的联系。除了要描述这些静态特性外,还要对系统在某段时间内的动态特征做出说明。描述既可以采用自然语言,也可以采用形式化的手段。

场景的形成和对体系结构的描述通常是相互促进的。一方面,对体系结构的描述使风险承担者考虑对所评估体系结构的某些具体特征的场景;另一方面,场景也反映了对体系结构的需求,因此必须体现在体系结构的描述中。

12.2.4 场景的分类和优先级划分

SAAM评估中,场景就是对所期望的系统中某个使用情况的简短描述。体系结构可能直接支持该场景,这一预计的使用情况不需要对体系结构做任何修改即可实现。这一般可以通过演示现有的体系结构在执行此场景的表现来确定。在SAAM评估方法中,称这样的场景为直接场景。也就是说,直接场景是按照现有体系结构开发出来的系统能够直接实现的场景。在设计时,已经考虑过的需求相对应的直接场景并不会让风险承担者感到意外,但将增进其对体系结构的理解,促进对诸如性能和可靠性等其他质量属性的研究。

如果所评估的体系结构不能直接支持某一场景,就必须对所描述的体系结构做些更改。可能要对执行某一功能的一个或多个构件进行更改、为实现某一功能而增加一个构件、为已有的构件建立某种新的联系、删除某个构件或某种联系、更改某一接口,或者是以上多种情况的综合,这样的场景称为间接场景。间接场景就是需要对现有体系结构做些修改才能支持的场景。间接场景对于衡量体系结构对系统在进化过程中将出现的变更的适应情况十分关键。通过各种间接场景对体系结构的影响,可以确定出体系结构在相关系统的生命周期内对不断进化的使用的适应情况。直接场景类似于用例,而间接场景有时也称为变更案例。

评估人员通过对场景设置优先级,可保证在评估的有限时间内考虑最重要的场景。这里的"重要"完全是由风险承担者及其所关心的问题确定的。与 ATAM 评估方法一样,风险承担者通过投票表达出所关心的问题。每个参加评估的风险承担者都将拿到固定数量的选票。向每个风险承担者发放的选票数一般是待评估场景数量的 30%,他们可以用自己认为合适的方式投票,可以把这些选票全部投给某一个场景,或者每个场景投 2~3 张票,还可以一个场景投一张票等。

一般来说,基于 SAAM 的评估方法关心的是诸如可修改性的质量属性,所以在划分优先级之前,要对场景进行分类。风险承担者最关心的通常是搞清楚间接场景对体系结构相应部分的影响。

12.2.5　间接场景的单独评估

一旦确定了要考虑的一组场景,就要把这些场景与体系结构的描述对应起来。对于直接场景而言,体系结构设计师需要讲清楚所评估的体系结构如何执行这些场景;对于间接场景而言,体系结构设计师应说明需要对体系结构做哪些修改才能适应间接场景的要求。

SAAM 评估也使评估人员和风险承担者更清楚地认识体系结构的组成及各个构件的动态交互情况。风险承担者的讨论,对于搞清楚场景的实际意义、参评人员认为场景与质量属性的对应是否合适等,都具有重要意义。这种对应过程也能暴露出体系结构及其文档的不足之处。

对每一个间接场景必须列出为支持该场景而需要对体系结构所做的改动,估算出这些变更的代价。对体系结构的更改意味着引入某个新构件或新联系,或者需要对已有构件或联系的描述进行修改。

这一步快要结束时,应该给出全部场景的总结性列表。对每个间接场景都应描述出要求做的修改,并由记录人员记录下来,形成文档。这种描述中应包括对完全实现每个更改的代价估计。

12.2.6　评估场景交互

当两个或多个间接场景要求更改体系结构的同一个构件时,就称这些场景在这一组构件上相互作用。

首先,场景的相互作用暴露了设计方案中的功能分配。语义上无关场景的相互作用清楚地表明了体系结构中哪些构件运行着语义上无关的功能。场景交互比较多的地方可能就是功能分离不够好的地方。所以,场景相互作用的地方就是设计人员以后工作中值得注意的地方。场景相互作用的多少与结构复杂性、耦合度、内聚性有关。

例如,如果场景 1 和场景 2 属于不同类别,并且都影响构件 X,那么构件 X 在结构划分方面可能存在耦合问题。这时,场景 1 和场景 2 的交互体现出系统结构没有很好地划分构件。另一方面,如果场景 1 和场景 2 是同一类的,那么它们在构件 X 内部的交互反映出该模块具有良好的内聚性。

其次,场景的相互作用能够暴露出体系结构设计文档未能充分说明的结构分解。如果在某一构件内相互作用,但该构件实际上又分解成未表现出场景相互作用的子构件,就会出现文档描述不当的情况。如果真的出现了这种情况,则必须重新审核第二步(描述软件体系结构)的工作。

12.2.7　形成总体评估

形成总体评估是 SAAM 评估方法的最后一个步骤。评估人员要对场景和场景之间的交互做一个总体的权衡和评价。这一评价反映该组织对表现在不同场景中的目标的考虑优先级。根据对系统成败的相对重要性为每个场景设置一个权值,权值的确定通常与每个场景所支持的商业目标联系起来。

如果要比较多个体系结构,或者针对同一体系结构提出多个不同的方案,可通过权值的确定来得出总体评价。权值的设置具有很强的主观性,所以应该让所有风险承担者共同参与,但也应该合理组织,要允许对权值及其基本思想进行公开讨论。

同一体系结构对于有不同目的的组织来说会得到一个不同的评价结果。例如,有些组织最关心系统的安全性,而有的则更关心系统的容错能力。不同的组织通过提出不同的场景来表明他们对系统的哪些方面特别关心,使用这些场景进行评价得出的结果也就比较适合他们的标准。

12.3　ATAM 体系结构权衡分析方法

软件体系结构折中分析方法(Architecture Tradeoff Analysis Method,ATAM)是评估软件架构的一种综合全面的方法。这种方法不仅可以揭示出软件体系结构满足特定质量目标的情况,而且可以使我们更加清楚地认识到质量目标之间的联系。

12.3.1　ATAM 参与人员

ATAM 要求评估小组、项目决策者、涉众三个小组参与合作。

(1) 评估小组:是评估体系结构项目外部的小组,通常由 3~5 个人组成。评估期间,该小组的每个成员都要扮演大量的特定的角色。评估小组可能是一个常设小组,其中要定期执行体系结构评估,其成员也可能是为了应对某次评估从了解体系结构的人中挑选出来的。他们可能与开发小组为相同的组织工作,也可能是外部的咨询人员。任何情况下,他们都应该是有能力、没有偏见、专职的外部人员。表 12-1 对这些角色及期望每个角色所具备的素质进行了描述。

(2) 项目决策者:对开发项目具有发言权,并有权要求进行某些改变。他们通常包括项目管理人员。如果有承担开发费用的确定客户,也应该列入其中。设计师肯定要参与评估,这是由软件体系结构评估的基本准则决定的。

(3) 涉众(Stakeholder):是软件项目的既得利益者,他们完成工作的能力与支持可修改性、安全性、高可靠性等特性的体系结构密切相关。涉众包括开发人员、测试人员、集成人员、维护人员、性能工程师、用户、正在分析系统交互的系统构建人员等。评估期间,他们的工作职责是清晰明白地阐述体系结构应该满足的具体质量属性目标,使所开发的系统能够取得成功。表 12-1 给出了角色及期望每个角色所具备的素质。

表 12-1　角色及期望每个角色所具备的素质

角　　色	职　　责	理想的人员素质
评估小组负责人	准备评估,与评估客户协调,保证满足客户的需要,签署评估合同;组建评估小组,负责检查最终报告的生成和提交	善于协调、安排,有管理技巧;善于与客户交流,能按时完成任务
评估负责人	负责评估工作,促进场景的得出,管理场景的选择及设置优先级的过程,促进对照架构的场景评估,为现场评估提供帮助	能在众人面前表现自如,善于指点迷津;对架构问题有深刻的理解,富有架构评估的实践经验;能够从冗长的讨论中得出有价值的发现,或能够判断出何时讨论已无意义,应进行调整
场景书记员	在得到场景的过程中负责将场景写到活动挂图或白板上,务必用以达成一致的措辞来描述,未得到准确措辞就继续讨论	写一手好字,能够在未搞清楚某个问题之前坚持要求继续讨论,能够快速理解所讨论的问题并提取出其要点
进展书记员	以电子形式记录评估的进展情况,捕获原始场景,捕获促成场景的每个问题,捕获与场景对应的架构解决方案,打印出要分发给各参与人员所采用场景的列表	打字速度快,质量高;工作条理性好,从而能够快速查找信息,对架构问题理解透彻,能够融会贯通地快速搞清楚技术问题;勇于打断正在进行的讨论以验证对某个问题的理解,从而保证所获取信息的正确性
计时员	帮助评估负责人保证评估工作按进度进行,在评估阶段帮助控制用在每个场景上的时间	敢于不顾情面地中断讨论,宣布时间已到
过程观察员	记录评估工作的哪些地方有待改进或偏离了原计划;通常不发表意见,也可能偶尔在评估过程中向评估负责人提出基于过程的建议;评估完成后,负责汇报评估过程,指出应该吸取哪些教训,以便在未来的评估中加以改进;还负责向整个评估小组汇报某次评估的实践情况	善于观察和发现问题,熟悉评估过程,曾参加过采用该架构评估方法进行评估
过程监督者	帮助评估负责人记住并执行评估方法的每个步骤	对评估方法的各个步骤非常熟悉,愿意并能够以不连续的方式向评估负责人提供指导
提问者	提出风险承担者或许未曾想到的关于架构的问题	对架构和风险承担者的需求具有敏锐的观察力,了解同类系统,勇于提出可能有争议的问题,并能不懈地寻求其答案,熟悉相关的质量属性

12.3.2　ATAM 结果

ATAM 评估将产生以下结果。

300

(1) 简洁的体系结构描述：通常认为，体系结构文档是由对象模型、接口及其签名的列表或其他冗长的列表组成的。但 ATAM 的要求就是在一个小时内表述体系结构，这样就得到了一个简洁而且通常是可理解的体系结构表述。

(2) 表述清楚的业务目标：开发小组的某些成员通常是在 ATAM 评估上第一次看到表述清楚的业务目标。

(3) 用场景集合捕获的质量需求：业务目标导致质量需求，一些重要的质量需求是用场景的形式捕获的。

(4) 体系结构决策到质量需求的映射：可以根据体系结构决策所支持或阻碍的质量属性来解释体系结构决策。对于在 ATAM 期间分析的每个质量场景，确定那些有助于实现该质量场景的体系结构决策。

(5) 所确定的敏感点和权衡点集合：这些是对一个或多个质量属性具有显著影响的体系结构决策。例如，采用一个备份数据库很明显是一个体系结构决策，影响了可靠性，是一个关于可靠性的敏感点。然而保持备份将消耗系统资源，影响系统性能。因此它是可靠性和性能之间的权衡点。该决策是否有风险，取决于在体系结构的质量属性需求的上下文中。

(6) 有风险决策和无风险决策：ATAM 中有风险决策的定义是根据所陈述的质量属性需求可能导致不期望的体系结构决策。无风险决策的定义与此类似，即根据分析被认为是安全的体系结构决策。确定的风险可以形成体系结构风险移植计划的基础。

(7) 风险主题的集合：分析完成时，评估小组将分析所发现风险的集合以寻找确定体系结构甚至体系结构过程和小组中的系统弱点。如果不采取相应的措施，这些风险主题将影响项目的业务目标。

评估的结果用于建立一个最终书面报告。该报告概述 ATAM 方法，总结评估会议记录，捕获场景及其分析，对得到的结果进行分类。

评估还会产生一些副结果。通常情况下，为评估准备的体系结构描述可能比已经存在的任何体系结构都要清晰。这个额外准备的文档经受住了评估的考验，可能会与项目一起保留下来。此外，参与人员创建的场景是业务目标和体系结构需求的表示，可以用来指导架构的演变。最后，可以把最终报告中的分析内容作为对制定某些体系结构决策的依据。

ATAM 评估还有一些无形的结果。这些结果包括能够使涉众产生社群感，可以为设计师和涉众提供公开交流的渠道，使体系结构的所有参与者更好地理解体系结构及其优势和弱点。尽管这些结果很难度量，但是其重要性不亚于其他结果，而且这些结果通常是存在时间最长的。

12.3.3 ATAM 的一般过程

整个 ATAM 评估过程包括九个步骤、四个部分。九个步骤分别是 ATAM 方法的表述、商业动机的表述、架构的表述、确定架构方法、生成质量属性效用树、分析架构方法、集体讨论确定场景优先级、分析架构方法、结果的表述。其中，第 1、2、3 个步骤属于表述部分，第 4、5、6 个步骤属于调查和分析部分，第 7、8 个步骤属于测试部分，第 9 个步骤属于形成报告部分。各个部分及步骤如表 12-2 所示。

表 12-2　ATAM 步骤

部分	步骤	主要活动者	活　　动	目　　的
一、表述	1. ATAM 方法的表述	评估负责人	向评估参与者介绍 ATAM 方法并回答问题 （1）评估步骤介绍 （2）用于获取信息或分析的技巧：效用树的生成、基于架构方法的获取和分析、对场景的集体讨论及优先级的划分 （3）评估的结果：所得出的场景及其优先级，用以理解和评估架构的问题、描述架构的动机需求并给出带优先级的效用树、所确定的一级架构方法、所发现的有风险决策、无风险决策、敏感点和权衡点等	使参与者对该方法形成正确的预期
	2. 商业动机的表述	项目发言人（项目经理或系统客户）	阐述系统的商业目标 （1）系统最重要的功能 （2）技术、管理、政治、经济方面的任何相关限制 （3）与项目相关的商业目标和上下文 （4）主要的风险承担者 （5）架构的驱动因素（即促使形成该架构的主要质量属性目标）	说明采用该架构的主要因素（如高可用性、极高的安全性或推向市场的时机）
	3. 架构的表述	架构设计师	对架构做出描述 （1）技术约束条件，诸如要使用的操作系统、硬件、中间件之类的约束 （2）该系统必要与之交互的其他系统 （3）用以满足质量属性的架构方法 （4）对最重要的用例场景及生长场景的介绍	重点强调该架构是怎样适应商业动机的
二、调查和分析	4. 确定架构方法	架构设计师	确定所用的架构方法，但不进行分析	得出构成系统效用的质量属性（性能、可用性、安全性、可修改性、使用性等）；具体到场景-刺激-响应模式，并划分优先级
	5. 生成质量属性效用树		生成质量属性效用树，详细的根结点为效用，一直细分到位于叶子节点的质量属性场景，质量属性场景的优先级、实现难度用高（H）、中（M）、低（L）描述，不必精确	
	6. 分析架构方法		根据上一步得到的高优先级场景，得出应对这一场景的架构方法并对其进行分析 要得到的结果包括： （1）与效用树中每个高优先级的场景相关的架构方法或决策 （2）与每个架构方法相联系的待分析问题 （3）架构分析师对问题的解答 （4）有风险决策、无风险决策、敏感点和权衡点的确认	确定架构上的有风险决策、无风险决策、敏感点、权衡点等

续表

部分	步骤	主要活动者	活　动	目　的
三、测试	7. 集体讨论确定场景优先级		根据所有风险承担者的意见形成更大的场景集合场景分类： (1) 用例场景：描述风险承担者对系统使用情况的期望 (2) 生长场景：描述期望架构能在较短时间内允许的扩充与更改 (3) 探察场景：描述系统生长的极端情况，即架构在某些更改的重压的情况 注：最初的效用树是由架构设计师和关键开发人员创建的。在对场景进行集体讨论的过程和设置优先级的过程中，有很多风险承担者参与其中，与最初的效用树相比，二者之间的不匹配可以揭露架构设计师未曾注意到的方面，从而使得我们发现架构中的重大风险	由所有风险承担者通过表决确定这些场景的优先级
	8. 分析架构方法		对第6步重复，使用的是在第7步中得到的高优先级场景，这些场景被认为是迄今为止所做分析的测试案例	发现更多的架构方法、有风险决策、无风险决策、敏感点、权衡点等
四、形成报告	9. 结果的表述	评估小组	根据在 ATAM 评估期间得到的信息(方法、场景、针对质量属性的问题、效用树、有风险决策、无风险决策、敏感点、权衡点等)，向与会的风险承担者报告评估结果 最重要的是以下 ATAM 结果： (1) 已经编写了文档的架构方法 (2) 若干场景及其优先级 (3) 基于质量属性的若干问题 (4) 效用树 (5) 所发现的有风险决策 (6) 已编写文档的无风险决策 (7) 所发现的敏感点和权衡点	

12.3.4　ATAM 评估阶段

ATAM 的活动分为四个阶段。

第一阶段为合作关系和准备阶段，评估小组负责人和主要项目决策者进行非正式会议，以确定此次评估的细节，项目代表向评估人简要概述项目，以使评估小组具备适当的专业技术人员的协助。另外对于会议的地点、时间、后勤保障需要实现达成一致，对于需要什么样的架构文档也要达成一致。

第二阶段、第三阶段为评估阶段。其中，第二阶段为评估小组和项目决策者会晤(通常

1天时间），以开始信息收集和分析工作；第三阶段，架构涉众加入评估中，分析继续进行（一般用 2 天时间）。

第四阶段，小组需要生成一个最终的书面报告。在总结会议中，需要讨论哪些活动比较理想，还有什么需要自我检查和改进的问题，以使评估工作一次比一次更好。

12.4　评估方法比较

基于场景的软件体系结构评估方法用场景代替对质量属性的空洞描述，提高软件测试的可行性。在具体的实际运用中，SAAM 和 ATAM 两种方法又有各自不同的特点。

12.4.1　场景的生成方式不同

SAAM 方法采用头脑风暴（brainstorming）技术构建场景，要求风险承担者列举出若干场景，并将场景分为直接场景和间接场景两类，分别支持对体系的静态分析和动态分析。

直接场景类似用例，是指按照现有的架构开发出来的系统能够直接实现的场景。间接场景有时也称为更改案例，在实际评估中，如果软件体系结构不能直接支持某一直接场景，就需要对现有的软件体系结构进行修改，对现有架构做一些修改才能支持的场景便是间接场景。评估中对于直接场景，软件体系设计师需清楚表述该体系结构将如何执行这些场景。对于间接场景，设计师应说明需要对体系结构做哪些修改才能适应间接场景的要求，并估计出这些更改的代价。通过综合各间接场景对软件体系结构的影响，可以测试出软件在生命周期内的适应性、可更改性，再具体评估，给场景设置优先级别，来保证在有限的时间内最先考虑最重要的场景。

ATAM 在具体评估中将场景分为以下三类：

（1）用例场景（Use Case Scenario）：描述用户的期望与正在运行的系统交互，用于信息的获取。

（2）生长场景（Growth Scenario）：预期的系统变更与质量属性关系。

（3）探索场景（Exploratory Scenario）：暴露当前设计的极限或边界，显示可能隐含的假设，即弄清这些更改的影响。

场景的具体使用中，评估小组请风险承担者对三类场景进行集体讨论，根据风险承担者的意见，将代表相同行为或相同质量属性的场景进行合并，确定其中若干个场景，最后通过投票的方式来确定这些场景的优先级别。

这就要求软件设计师必须清楚地向风险承担者表达软件结构设计中所使用任何明确的体系结构方法，风险承担者根据确定使用的体系结构方法，采用"刺激-环境-响应"来生成三类场景。

12.4.2　风险承担者商业动机表述方式不同

软件体系结构的评估参与人员主要有风险承担者及评估小组成员，不同的风险承担者对软件的质量属性有着不同的组织目标，不同的组织目标是由商业动机的出发点不一样而造成的，在软件体系结构阶段就应该考虑他们的商业动机及目标满足程度。

SAAM 只是将不同组织的需求目标简单地联系在一起，评估中由开发人员、维护人员、用户、管理人员等风险承担者将其所关心的目标问题以场景形式提出,这样,不同领域的风险承担者根据自己领域的特点及对软件的需要确定若干场景,评估小组根据他们确定的场景来评估软件系统特定方面的性能。同一系统由于不同风险承担者确定的场景不同,评估的结果也将不同。这种将商业动机不经过深入的数据处理就转换为场景的评估方式具有一定的不精确性,只能是一种粗糙的评估方式。

ATAM 建立在 SAAM 的基础上,借助于效用树将风险承担者的商业目标转换成质量属性需求,再转换成代表自己商业目标的场景。对风险承担者不同的商业动机,评估人员首先确定不同商业动机所代表的质量属性与其他质量属性比较,得到相对重要性的矩阵,并运用层次分析法来确定质量属性的优先组合,将模糊的目标定量化,生成质量属性效用树,这样,评估人员将更容易关注效用树的叶节点,更好地满足处在高优先级位置的场景而需采用的软件体系结构方法,更为精确地定义质量需求。

效用树的理论基础是管理学中的“需要理论”,即通过刺激及其所产生期望响应来描述场景,根据期望的迫切程度确定场景优先级别,在理想情况下,所有场景都以“刺激-环境-响应”的形式表述。ATAM 通过不同质量属性之间的交互及依赖关系寻求不同质量属性之间的折中机制,因此,ATAM 方法在具体评估分析过程中要求记录系统风险、找出敏感点及折中点,同时也改进了体系结构的相关文档。

12.4.3 软件体系结构的描述方式不同

在评估之前,首席软件设计师需要对软件体系结构做详略适当的讲解,这种信息讲解的表达透彻程度将直接影响体系结构的分析质量。在讲解过程中,评估小组还要询问更多相关信息,只有选择合适的视图才能更清晰地表达相关信息。

ATAM 方法中软件体系结构的描述采用 Philippe Kruchten 的“4＋1”视图模型,即从五个不同的视角描述系统的体系结构,四个视图模型从特定的不同方面描述软件的体系结构,忽略与此无关的实体(具体内容参见 4.2 节)。

(1) 描述系统的功能需求采用逻辑视图,即系统提供给最终用户的服务;描述系统的运行特性采用进程视图,侧重关注非功能性的需求(如性能、可用性),该视图服务于系统集成人员,方便后续性能测试。

(2) 硬件配置采用物理视图描述,该视图服务于系统工程人员,解决系统的拓扑结构、系统安装、通信等问题。

(3) 软件模块的组织与管理采用开发视图描述,该视图服务于软件编程人员,方便后续的设计与实现。

(4) 最后,用场景视图刻画构件之间的相互关系。

将四个视图有机地联系起来,场景视图不仅可以描述一个特定视图内的构件关系,而且还可以描述不同视图间的构件关系。在四个视图中,逻辑视图、开发视图主要用来描述系统的静态结构;进程视图、物理视图主要用来描述系统的动态结构。ATAM 在实际运用中,并非每个系统都必须将五个视图都画出来,而是各有侧重。

SAAM 提倡使用非常单纯的体系结构要素。对体系结构的静态描述一般都要区别数据的连接(数据在组件之间的传递)和控制连接(一个组件调用另一个组件执行某个功能)。对软件体系结构的动态描述,主要描述系统在各个不同时间的行为,给出软件的体系结构。

软件体系结构的描述既可以用自然语言来描述系统的整体行为,又可以采用某种形式的结构化的描述,表述形式相对灵活。

12.5　小　　结

软件体系结构的评估是一项实践性非常强的工作,因此应该与实践紧密联系起来。SAAM、ATAM 都已经应用到若干个实际的系统中,并且在实践的过程中不断地得到改进。在很大程度上评估的质量与风险承担者的积极参与分不开,评估的过程同时也是风险承担者对于最终软件系统的认识交流与提高的过程。在具体使用过程中,应该针对碰到的情况对这些方法做些调整或修改,但是评估方法的思想、基本的评估技术都应该得到很好的体现。实践中,专家的经验、现有知识库的重用都是值得考虑的因素。

12.6　思　考　题

(1) 软件体系结构评估方法所关注的质量属性有哪些?

(2) 风险承担者包括哪些人员?

(3) 什么是场景? 基于场景的软件体系结构评估方法有哪几种?

(4) 简述 SAAM 方法的评估步骤。

(5) 比较 SAAM 和 ATAM 两种方法的异同点。

第 13 章　软件设计的进化

> 始终要把你的程序设计成一个程序家族的成员，这个家族包括将来取代你的设计的那些程序。
>
> ——EdsgerWybe Dijkstra

软件在发展过程中始终变化，只有变化才能有发展。通常，"软件是用不坏的"。同时，我们不禁会问，软件一旦形成就可以一劳永逸吗？既然用不坏，为什么还有软件生命周期的终止？软件的生存性以什么为标志？软件不断地修改升级意味着什么？这一系列问题引发了软件设计进化的思考。

事实上，随着时间的推移，原有软件慢慢老化。软件需要进行适应性调整，满足新的计算环境和技术。软件必须升级实现新的功能，必须扩展使之能满足新系统的互操作能力，软件体系结构必须改进适应新网络环境。程序员试图给软件打上补丁，扩展和改善软件的功能，但是软件的维护变得越来越困难。软件需要不断的进化来适应未来的多样性环境。新的软件从旧系统中建立起来，并且新旧系统都必须具有互操作性。

本章共分八个部分：13.1 节为软件进化概述，13.2 节为需求进化，13.3 节为软件的进化分类，13.4 节为软件的进化策略，13.5 节为软件再工程，13.6 节为软件体系结构的进化，13.7 节为重构，13.8 节为软件移植。

13.1　软件进化概述

软件自诞生以来，一直以货物形式存在，用户通过购买方式获得其归属权，因此称为软件产品。当购买的软件产品缺少所需功能或者不满足需求时，可以购买升级版本或者另一个新产品，这样就带来了软件的进化、演化和灭绝。

进化通常被认为是某种事物通过改变达到更完美的程度。所有的事物都随时间进化，但是每一个进化概念都有其本身环境和范畴。作为事实，软件维护和软件进化的概念在很大程度上被交互替代，或者说混同使用。

软件进化是指在软件系统的生命周期内对软件进行维护和更新的行为和过程。软件进化表明软件开发活动的动态性，该领域的大部分工作是由 Manny Lehman 和 Les Belady 完成的，他们提出了系统进化的一组定律，称为雷曼定律，如表 13-1 所示。

表 13-1　雷曼定律

定　　律	描　　述
连续变化定律	在不断变化的环境里，软件必须要发生变化，不然该软件的用途就会变得越来越小
复杂度增加定律	作为一个不断发展和变化的软件，其结构将会变得更加复杂，必须引入外在的资源来保持和简化这个结构
大规模软件发展定律	软件的发展变化是一个自我调节的过程，系统属性（如规模、版本发布间隔时间、发现的错误数等）对每个系统版本来说都应当是大致不变的
组织稳定定律	在软件的整个生命周期中，发展变化速度大致是不变的，并且与投入系统开发的资源无关
保持一致定律	在软件的整个生命周期中，每个版本增加的系统变化量都是大致相当的

（1）连续变化定律：表明系统维护是一个必须过程，错误修复只是维护活动的小部分工作。一个设计好的软件系统必须是可维护的。

（2）复杂度增加定律：说明随着系统的变化，软件原有的整体结构不断退化。如果希望改变这种结构退化的趋势，必须增加一些额外的成本，有时这种成本将成为是否实施软件改变的重要影响因素。因此，减少结构退化的成本必须可以接受，而且维护过程可能包括系统结构的重新设计。

（3）大规模软件发展定律：表明大型系统在开发的早期阶段就有了自身的动态性和可调节能力，即决定了系统维护过程大致的趋势和系统可能变化的数量，维护管理不能也不应该做系统变化所要求的所有事情。由于变化针对整个系统，所以也会引入新的错误到系统中，这时就需要更多变化纠正错误，一旦系统超过了一定规模，这些变化所起的作用如同惯性系统一样，同时也阻碍更大的变化来导致系统的可靠性降低。所以任何时候实施的变化数量都是有限的。系统变化的过程在一定程度上受组织的决策过程所控制。

（4）组织稳定定律：说明大多数大规模的软件项目都处于一种"饱和"状态。任何一个资源或人员的变化都会对系统的长期发展产生不利的影响。

（5）保持一致定律：关心的是软件系统每个版本发行时的变化增加量，变化量保持适度的增加是必须的。

软件系统开发完成并且投入使用之后，变更就悄悄开始进行。变更的一部分来自对软件缺陷的改正，如软件使用后暴露的缺陷，软件的性能、可靠性改进；一部分会随着新的需求浮现出来，如实现新的功能；另一部分来自外界的环境变化给软件带来的压力，如商业模式和环境的不断改变，计算机硬件、软件环境的升级，业务的变更。

大约在 1988 年，程序员发现了"千年虫"。此后，世界性的"Y2K 除虫运动"一直延续到 2001 年年底，人们不得不把那些"泼出去的水"收回来，在洪水般的源代码"陈年谷子"中寻找那些芝麻般的"时间变量"，虽然不过是有限变量长度和类型的修改，但其影响几乎波及了西方世界近 75％的企业，调动了百万人年数量级的软件人力。如今，虽然时过境迁，有识者却再也不敢掉以轻心，因为我们清楚地看到了那些滋养了"千年虫"的大量程序仍然生存在世界的各个角落，而谁又敢说不再有别的什么"虫"仍在暗中"蠕动"？越是庞大和悠久的软件系统，沉淀的历史越雄厚，越是不能淘汰。与硬件频繁更新的逻辑不同，"继承过去"是软件的立身之本。

软件设计的进化

有关软件进化的定义如下。

(1) Manny Lehman 和 Juan F. Ranil 定义：有目的地从早期的可操作版本来产生新的软件版本的所有规划设计活动。

(2) L. A. Belady 定义：软件系统在生命周期里被维护和增强的动态行为。

(3) Ned Chapin 定义：是软件维护活动和过程的一个运用，以及对这些活动和过程质量的保证和管理。这些活动和过程是用来从一个早期的可运行版本中产生一个新的软件版本，这个新的软件必须满足客户要求改变的功能和属性。

尽管软件进化的定义没有统一，但其实质都是一样的，软件进化是一个过程，这个过程中，程序要改变其形态来适应市场的要求和从先前程序中继承而来的特性。实现进化的最终目标是使软件能够更好地实现客户的需求，更好地适应环境的改变，使软件的功能不断地完善和增强。

软件工程是由沟通、策划、建模、构建、部署五个主要活动组成的一个螺旋过程，软件的进化贯穿系统的整个生命周期。因此，软件进化不同于软件维护。软件进化包括了软件维护和软件再工程，这是软件进化的处理策略。

(1) 软件维护是为了修改软件缺陷或增加新的功能而对软件进行的变更，软件变更通常发生在局部，不会改变整个结构。

(2) 软件再工程是为了避免软件退化而对软件的一部分进行重新设计、编码、测试，提高软件的可维护性和可靠性。

在软件进化过程中，程序员尽可能复用系统已有的部分，尽可能地降低进化的成本和代价。软件进化过程具有以下几个特征。

(1) 迭代性：在软件进化过程中，必须不断地对系统进行变更，许多活动要比在传统模式中具有更高的重复执行频率。

(2) 交错性：软件进化既具有连续性，又具有间断性，二者是交错进行的。

(3) 多层次性：软件进化是一项多层次的工作，是多方面因素共同作用的结果。

(4) 反馈性：用户需求和软件系统所处的工作环境总是在不断发生改变，一旦环境发生变化，就必须做出反馈，启动软件进化过程。

(5) 并行性：为了提高软件进化的效率，必须对软件进化过程进行并行处理。

13.1.1 软件进化和软件维护

温斯顿•罗伊斯(Winston Royce)在 1970 年提出了著名的软件工程瀑布模型，该模型将维护放在软件部署之后，软件生命周期的最后一个阶段，该阶段只有缺陷的修复和很小的调整。在整体上，软件维护占整个软件生命周期成本的 $50\% \sim 90\%$。软件维护有以下四种类型。

(1) 完美性维护(Perfective Maintenance)：软件交付后，为改进性能或可维护性对软件产品进行的修改。

(2) 纠正性维护(Corrective Maintenance)：软件交付后，为纠正发现的软件故障对软件产品进行的反应式修改。

(3) 适应性维护(Adaptive Maintenance)：软件交付后，为保持计算程序在已改变或者正在改变的环境中可用，对软件产品进行的修改。

（4）预防性维护（Preventive Maintenance）：为避免问题发生，对软件产品进行的修改。

根据上述分类，完美性维护包含一个很大的范围，而纠正性维护和适应性维护都不会改变系统或产品的外部语义。预防性维护是为了让软件系统易于维护和进化，例如重构系统内部的依赖性，改进模块间的内聚性和耦合性。软件维护必然导致软件变化。维护不改变原有系统的设计，对物理系统而言，维护常常替换用坏的部件。

软件是用不坏的，其变化的动力就是对现有系统的不满意，所以，软件维护经常会改变软件设计，例如，修复缺陷可能是为了纠正设计的错误。适应性维护是为了使软件在新的环境可用。完美性维护和预防性维护是为了改进内部设计，使之更容易管理和适应变化。软件进化常常革新，驱动了软件变化，使之从一个旧的产品或系统进化成新的产品或系统。

用软件进化代替软件维护有以下优点。

（1）进化包含本质变化，表示从旧的进化到新的，维护则没有。维护的根本是保持和修复，进化则含有从旧的设计转变到新的设计。

（2）维护通常被认为是一组已经计划好的活动，是针对系统进行的，而进化则针对系统随时遇到的情况。除了有计划的活动，进化还常常突然出现。例如，我们不会预先计划应对接口膨胀、体系结构变化以及系统中随着时间的推进而出现的全新的应用。这些都是进化的现象。

（3）"进化"和"维护"包含了变化的不同观点。软件维护聚焦在解决实际工程问题，例如，下一步应该做什么，风险是什么，如何验证我们的工作。软件进化范围更广，例如，系统能增长得多快而不遇到障碍，内部模块的边界会如何随时间凸现，开源开发和工业软件开发是否有明显的差别。

软件进化的趋势使得软件系统越来越满足用户的要求，通过不断改进软件系统的功能属性和非功能属性提高用户的满意度。不能进化的软件，其生命周期一定是短暂的。

13.1.2 阶段模型

Winston 提出的瀑布模型将软件维护放在最后阶段，缺点是对长期生存的软件系统无法从过程的角度去关注和解决长生命周期软件系统的进化问题。迭代和增量模型认为，软件开发活动应该是一系列小的从需求开始到设计、编码、测试的循环，这些模型没有显式地标识维护和进化的阶段，但通过增量和迭代进化整个系统。Bennett 和 Rajlich 提出了四个阶段的软件进化模型，总结了软件进化方面的诸多思想，如图 13-1 所示。

（1）初始开发阶段：作为开发第一个交付版本，开发者关于系统的知识是初步的，而且不断在变化。软件改变的成本和变化的规模成正比，而不是整个系统的规模。初始阶段的重要产出是软件的体系结构和软件知识。体系结构决定软件的维护和进化的难易程度，如何包容和适应未知的变化是软件设计面临的最严峻的问题。诸如对应用技术、应用领域、业务规范的软件认识，则是软件进化的基础。

（2）主动演化阶段：为使软件更适应市场和环境，很多重大修改和进化都在该阶段进行，尽管在这个阶段修改和进化的成本较初始阶段大很多。该阶段对系统性的知识仍旧掌握得很好，尽管一些开始介入开发的人员已经离开。对于大多数软件系统，该阶段是周期最长的一个阶段。主动演化阶段的主要挑战包括使体系结构能够允许不曾预料的改动，使体系结构在可控的情况下可以自己进化，理好项目团队和相关专家。

图 13-1　软件进化的阶段模型

（3）服务阶段：关注的焦点转移到维护活动，即保持系统的运行。这时不再需要资深的高级架构师，只有少量的工程师做技术支持。如果提出变化，效果和结果都将变得无法预料，变更的成本和风险会极大地增加。其主要挑战包括如何将用户的变更要求映射到已有的软件系统，充分理解系统以使变更能够准确，避免变更引入副作用，确认变更。

（4）结束阶段：由于维护旧系统的成本可能变得不可接受或者不值得，也可能已经有新的系统等待上线，系统被替换、撤销。其主要挑战是遗产系统的数据迁移及遗产的处理。

13.2　需求进化

需求是软件的基础，需求工程的目的是研究软件需求的获取、管理、建模的方法和技术。然而，由于软件涉及许多不同涉众，不同涉众之间对软件的诉求和价值期望也有所不同，有时甚至互相冲突，需求工程师和客户都无法准确预计软件系统的所有可能的功能和性能。外部环境的变化迫使软件需求不得不随之变化。

在软件生命周期的各个阶段，软件需求都可能发生改变。随着新需求和新技术的不断涌现，几乎所有系统都要不断地进行升级和更新，变化的起因更多归结为软件需求的进化。软件进化是不断调节应用系统以满足用户需求的过程，是对已有系统不断进行修改、补充、完善以适应外界环境变化的过程。软件需求进化是软件需求从不明确到明确的过程。多数的软件项目需求进化都要经历相当长的时间。有的软件项目的绝大部分需求在进化的早期就已经明确了，有的则要到后期才能明确。

引起需求变化的原因主要有以下三类。

（1）突发事件对用户需求的扰动。

（2）用户为满足当前需求而在多种信息类别间的需求迁移。

（3）用户因当前需求满足后萌生新需求而产生的需求进化。

需求分析往往具有无法避免的不彻底性和不完备性，一些无法预料的外部条件变化总是在所难免的。对应软件需求进化主要分为以下三类。

（1）需求改写：经过与客户的商讨，软件工程师对功能定义、数据定义、实现方法进行修改，然后通知相关人员按照新需求重新启动软件进化过程。

（2）需求删除：在开发、运行阶段，系统往往存在着某些不必要的或重复的功能，必须删除这些功能所对应的需求描述。

（3）需求增加：软件工程师检查用户提出的新需求是否与原有功能冲突，如果产生冲突，则向开发小组报告，否则将新需求加入系统需求规格说明中，启动软件进化过程。

软件在进行进化时，一方面考虑新的需求，另一方面还要保证实现新需求的模块、组件能够方便、无缝地与已有系统的其他部分集成，使其对未来可能的变化有更强的适应性。从雷曼的进化定律来看，如果软件不能持续满足用户的新需求，必然会导致客户满意度下降，而适应变化通常遵循一定的趋势，成功的进化需要有效的反馈系统。因此，需求进化包括：

（1）实现用户为主、涉众主导的需求进化的分析、评价、建模，解决进化的期望平衡、冲突消解和双赢、多赢的问题。

（2）实现偏好依附的需求主动进化，解决进化的趋势诱导和客户满意度持续提高的问题。

（3）实现环境感知的需求适应性进化，解决进化的可生存性问题。

（4）实现需求进化度量、风险仿真，解决进化质量和进化风险评估的问题。

13.3 软件的进化分类

软件进化基本上分为两种，即静态进化和动态进化。

（1）静态进化是指软件在停机状态下的进化。其优点是不用考虑运行状态的迁移，同时也没有活动的进程需要处理。然而，停止一个应用程序意味着中断提供的服务，造成软件暂时失效。停机状态下，系统的维护和二次开发就是一种典型的软件静态进化。对于执行关键任务的一些软件系统而言，通过停止、更新、重启来实现维护进化任务将会导致不可接受的延迟、代价和危险。例如，当对航班调度系统和某些实时监控系统进行进化时，不能进行停机更新，必须切换到备用系统上，以确保相关服务仍旧可用。

（2）动态进化是指软件在执行期间的软件进化。其优点是软件不会存在暂时的失效，具有不中断服务的明显优点，但由于涉及状态迁移等问题，在技术上比静态进化更为错综复杂，包括动态更新、增加、删除构件，动态配置系统结构等问题，已经成为软件进化研究领域备受关注的问题。

在开放的互联网环境下，动态性、多变性的需求越来越明显，而目前的主流软件技术还属于比较封闭和静态的软件体系框架。静态进化的局限性将无法适应网络时代。许多依托于互联网的软件技术（如自治计算、云计算）都需要动态进化技术的支持。在很多关键的领域中，都需要软件能够感知环境的变化，并根据环境的变化改变自身行为，采取适应性动作以适应资源的可变性、用户需求的变化及系统错误。

为了实现这种自管理的计算模式，人们提出了自治计算概念，即一个自动调节以满足正在其中运行的应用需要的基础结构，从自治计算系统的自调整性来看，最终目标都是要求能实现系统的动态进化。因此，追求动态进化是软件进化未来发展的方向。

按照进化发生的时机,软件进化可分为以下三类。

(1)设计时进化:是指在软件编译前,通过修改软件的设计、源代码重新编译、部署系统来适应变化。设计时进化是目前在软件开发实践中应用最广泛的进化形式。

(2)装载期进化:是指在软件编译后、运行前进行的进化,变更发生在运行平台装载代码期间。因为系统尚未开始执行,这类进化不涉及系统状态维护问题。

(3)运行时进化:发生在程序执行过程中的任何时刻,部分代码或者对象在执行期间被修改。这种进化是研究领域的一个热点问题。

显而易见,设计时进化是静态进化,运行时进化是一种典型的动态进化;而装载期进化既可以看作是静态进化,也可以看作是动态进化,这取决于怎样被平台或提供者使用。事实上,如果是用于装载类和代码,那么装载期进化就是静态进化,因为其实是类的映射,而实际的装载代码并没有改变。另一种可能是增加一个层,允许在运行时刻动态地装载代码和卸载老的版本,这样通过连续的版本来更换代码,最后实现系统的进化,变更本身也可以被认为是动态的进化机制。

从实现方式和粒度上看,软件进化又分为以下几类。

(1)基于过程和函数的软件进化:程序的更新是通过载入新版本的程序,用过程的新版本来替换旧版本,同时,在运行时将当前的捆绑改为新版本的捆绑来实现。

(2)面向对象的软件进化:利用对象和类的相关特性,软件升级时,可以将系统修改局限于某个或某几个类中,以提高进化的效率。

(3)基于构件的软件进化:在现有构件的基础上对其进行修改,以满足用户新需求。

(4)基于体系结构的软件进化:由于系统需求、技术、环境、分布等因素的变化,最终将导致系统框架按照一定的方式来变动。

13.4 软件的进化策略

在动态进化技术中,进化是分层次的,在不同的进化层次上,都以不同的粒度为进化形式。低层次的进化技术是高层次进化的基础,由低向高逐层构造了一个层次分明且相互关联的动态进化技术体系。进化的层次基本有函数层次、类层次、构件层次、体系结构层次。

13.4.1 函数层次

一般来说,早期的动态链接库(Dynamic Link Library,DLL)的动态加载就是以DLL为粒度的函数层次的进化。DLL的调用方式分为加载时的隐含调用和运行期的显式调用。加载时的隐含调用由编译系统完成对DLL的加载和应用程序结束时DLL的卸载,属于静态调用方式。运行期的显式调用由编程者用API函数加载和卸载DLL来达到调用DLL的目的,使用较复杂,是编制大型应用程序时经常采用的较为灵活的一种重要手段。DLL的设计方法为应用程序提供一定的可扩展性和动态特性,但尚未成为一个规范。

13.4.2 类层次

类层次的动态进化方法最常见的就是代理机制下的类的动态替换。在软件运行期间,为某个对象提供一个代理对象,任何一个访问该对象的操作都必须通过代理对象来进行,这样就可以在调用实际对象前或调用后,利用消息传递做一些调用预处理和收尾处理等工作。调用预处理工作用于完成类的版本判别、对象的替换、执行对象调用等操作。当一个对象请求调用另一个对象时,代理对象首先取得调用请求的信息,然后识别被调用对象对应类的版本是否更新,若已更新,则重新装载该类,并替换被调用对象。

对象替换时,代理对象采用反射技术获取旧版本对象的状态,并传递给新版本对象以保障对象替换的状态一致性。最后完成新版本对象的行为调用,保证对象替换的引用一致性。类层次的动态进化更侧重于代码的一种进化方法,作为技术手段为构件层次的进化提供了技术支持。

13.4.3　构件层次

在传统的软件系统中,构件之间是直接交互引用的,而在动态体系结构中,构件之间的交互通过连接件来实现,很大程度上降低了构件之间的耦合度,增加了软件系统动态进化的可能性。在构件层次的进化过程中,构件之间的调用请求及构件状态可以被进化平台获取,进化平台在进化时刻将构件的调用请求截获,同时检测构件状态,当接收到进化命令时,将该调用请求阻塞,根据体系结构配置信息将构件进行运行时的重新组装和部署,最后完成连接件的重定向操作,并释放构件的调用请求。

构件层次的进化与类层次的进化有一定的联系和区别,构件运行时的实例作为更为复杂的对象,在替换时仍然需要借助类层次的进化方法,构件层次的进化需遵循体系结构的约束,保持进化前后的结构一致性。

13.4.4　体系结构层次

除了函数层次、类层次及构件层次的动态进化之外,还有体系结构层次的动态进化。体系结构层次的进化可以保证软件进化的一致性、正确性及其他一些所期望的特性。体系结构将开发人员的关注点从代码转移到了粗粒度的构件和构件之间互联的结构上。这样使得设计者从难以理解的细粒度的软件编程细节中脱离出来,从更高的高度来关注体系结构视图,系统的结构、构件之间的交互及构件的调度。

软件体系结构的一个显著特征就是显性地构造连接件,连接件在构件间起着桥梁的作用,同时还管理构件之间的交互,从而将构件的计算功能从构件通信中分离出来,最大程度地减小了构件之间的相互依赖关系,使得构件的计算逻辑与适配逻辑相分离,方便对系统的理解、分析、进化。

13.5　软件再工程

软件再工程是指对既有对象系统进行调查,并将其重构为新形式代码的开发过程。最大限度地重用既有系统的各种资源是再工程最重要的特点之一。

实施软件再工程有以下几个原因。

(1) 再工程可帮助软件机构降低软件进化的风险。

(2) 再工程可帮助机构补偿软件投资。

(3) 再工程可使得软件易于进一步变革。

（4）软件再工程有着广阔的市场。

（5）再工程能扩大计算机辅助软件工程（Computer Aided Software Engineering，CASE）。

从软件重用方法学来说，如何开发可重用软件和如何构造采用可重用软件的系统体系结构是两个最关键的问题。不过对于再工程来说，前者很大部分内容是对既有系统中非可重用构件的改造。

软件再工程具有以下两个绝对优势。

（1）较小的风险：对某个关键业务软件的重新开发是要冒很大风险的。系统描述中会发生错误，而且开发过程中也会出现种种问题。在引入新软件上，时延意味着商业的损失而且会带来额外的费用。

（2）较少的成本：再工程的成本较之重新开发一个软件来说要小得多。再工程与新软件开发之间的重要差别表现在软件开发的起点上。再工程不是从描述系统开始，而是将旧系统作为新系统的描述。传统的开发工程为正向工程（Forward Engineering），以区别软件再工程。图 13-2 显示了正向工程和再工程。

图 13-2　正向工程和再工程

在软件再工程的各个阶段，软件的可重用程度都将决定软件再工程的工作量。

1. 再分析

再分析阶段的主要任务是对既存系统的规模、体系结构、外部功能、内部算法、复杂度等进行调查分析。这一阶段早期分析最直接的目的是调查和预测再工程涉及的范围。重用是软件工程经济学最重要的原则之一，重用得越多，再工程成本越低，所以逆向工程再分析阶段最重要的目的是寻找可重用的对象和重用策略，最终确定的再工程任务和工作量也将依存于可重用对象范围（重用率）和重用策略。

与一次工程不同，再工程分析者最终提出的重用范围和重用策略将成为决定再工程成败以及再工程产品系统可维护性高低的关键因素。如果重用对象都是既存代码级的，当然理想，然而这种可能性有限。但是再工程分析者如果因此而放弃重用，以为“改他人的代码不如自己重新编写”，便犯了再工程大忌。因为一个运行良久的既存系统，其最起码的价值是在操作方法和正确性上已被用户接受。

再高明的程序员，在软件没有经过用户一段时间的使用验证之前，都不敢保证自己的程序正确无误。更何况，越是有经验的程序员越是知道对一个处于局部变更地位的程序进行重新编写远比一次工程的原始编程复杂得多，因为需要对应无数的“副作用”，碰一筋而动全身。所以，读文档即使破烂不堪，读代码即使是千疮百孔，也要坚持住，并且从中筛出可重用对象。

2．再编码

根据再分析阶段做成的再工程设计书,再编码过程将在系统整体再分析基础上对代码做进一步分析。如果说再分析阶段产品是再工程的基本设计书,那么再编码阶段如同一次工程一样,先要产生的是类似详细设计书的编码设计书。但是,再工程比一次工程更难以进行过程分割,换言之,瀑布模型不适应再工程,无法将再分析、再设计、再编码截然分开。

3．再测试

一般来说,再测试是再工程过程中工作量最大的一项工作。如果能够重用原有的测试用例及运行结果,则能大大降低再工程成本。对于重用部分,特别是可重用的(独立性较强的)局部系统,还可以免除测试,这也正是重用技术被再工程高度评价的关键原因之一。当然再工程后的系统总有变动和增加的部分,对受其影响的整个范围都要毫无遗漏地进行测试,不可心存侥幸。

软件再工程大体分为两部分。首先是完成逆向工程(Reverse Engineering),即从代码开始推导出设计或规格说明(可理解性)。然后是改善软件的静态质量(可维护性、复用性或进化性)。由于软件工程成本/进度压力、管理的成熟能力等的影响,常常导致软件生命周期各个阶段制品的缺失或者不一致,只有在编译运行的源代码才最可信赖。逆向工程的目的就是从源码逆向分析获得其前序的软件设计信息,如程序模块结构、软件体系结构等,从而对软件系统的结构和行为获得更全面和更高抽象层次的理解,而理解是进化的前提。

再工程通常面向遗产系统,这时系统依然有价值,但可能非常难以维护和适应新的计算模式,可以对应到阶段模型的第三个阶段。由于软件技术、计算模式的变化,尤其互联网技术出现以后,很多的遗产系统都面临再工程的问题。主要的技术集中在面向对象的再工程、传统体系结构向三层体系结构和服务模型的转化、遗产系统的数据迁移。

典型的再工程模型称为马蹄过程,如图 13-3 所示。逆向工程通常应用于再工程的前端,来帮助开发人员正确、全面地理解遗产系统。

图 13-3　再工程马蹄过程

13.5.1　业务过程重构

业务过程重构(Business Process Reengineering,BPR)的概念涉及的领域远远超出了软件工程领域的范畴。《财富》杂志对业务过程重构的定义为:搜寻并实现业务过程中的根本性改变,以取得突破性成果。

业务过程是指执行一组逻辑相关的任务以获得定义明确的业务结果。业务过程将人员、设备、材料、业务规程综合在一起,以产生特定的结果。业务过程的例子有设计新产品、购买服务和支持、雇佣新员工,以及向供应商支付费用等。每个业务过程都有一个指定的客户,接收业务过程结果(想法、报告、设计、服务、产品)的个人和小组。

假如做一个手术需要 4 个小时,业务工程重构专家通过调查发现,其中 1 个小时用于病人的麻醉,相当于在手术室白白浪费了 1 个小时的时间。由于手术室有很多非常昂贵的设备,1 个小时的折旧费可能就是几百美元。而且,麻醉期间并不需要无菌环境,完全可以在手术室旁边设一个麻醉室,这样一来,手术室占用的时间就从 4 个小时缩短为 3 个小时。原来每天可以做 4 个手术占用 16 个小时,现在可以完成 5 个手术。假如一次手术收费 5000 元,那么现在在一天就可以多收入 5000 元。

再如福特公司(Ford)很多配件是由一些小公司制造的,所以公司就设立了一个拥有 500 名员工的货款支付处。后来福特公司发现,日本马自达汽车制造公司(MAZDA)的一个分公司也有这样一个货款支付处,但只有 5 名工作人员,福特公司便派人去考察。经过调研,发现是由于马自达的信息管理自动化程度很高的原因。于是福特公司强化了自动化管理,把员工人数从 500 人缩减到 125 人,节省了一大笔资金。

业务过程重构就是重新设计和安排企业的整个生产、服务、经营过程,使之合理化。通过对企业原来生产经营过程的各个方面、每个环节进行全面的调查研究、细致分析,对其中不合理、不必要的环节进行彻底的变革。在具体实施过程中,可以按以下程序进行。

(1) 业务过程对原有流程进行全面的功能和效率分析,发现其存在的问题。根据企业现行的作业程序绘制细致、明了的作业流程图。一般来说,原来的作业程序是与过去的市场需求、技术条件相适应的,并由一定的组织结构、作业规范作为其保证。当市场需求、技术条件发生的变化使作业程序难以适应时,作业效率或组织结构的效能就会降低。因此,必须从以下方面分析现行作业流程的问题:

① 功能障碍:随着技术的发展,技术上具有不可分性的团队工作,个人可完成的工作额度会发生变化,使得原来的作业流程或者支离破碎增加管理成本,或者核算单位太大造成权责利脱节,并会造成组织机构设计的不合理,形成企业发展的瓶颈。

② 重要性:不同的作业流程环节对企业的影响是不同的。随着市场的发展及顾客对产品、服务需求的变化,作业流程中的关键环节及各环节的重要性也在变化。

③ 可行性:根据市场、技术变化的特点及业务的现实情况分清问题的轻重缓急,找出流程再造的切入点。

为了对上述问题的认识更具有针对性,还必须深入现场,具体观测、分析现存作业流程的功能、制约因素及表现的关键问题。

(2) 设计新的流程改进方案,并进行评估。为了设计更加科学、合理的作业流程,必须群策群力、集思广益、鼓励创新。在设计新的流程改进方案时,可以考虑:

① 将数项业务或工作组合,合并为一。

② 工作流程的各个步骤按其自然顺序进行。

③ 给予员工参与决策的权力。

④ 为同一种工作流程设置若干种进行方式。

⑤ 工作应当超越组织的界限,在最适当的场所进行。

⑥ 尽量减少检查、控制、调整等管理工作。

⑦ 设置项目负责人。

⑧ 对于提出的多个流程改进方案,还要从成本、效益、技术条件、风险程度进行评估,选取可行性强的方案。

(3) 制定与流程改进方案相配套的组织结构、人力资源配置、业务规范的改进规划,形成系统的企业再造方案。企业业务流程的实施是以相应组织结构、人力资源配置方式、业务规范、沟通渠道甚至企业文化作为保证的,所以只有以流程改进为核心形成系统的企业再造方案,才能达到预期的目的。

(4) 组织实施与持续改善。实施业务过程重构必然会触及原有的利益格局,因此必须精心组织,谨慎推进。既要态度坚定、克服阻力,又要积极宣传、形成共识,以保证重构的顺利进行。

业务过程重构的实施并不意味着业务再造的终结。在社会发展日益加快的时代,企业总是不断面临新的挑战,这就需要对业务重构方案不断地进行改进,以适应新形势的需要。

13.5.2 软件再工程的过程模型

典型的软件再工程过程模型如图 13-4 所示,该模型定义了六类活动。在某些情况下,这些活动以线性顺序发生,但也并非总是这样。例如,为了理解某个程序的内部工作原理,可能在文档重构开始之前必须先进行逆向工程。

在图 13-4 中显示的再工程范式是一个循环模型。作为该范式组成部分的每个活动都可能被重复,而且对于任意一个特定的循环来说,过程可以在完成任意一个活动之后终止。下面简要介绍该模型所定义的六类活动。

图 13-4 软件再工程的过程模型

1. 库存目录分析

每个软件组织都应该保存其拥有的所有应用系统的库存目录。该目录包含关于每个应用系统的基本信息。例如,应用系统的名字、最初构建它的日期、已做过的实质性修改次数、过去 18 个月报告的错误、用户数量、安装的机器数量、复杂程度、文档质量、整体可维护性等级、预期寿命、在未来 36 个月内的预期修改次数、业务重要程度。

每一个大的软件开发机构都拥有上百万行老代码,都可能是逆向工程或再工程的对象。但是某些程序并不频繁使用而且不需要改变,此外,逆向工程和再工程工具尚不成熟,目前仅能对有限种类的应用系统执行逆向工程或再工程,代价十分高昂。因此,对库中每个程序都做逆向工程或再工程是不现实的。

下述三类程序有可能成为预防性维护的对象。

(1) 预定将使用多年的程序。

(2) 当前正在成功使用着的程序。

(3) 在最近的将来可能要做重大修改或增强的程序。

应该仔细分析库存目录,按照业务重要程度、寿命、当前可维护性、预期的修改次数等标准把库中的应用系统排序,从中选出再工程的候选者,然后明智地分配再工程所需要的资源。

2. 文档重构

老程序固有的特点是缺乏文档。具体情况不同,处理这个问题的方法也不相同。

(1)建立文档非常耗费时间,不可能为数百个程序都重新建立文档。如果一个程序相对稳定地正在走向其有用生命的终点,而且可能不会再经历什么变化,那么让它保持现状是一个明智的选择。

(2)为了便于今后的维护,必须更新文档,但是由于资源有限,应采用"使用时建文档"的方法,也就是说,不是一下子把某应用系统的文档全部都重构起来,而是只针对系统中当前正在修改的那些部分建立完整文档。随着时间流逝,得到一组有用的和相关的文档。

(3)如果某应用系统是完成业务工作的关键,而且必须重构全部文档,则仍然应该设法把文档工作减少到必需的最小量。

3. 逆向工程

软件的逆向工程是分析程序以便在比源代码更高的抽象层次上创建出程序的某种表示的过程,也就是说,逆向工程是一个恢复设计结果的过程,逆向工程工具从现存的程序代码中抽取有关数据、体系结构和处理过程的设计信息。

4. 代码重构

代码是我们最熟悉也是最关注的问题。所有的进化归根到底都会涉及代码的进化。代码重构是最常见的再工程活动。某些老程序具有比较完整、合理的体系结构,但是个体模块的编码方式却难于理解、测试、维护。在这种情况下,可以重构可疑模块的代码。

软件进化的过程中,我们经常会遇到由于技术变化、设计缺陷、需求进化等问题导致现有软件系统的进化变得非常困难。如果对代码进行重构,解耦强相关的模块,解析和抽象与环境、用户等无关的模型,封装特殊依赖的数据及其处理,可以大大提高软件系统的进化适应性和寿命。为完成代码重构活动,首先用重构工具分析源代码,标注出和结构化程序设计概念相违背的部分;然后重构有问题的代码(此工作可自动进行);最后复审和测试生成的重构代码(以保证没有引入异常)并更新代码文档。

通常,重构并不修改整体的程序体系结构,仅关注个体模块的设计细节以及在模块中定义的局部数据结构。如果重构扩展到模块边界之外,并涉及软件体系结构,则重构变成了正向工程。

5. 数据重构

对于数据体系结构差的程序,很难进行适应性修改和增强,事实上,对于许多应用系统来说,数据体系结构比源代码本身对程序的长期生存力有更大影响。

与代码重构不同,数据重构发生在相当低的抽象层次上,是一种全范围的再工程活动。在大多数情况下,数据重构始于逆向工程活动,分解当前使用的数据体系结构,必要时定义数据模型,标识数据对象和属性,并从软件质量的角度复审现存的数据结构。

当数据结构较差时,应该对数据进行再工程。由于数据体系结构对程序体系结构及程序中的算法有很大影响,对数据的修改必然会导致体系结构或代码层的改变。

6. 正向工程

正向工程又称革新或改造,这项活动不仅从现有程序中恢复设计信息,而且还使用该信息去改变或重构现有系统,以提高其整体质量。正向工程过程应用软件工程的原理、概念、技术、方法来重新开发某个现有的应用系统。在大多数情况下,被再工程的软件不仅重新实现现有系统的功能,还加入了新功能和提高了整体性能。

13.5.3 软件再工程中的经济因素

再工程花费时间并占用资源。因此,一个组织试图再工程某现存应用之前,有必要进行成本/效益分析。Sneed 提出了再工程的成本-效益分析模型,涉及以下参数。

(1) P1:当前某应用的年维护成本。

(2) P2:当前某应用的年运行成本。

(3) P3:当前某应用的年收益。

(4) P4:再工程后预期年维护成本。

(5) P5:再工程后预期运行成本。

(6) P6:再工程后预期业务收益。

(7) P7:估计的再工程成本。

(8) P8:估计的再工程日程。

(9) P9:再工程风险因子(名义上 P9=1.0)。

(10) L:期望的系统生命期(以年为单位)。

则有:

(1) 和未执行再工程的持续维护相关的成本:Cmaint=[P3-(P1+P2)]×L。

(2) 和再工程相关的成本:Creeng=[P6-(P4+P5)×(L-P8)-(P7×P9)]。

(3) 再工程的整体收益:Cbenefit=Creeng-Cmaint。

13.6 软件体系结构的进化

由于系统需求、技术、环境、分布等因素的变化而最终导致软件体系结构的变动,称为软件体系结构进化。软件系统在运行时刻的体系结构变化称为体系结构的动态性,而将体系结构的静态修改称为体系结构扩展。体系结构扩展与体系结构动态性都是体系结构适应性和进化性的研究范畴。可以用多值代数或图重写理论来解释软件体系结构的进化。

13.6.1 软件体系结构模型

目前,软件体系结构的定义形式多样,许多文献中比较公认的定义,即软件体系结构是组成系统的构件以及构件与构件之间交互作用关系(连接件)的高层抽象。

定义 1 构件 Com 是系统中承担一定功能的数据或计算单元。Com=<Ports,Imp_Bs>,Ports 是构件接口集合,Imp_Bs 是构件的实现。Ports={Port$_1$,Port$_2$,…,Port$_n$},而 Port$_i$=<ID,Publ$_i$,Ext$_i$,Prvt$_i$,Beha$_i$,Msg$_i$,Cons$_i$,NFun$_i$,Ply$_i$>,其中,ID 为构件标识,Publ$_i$ 是 Port$_i$ 向外提供的功能的集合,Ext$_i$ 是外部通过 Port$_i$ 向构件提供的功能的集合,Prvt$_i$ 和 Beha$_i$ 分别是 Port$_i$ 的私有属性集合和行为方法集合,Msg$_i$ 是 Port$_i$ 产生的消息的集合,与事件有关,Cons$_i$ 是 Port$_i$ 的行为约束,NFun$_i$ 是 Port$_i$ 的非功能说明,Ply$_i$ 是与连接件交互点自集合。

定义 2 连接件 Con 是系统中承担构件间交互语义的连接运算单元。Con=<ID,Beha,Msg,Nfun,Cons,Role>。其中,ID 为连接件的标识,Beha 是连接件行为语义的描述,Msg 是构件与各 Role 交互事件产生的消息的集合,Nfun 是连接件的非功能描述,Cons 是连接件语义约束的集合,Role 是连接件与构件交互点的集合。

定义 3　软件体系结构是由构件通过连接件及其之间的语义约束形成的拓扑网络。$N_{SA} = <Coms, Cons, Const>$(称为 SA 网络或 SA 网络模型),其中,Coms 是构件的集合,Cons 是连接件的集合,Const 是构件与连接件之间的语义动态、静态约束。

定义 4　软件体系结构简化模型 $SA_s = <Coms, Connectors>$,其中,Coms 同定义 3;Connectors = {Connector$_{lr}$},Connector$_{lr}$ = <Cons, C-CConst>,Cons 同定义 3,而 C-CConst 表示构件之间的语义约束。

需要说明的是,定义 3 中的连接件和定义 4 中的连接件之间是一种展开和合并的关系,分别适应于软件体系结构动态进化和静态进化的研究。下面不再做特别说明。

定义 5　由于系统需求、技术、环境和分布等因素的变化而最终导致的软件体系结构按照一定的目标形态的变动,称为软件体系结构进化。

13.6.2　动态软件体系结构

互联网技术的发展使得 7 天 24 小时的全球性软件不间断服务成为可能,这也成为一些商业服务软件系统的必要质量属性。但是,这种服务型软件由于拥有大量的用户群体和异构广域的服务部署、提供环境,必然存在强烈的软件进化需求。要在不中断服务的条件下解决软件的进化,于是就有了动态软件体系结构。

传统的软件体系结构设想体系结构总是静态的,即软件的体系结构一旦建立就不会在运行时刻发生变动。人们在实践中发现,现实中的软件往往具有动态性,即体系结构会在运行时发生改变。运行时发生的变化包括以下两类:

(1)一类变化是软件内部执行所导致的体系结构改变。例如,很多服务器端软件会在客户请求到达时创建新的构件来响应用户的需求。某个自适应的软件系统可能根据不同的配置状况采用不同的连接件来传送数据。

(2)另一类变化是软件系统外部的请求对软件进行的重配置。例如,有很多高安全性的软件系统,这些系统在升级或进行修改时不能停机。因为修改是在运行时刻进行的,体系结构也动态地发生了变化。

在高安全性系统之外,也有很多软件需要进行动态修改。例如,很多操作系统期望能够在升级时无须重新启动系统,在运行过程中就完成对体系结构的修改。由于软件系统会在运行时刻发生动态变化,这就给体系结构提出了很多新的问题。如何在设计阶段捕获体系结构的这种动态性,并进一步指导软件系统在运行时刻实施这些变化,从而达到系统的在线进化或自适应甚至自主计算,是动态体系结构的内容。

动态软件体系结构是指可以在运行时改变结构或者行为的软件体系结构,其优点如下:

(1)降低成本和风险。在一些以任务和安全为主要因素的系统(如公共信息系统)中,使用动态软件体系结构在运行时改变结构,可以减少由于改变带来的成本,同时也因为不需要离线而降低了风险。

(2)具有增加定制来扩展体系结构的能力。很多使用了动态进化的系统都能够提供给用户即时改变系统与用户之间交互功能的能力。

现阶段,动态软件体系结构可分为以下两个部分:

（1）体系结构设计阶段的支持。包括变化的描述、根据变化如何生成修改策略、描述修改过程、在高抽象层次保证修改的可行性，以及分析、推理修改所带来的影响等。

（2）运行时刻基础设施的支持。包括系统体系结构的维护、保证体系结构修改在约束范围内、提供系统的运行时刻信息、分析修改后的体系结构符合指定的属性、正确映射体系结构构造元素的变化到实现模块、保证系统的重要子系统的连续执行并保持状态、分析和测试运行系统等。

运行时进化也被称为动态进化，面临的问题包括：

（1）使系统能够感知环境信息，并理解变化对于自身的意义。要求在环境信息本体、环境进化特性等方面进行深入研究，并给出对环境进行软件建模的指导原则和方法。

（2）在自主软件实体和分离的软件协同技术基础上，给出一种真正适应动态进化的软件结构、行为模型。这样，一方面可以高效地实施所需的在线进化，另一方面又利于保证在线进化不会破坏系统的完整性和一致性。

（3）建立适合自适应运行的计算模型。即从计算结构、运行机理、语义理解角度给出一种面向自适应运行的计算模型，从而对系统的自适应运行机制的建立提供指导。我们也需要基于产品线进行软件体系架构进化。

13.6.3　软件体系结构重建

当前系统开发很少是从头开始的，大量的软件开发任务基于已有的遗产系统进行升级、增强、移植。这些系统在开发时没有考虑软件体系结构，在将这些系统进行构件化包装、复用时，会得不到体系结构支持。

因此，从这些系统中恢复、重构体系结构是有意义的，也是必要的。软件体系结构重建是指从已实现的系统中获取体系结构的过程。一般地，软件体系结构重建的输出是一组体系结构视图。其中，概念视图、构件视图、开发视图、任务视图、特征视图等是有意义的。

现有的体系结构重建方法可以分为以下四类。

（1）手工体系结构重建。Laine 提出了用于 OO 系统的体系结构手工重建方法。该方法以 Emacs 和 grep 为基本工具，通过检查源码的方式来发现构件，所有的视图都使用纸和笔绘制。

（2）工具支持的手工重建。通过工具对手工重建提供辅助支持，包括获得基本体系结构单元、提供图形界面、允许用户操作软件体系结构模型、支持分析软件体系结构模型等。例如，KLOCworkinSight 工具使用代码分析算法直接从源代码获得构件视图，用户可以通过操作图形化的软件体系结构设定体系结构规则，并可在工具的支持下实现对体系结构的理解、自动控制和管理。

（3）通过查询语言来自动建立聚集。这类方法适用于较大规模的系统，其基本思路是在逆向工程工具的支持下分析程序源代码，然后将所得到的体系结构信息存入数据库，并通过适当的查询语言得到有效的体系结构显示。Kazman 通过软件分析工具直接从源代码获取体系结构元素信息，并存储在 PostgreSQL 数据库中，通过将 SQL 和 Perl 组合使用，可以进行多种查询并产生多种体系结构视图。

（4）使用其他技术，如数据挖掘。从多视图、质量属性变更、设计与实现一致性、体系结构中通用性和可变性、二进制构件、混合语言等角度分析和比较了现阶段软件体系结构重建

软件设计的进化

方法。

当前,软件体系结构重建面临着很多挑战,主要是因为:

(1) 软件体系结构自身不够成熟,对软件体系结构的描述方法、语义问题等多个方面并没有统一的认识。

(2) 直接从源代码层次进行重建的可能性不大,因为大量商用现成品或技术(Commercial Off-The-Shelf,COTS)软件并不存在现实可用的源代码。

(3) 缺乏必要的工具和方法支持,许多工作尚处于研究探索阶段。

13.6.4 进化过程

软件进化是一个反馈系统,也是一个不断改进、进化的过程。我们把软件的功能、性能看成是基因,软件进化过程也是通过对这些功能和性能的优化、淘汰、变异产生令用户更加满意的软件系统。

软件的进化过程不是一个完全自我调节的过程。自然界的物种进化经历着残酷的优胜劣汰的自然法则,软件是一种“人为开发,为人服务”的产品,人的智力活动必然干涉软件的进化过程。软件的进化实际上是软件的开发者、维护者、使用者的智力活动的较量,如Word 和 WPS 的进化、Windows 操作系统和 DOS 的进化等。除了上面讨论过的软件设计、编码等技术层面的因素,还包括进化管理等过程层面的因素。

进化是一个优胜劣汰的过程。软件进化的目的是为了更加贴近用户需求。通过这个过程,软件或者持续提高用户满意度,或者走向死亡。

互联网的出现使得用户可以 7 天 24 小时体验软件,并以各种方式表达对软件的认可、赞誉、期望,或者反对、排斥。用户的需求反应在互联网环境下,无法容忍传统方式使用的从用户需求分析到验证和跟踪管理的缓慢过程。在互联网环境下,用户对“所需即所得”的体验要求使得网络化软件成为“永远的测试版”。

13.7 重 构

重用是软件再工程的灵魂,软件再工程可以在不同层次重用工程的资源。重用那些完善的具有一致性的文档和可读性强、可维护的代码,是软件工程的理想。但是,那些天书般的文档、打满了补丁的软件还需要重用吗? 这也是软件再工程方法学的使命之一,必须提出对那些“糟糕的文档”“糟糕的程序”重用的解决方案。重构(Refactoring)就是解决它们的武器。

13.7.1 重构目标

重构就是在不改变软件现有功能的基础上,通过调整程序代码,改善软件的质量、性能,使其程序的设计模式、架构更趋合理,提高软件的扩展性和可维护性。

重构不改变系统功能,仅仅改变系统的实现方式。通过重构可以达到以下目标。

(1) 持续纠偏和改进软件设计:重构和设计相辅相成,彼此互补。有了重构,仍然必须做预先的设计,但是不必是最优的设计,只需要一个合理的解决方案就够了。如果没有重构,程序设计会逐渐腐败变质,像断线的风筝、脱缰的野马,无法控制。重构其实就是整理代码,让所有带着发散倾向的代码回归本位。

(2)使代码更容易为人所理解:敏捷软件开发方法的早期开拓者马丁·福勒(Martin Flower)在《重构》中有一句经典的话,"任何一个傻瓜都能写出计算机可以理解的程序,只有写出人类容易理解的程序才是优秀的程序员",如图 13-5 所示。有些程序员总是能够快速编写出可运行的代码,但代码中晦涩的命名使人晕眩得需要紧握座椅扶手,试想一个新来的程序员接手这样的代码,他会不会想当逃兵呢?

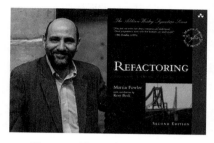

图 13-5　马丁·福勒和《重构》

(3)帮助发现隐藏的代码缺陷:孔子说,温故而知新。重构代码时,需要逼迫程序员加深理解原先所写的代码,发现其中的问题和隐患,以构建出更好的代码。

(4)从长远来看,有助于提高编程效率:当发现解决一个问题变得异常复杂时,往往不是问题本身造成的,很可能是用错了方法,拙劣的设计往往导致臃肿的编码。改善设计、提高可读性、减少缺陷,都是为了稳住阵脚。良好的设计是成功的一半,停下来通过重构改进设计,或许会在当前减缓速度,但它带来的后发优势却是不可低估的。

13.7.2　重构的方法

下面列举一些常见"坏代码"的情况,并说明如何针对这些情况进行重构。

(1)大量重复的代码。即使在一个类里的某一个方法,都有大量重复的代码,让我们不得不在修改某一处时提心吊胆地用查找替换来解决问题,更不用说在不同的包类里面进行相同代码的修改,这样做会很崩溃的。其实,重复代码一般表现在两个方面,一个是两段代码看上去几乎相同,另一个是两段代码都是实现相同的功能。

重构策略:需要尽量消除重复的代码,合而为一。根据重复的代码出现在不同的地方,采取不同的重构策略:

① 在同一个类(Class)的不同地方:提炼出重复的代码,然后在这些地方调用上述方法。

② 在不同子类(Subclass)中:提炼出重复的代码,然后通过提升将该方法移动到上级的 Super class 内。

③ 在没有关系的类(Class)中:将重复的代码提炼到一个新类中,然后在另一个 Class 中调用生成的新类,消除重复的代码。

(2)过长的方法参数序列。有的人在新增方法时很喜欢将尽量多的参数传递到新增的方法中,这样的做法可能是受到了某些教条的影响。例如,把方法所需要的所有东西都以参数的形式传递进去。其实这样做是不合理的,因为太长的参数列会使方法本身变得难以理解,造成方法前后不一致,而且一旦需要添加一个参数时,就必须要修改方法,这种仅为一个参数就修改方法的行为会得不偿失。

重构策略:如果可以通过向已存在的对象查询获取参数,则可通过移除参数列,在函数内部向上述已存在的对象查询,来获取参数。如果参数列中若干参数是已存在对象的属性,则可通过使用已存在的对象取代这些参数,将这些参数替换为一个完整对象,这样不仅提高

软件设计的进化

代码的可读性,同时也易于代码今后的维护。另外,还可以将若干不相关的参数使用创建新的参数对象创建一个新的参数类。不过,如果这些情况过多,就会产生很多莫名其妙的参数类,反而降低代码的可读性。

(3)代码量过大的方法体或类体。经常会看到将近两百多行、鼠标的滚动条要滚动好一会才能到方法末尾的方法。不用说一行一行去阅读,更谈不上能理解编写者的思想。可以想象,维护人员在修改这段代码时有多么痛苦。有时一个方法在开始时可能并不那么长,只是随着每次需求的变更,每次一点点地在方法里面加代码而没有注意重构,侥幸地认为这次的一点点根本不算什么,但积少成多,最后终于变得不可收拾。

重构策略:对于代码量过大的方法,拆解过长的函数。重构时,可以将过长的函数按照功能的不同进行适当拆解,变为小的函数,并且给这些小函数起一个好名字。通过名字来了解函数提供的功能,提高代码的理解性。如果是过大的类体,可将一些相关成员变量移植到新的类中,如 Employee 类,一般会包含有联系方式的相关属性(电话、Mobile、地址、Zip 等等),则可以将这些移植到新的 EmployeeContact 类中。

(4)过多的 if-else 和 switch-case 逻辑。if-else 和 switch-case 这样的分支结构是程序员遇到最多的逻辑。过多分支逻辑只能说明程序的混乱。

重构策略:if-else,也许代码一开始很简单,只是在变更阶段为了省事加上了额外的条件判断,对于这种问题,第一个念头是此处多态能不能取代条件式,如果能,则使用多态,如果不能,则应该重新考虑程序的逻辑结构了。另一种情况是 if 和 else 子句非常相似,那么考虑将其重写,使同样的代码段无论对于哪种情况都能生成正确的结果,然后去除条件式。

(5)局部变量的"全局"化。哪怕只在方法的某个角落里出现的变量,我们也很大方地把它放到全局域里,甘愿默默地忍受该变量有可能在别处被修改的风险。

重构策略:对于局部变量的"全局"化,还是表现得吝啬一点儿,方法体内的就放在方法体内,代码段内的就放在代码段。

(6)数据集合类。程序员设置了一些数据集合类,来放一些我们要经常用到的数据,这样的思想确实能很好地避免多处修改,但它往往是直接读取变量,而不是使用 get 方法,这样就把过多的内容暴露给了客户,有时太热情反而是一种坏事。

重构策略:该用 get 方法的时候还是要用。对于数据集合类,最好的解决方案是不要让客户直接去读取这些类的值域,需要封装起来,然后设置 get/set 接口,让客户通过这些接口去读取数据。

(7)数据泥团。很多数据总是喜欢成群结队,聚集在一起,就像社会上的小混混,应该给他们限定住,否则肯定会出乱子的。

重构策略:通过创建新的参数对象来取代这些参数,或使用已存在的对象取代这些参数,实现使用对象代替类成员变量和方法中的参数列表,清除数据泥团,使代码变得简洁,提高维护性和易读性。

(8)注释的问题。太多的注释和太少的注释都不好,多多益善、聊胜于无的想法都是不可取的。对于注释,应该遵循这样一条原则:"注释的使用不是为了说明这段代码能做什么,而是应该说明为什么要这么做"。

重构策略:如果需要注释、解释一段代码做了什么,则可以试试提取出一个独立的函数,让函数名称解释该函数的用途、功能。另外,如果觉得需要用注释来说明系统的某些假设条件,也可尝试使用引入断言来明确标明这些假设。

（9）死代码。看看自己的代码,集中注意那些带黄线的部分,数数有多少是从未读取的变量或从未使用过的方法。

重构策略：赶紧清除,不要为以后着想,以后的问题不是现在放几个方法和变量就能解决掉的。当然,还有很多"坏代码",例如像类之间的继承混乱、对象之间的过分依赖、方法之间的链式调用,都是有可能会出现问题的地方。

13.8 软件移植

软件移植是指将软部件从其当前环境移动到新的目标环境的过程,移植前后,软件的功能基本保持一致。通过软件移植,可使遗留系统适应新的软件与硬件环境,从而达到延长其生命周期的目的。

可移植性是软件质量的一个重要属性,是衡量软件移植难易程度的重要指标。目前,软件可移植性主要集中在可移植性的定义、可移植性的度量和可移植性软件工程三个方面。

ISO/IEC 9126《软件工程——产品质量》中,将可移植性定义为软件产品从一种环境迁移到另外一种环境的能力,其中,环境可能包括组织、硬件、软件的环境。这是最广为接受的、被引用最多的一种定义。

ISO/IECFCD 25010《软件和系统工程——软件产品质量需求和评估软件产品质量和系统使用质量模型》中,将可移植性定义为一个系统或部件可以有效且高效地从一个硬件或软件环境移植到另一个环境下的程度。

可移植性软件工程以高可移植性为目标,在分析、设计、实现、测试等软件工程的各个环节引入可移植性策略,避免对具体环境的依赖,从而开发出具有高可移植性的软件,弥补了传统软件工程的不足。

软件移植主要分为源代码移植和二进制移植两种类型。源代码移植通过修改与环境相关的部分源代码,可使软件具备适应多种环境的能力;二进制移植是指将软件从源环境移植到目标环境,且能正确运行,并与其在源环境下的行为保持一致。

13.8.1 源代码移植

根据源代码的可移植性以及源和目标环境的差异,移植方法是多样化的,但源代码移植却遵循着一个通用的流程。该移植流程一般包含需求分析、移植可行性分析、设计、实现、测试五个步骤,如图 13-6 所示。

软件工程专家从研究移植的一般方法和研究某个具体移植问题的解决方法两个方面出发,来研究源代码移植。Fleurey 等人提出了在源代码移植流程中采用模型驱动工程(Model Driven Engineering,MDE)的方法,有效地将软件移植到目标环境中。IBM 印度研究实验室的 Varma 提出了采用存根库用于软件移植过程中软件功能的测试与验证。

图 13-6 源代码移植流程

软件设计的进化

根据源和目标环境的差别,具体移植问题可细分成不同种类,常见的分类有操作系统移植、数据库移植、编程语言移植、体系结构移植、用户界面移植。目前,操作系统移植主要集中于嵌入式操作系统的移植;数据库移植主要集中于向甲骨文数据库管理系统的移植;编程语言移植主要集中于向 Java 语言的移植;体系结构移植主要集中于向面向服务体系结构(Service Oriented Architecture,SOA)的移植;用户界面移植主要集中于从图形用户界面向 Web 用户界面移植。当前源代码移植方法比较成熟,可有效地指导软件移植实践,但缺乏相应的工具,导致其效率不高。

13.8.2 二进制移植

当应用程序以二进制程序分发后,就与特定的指令集和操作系统绑定了,而操作系统则与实现特定的存储、I/O 系统接口的计算机绑定在一起。因此,当软件二进制移植的目标环境与源环境差异非常大时,实现过程困难重重。目前,虚拟机技术是解决二进制移植的最主要的技术,通过在目标环境中虚拟出二进制程序依赖的源环境,有效地实现软件从源环境向目标环境的二进制移植。

虚拟机技术又分为进程虚拟机和系统虚拟机。进程虚拟机支持一个应用程序二进制接口(Application Binary Interface,ABI),即用户指令和系统调用;系统虚拟机支持完整的指令集体系结构(Instruction Set Architecture,ISA),包括用户指令和系统指令,如图 13-7 所示。

图 13-7 进程虚拟机(左)和系统虚拟机(右)

进程虚拟机可细分为多道程序系统、动态二进制优化器、动态翻译器、高级语言虚拟机。多道程序系统即由操作系统调用接口和用户指令集组合而成的机器,是大多数操作系统所支持的进程。动态二进制优化器不仅将源代码翻译到目标代码,还执行一些代码优化工作,其基本目标就是执行二进制优化。高级语言虚拟机生成支持虚拟 ISA 中间代码,以支持其在不同平台上执行,例如,甲骨文公司的 Java 虚拟机体系结构、微软公司的公共语言基础结构(Common Language Infrastructure,CLI)就是最流行的高级语言虚拟机。

系统虚拟机可细分为标准系统虚拟机、主机虚拟机、全系统虚拟机、协同设计虚拟机。标准系统虚拟机在硬件上安装一层名为虚拟机监视器(Virtual Machine Monitor,VMM)的软件,该软件访问并管理所有硬件资源,客户机操作系统和编译到这个操作系统的应用程序都由 VMM 管理,Xen 是典型的标准系统虚拟机。主机虚拟机即在现有的主机操作系统上构造虚拟软件,该虚拟软件可依赖主机操作系统提供的设备驱动和其他低层服务,不需要 VMM 的支持,VMware 即是一种典型的主机虚拟机。全系统虚拟机支持客户机和主机系统使用不同 ISA 的情形。协同设计虚拟机的目标是为了能够创建新的 ISA 以及改善硬件

实现的性能和功耗,典型的例子是 Transmeta Crusoe。在该处理器中,底层硬件采用本地
VLIW 指令集,客户机 ISA 是 Intel IA-32。

虚拟机技术是实现软件平滑移植的利器,但它需要消耗一定的机器资源,影响了移植后
软件的运行效率。因此,如何提高虚拟机的性能是当前二进制移植研究的重点。

13.9　小　　结

软件进化是一种对软件系统高层次的、结构式的改变,以使其能够更好地满足用户的要
求,也更易于维护。引起软件进化的原因是多方面的,如环境的改变、功能的增加、更优算法
的发现等,所以,对软件进化进行理解和控制显得比较复杂而又困难,还存在许多问题有待
解决。在软件动态进化的研究过程中,须重点关注软件需求、软件动态进化及重构。

计算机软件的基本计算模式,从主机模式、C/S 模式到三层 Web 服务(B/S)模式,已经
经历了三个典型时期的蜕变。不同时期的基本计算模式对软件进化提出了不同挑战。互联
网时代,软件进化体现了越来越鲜明的用户主导特征,典型的软件开发、部署、维护、再部署、
升级的模式已经不能满足人们的要求。唯有持续不断地满足用户变化的需求、适应多变的
环境、向更优良的品质持续进化,才能保持软件的长寿命。

13.10　思　考　题

(1) 简述软件进化的几种定义及其各自的侧重点。

(2) 造成软件进化的原因有哪些?

(3) 在软件动态进化中,根据粒度大小分为哪几个层次? 分别举例说明。

(4) 什么是软件再工程? 它与软件维护有什么区别?

(5) 简述软件再工程模型。

(6) 软件如何重构? 说说常见的软件重构的方法。

(7) 简述软件移植的方法。

第 13 章

软件设计的进化

第14章 云计算和大数据系统体系结构

如果我们能从过去学到什么的话,那就是计算机科学实际上是一门方法论学科。

——Niklaus Wirth

近几年,云计算和大数据技术已成为新兴技术产业中最热门的领域之一。

随着负载的改变和大数据集应用的驱动,软件的体系结构也发生了新的变化。

当前的时代是一个软件定义的时代。从基础设施视角来看,现在是互联网+时代;从计算模式视角来看,现在是云计算时代;从信息资源视角来看,现在是大数据时代;从信息应用视角来看,现在是智能化时代。在大数据成为国家战略的背景下,软件是一项很重要的技术。互联网的不断拓展、深化促成了"人-机-物"融合计算的发展,软件日益成为信息化社会的基础设施。软件的复杂程度持续提高,万物皆可互联,一切均可编程,这些都给软件设计和体系结构带来了机遇和挑战。

云计算是一种基础架构方法,谷歌、亚马逊、微软、IBM、Salesforce、Facebook、威睿、YouTube、MySpace 等 IT 巨头正以前所未有的速度和规模推动云计算技术和产品的普及。这些都反映了 IT 行业的计算和数据从桌面向大规模数据中心移动的趋势,并以服务的方式按需提供软件、硬件、数据。用云来描述一种复杂、高异构、分布式的架构是一种潮流。

如今,大数据时代要求我们在以数据为中心的平台上去开发新型数据管理系统和相应的应用系统。伴随着信息技术的发展,以互联网为代表的大数据应用每天产生海量数据,大数据管理系统正在经历以软件为中心到以数据为中心的计算平台的变迁。说起来,云计算不仅是计算资源的汇聚,更是数据资源的汇聚。数据资源之间通过数据库软件实现互联、互通,并向公众提供数据的存储、组织,以及查询、分析、维护、安全服务。

数据爆炸促发了云计算体系结构的思想,那么,云计算到底是什么? 发展现状如何? 实现机制是怎样的? 有哪些主要平台? 大数据时代给软件工程带来了什么? 如何存储和管理如此巨量的数据? 大数据管理系统具备哪些特征? 本章将讨论这些问题,目的是帮助读者对云计算和大数据系统的体系结构形成一个初步认识。

本章共分五个部分:14.1 节为云计算的背景,14.2 节为云计算服务模型,14.3 节为云计算的主要平台,14.4 节为大数据时代的软件工程,14.5 节为大数据系统。

14.1 云计算的背景

云计算和大数据系统是推动整个经济数字化转型的原动力,同时,云计算也是大数据技术发挥作用的基础设施。当前,云计算技术已被大多数企业和用户认可接受,从而引出了云计算的第一阵营"3A"鼎立(即亚马逊的 AWS、微软的 Azure 和阿里云 AliCloud)的局面,如图 14-1 所示。云计算的优势能否充分发挥,对新经济的发展有着决定性影响。

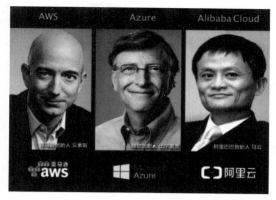

图 14-1　全球云计算"3A"鼎立

云计算的兴起是通过信息资源共享节约信息化成本。可是,单个云计算服务商的资源总是有限的,即使像阿里云 AliCloud,每年到了"双十一"的时候,也要减少对外的资源供给,来把一些与网购无关的服务消费者暂时迁移到其他云上。总之,云服务商之间的协作非常关键。

14.1.1　云计算的特点

云是虚拟计算资源池,它可以处理各种不同的负载,包括批处理式后端作业和交互式用户界面应用。基于此,云通过迅速提供虚拟机、物理机允许负载被快速配置和划分。最后,云计算系统可以通过实时监视资源来确保分配在需要时平衡。

云计算把计算和数据分布在众多分布式计算机上,这使计算、存储获得了很强的可扩展能力,并方便了用户通过多种接入方式(如计算机、手机等)接入网络获得应用和服务。其重要特征是开放式,不会有一个企业能控制和垄断。这样,整个互联网就是一朵云,网民们可以在云中方便地连接任何设备、访问任何信息、自由地创建内容并与朋友分享。云计算就是要以公开的标准和服务为基础,以互联网为中心,提供安全、快速、便捷的数据存储和网络计算服务,让互联网这片云成为每一个网民的数据中心和计算中心。

如果未来计算能力和软件全集中在云上,那么客户端就不需要很强的处理能力了,操作系统也就失去了大部分作用。未来的计算模式是云端计算,而不是单纯的云计算。这里的端是指客户端,云计算一定要有客户端来配合。目前,数据、软件、平台、基础设施都已成为云计算的战略资源,而今后云计算的发展则取决于上述战略资源同集中计算、按需应用模式的整合与关联的程度,用一个简单的公式来表达就是:

云计算＝(数据＋软件＋平台＋基础设施)×服务

云计算是一种大规模分布式计算的模式,可以同时服务许多异构的、大小不一的应用程序,主要通过利用多任务的特性来获得更高的吞吐量。

云计算的四个关键点是:

(1) 大规模可扩展性。

（2）可以被封装成一个抽象的实体，并提供不同的服务水平给外部用户使用。

（3）规模化带来的经济性。

（4）服务可以被动态配置（通过虚拟化或者其他途径），按需交付。

云计算既指透过互联网交付的应用，也是指在数据中心中提供这些服务的硬件和系统软件。前半部分即 SaaS(Software as a Service)，后半部分则被称为 Cloud。简单地说，云计算就是"SaaS+效用计算(Utility computing)"。如果云计算这个基础架构可以按照按使用付费的方式提供给外部用户，那么它就是公共云，否则便是私有云。公共云就是效用计算，SaaS 的提供者同时也是公共云的用户。

云计算提供了一个虚拟化的按需动态供应硬件、软件、数据集的弹性资源平台，如图 14-2 所示。其设计思想是将桌面计算移到面向服务的平台上，来使用数据中心的服务器集群和大数据库。云计算利用低成本和易用性向付费用户提供硬件、软件、存储、网络、服务，最终使得用户和供应商双赢。可以将这种模式比喻为从单台发电机供电模式转向了电厂集中供电的模式。这意味着，计算能力也可以作为一种商品进行流通，就像煤气、水、电一样，取用方便，费用低廉。只不过云是通过互联网进行传输的。

图 14-2 数据中心的虚拟化资源形成互联网云

可以看到，人们经常将云计算与电力系统进行比较，这是因为电力行业经历了从出售电力系统设备到经营中央电厂、提供电力服务的转变。事实上，银行、城市供水供气等社会服务系统也都有着类似的发展历程。信息资源也可以同其他生产、生活资源一样，采用服务的方式提供。这种服务需要像水、电、气、银行等系统那样实现集约化基础上的公用化，云计算正是实现这一重要变革的核心技术载体。信息基础设施公用化之后，产生的将是以"云"为载体、集中供给的信息资源功能的云服务。如表 14-1 所示，云服务与水、电等服务相比，有着更丰富和复杂的内涵。其中，边际成本是指为增加一单位的产量随即而产生的成本增加量。

表 14-1 云服务与水、电服务

项 目		云 服 务	水、电服务
不同点	形式	丰富(多样化和多粒度)	统一
	功用	个性化(价值因受众而异)	通用
	损耗	信息不会损失	一次性使用
	用户角色	双重(消费者、提供者)	单一(消费者)
	传送	双向，不受时空限制	单向、受地理位置限制
	控制	全局无规划，无统一调度	全局有规划，有统一调度
	经济性	边际成本递减	边际成本递增
相同点		资源在网上，而不在用户端；依靠传输网络送达；按需付费，计量服务	

从技术背景来看,云计算是并行计算、分布式计算和网格计算的发展,或者说是这些计算科学概念的商业实现。云计算也是虚拟化、效用计算、将基础设施作为服务(Infrastructure as a Service,IaaS)、将平台作为服务(Platform as a Service,PaaS)、将软件作为服务(Software as a Service,SaaS)等概念混合演进并跃升的结果。

从研究现状来看,云计算具有以下特点。

(1) 超大规模。云具有相当规模,谷歌云计算已经拥有100多万台服务器,亚马逊、IBM、微软、雅虎等公司的云均拥有几十万台服务器。云能赋予用户前所未有的计算能力。

(2) 虚拟化。云计算支持用户在任意位置使用各种终端获取服务。所请求的资源来自云,而不是固定的有形的实体。应用在云中某处运行,但实际上,用户无须了解应用运行的具体位置,只需要一台笔记本或智能手机,就可以通过网络服务来获取各种能力超强的服务。

(3) 高可靠性。云使用了数据多副本容错、计算节点同构可互换等措施来保障服务的高可靠性,使用云计算比使用本地计算机更加可靠。

(4) 通用性。云计算不针对特定的应用,在云的支撑下可以构造出千变万化的应用,同一片云可以同时支持不同的应用运行。

(5) 高可扩展性。云的规模可以动态伸缩,满足应用和用户规模增长的需要。

(6) 按需服务。云是一个庞大的资源池,用户按需购买,像自来水、电、煤气那样计费。

(7) 极其廉价。云的特殊容错措施使得能采用极其廉价的节点来构成云;云的自动化管理使数据中心管理成本大幅降低;云的公用性和通用性使资源的利用率大幅提升;云设施可以建在电力资源丰富的地区,从而大幅降低能源成本。因此,云具有前所未有的性能价格比。

正是因为云计算具有上述七个特性,用户只需连上互联网就可以源源不断地使用计算机资源,实现了"网络就是计算机",甚至"云就是计算机"的设计构想。综上所述,云计算是分布式计算、互联网技术、大规模资源管理等技术的融合与发展,是一个系统工程,涵盖了数据中心管理、资源虚拟化、海量数据处理、计算机安全等重要问题。

图14-3标识了推动分布式系统及其应用的主要计算范式。这些范式有一些共同的特征:首先,在日常生活中,它们是普适的,在这些模型中,可靠性和可扩展性是两个主要设计目标;其次,它们都是针对自组织支持动态发现的自动化业务;最后,这些范式是QoS和服务级协议

图14-3　现代软件系统中的计算机效用愿景

(Service-Level Agreement,SLA)可调节的。这些范式及其特性实现了计算机效用的愿景。

14.1.2　云计算的分类

下面从云计算的部署方式和服务类型来总结分析各种云方案。

1. 根据部署模式分类

云将用户解放了出来,使他们专注于应用程序的开发,并通过将作业外包给云提供商创

造了商业价值。如图 14-4 所示,根据云计算服务的部署方式和服务对象范围,可以将云分为三类：公共云、私有云、混合云。

图 14-4　公共云、私有云、混合云的功能结构

1) 公共云

当云以按服务方式提供给大众时,称为公共云。

公共云由云提供商运行,为最终用户提供各种各样的 IT 资源。云提供商可以提供从应用程序、软件运行环境到物理基础设施等方方面面的 IT 资源的安装、管理、部署、维护。最后,用户通过共享的 IT 资源实现自己目的,只要为其使用的资源付费(Pay-as-you-go),就能通过比较经济的方式获取所需的 IT 资源服务。

在公共云中,最终用户不知道共享使用资源的还有哪些其他用户,以及具体的资源底层如何实现,甚至几乎无法控制物理基础设施。所以,云服务提供商必须保证所提供资源的安全性、可靠性等非功能性需求,云服务提供商的服务级别也因这些非功能性服务的提供的不同进行分级。特别是严格按照安全性和遵从法规的云服务要求来提供服务,需要更高层次、更成熟的服务质量保证。公共云的例子有亚马逊的 Web 服务(Amazon Web Service)、谷歌的应用程序引擎(Google App Engine)、微软的 Azure、IBM 的蓝云和 Salesforce.com 的 Force.com。

2) 私有云

商业企业和其他社团组织不对公众开放。为本企业或社团组织提供云服务(IT 资源)的数据中心称为私有云。

相对于公共云,私有云的用户完全拥有整个云中心设施,可以控制哪些应用程序在何处运行,并能决定允许哪些用户使用云服务。私有云的服务提供对象针对企业或社团内部,因此私有云上的服务可以较少受到在公共云中的诸多限制,如带宽、安全、法规等。而且,通过用户范围控制、网络限制,私有云可以提供更多的安全、私密保证。这些会影响云的标准化,但是,却能获得更大的可定制和组织控制力。

私有云提供的服务类型也是多样化的。私有云不仅可以提供 IT 基础设施的服务,而

且也支持应用程序、中间件运行环境等云服务,如企业内部的管理信息系统(Management Information System,MIS)云服务。

3) 混合云

混合云是把公共云和私有云结合到一起的方式。

如图 14-4 左下角所示,用户可以通过一种可控的方式部分拥有、部分与他人共享资源。企业可以利用公共云的成本优势将非关键的应用部分运行在公共云上;同时,将安全性要求更高、关键性更强的主要应用通过内部的私有云提供服务。例如,RC2(Research Compute Cloud)是 IBM 构造的一个私有云,连接了八个 IBM 研究中心的计算和 IT 资源,这些研究中心分布在美国、欧洲、亚洲。混合云提供最终端、合作者网络和第三方组织的使用范围。

2. 根据服务类型分类

根据云计算的服务类型,也可以将云分为三层:将基础设施作为服务(Infrastructure as a Service,IaaS)、将平台作为服务(Platform as a Service,PaaS)、将软件作为服务(Software as a Service,SaaS)。

不同的云层提供不同的云服务,如图 14-5 所示。这些云层逐层建立,没有云平台就没有 SaaS 应用。如果计算和存储的基础设施不存在,就不能构建云平台。

图 14-5　云计算的层次分类

1) IaaS

IaaS 位于云计算三层服务的最底端。

IaaS 将硬件设备等基础资源封装成服务供用户使用,如亚马逊云计算(Amazon Web Services,AWS)的弹性计算云(Elastic Compute Cloud,EC2)、简单存储服务(Simple Storage Services,S3)。在该环境中,用户相当于使用裸机和磁盘,既可以运行 Windows,也可以运行 Linux,因而几乎能做任何想做的事情,但是用户必须考虑如何才能让多台机器协同工作。AWS 提供了在节点之间互通消息的接口简单队列服务(Simple Queue Service,SQS)。IaaS 最大的优势在于允许用户动态申请或释放节点,并按使用量计费。运行 IaaS 的服务器规模达到几十万台之多,可以认为,用户能够申请的资源几乎是无限的。同时,IaaS 是由公众共享的,因而具有更高的资源使用效率。

2) PaaS

PaaS 位于云计算三层服务的最中间,通常称为"云计算操作系统"。

PaaS 对资源的抽象层次更进一步,它提供用户应用程序的运行环境,典型的例子如

云计算和大数据系统体系结构

Google App Engine。而微软的 Azure 也可大致归入这一类。PaaS 负责资源的动态扩展和容错管理,用户应用程序不必过多考虑节点间的配合问题。但与此同时,用户的自主权降低,必须使用特定的编程环境并遵照特定的编程模型。这有点像在高性能集群计算机里进行消息传递接口(Message Passing Interface,MPI)编程,只适用于解决某些特定的计算问题。PaaS 服务面向软件开发者,如何让开发者通过网络在云计算环境中编写并运行程序,在以前是一个难题。在网络带宽逐步提高的前提下,两种技术的出现解决了这个难题:一个是在线开发工具,开发者可通过浏览器、远程控制台(控制台中运行开发工具)等技术直接在远程开发应用,无须在本地安装开发工具;另一个是本地开发工具和云计算的集成技术,即通过本地开发工具,将开发好的应用部署到云计算环境中,同时能够进行远程调试。

3) SaaS

SaaS 是最常见的云计算服务,位于云计算三层服务的顶端。

SaaS 将某些特定应用软件功能封装成服务,如 Salesforce 公司提供的在线客户关系管理(Client Relationship Management,CRM)服务。SaaS 既不像 PaaS 一样提供计算或存储资源类型的服务,也不像 IaaS 一样提供运行用户自定义应用程序的环境,只提供某些专门用途的服务供应用调用。这类服务既有面向普通用户的(如谷歌 Calendar 和 Gmail),也有直接面向企业团体的,用以帮助处理工资单流程、人力资源管理、协作、客户关系管理、业务合作伙伴关系管理等。这些 SaaS 提供的应用程序减少了客户安装和维护软件的时间、技能等代价,并且可以通过按使用付费的方式来减少软件许可证费用的支出。

需要指出的是,随着技术深化发展,不同云计算解决方案之间相互渗透融合,同一种产品往往横跨两种以上类型。

在 Web 应用开发中,云混搭系统(Cloud Mashup)是指一个网页、应用结合了两个以上资源提供的数据、表达、功能来构建新的服务。云混搭系统需要兼顾各个云平台的优势和使用习惯。例如,把 AWS 和 GAE 混搭时,需要保持 AWS 的 MapReduce,又可以通过 GAE 易于操作的 Web 接口来实现可控、可管理。

14.2　云计算服务模型

14.2.1　设计目标

尽管针对使用数据中心或大 IT 公司的集中式计算和存储服务来替换桌面计算的争论一直存在,但是,云计算组织对于云计算广泛接受、必须执行的观点已达成共识。下面列举了云计算的六个设计目标。

(1) 将计算从桌面移向数据中心:计算处理、存储、软件发布从桌面和本地服务器移向互联网数据中心。

(2) 服务配置和云效益:提供商供应云服务,必须与消费者和终端用户签署服务等级协议(ServiceLevelAgreement,SLA)。服务在计算、存储、功耗方面必须有效,定价基于按需付费的策略。

(3) 性能可扩展性:云平台、软件和基础设施服务必须能够根据用户数的增长而相应扩容。

(4) 数据隐私保护:能否信任数据中心处理个人数据和记录,云要成为可信服务必须妥善解决该问题。

（5）高质量的云服务：云计算的服务质量必须标准化才能使得云可以在多个提供商之间进行互操作。

（6）新标准和接口：主要解决与数据中心、云提供商相关的数据锁定问题。API和接入协议需要虚拟化应用程序才能具备较好的兼容性和灵活性。

总之，云计算的目标是以低成本的方式提供高可靠、高可用、规模可伸缩的个性化服务。

为了达到上述目标，需要数据中心管理、虚拟化、海量数据处理、资源管理与调度、QoS保证、安全与隐私保护等若干关键技术加以支持。云体系结构的开发有三层：基础设施层、平台层和应用程序层。显然，我们首先要部署基础设施层来支持IaaS服务，基础设施层为支持PaaS服务构建云平台层的基础，平台层为SaaS应用而实现应用层的基础。不同类型的云服务分别需要这些不同资源的应用。

14.2.2　基础设施层 IaaS

IaaS层是云计算的基础。

通过大规模数据中心，IaaS层为上层云计算服务提供海量硬件资源。同时，在虚拟化技术的支持下，IaaS层可以实现硬件资源的按需配置，并提供个性化的基础设施服务。根据上面两点，IaaS层主要研究两个问题：如何建设低成本、高效能的数据中心？如何拓展虚拟化技术，实现弹性、可靠的基础设施服务？

1. 数据中心和互联网络

2018年图灵奖获得者、加州大学伯克利分校的David Patterson说过，"数据中心就是计算机。这种以服务的方式将软件提供给数百万用户，与之前分发软件让用户在自己PC上运行有着明显的不同"。

图14-6显示了谷歌的Dalles数据中心。俄勒冈州的波特兰以东约80mile，旁边是哥伦比亚河，河上有座Dalles大坝，大坝为数据中心提供便宜的电力。数据中心有两座4层楼高的冷却塔。这个数据中心有3个超大机房（图中的4个白色建筑中，有3个是服务器机房），每个机房有45个集装箱，每个集装箱可以放置1160台服务

图14-6　谷歌在Dalles数据中心鸟瞰图

器，所以Dalles数据中心可以存放约15万台服务器。数据中心是云计算的核心，并形成规模化效益，即较大的数据中心有更低的单位成本。微软公司也十分重视数据中心的建设，大约有100个或大或小的数据中心，分布在世界各地。

与传统的企业数据中心不同，云计算数据中心具有以下特点。

（1）自治性。相比传统的数据中心需要人工维护，云计算数据中心的大规模性要求系统在发生异常时能自动重新配置，并从异常中恢复，而不影响服务的正常使用。

（2）规模经济。通过对大规模集群的统一化标准化管理，使得单位设备的管理成本大幅降低。

（3）规模可扩展。考虑到建设成本、设备更新，云计算数据中心往往采用大规模、高性

价比的设备组成硬件资源,并具备扩展规模的空间。

基于以上特点,下面看看数据中心核心设计的两个问题:一个是数据中心网络拓扑,另一个是有效的绿色节能技术。

1) 数据中心网络设计

目前,大型的云计算数据中心由上万个计算节点构成,而且节点数量呈上升趋势。

数据中心关键的核心设计是数据中心集群中所有服务器之间的互联网络,其中的网络设计必须满足五个特殊要求:低延迟、高带宽、低成本、消息传递接口(Message Passing Interface,MPI)通信支持、容错。服务器间物理的设计必须满足所有服务器节点之间的点对点和群通信模式。

建立数据中心规模的网络有两种方法:一种是以交换机为中心,另一种是以服务器为中心。在以交换机为中心的网络中,交换机用于连接服务器节点。以交换机为中心的设计不需要对服务器做任何修改,也不会影响服务器端。以服务器为中心的设计不会修改运行在服务器上的操作系统,需要使用特殊驱动程序来转发网络数据包,并组织交换机来实现互联。

下面以胖树互联网络为例,来说明网络拓扑结构。

如图 14-7 所示,该结构可以由 $5k^2/4$ 个 k 口交换机连接 $k^3/4$ 个计算节点。胖树互联网络由边缘层、汇聚层、核心层构成。其中,边缘层和汇聚层可分解为若干 Pod,每一个 Pod 含 k 台交换机,分属边界层和汇聚层(每层 $k/2$ 台交换机)。Pod 内部以完全二分图的结构相连。边缘层交换机连接计算节点,每个 Pod 可连接 $k^2/4$ 个计算节点。汇聚层交换机连接核心层交换机,每个 Pod 连接 $k^2/4$ 台核心层交换机。基于该结构,可以保证任意两点之间有多条通路,计算节点在任何时刻两两之间可无阻塞通信,从而满足云计算数据中心高可靠性、高带宽需求。同时,胖树互联网络可以用小型交换机来连接大规模计算节点,既有良好的可扩展性,又降低了数据中心的建设成本。

图 14-7　胖树互联拓扑结构

2) 数据中心节能技术

云计算数据中心规模庞大,为了保证设备正常工作,需要消耗大量的电能。

据估计,一个拥有 5 万个计算节点的数据中心,每年耗电量超过 1 亿 kW·h,电费达到 930 万美元。因此,需要研究有效的绿色节能技术来解决能耗开销问题。实施绿色节能技术不仅可以降低数据中心的运行开销,而且还能减少二氧化碳排放,有助于环境保护。

对数据中心的保护需要集成的解决方案。云计算系统中的能源消耗引起了资金、环境和系统性能方面的多种问题。例如,地球模拟器和每秒千万亿次浮点运算是以 12MW 和 100MW 为能源峰值的系统。如果按每兆 100 美元计算,那么在峰值期间运行的能源成本会是每小时 1200 美元和 10 000 美元,这超出了许多系统运营者的预算承受范围。另外,除了能源成本,冷却也是一个不得不提的问题,因为高温会对电子元件造成负面影响。电路温度的上升不仅使线路超出正常范围,还缩短了元件的寿命。

2. 虚拟机的配置

数据中心为云计算提供了大规模资源。为了实现基础设施服务的按需分配,需要研究虚拟化技术。

作为 IaaS 层的重要组成部分,虚拟化也是云计算最重要的特点。虚拟化是将底层物理设备与上层操作系统、软件分离的一种"去耦合"技术,虚拟化的目标是实现 IT 资源"利用效率和灵活性"的最大化。虚拟化开发主要关注高可用性、备份服务、负载均衡、客户群的深入增长,并具备以下特点。

(1) 资源分享。通过虚拟机封装用户各自的运行环境来有效实现多用户分享数据中心资源。

(2) 资源定制。利用虚拟化技术,用户配置私有服务器,指定所需的 CPU 数量、内存容量、磁盘空间,来实现资源的按需分配。

(3) 细粒度资源管理。把物理服务器拆分成若干虚拟机,可以提高服务器的资源利用率,减少浪费,而且有助于服务器的负载均衡和节能。

基于以上特点,虚拟化技术成为实现云计算资源池化和按需服务的基础。为了进一步满足云计算弹性服务、数据中心自治性的需求,需要讨论数据中心服务器合并、虚拟存储技术和在线迁移技术。

1) 数据中心服务器合并

数据中心中,大部分的服务器资源并未充分利用,使得大量硬件、空间、能耗、管理成本被浪费。

服务器合并采用减少网络服务器数目的方法,是改进硬件资源利用率低的有效途径。在众多服务器合并技术中,集中合并和物理合并是基于虚拟化的服务器合并时最有效的合并方式。数据中心需要优化资源管理,但是这些服务器合并技术在服务器整机级别进行,很难使资源管理得到有效优化。服务器虚拟化则处在一个比物理服务器更小的资源分配粒度上,可以更有效地优化资源管理。服务器虚拟化带来的额外好处如下:合并增强了硬件利用效率,使得资源得到更灵活的配置和调度,总体拥有成本得到降低,改进了可用性和业务连续性。

2) 虚拟存储技术

在系统虚拟化技术复兴之前,"存储虚拟化"已被广泛使用。然而,该词在系统虚拟化环境中具有不同的含义。

以前,存储虚拟化用在物理机器领域,大量描述了很粗的粒度上聚集和重新划分磁盘。系统虚拟化的最重要方面是封装和隔离。在系统虚拟化中,虚拟存储包括由虚拟机监视器 (Virtual Machine Monitor,VMM) 和客户操作系统管理的存储。通常,存储在该环境中的数据可划分为两类:虚拟机镜像、应用程序数据。虚拟机镜像是虚拟机环境中的特殊产品;而应用程序数据及所有其他数据则与传统操作系统中的数据相同。

3）虚拟机在线迁移

虚拟机在线迁移是指虚拟机在运行状态下从一台物理机移动到另一台物理机。虚拟机在线迁移技术对云计算平台的有效管理具有以下重要意义。

（1）提高系统可靠性：一方面，物理机需要维护时，可以将运行于物理机的虚拟机转移到其他物理机；另一方面，可利用在线迁移技术完成虚拟机运行时备份，当主虚拟机发生异常时，可将服务无缝切换到备份虚拟机。

（2）有利于负载均衡：在物理机负载过重时，可以通过虚拟机迁移达到负载均衡，来优化数据中心性能。

（3）有利于设计节能方案：通过集中零散的虚拟机，可使部分物理机完全空闲，以便关闭这些物理机，或使物理机休眠，达到节能目的。

这样，系统虚拟化软件可被看作是一种硬件模拟机制，可以在系统虚拟化软件上不加修改就直接运行在裸机的操作系统上。表 14-2 列举了一些目前广泛使用的系统虚拟化软件。当前，虚拟机安装在云计算平台上，主要用于托管第三方程序。同时，虚拟机提供了灵活的运行时服务，用户获得解放，就不需要再担心系统环境。

表 14-2 计算、存储和网络云中的虚拟化资源

提供商	亚马逊的 Web 服务（AWS）	微软 Azure	谷歌应用引擎（GAE）
使用服务器虚拟集群的计算云	X86 指令集、Xen 虚拟机，资源弹性要求必须通过虚拟集群或者第三方组织提供可扩展性	由声明性描述所分配的公共语言运行时虚拟机	预定义的 Python 应用程序框架处理器，自动伸缩，与 Web 应用不一致的服务器故障切换
虚拟存储的存储云	快存储模型（EBS）和放大的键/对象存储（SimpleDB），从 EBS 到全自动（SimpleDB，S3）的自动伸缩	SQL 数据服务（SQL 服务器的限制视图），Azure 存储服务	MegaStore/BigTable
网络云服务	声明性的 IP 拓扑，隐藏的放置细节，安全组限制通信，可用性区域隔离网络故障，应用的弹性 IP	用户声明性描述的自主性或者应用程序组件的角色	固定拓扑引入三层 Web 应用结构，伸缩是自动的且程序员不可见

3. 典型的 IaaS 层平台

下面介绍两种典型的 IaaS 平台，包括亚马逊弹性计算云和 Eucalyptus。

亚马逊弹性计算云（Elastic Computing Cloud，EC2）为公众提供基于 Xen 虚拟机的基础设施服务。EC2 的虚拟机分为标准型、高内存型、高性能型等多种类型，每一种类型的价格各不相同。用户可以根据自身应用的特点与虚拟机价格定制虚拟机的硬件配置和操作系统。EC2 的计费系统根据用户的使用情况（一般为使用时间）对用户收费。在弹性服务方面，EC2 可以根据用户自定义的弹性规则扩张、收缩虚拟机集群规模。目前，EC2 已拥有 Ericsson、Active.com、Autodesk 等大量用户。

Eucalyptus 是加州大学圣巴巴拉分校开发的开源 IaaS 平台。和 EC2 等商业 IaaS 平台不同，Eucalyptus 的设计目标是为了研究和发展云计算的基础平台。为了这个目标，Eucalyptus 的设计强调开源化、模块化，以便研究者对各功能模块进行升级、改造、更换。目

前,Eucalyptus 已实现了和 EC2 相兼容的 API,并部署于全球各地的研究机构。

14.2.3　平台层 PaaS 和应用程序层 SaaS

PaaS 层作为三层核心服务的中间层,既为上层应用提供简单、可靠的分布式编程框架,又需要基于底层的资源信息调度作业、管理数据,并屏蔽底层系统的复杂性。随着数据密集型应用的普及和数据规模的日益庞大,PaaS 层需要具备存储和处理海量数据的能力。

下面先介绍 PaaS 层的海量数据存储与处理技术,然后讨论这些技术的资源管理与调度策略。

1. 海量数据存储与处理

1) 海量数据存储和大数据处理

新知识经济时代创造了前所未有的机遇,但是,知识和信息爆炸也给我们带来了十分严峻的挑战。

云存储服务下的存储系统与传统的存储系统相比,主要具有以下区别:云存储系统需要提供面向多种类型的网络在线存储服务,而传统的存储系统仅提供数据本地存储,因此易形成信息孤岛;云存储系统需要考虑数据的安全、可靠及效率等指标,尤其在多用户、复杂网络环境下提供可靠的、高效的存储服务面临更大的挑战。云计算环境中的海量数据存储,既要考虑存储系统的 I/O 性能,又要保证文件系统的可靠性与可用性。

谷歌通过利用所操纵的海量数据,在云开发方面堪称先锋。例如,在其他应用程序中,谷歌是 Gmail、谷歌文档、谷歌地图等云服务的先锋,这些应用可以同时支持大量具有高可用性需求的用户。谷歌令人瞩目的技术包括 GFS、MapReduce、Bigtable、Chubby。根据谷歌应用的特点,GFS 对存储环境做了以下考虑:系统架设在容易失效的硬件平台上;需要存储大量 GB 级甚至 TB 级的大文件;文件读操作以大规模的流式读和小规模的随机读构成;文件具有一次写多次读的特点;系统需要有效处理并发的追加写操作;高持续 I/O 带宽比低传输延迟重要。2008 年,谷歌宣布 GAE Web 应用平台成为许多小型云服务提供商的公共平台。该平台专门用来支持弹性的 Web 应用。GAE 使得用户能在与谷歌的搜索引擎相关联的大量数据中心中运行各自的应用程序。

大数据通常用来形容一个公司创造的大量非结构化和半结构化数据,这些数据在下载到关系型数据库用于分析时,会花费过多时间和金钱。大数据分析常和云计算联系到一起,因为实时的大型数据集分析需要像 MapReduce 一样的框架来向数十、数百、数千的计算机分配工作。大数据分析是为了解决现有的商业软件难以处理大数据的规模和复杂性,包括获取、存储、搜索、分享和可视化等。软件是大数据的引擎,与数据中心一样,软件同样也是大数据的驱动力。

简单的模型加上海量的数据,比精巧的模型加上较少的数据更有效。

业界著名的谷歌、EMC、惠普、IBM、微软等公司已经意识到大数据挖掘的重要意义,研发了一批包含分布式缓存、分布式文件系统(GFS、HDFS)、非关系型 NoSQL 数据库(亚马逊的 Dynamo、Apache Cassandra、HBase)和新关系型 NewSQL 数据库等新技术。同时,上述 IT 巨头们纷纷通过收购大数据分析公司进行技术整合,希望从大数据中挖掘出更多的商业价值。

340

2）并行与分布式编程模型

PaaS 平台不仅实现海量数据的存储，还提供数据的分析处理功能。由于 PaaS 平台部署于大规模硬件资源上，所以海量数据的分析处理需要抽象处理过程，并要求其编程模型支持规模扩展，屏蔽底层细节并简单有效。并行和分布式程序即运行在多个计算引擎或一个分布式计算系统上的并行程序。其中，MapReduce、Hadoop 和微软的 Dryad 是最近提出的三种并行和分布式编程模型，如表 14-3 所示。谷歌的 MapReduce 和 Big Table 有效地使用了互联网云和数据中心。服务云要求拓展 Hadoop、EC2、S3 来促进分布式存储系统上的分布式计算。

表 14-3　并行和分布式编程模型和工具集

模　型	描　述	特　征
MapReduce	在大数据集或 Web 搜索操作上用于大集群的可扩展的 Web 编程模型	Map 函数生成一个中间的键值对集合；Reduce 函数用相同的键合并所有的中间值
Hadoop	一个用于在商业应用中海量数据集上编写和运行大型用户应用程序的软件库	提供给用户商业集群的易于访问的、可扩展的、经济的、有效的、可靠的工具
Dryad	主要用来构建支持有向无环图类型数据流的并行程序	根据程序的要求进行任务调度，自动在各个节点上完成任务

2. 资源管理与调度技术

目前，世界处于一个资源共享的时代，全球经济一体化的步伐越来越快。同样，在云计算环境所带来的丰富资源面前，海量数据处理平台的大规模性给资源管理与调度带来挑战。研究有效的资源管理与调度技术，可以提高 MapReduce、Dryad 等 PaaS 层海量数据处理平台的性能。

1）副本管理技术

副本机制是 PaaS 层保证数据可靠性的基础，有效的副本策略不但可以降低数据丢失的风险，还能优化作业完成时间。

Hadoop 是 Apache 用 Java（而不是用 C）编码、发布的 MapReduce 开源实现。Hadoop 系统一度被称为大数据处理引擎，而后期一些以内存为中心的 MapReduce 系统从生态来说也基本和 Hadoop 生态系统一致。2004 年，Doug Cutting 正在为平台的可靠性和性能深受困扰时，突然看到了谷歌发表的 GFS 和 MapReduce 论文，然后，他花了两年时间将之实现，使得平台的能力得到大幅提升。2006 年，Doug Cutting 加入雅虎，并将这部分工作单列形成 Hadoop 项目组。而 Hadoop 的名称并不是一个正式的英文单词，是来源于他的小儿子对所玩的小象玩具牙牙学语的称呼，如图 14-8 所示。

图 14-8　Doug Cutting 和 Hadoop

目前，Hadoop 采用了机架敏感的副本放置策略。该策略默认文件系统部署于传统网络拓扑的数据中心。以放置三个文件副本为例，由于同一机架的计算节点间网络带宽高，所以机架敏感的副本放置策略将两个文件副本置于同一机架，另一个置于不同机架。这个策略既考虑了计算节点和机架失效的情况，也减少了因为数据一致性维护带来的网络传输开销。

2）任务调度算法

PaaS 层的海量数据处理以数据密集型作业为主，执行性能受到 I/O 带宽的影响。但是，网络带宽是计算集群（既包括数据中心中物理计算节点集群，也包括虚拟机构建的集群）中急缺的资源：云计算数据中心考虑成本因素，很少采用高带宽的网络设备；IaaS 层部署的虚拟机集群共享有限的网络带宽；海量数据的读写操作占用了大量带宽资源。因此，PaaS 层海量数据处理平台的任务调度需要考虑网络带宽因素。

为了减少任务执行过程中的网络传输开销，可以将任务调度到输入数据所在的计算节点上，因此，需要研究面向数据本地性（data-locality）的任务调度算法。Hadoop 以"尽力而为"的策略保证了数据本地性。

3）任务容错机制

为了使 PaaS 平台能在任务发生异常时自动从异常状态恢复，需要讨论任务容错机制。

MapReduce 的容错机制是在检测到异常任务时，会启动任务的备份任务。备份任务和原任务同时进行，当其中一个任务顺利完成时，调度器立即结束另一个任务。Hadoop 的任务调度器实现了备份任务调度策略。

3. 典型的 PaaS 平台

下面介绍四种典型的 PaaS 平台，即谷歌应用引擎、Salesforce.com 的 Force.com、微软的 Azure 和亚马逊的弹性 MapReduce。这些平台都用海量数据处理技术搭建，各具代表性，表 14-4 比较了上述平台所采用的关键技术。

表 14-4　PaaS 的公有云

云　名　称	语言及开发工具	提供商支持的编程模型	目标应用和存储选项
谷歌应用引擎	Python、Java 和基于 Eclipse 的 IDE	MapReduce、按需 Web 编程	Web 应用和 BigTable 存储
Salesforce.com 的 Force.com	Apex、基于 Eclipse 的 IDE 和基于 Web 的向导	工作流、Excel 类的公式和按需 Web 编程	商业应用，如 CRM
微软的 Azure	.Net、微软 Visual Studio 的 Azure 工具	不受限的模型	企业和 Web 应用
亚马逊的弹性 MapReduce	.Net、独立 SDK	MapReduce	数据处理和电子商务

4. 应用程序层 SaaS

SaaS 层面向的是云计算终端用户提供的互联网软件应用服务。

随着 Web 服务、HTML、Ajax、云混搭等技术的成熟与标准化，近年来 SaaS 应用发展迅速。典型的 SaaS 应用包括谷歌 Apps、Salesforce CRM 等。

谷歌 Apps 包括谷歌 Docs、GMail 等一系列 SaaS 应用。谷歌将传统的桌面应用程序（如文字处理软件、电子邮件服务等）迁移到互联网，并进行托管。通过 Web 浏览器，用户便可随时随地访问谷歌 Apps，而不需要下载、安装、维护任何硬件或软件。谷歌 Apps 为每个应用提供了编程接口，使各应用可以随意组合。谷歌 Apps 的用户既可以是个人用户，也可以是服务提供商。例如，企业可向谷歌申请域名为 @example.com 的邮件服务，满足企业内部收发电子邮件的需求。在此期间，企业只需对资源使用量付费，而不必考虑购置、维护邮件服务器、邮件管理系统的开销。

Salesforce CRM 部署在 Force.com 云计算平台,为企业提供客户关系管理服务,包括销售云、服务云、数据云等。通过租用 CRM 的服务,企业可以拥有完整的企业管理系统,用以管理内部员工、生产销售、客户业务。利用 CRM 预定义的服务组件,企业可以根据自身业务的特点定制工作流程。基于数据隔离模型,CRM 可以隔离不同企业的数据,为每个企业分别提供一份应用程序的副本。CRM 可根据企业的业务量为企业弹性分配资源。此外,CRM 为移动智能终端开发了应用程序,支持各种类型的客户端设备访问该服务,实现泛在接入。

14.3 云计算的主要平台

14.3.1 谷歌应用引擎

作为全球最大的搜索引擎公司,谷歌发展出简单而又高效的技术,让多达百万台的廉价计算机协同工作,共同完成这些前所未有的任务,这些技术在诞生几年之后才被命名为谷歌云计算技术。

谷歌使用的云计算基础架构模式包括四个相互独立又密切结合在一起的系统:建立在集群之上的文件系统 GFS、MapReduce 编程模式、分布式的锁机制 Chubby、大规模分布式数据库 BigTable。

1. 谷歌文件系统 GFS

谷歌文件系统(Google File System,GFS)是一个大型的分布式文件系统。

GFS 为谷歌云计算提供海量存储,并且与 Chubby、MapReduce、Bigtable 等技术结合十分紧密,处于所有核心技术的底层。由于 GFS 并不开源,我们仅能从谷歌公布的技术文档中获得了解。

谷歌 GFS 的新颖之处并不在于采用多么令人惊讶的技术,而在于采用廉价的商用机器构建分布式文件系统,将容错的任务交给文件系统来完成,利用软件的方法解决系统可靠性问题,使得存储的成本成倍下降。由于 GFS 中服务器数目众多,服务器死机是经常发生的事情,甚至都不算异常现象。那么,如何在频繁的故障中确保数据存储的安全、保证提供不间断的数据存储服务,便是 GFS 最核心的问题。GFS 的精彩之处在于采用了多种方法、从多个角度、使用不同的容错措施来确保整个系统的可靠性。

1) 系统架构

GFS 的系统架构如图 14-9 所示。GFS 将整个系统的节点分为三类角色:Client(客户端)、Master(主服务器)和 Chunk Server(数据块服务器)。

Client 是 GFS 提供给应用程序的访问接口,它作为一组专用接口,不遵守可移植操作系统接口(Portable Operating System Interface,POSIX)规范,以库文件的形式提供。应用程序直接调用这些库函数,并与该库链接在一起。Master 是 GFS 的管理节点,逻辑上只有一个,用来保存系统的元数据,负责整个文件系统管理,是 GFS 文件系统中的大脑。Chunk Server 负责具体的存储工作,数据以文件的形式存储在 Chunk Server 上,Chunk Server 的个数可以有多个,它的数目直接决定了 GFS 的规模。GFS 将文件按照固定大小进行分块,默认是 64MB,每一块称为一个 Chunk(数据块),每个 Chunk 都有一个对应的索引号(Index)。

图 14-9　GFS 的体系结构

客户端在访问 GFS 时,首先访问 Master 节点,获取要交互的 Chunk Server 信息,然后直接访问 Chunk Server 完成数据存取。这种设计方法实现了控制流和数据流的分离。Client 与 Master 之间只有控制流,而无数据流,这就极大地降低了 Master 的负载,避免了系统性能瓶颈的产生。Client 与 Chunk Server 之间,数据流直接传输,同时由于文件被分成多个 Chunk 进行分布式存储,Client 可以同时访问多个 Chunk Server,使得整个系统 I/O 高度并行,系统整体性能得到提高。

相比传统的分布式文件系统,GFS 从多个方面进行了简化,从而在一定规模下达到成本、可靠性、性能的最佳平衡。具体来说,其特点包括:采用中心服务器模式、不缓存数据、在用户态下实现、只提供专用接口。

2) 系统管理技术

严格意义上讲,GFS 是一个分布式文件系统,包含从硬件到软件的整套解决方案。除了上面提到的关键方法,还有相应的系统管理技术来支持整个 GFS 应用。这些技术可能并不一定为 GFS 独有。

(1) 大规模集群安装技术:安装 GFS 的集群通常有非常多节点。现在的谷歌数据中心动辄有万台以上的机器在运行,那么,迅速地安装、部署一个 GFS 的系统,以及迅速地进行节点的系统升级,都需要相应的技术支撑。

(2) 故障检测技术:GFS 是构建在不可靠的廉价计算机上的文件系统,由于节点数目众多,故障发生十分频繁,如何在最短的时间内发现并确定发生故障的 Chunk Server,需要相关的集群监控技术。

(3) 节点动态加入技术:在新的 Chunk Server 加入时,如果需要事先安装系统,那么系统扩展将是一件十分烦琐的事情。如果裸机加入,就会自动获取系统并安装运行,大大减少 GFS 维护的工作量。

(4) 节能技术:数据表明,服务器的耗电成本大于当初的购买成本,因此谷歌采用了多种机制来降低服务器的能耗,例如,对服务器主板进行修改,采用蓄电池代替昂贵的 UPS(不间断电源系统),并提高能量的利用率。这个设计让谷歌的 UPS 利用率达到 99.9%,而一般数据中心只能达到 92%~95%。

2. 并行数据处理 MapReduce

MapReduce 是一个软件框架,是一种处理海量数据的并行编程模式,用于大规模数据集(通常大于 1TB)的并行运算。

MapReduce 通过"Map(映射)""Reduce(化简)"这两个简单的概念来构成运算基本单元,用户只需提供自己的 Map 函数和 Reduce 函数,就能并行处理海量数据,如图 14-10 所示。

图 14-10　MapReduce 框架

由于 MapReduce 有函数式和矢量编程语言的共性,使得该编程模式特别适合于非结构化和结构化的海量数据的搜索、挖掘、分析与机器智能学习等。

1) 背景和编程模型

与传统的分布式程序设计相比,MapReduce 封装了并行处理、容错处理、本地化计算、负载均衡等细节,还提供了一个简单而强大的接口。通过接口可以把大尺度的计算自动地并发、分布执行,编程从而变得很容易。还可以通过由普通 PC 构成的巨大集群来满足极高的性能。另外,MapReduce 也具有较好的通用性,大量的问题都可以简单地通过 MapReduce 来解决。

MapReduce 把数据集的大规模操作分发给一个主节点管理下的各分节点共同完成,通过这种方式来实现任务的可靠执行与容错机制。每个时间周期,主节点都会对分节点的工作状态进行标记,一旦分节点标记为死亡状态,那么这个节点的所有任务都将分配给其他分节点重新执行。

据相关统计,每使用一次谷歌搜索引擎,谷歌的后台服务器就要进行 1011 次运算。这么庞大的运算量,如果没有好的负载均衡机制,有些服务器的利用率会很低,有些则会负荷太重,有些甚至可能死机。这些都会影响系统对用户的服务质量。使用 MapReduce 这种编程模式就保持了服务器之间的均衡,提高了整体效率。图 14-10 说明了在 MapReduce 框架中,从 Map 函数到 Reduce 函数的逻辑数据流。这个框架中,数据的 value 部分< key, value >是实际数据,key 部分由 MapReduce 控制器来控制数据流。编程时,软件工程师需要编写两个主要函数:

Map:$< \text{in\_key}, \text{in\_value} > \rightarrow \{< \text{key}_j, \text{value}_j > \mid j = 1 \cdots k \}$

Reduce:$< \text{key}, [\text{value}_1, \cdots, \text{value}_m] > \rightarrow < \text{key}, \text{final\_value} >$

Map 和 Reduce 的输入参数、输出结果根据应用的不同而有所不同。Map 的输入参数是 in_key 和 in_value,指明了 Map 需要处理的原始数据是哪些。Map 的输出结果是一组< key,value >对,这是经过 Map 操作所产生的中间结果。在 Reduce 操作之前,系统已经将

所有 Map 产生的中间结果进行了归类,使得相同 key 对应的一系列 value 能够集结在一起,提供给一个 Reduce 进行归并处理,也就是说,Reduce 的输入参数是< key,[value₁,···, valueₘ]>。Reduce 的工作需要对对应相同 key 的 value 值进行归并处理,最终形成< key, final_value >。这样,一个 Reduce 处理一个 key,所有 Reduce 的结果并在一起就是最终结果。

2)实现机制

用户程序调用 MapReduce 函数时,就会引起以下操作。

（1）用户程序中的 MapReduce 函数库首先把输入文件分成 M 块,每块大约 $16\sim$ 64MB,接着在集群上执行处理程序。

（2）分派的执行程序中,有一个程序比较特别,即主控程序 Master。剩下的执行程序都是作为 Master 分派工作的 Worker。总共有 M 个 Map 任务和 R 个 Reduce 任务需要分派,Master 选择空闲的 Worker 来分配这些 Map 任务和 Reduce 任务。

（3）一个分配了 Map 任务的 Worker 读取并处理相关的输入块。处理输入的数据,并且将分析出的< key,value >对传递给用户定义的 Map 函数。Map 函数产生的中间结果< key,value >对暂时缓冲到内存。

（4）缓冲到内存的中间结果,定时写到本地硬盘,这些数据通过分区函数分成 R 个区。中间结果在本地硬盘的位置信息将发送回 Master,然后 Master 负责把这些位置信息传送给 Reduce Worker。

（5）Master 通知 Reduce 的 Worker 关于中间< key,value >对的位置时,调用远程过程,从 Map Worker 的本地硬盘上读取缓冲的中间数据。当 Reduce Worker 读到所有的中间数据,就使用中间 key 进行排序,这样可以使相同 key 的值都在一起。因为许多不同 key 的 Map 都对应相同的 Reduce 任务,所以排序是必需的。如果中间结果集过于庞大,那么就需要使用外排序。

（6）Reduce Worker 根据每一个唯一中间 key 遍历所有的排序后的中间数据,并把 key 和相关的中间结果值集合,传递给用户定义的 Reduce 函数。Reduce 函数的结果输出到最终的输出文件。

（7）当所有的 Map 任务和 Reduce 任务都已经完成时,Master 激活用户程序。此时,MapReduce 返回到用户程序的调用点。

3. 分布式结构化数据表 Bigtable

Bigtable 是谷歌开发的基于 GFS 和 Chubby 的分布式存储系统,也是谷歌的 NOSQL 系统。

谷歌的很多数据(包括 Web 索引、卫星图像数据等在内的海量结构化、半结构化数据)都是存储在 Bigtable 中的。从实现上来看,Bigtable 并没有什么全新的技术,但是如何选择合适的技术,并将这些技术高效、巧妙地结合在一起,恰恰是最大的难点。谷歌软件架构师通过研究、实践,完美实现了技术的选择及融合。Bigtable 在很多方面和数据库类似,但并不是真正意义上的数据库。通过本节学习,将会对 Bigtable 的数据模型、系统架构、实现以及使用的数据库技术有一个全面的认识。

1)设计目标

Bigtable 开发团队确定了 Bigtable 设计所需达到的以下几个目标。

（1）广泛的适用性：Bigtable 是为了满足一系列谷歌产品而并非特定产品的存储要求。

（2）很强的可扩展性：根据需要，随时可以加入或撤销服务器。

（3）高可用性：对于客户，有时即使短暂的服务中断也是不能忍受的。Bigtable 设计的重要目标之一就是确保所有情况下的系统都可用。

（4）简单性：底层系统的简单性既可以减少系统出错的概率，也可以为上层的应用开发带来便利。

在目标确定之后，谷歌软件架构师在现有的数据库技术中进行了大规模筛选，希望各种技术能够扬长避短，巧妙地结合起来。最后，实现的系统也确实达到了原定目标。

2）系统架构

Bigtable 提供了一个比传统数据库系统更简化的数据模型，如图 14-11 所示。

图 14-11　Bigtable 数据模型

图 14-11 描述了一个 Web Table 表格实例的数据模型。Web Table 存储了有关网页的数据。每个网页都能由 URL 访问，URL 被当作索引。列提供了和 URL 相关的不同数据，如内容的不同版本、网页中出现的锚。从这点来看，Bigtable 是一个分布式多维稀疏存储映射。

Bigtable 还需要得到一个锁服务的支持，Bigtable 选用了谷歌自己开发的分布式锁服务 Chubby。在 Bigtable 中，Chubby 主要有以下作用。

（1）选取并保证同一时间内只有一个主服务器。

（2）获取子表的位置信息。

（3）保存 Bigtable 的模式信息、访问控制列表。

Bigtable 是在谷歌的另外三个云计算组件基础之上构建的，基本架构如图 14-12 所示。Bigtable 主要由三个部分组成：Bigtable 客户端程序库、一个 Bigtable 主服务器、多个 Bigtable 子表服务器。

图 14-12　Bigtable 基本架构

客户需要访问 Bigtable 服务时,首先要利用库函数执行 open() 操作来打开一个锁(实际上就是获取文件目录),锁打开以后,客户端就可以和子表服务器通信了。和许多具有单个主节点的分布式系统一样,客户端主要与子表服务器通信,几乎不与主服务器进行通信,这使得主服务器的负载大大降低。主服务器主要进行元数据的操作以及子表服务器之间的负载调度,实际的数据存储在子表服务器上。

14.3.2　亚马逊的弹性计算云

亚马逊是美国最大的在线零售商,已经成为提供公有云服务的领袖。

2002 年开放了电子商务平台亚马逊的 Web 服务(Amazon Web Service,AWS),迄今为止,包括四种主要服务:简单存储服务(Simple Storage Service,S3)、弹性计算云(Elastic Compute Cloud,EC2)、简单队列服务(Simple Queuing Service,SQS)、简单的数据库管理(SimpleDB)。亚马逊让零售商可以将自己的商品放在亚马逊网络商店中,存储商品价格、顾客评估等资料,进行后台管理。这样,亚马逊就不再仅仅卖书,而是当上了电子商务零售业的包租公。现在,亚马逊通过互联网提供存储、计算处理、消息队列、数据库管理系统等"即插即用"型的服务。图 14-13 给出了亚马逊 EC2 运行环境。

图 14-13　亚马逊 EC2 运行环境

EC2 是亚马逊云计算环境的基本平台,其主要特性如下:

(1)灵活性:允许用户对运行的实例类型、数量自行配置,还可以选择实例运行的地理位置,并根据用户的需求随时改变实例的使用数量。

(2)低成本:使得企业不必为暂时的业务增长而购买额外的服务器设备。服务器都是按小时来收费的,而且价格很合理。

(3)安全性:向用户提供了一整套安全措施,包括基于密钥对机制的 SSH 方式访问、可配置的防火墙机制等,同时,允许用户对应用程序进行监控。

(4)易用性:用户可以根据亚马逊提供的模块自由构建自己的应用程序,同时还会对用户的服务请求自动进行负载平衡。

(5)容错性:利用系统提供的诸如弹性 IP 地址之类的机制,在故障发生时,最大程度地保证用户服务维持在稳定的水平。

亚马逊是第一家引入应用托管虚拟机的公司。用户可以租借虚拟机而不是物理机器来运行他们的应用程序。通过虚拟机,用户可以自己选择加载任意软件。亚马逊提供多种类型的预装虚拟机,实例通常称为亚马逊机器镜像(Amazon Machine Image, AMI)。AMI 是运行虚拟机的实例模板,这些虚拟机预先配置了 Linux、Windows 和一些附加软件。

14.3.3 微软的 Azure

Azure 的意思是碧空、蓝天,就像人的想象力和创造力,无穷无尽,没有极限。Windows Azure 是微软蓝天服务平台(Azure Service Platform)的一部分,该平台支持传统的微软编程语言和开发平台(如 C♯、.NET 平台),还支持 PHP、Python、Java 等多种非微软编程语言和架构,如图 14-14 所示。“蓝天”的重要性在于,它是继 Windows 取代 DOS 之后微软的又一次颠覆性转型,通过在互联网架构上打造新计算平台,Windows 真正由 PC 延伸到“蓝天”上。微软希望云平台最终同 PC 平台一样,能够让成千上万的第三方开发人员开发出丰富的应用和新颖的服务,而这样的平台势必会造就一个全新的云产业。

图 14-14 微软的 Azure

微软的“蓝天”层次如下。

(1)“蓝天”的底层是微软全球基础服务系统 Global Foundation Services(GFS),由遍布全球的第四代数据中心构成。

(2) GFS 之上是 Windows Azure 操作系统,主要从事虚拟化计算资源管理、智能化任务分配,当接到用户计算需求时,系统会确定最合理的资源处理、数据传输、安全防护机制,并把运算任务分配给不同的 CPU,把存储任务分配给全球不同的微软数据中心。用户不需要知道子程序和数据在哪里,只要知道自己想做什么就足够了。

(3) Windows Azure 之上是一个应用服务平台,发挥着构件的作用,为客户提供一系列的服务,如 Live 服务、.NET 服务、SQL 服务等,用以帮助客户建立云计算应用,或将现有的业务拓展到云端。

(4) 再往上是微软提供给开发者的 API、数据结构、程序库;最上层是微软为客户提供的服务,如 Windows Live、Office Live、Exchange Online 等。

Azure 的所有云服务都可以和微软的传统软件应用进行交互,如 Windows Live、Office Live、Exchange Online、SharePoint Online、动态 CRM Online。Azure 平台使用标准的 Web 通信协议 SOAP 和 REST。Azure 服务应用允许用户与其他平台或第三方云集成云应用。我们可以下载 Azure 开发工具箱来运行本地版本的 Azure,强大的 SDK 允许在 Windows 主机上开发和调试 Azure 应用程序。

14.3.4 IBM 的蓝云系统

　　IBM 的蓝云(Blue Cloud)在硬件服务器平台上,结合已有的软件、虚拟化包及开源和私有软件,从而构成云计算环境。"蓝云"基于 IBM Almaden 研究中心的云基础架构,采用了 Xen 和 PowerVM 虚拟化软件、Linux 操作系统映像、Hadoop 软件。图 14-15 为 IBM 蓝云体系结构。蓝云计算平台由一个数据中心、IBM Tivoli 部署管理软件、IBM Tivoli 监控软件、IBM WebSphere 应用服务器、IBM DB2 数据库以及一些开源信息处理软件和开源虚拟化软件共同组成。蓝云的硬件平台环境与一般的 x86 服务器集群类似,采用刀片的方式增加了计算密度。蓝云软件平台的特点主要体现在虚拟机以及大规模数据处理软件 Apache Hadoop 的使用上。其中,Hadoop 是开源版本的 Google File System 软件和 MapReduce 编程规范。

图 14-15　IBM 的蓝云体系结构

　　蓝云软件的一个重要特点是虚拟化技术的使用。虚拟化的方式在蓝云中有两个级别,一个是在硬件级别上实现虚拟化,另一个是通过开源软件实现虚拟化。硬件级别的虚拟化可以使用 IBM p 系列的服务器获得硬件。逻辑分区的 CPU 资源能够通过 IBM Enterprise Workload Manager 来管理。这样的方式加上实际使用过程中的资源分配策略,能够使资源合理地分配到各个逻辑分区。p 系列系统的逻辑分区最小粒度是 1/10 颗 CPU。Xen 则是软件级别上的虚拟化,能够在 Linux 基础上运行另一个操作系统。

　　虚拟机是一类特殊的软件,能够完全模拟硬件的执行,运行不经修改的完整的操作系统,保留了一整套运行环境语义。虚拟机的方式在云计算平台上获得以下优点:

　　(1)云计算的管理平台能够动态地将计算平台定位到所需要的物理节点上,而无须停止虚拟机平台上的应用程序,进程迁移方法更加灵活。

　　(2)降低集群电能消耗,将多个负载不是很重的虚拟机计算节点合并到同一物理节点上,从而能关闭空闲的物理节点,达到节约电能的目的。

　　(3)通过虚拟机在不同物理节点上的动态迁移,迁移了整体的虚拟运行环境,获得与应用无关的负载平衡性能。

　　(4)部署上更加灵活,可以将虚拟机直接部署到物理计算平台上,而虚拟机本身包括了相应的操作系统、应用软件,直接将大量的虚拟机映像复制到对应的物理节点即可。

　　蓝云计算平台中的存储体系结构也非常重要,无论是操作系统、服务程序还是用户的应

云计算和大数据系统体系结构

用程序的数据,都保存在存储体系中。蓝云存储体系结构包含类似于 GFS 的集群文件系统,以及基于块设备方式的存储区域网络(Storage Area Network,SAN)。

在设计存储体系结构时,不仅仅是需要考虑存储容量的问题。实际上,随着硬盘容量的不断扩充、硬盘价格的不断下降,可以通过组合多个磁盘获得很大的磁盘容量。相对于磁盘的容量,云计算平台的存储中,磁盘数据的读写速度是一个更重要的问题,因此需要对多个磁盘同时进行读写。这种方式要求将数据分配到多个节点的多个磁盘当中。为达到这一目的,存储技术有两个选择,一个是使用类似于 GFS 的集群文件系统,另一个是基于块设备的存储区域网络 SAN 系统。

在蓝云计算平台上,SAN 系统与分布式文件系统(如 GFS)并不是相互对立的系统,SAN 提供块设备接口,需要在此基础上构建文件系统才能被上层应用程序使用;而 GFS 正好是一个分布式的文件系统,能够建立在 SAN 之上。二者都能提供可靠性和可扩展性,至于如何使用,还需要由建立在云计算平台上的应用程序来决定,这也体现了计算平台与上层应用相互协作的关系。

14.4　大数据时代的软件工程

从软件定义网络(Software Defined Network,SDN)开始,软件的作用向计算、存储、数据中心架构甚至整个 IT 环境蔓延,以往硬件平台实现的许多功能逐渐通过软件实现,软件的地位越来越突出。如图 14-16 所示,SDN 将控制平面与数据平面分离,主张通过集中式的控制器平台实现网络的控制。

图 14-16　传统网络和软件定义网络

目前,"软件定义"的世界正在大数据化。大数据是人类活动的产物,来自人们认识与改造客观世界,是生产和生活在网络空间的投影,涉及人工智能、虚拟化、网络、存储、安全、数据中心、实时服务、云服务、自动化等,如图 14-17 所示。例如,面向大数据,阿里巴巴旗下的蚂蚁金服存储着海量的交易数据,并提供征信服务;腾讯公司的数据中心存有巨量的用户会话、朋友圈信息,并开发出新型社交应用。

14.4.1　大数据的数据特征

大数据是那些传统数据架构无法有效处理的新数据集,所以需要采用新的软件体系结构来高效地完成数据处理,如图 14-18 所示,这些数据集特征可以用"4V"来刻画,即体量大(Volume)、种类繁多(Variety)、增长速度快(Velocity)、准确性(Veracity)。

图 14-17　软件定义一切　　　　　　图 14-18　大数据的 4V 数据特性

（1）体量大（Volume）。多大的数据量可以称为"大"，对此并没有确定的标准，这是与当时的技术水平和应用水平相关的。因此，大容量的挑战与时俱进。目前，大数据通常指10TB 以上的数据量。英特尔的研究结果表明，预计到 2025 年，全球数据量将达 175ZB，相当于 65 亿年时长的高清视频内容。1998 年，已故图灵奖获得者 Jim Gray 提出数据量的增长符合"摩尔定律"，也就是说，每 18 个月新增的存储量等于有史以来存储量之和。

（2）种类繁多（Variety）。随着传感器种类的增多，以及智能设备、社交网络流行，数据类型更加复杂。现实世界中，形形色色的应用并不能保证只有关系型数据，事实上，大数据就是要汇聚多个来源的数据，所以数据种类既有结构化数据，又有各种非结构化数据。如何在一个系统平台中处理多种类型数据，是大数据的核心挑战之一。

（3）增长速度快（Velocity）。变化快的特征是指数据增长速度快，以及数据访问和处理等操作速度快。许多应用中，数据的价值在于时效性，例如，搜索引擎要求用户能够实时查询到新闻，对用户的个性化分析能够实时完成，以及"双十一"期间淘宝的网上促销活动。变化快的特点要求系统在数据产生的过程中分析数据，不必将数据预先存入数据库。这些都是大数据区别于传统数据挖掘的显著特征。

（4）准确性（Veracity）。即数据的准确性和可信赖度，包括可信性、真伪性等特征。大数据通常自动采集，天然地具有噪音，如何在有噪音的情况下还能被有效地利用，这不是传统的查询操作能做到的，需要发展更复杂的数据分析、机器学习技术。

所以，当软件肩负定义世界的崇高使命时，必须充分考虑到上述特征。大数据的特征从上述"4V"到价值（Value）、可验证（Verification）、可变性（Variability）、邻近性（Vicinity）等越来越多的"V"，都对软件工程提出了更大的挑战。

软件的发展需要解除制约发展的瓶颈，获得对现实世界的定义与主宰。网络、交互已成为 IT 发展的主要驱动力量，传统的结构化信息资源被网络化解耦，碎片化××、微××不绝于耳。处理信息的软件也相应地与网络密切相关，与处理内容紧密结合，而不是与终端捆绑，因而形成软件的网络化、服务化。

如图 14-19 所示，从结构上来看，大数据的全景图含有垂直应用、日志数据应用、广告媒体应用、DaaS、商业智能、分析和可视化、分析基础设施、运营基础设施、IaaS、结构化数据、技

云计算和大数据系统体系结构

术(hadoop、hadoopmapreduce、mahout、HBASE、Cassandra)等。主流的大数据管理系统生态具有明显的分层结构,各类子系统独立发展,通过采用松耦合的方式进行组装,构建为完整的大数据管理系统。

图 14-19　大数据全景图

1. 软件工程大数据

近年来,因为开发活动需要,软件项目广泛使用版本控制系统、缺陷追踪系统、邮件列表和论坛等工具,大型软件工程的数字轨迹通常被保存起来。用户的每一次代码提交、每一个缺陷报告、对缺陷的每一次评论、每一次邮件及回复,都被完整地保存在软件仓库中,记录了软件开发过程和代码进化,以及开发者个体和交互的行为。

成功的开源项目都拥有众多分布于全球的用户和贡献者,软件工程数据时刻在增长。例如,Gnome 每天有上百个新的缺陷提出,Apache 平均每天有 1000 多封新邮件产生,Mozilla 每天有 2 万多条新的提交;同时,Github. com 拥有超过 1000 万个的项目,SourceForge. net 和 GoogleCode 分别有超过 30 万个的项目等。互联网上所有开源项目的版本控制系统数据总量惊人,并分散在互联网上各处,每分每秒都在不断地产生、消亡。

软件工程大数据由众多软件开发过程中的工具自然产生。记录的软件进化和参与者活动的日志分散在互联网的软件仓库、软件公司及个体的各种环境中,而且软件项目样本多、日志数据种类和格式多(结构化的和非结构化的),总体规模巨大,且时刻变化。

2. 众包软件服务工程

软件服务工程产生密集型数据,包含海量的历史密集型数据和流式密集型数据。流式数据是一个无穷的数据序列,序列中的每一个元素来源各异、格式复杂,序列往往包含时序信息,或者有其他的有序标签。

对于众包(Crowdsourcing)软件服务工程,需要关注众包软件服务工程中的密集型数据与流式数据,特别是在线服务产生的密集型数据和流式数据,如图 14-20 所示。怎样将这些密集型数据的分析作为服务(Analysis as a Service,AaaS)、将密集型数据的价值作为服务(Value as a Service,VaaS)、将密集型数据平台作为服务(Platform as a Service,PaaS),以及将密集型数据的基础设施作为服务(Infrastructure as a Service,IaaS),成为技术的关键。

无论是服务消费方、开发提供方,还是平台管理、运营方,众包软件服务都存在着离线的密集型数据和在线的流式密集型数据。例如,数十万众包开发者的 GB 级版本信息、PB 级的用户在线行为数据和 TB 级的沟通信息、PB 级的应用数据,平台管理和运营方的千万级代码量,GB 级开发文档,TB/PB 级运行日志等。密集型数据直接推送左右着软件服务生命期,直接影响和决定众包软件服务协作开发、生产运营和管理是否成功。

图 14-20　众包软件服务

3. 面向互联网的软件方法与技术

21 世纪以来,互联网的快速发展与普及为软件方法技术的发展带来新的驱动力:基础平台从主机经过网络化、微型化、并行化而逐步形成一个所谓的全球通用计算机;应用方式从经典封闭应用模式经过资源化、普适化、服务化逐步形成了以×-计算(云计算、网格计算、服务计算、普适计算等)、×-系统(嵌入式系统、混合系统、信息物理系统等)和×-数据(超大规模数据、海量数据、大数据)为代表的多样化开放式应用模式。

(1) 计算平台空间:已从单个、多个可控计算机向开放的互联网平台发展,主要作用从计算为主逐步向通信连接为主转变。

(2) 认知空间:已从面向个体程序员向群体化、服务化方式过渡,关注点在面向对象的"平台-程序员-问题"基础上向关注"个体-群体开发者-大量使用者"过渡。

(3) 问题空间:已从确定环境下的单个问题求解,到开放开发环境下的群体问题求解,开始向非确定环境下如何为大量最终用户提供优质服务的方面发展,关注点已从求解问题转变到开放环境下资源的共享与协同。

14.4.2　第四范式

大数据最早起源于高性能计算领域的数据密集型应用。2007 年,已故图灵奖获得者吉姆·格雷(Jim Gray)在最后一次演讲中,描绘了关于数据密集型科研发现的"第四范式(Fourth Paradigm)"愿景。演讲提出,需要用第四范式的统一理论与方法来构建计算机中面向领域的大数据知识存储。

范式(Paradigm)是由托马斯·库恩(Thomas Kuhn)在《科学革命的结构》中提出的,通常是指那些公认的科学成就,在一段时间里为实际共同体提供典型的问题和解答,介绍如下。

(1) 第一范式(实验科学):以观察和实验描述自然规律。

(2) 第二范式(理论科学):实验条件不具备时,用模型简化并通过演算得到结论。

(3) 第三范式(计算科学):利用电子计算机对科学实验进行模拟仿真。

（4）第四范式（数据密集型科学）：科学研究不再需要模型、假设，而是利用超级计算能力直接分析海量数据发现相关关系，获得新知识。

如图14-21所示，采用传统的第一、第二、第三范式的方法直接研究密集型数据本身，数据的客体已经无法进行模拟推演，无法通过目前的主流软件工具在合理时间内采集、处理、管理、整合成具有积极价值的服务信息。面对密集型大数据，传统的数据生命期信息学流程是数据-信息-模型-模拟推演，因为大数据无法建立模型进行模拟，所以第三范式的模式不再适用，将演变为密集型数据生命期信息学流程，称为第四范式新模式。

因此，我们需要把大数据从第三范式（即计算机模拟）中分离出来，单独作为科研第四范式。原因在于第四范式的方式不同于基于数学模型的传统方式。这是人们思维方式的转变。需要先采用第四范式，等到领域知识逐步丰富了，再过渡到第三范式。

图 14-21　吉姆·格雷和第四范式

14.5　大数据系统

大数据的最大成功在应用上，如互联网搜索、电子商务、投放在线广告、语言翻译、图像处理、自动驾驶等。能取得这些成功，是因为有大量且相对结构化的数据集可用于训练各种机器学习算法。而进一步，数据科学需要建立数据驱动的思维方式，需要知道怎样利用数据，了解数据清理、集成、探索等相关技术，同时商业意识也至关重要。用一个简单的公式来表达就是：

数据科学＝计算机科学＋统计＋应用＋其他

从20世纪70年代开始，关系数据库（Relational Database，RDB）由于具备严格的关系理论辅助数据建模、数据独立性高，查询优化技术实现突破，逐渐成为数据管理中的主流技术。其中，关系数据库的原则是 one-size-fits-all，即所有数据管理的任务都交给关系数据库。

大数据时代的许多应用，特别是互联网相关应用，如社交网络、搜索引擎、知识图谱、阿里巴巴的"双十一"等数据管理问题，采用传统关系数据库已经无法满足处理需求，于是，人们开始尝试研制适合自己应用场景的大数据系统。谷歌应用引擎三驾马车（即谷歌文件系统 GFS、并行数据处理 MapReduce、分布式结构化数据表 BigTable）的提出，和以 Hadoop 为核心的开源生态系统的形成，使得人们想到 one-size-does-not-fit-all 的想法，即单一的数据管理系统无法解决所有大数据应用问题。

人们对数据库系统的各个模块,包括存储系统、数据组织模型、查询处理引擎、查询接口等,依托谷歌管理和分析大数据的设计思路进行解耦,并从模型、可靠性、可伸缩性、性能等方面对各个模块进行了重新的设计。可以发现,现阶段主流的大数据管理系统具有了明显的分层结构,自底向上分别为大数据存储系统、NoSQL 系统、大数据计算系统、大数据查询处理引擎。这些系统独立发展,并根据应用的实际需要,通过采用松耦合的方式进行组装,构建为完整的大数据管理系统,支撑各类大数据查询、分析和人工智能应用。这实际上就是另一种设计思想,即 one-size-fits-a-bunch。图 14-22 给出了从关系数据库到大数据的设计理念的转变。

图 14-22　从关系数据库到大数据的设计理念的转变

14.5.1　存储系统

目前在存储方面,以 Hadoop 分布式文件系统(HDFS)等为代表的开源系统已成为大数据存储领域的标准之一。

HDFS 将文件系统元数据(metadata)和应用程序数据(application)分开存储,如图 14-23 所示。HDFS 将元数据存储在一个名为名字节点(Namenode)的专用服务器上,将应用程序数据存储在其他名为数据节点(Datanodes)的服务器上。所有服务器基于传输控制协议(Transmission Control Protocol,TCP)进行安全连接、相互通信。HDFS 将文件内容复制到多个数据节点上,不仅保证了数据的持久性,还提高了数据传输带宽,为计算任务放置在所需数据附近提供了更多机会。

图 14-23　HDFS 架构

云计算和大数据系统体系结构

HDFS 使用主/从(master/slave)架构。一个 HDFS 集群由单个名字节点和多个数据节点组成。名字节点为主结点,管理文件系统名字空间,控制客户端对文件的访问;数据节点为从节点,管理存储在节点上的数据块。HDFS 面向大文件(GB 级别及以上)的存储管理,因此在设计上,HDFS 的存取单元数据块比一般单机文件系统的数据存取单元要大得多。

一些大数据应用(如淘宝、Facebook、微信)需要管理海量的小文件,如图片、用户上传文件等。这类应用如果采用 HDFS 进行数据管理,会产生大量的块内空间浪费,同时还会产生大量文件到存储节点映射的元数据,负责管理元数据的名字节点会成为文件系统存取的瓶颈。

HDFS 面向磁盘的分布式文件系统,数据的访问需要频繁的 I/O 调用,这样会对系统性能造成影响。大数据系统强调存储与计算分离,不同的计算系统可以用同一份存储在底层的 HDFS 数据,同一计算系统也可使用不同的分布式文件系统。分布式缓冲区管理系统可以屏蔽底层的分布式文件系统,把来自不同文件系统的热点数据尽可能地维护在缓冲区中,以减少上层计算访问数据带来的 I/O 开销。

常见的分布式缓冲区管理系统有 Alluxio、Redis、Memcache。例如,Alluxio 是开源的分布式内存文件系统,提供了与磁盘文件系统相同的访问接口,屏蔽了底层不同的文件系统。通过引入分层存储特性,在高速内存、低速磁盘之间部署高性能固态硬盘(Solid State Disk,SSD)存储设备,构建磁盘、SSD、内存三级数据存储架构,结合数据的新鲜度和访问热度,优化数据块在内存、SSD、磁盘上的存储策略,使得频繁使用的数据优先缓存在高性能存储介质中,以减少磁盘访问带来的开销。

14.5.2 NoSQL 系统

数据模型是数据管理系统的核心。大数据应用可以是结构化的关系数据、图数据,也可以是半结构化的可扩展标记语言(eXtensible Markup Language)数据,还可以是非结构化的多媒体、网页等数据。遵循 one-size-does-not-fit-all 的思想,NoSQL(not for SQL)数据库基于键值对、文档、图等不同数据模型,为管理不同类型的数据提供了有效的数据存储服务,如图 14-24 所示。

图 14-24 SQL 数据库和
NoSQL 数据库

NoSQL 是那些非关系型的、分布式的、不保证遵循 ACID 原则(即原子性(Atomicity)、一致性(Consistency)、隔离性(Isolation)、持久性(Durability))的数据存储系统,并分为 key-value 存储、文档数据库、图数据库三类。其中,key-value 存储备受关注,已成为 NoSQL 的代名词。

图 14-25 是 key-value 存储示例,该示例中包含三个 key,每个 key 有对应的 value。key-value 存储对于当今大规模、高性能的数据敏感型应用来说,已成为一个至关重要的设计模块。所以在诸多领域,高性能的 key-value 存储的设计均受到重点关注,如电商平台、数据去重中心、图像存储和 Web 对象缓存等。典型的 NoSQL 产品有谷歌的 BigTable、基于 HDFS 的 HBase、Amazon 的 Dynamo、Apache 的 Cassandra、Tokyo Cabinet、CouchDB、MongoDB 和 Redis 等。根据数据存储的细微不同,进一步细分为:key-document 存储,如 MongoDB、CouchDB;key-column 存储,如 Cassandra、Voldemort、Hbase;key-value 存储,

如 Redis、Tokyo Cabinet。

相应地,NoSQL 遵循 CAP 原则和 BASE 原则。

(1) CAP 原则:即一个分布式系统不能同时满足一致性(Consistency)、可用性(Availability)和分区容忍性(Partition Tolerance)三个需求。这三个要素只能不同程度地满足,不可完全兼顾,因此在设计时要进行取舍,如图 14-26 所示。大部分 key-value 数据库系统都会根据自己的设计目的进行相应的选择,例如,Cassandra、Dynamo 满足 AP,BigTable、MongoDB 满足 CP,而关系数据库(如 MySQL 和 Postgres)满足 AC。

图 14-25　key-value 存储示例

图 14-26　CAP 原则

(2) BASE 原则:即基本可用(Basically Available)、弱状态(Soft-state)和最终一致(Eventually Consistent)的缩写。基本可用是可以容忍系统的短期不可用,并不强调全天候服务。弱状态是状态可以有一段时间不同步,存在异步的情况。最终一致是最终数据一致,而不是严格的时时一致。所以,当前 NoSQL 数据库大多是针对其应用场景的特点,遵循BASE 设计原则,更加强调读写效率、数据容量及系统可扩展性。

在性能上,这些 NoSQL 数据存储系统有着传统关系数据库所不能满足的特性,是面向应用需求而提出的各具特色的产品。

在设计上,这些 NoSQL 系统关注对数据高并发地读写和对海量数据的存储,具有很好的灵活性和性能。NoSQL 系统支持自由的模式定义方式,可实现海量数据的快速访问,灵活的分布式体系结构支持横向可伸缩性和可用性,对硬件的需求较低。

14.5.3　计算系统

大数据计算系统可以采用不同的计算模型,常见的计算模型包括批计算、流计算、迭代计算、交互式计算等。

每一类计算系统可以抽象出基本访问接口,例如,批计算系统 MapReduce 具备 Map 和Reduce 接口,流计算系统 Storm 具备 Spout 和 Bolt 接口来分别接收和处理数据,迭代计算系统 Giraph 具备面向图中顶点计算的 Compute 接口,交互式计算系统 Presto 具备 SQL 的访问接口。开发者实现了相应接口函数,就能够调用平台的分布式、可扩展、容错的计算能力,完成复杂的分析、查询任务。

(1) 批计算:面向批量、静态数据集上的计算,适合海量数据的计算,其对查询的响应延时没有过高的要求。批量数据处理适合大型的、相对成熟的作业。典型的批处理系统包括 Hadoop、Spark 等。

（2）流计算：面向的是实时流入的数据，对每个单独数据项流入系统时做出实时的处理。流计算对查询响应的实时性要求高。典型的流计算系统有 Twitter 的 Storm、Facebook 的 Puma、Linkedin 的 Samza、阿里的 JStorm 及谷歌的 MillWheel。

（3）迭代计算：面向需要多轮计算的应用场景，其中，上一轮计算的输出可作为下一轮计算的输入，直至满足一定条件时，系统终止计算。典型的应用包括具有明显迭代特征的数据挖掘算法（如 K-means、K-medoids、Semi-clustering）、迭代的图计算（如 PageRank、最短路径）。迭代计算的系统包括 GraphX、Giraph、GraphLab、Haloop 等。

（4）交互式计算：类似于传统关系数据库，为了达到实时交互式响应，很多交互式系统把数据完全维护在内存中，如 Presto。典型的交互式计算系统包括 Impala、Presto、Drill 等。

14.5.4　查询处理

大数据查询处理引擎采用计算系统提供的通用接口，借助分布式查询优化来实现数据的高性能查询和分析。大数据查询处理引擎为用户和开发者提供类 SQL，有些甚至可以兼容 SQL 的查询语言，通过语法解析器把查询语句转换成计算层的作业调度，最后由计算层把结果反馈给用户。这些引擎根据调用计算系统的不同分为三种。

（1）MapReduce 的查询分析引擎。

（2）内存式批计算系统的查询分析引擎。

（3）大规模并行处理（MassivelyParallelProcessing，MPP）的查询分析引擎。

早期的大数据查询分析引擎基于 MapReduce，又称 SQL-on-Hadoop。Hive 是基于 Hadoop 的一个数据仓库工具，提供类 SQL 的查询语言 HiveQL，通过把用户提交的 HiveQL 语句转化为 MapReduce 作业，并提交到 Hadoop 集群运行。MapReduce 作业串行执行 Hadoop 监控作业，所有作业完成后返回结果给用户。分布式查询优化体现在从 HiveQL 到转化为 MapReduce 的作业，以及 MapReduce 的多作业调度。Hive 适合面向大数据集的批处理作业，如搜索引擎的日志分析。Hive 基于高延时的 MapReduce 批计算模型，所以不适合需要低延迟的应用。

Spark SQL 基于内存的批计算系统 Spark 的查询引擎，与 Hive 原理类似。Presto 基于 MPP 的查询分析引擎，具有较低的响应延时，可用作交互式查询引擎。与 Hive 把 HiveQL 转化成多个 MapReduce 作业不同，Presto 采用定制的操作符和查询执行引擎来支持 SQL。除了改进的调度算法之外，所有数据处理在内存中进行，操作之间采用流水线处理方式，避免了不必要的磁盘读写和额外的延迟。

大数据时代的软件架构师已不像数据库时代那样追求使用 RDB 解决所有数据管理的问题，而是探索从数据存储、数据组织、通用计算、查询处理等维度对数据管理系统进行解耦，解耦后的系统各模块相对独立、各自发展。为了面向实际需要，这些模块采用松耦合组装来构建完整的大数据管理系统。

14.6　小　　结

云计算既代表着信息技术的不断进步，又孕育了一种全新的商业服务模式。在云计算体系结构下，位于网络终端一方的用户无须自购硬件，无须考虑如何配置和维护软件，无须为得到服务做任何预先投资,甚至无须知道是谁提供的服务,而只需关注自己真正获得什么样的资源或服务就可以了。通过软件服务化、资源虚拟化、系统透明化,云计算这种服务模式给 IT 公司带来了极大的好处,并把它们从设置服务器硬件、管理系统软件等低级任务中解放出来。同时,采用云计算的模式能够实现在大规模用户聚集的情形下,以较低的服务成本提供高可用性的服务,从而保持企业的竞争优势。这也是云计算受到众多企业普遍青睐的原因。

大数据的背景下,数据管理的设计从原来的关系数据库转变为 NoSQL 数据库,人们开始尝试研发适合自己应用的大数据系统。大数据管理系统技术还在快速进化。现阶段,主流的大数据管理系统生态具有明显的分层结构,各类子系统独立发展,通过采用松耦合的方式进行组装,构建为完整的大数据管理系统。

14.7　思　考　题

(1) 云计算有哪些特点? 按服务类型可以分为哪几类? 云计算的体系结构可以分为哪几层? 为何云计算技术是计算机技术的一次新飞跃?

(2) 画一个层次化的结构图,将裸机硬件、用户程序与 IaaS 云、PaaS 云和 SaaS 云的关系表示出来。在每层云中,列举主要云提供商提供的具有代表性的云服务。

(3) 简述云计算应用程序使用数据中心虚拟化的主要优点。比较公有云和私有云,并指出它们在设计技术和应用灵活性方面的不同之处。

(4) 谷歌云计算包括哪些内容? 访问 GAE 网站,下载 SDK,搭建开发平台并配置各应用程序环境。

(5) 访问微软 Windows Azure 开发中心,下载 Azure 开发工具集,并运行 Azure 的本地版本。

(6) 访问 AWS 云网站,并用 EC2 和 S3 规划一个实际计算应用。

(7) 分析大数据的数据特征,简述这些特征给大数据带来的具体挑战及应对措施。

(8) 常见的大数据组织管理方式有哪几种?

云计算和大数据系统体系结构

参 考 文 献

[1] Roger S Pressman. Software Engineering: A Practitioner's Approach[M]. 9th ed. New York: McGraw-Hill, 2020.

[2] Ian Sommerville. Software Engineering[M]. 10th ed. Boston: Addison-Wesley, 2018.

[3] Kai Hwang, Geoffrey C. Fox, Jack J. Donggarra. Distributed and Cloud Computing: From Parallel Processing to the Internet of Things[M]. Amsterdam: Elsevier, 2012.

[4] Mary Shaw. Software Architecture: Perspectives on an Emerging Discipline[M]. New Jersey: Prentice Hall, 1996.

[5] Jaroslav Tulach. 软件框架设计的艺术[M]. 王磊, 朱兴, 译. 北京: 人民邮电出版社, 2011.

[6] 齐治昌. 软件设计与体系结构[M]. 北京: 高等教育出版社, 2010.

[7] Diomidis Spinellis, Georgios Gousios. 架构之美: 行业思想领袖揭秘软件设计之美[M]. 王海鹏, 蔡黄辉, 徐锋, 等, 译. 北京: 机械工业出版社, 2018.

[8] 覃征, 李旭, 王卫红. 软件体系结构[M]. 4 版. 北京: 清华大学出版社, 2018.

[9] 刘鹏. 云计算[M]. 3 版. 北京: 电子工业出版社, 2015.

[10] 王伟. 计算机科学前沿技术[M]. 北京: 清华大学出版社, 2012.

[11] 沈军. 软件体系结构——面向思维的解析方法[M]. 南京: 东南大学出版社, 2012.

[12] 李千目, 许满武, 张宏, 等. 软件体系结构设计[M]. 北京: 清华大学出版社, 2008.

[13] 钟珞, 袁景凌. 软件工程[M]. 北京: 科学出版社, 2012.

[14] 牛振东. 软件体系结构[M]. 北京: 清华大学出版社, 2007.

[15] 张春祥. 软件体系结构理论与实现[M]. 北京: 中国电力出版社, 2011.

[16] 周华, 孙兴平. 软件设计与体系结构[M]. 北京: 科学出版社, 2012.

[17] 张莉, 高晖, 王守信. 软件体系结构评估技术[J]. 软件学报, 2008, 19(6): 1328-1339.

[18] 丁雪芳, 张锐. 一种基于场景的轻量级软件架构分析方法[J]. 西安科技大学学报, 2011, 31(5): 635-640.

[19] 胡红雷, 毋国庆, 梁正平等. 软件体系结构评估方法的研究[J]. 计算机应用研究, 2004, (6): 11-15.

[20] 张友生. 软件体系结构原理、方法与实践[M]. 2 版. 北京: 清华大学出版社, 2014.

[21] 林·马斯, 保罗·克莱门茨, 瑞克·凯兹曼. 软件构架实践[M]. 影印版. 2 版. 北京: 清华大学出版社, 2004.

[22] 沈群力, 刘杰. 基于场景的两种软件体系结构评估方法[J]. 计算机应用研究, 2008, 25(10): 3015-3017.

[23] 李长云, 何频捷, 李玉龙. 软件动态演化技术[M]. 北京: 北京大学出版社, 2007.

[24] 张海藩, 牟永敏. 软件工程导论[M]. 6 版. 北京: 清华大学出版社, 2013.

[25] 齐治昌, 谭庆平, 宁洪. 软件工程[M]. 4 版. 北京: 高等教育出版社, 2019.

[26] 殷人昆. 实用软件工程[M]. 3 版. 北京: 清华大学出版社, 2012.

[27] 卢潇. 软件工程[M]. 2 版. 北京: 中国水利水电出版社, 2011.

[28] 李东生. 软件工程——原理、方法与工具[M]. 北京: 机械工业出版社, 2009.

[29] 杜文洁, 白萍. 实用软件工程与实训[M]. 2 版. 北京: 清华大学出版社, 2013.

[30] 李军国, 吴昊, 郭晓燕, 等. 软件工程案例教程[M]. 北京: 清华大学出版社, 2013.

[31] 许家怡. 软件工程——方法与实践[M]. 2 版. 北京: 电子工业出版社, 2012.

[32] 宋礼鹏, 张建华. 软件工程——理论与实践[M]. 北京: 北京理工大学出版社, 2011.

[33]　张晓龙. 现代软件工程[M]. 北京：清华大学出版社，2011.

[34]　郑炜，朱怡安. 软件工程[M]. 西安：西北工业大学出版社，2010.

[35]　贾铁军. 软件工程技术及应用[M]. 北京：机械工业出版社，2009.

[36]　李德毅. 网络时代的软件工程[J]. 中国计算机学会通讯，2009，5(1)：7-12.

[37]　梅宏，申峻嵘. 软件体系结构研究进展[J]. 软件学报，2006，17(6)：7-25.

[38]　罗军舟，金嘉晖，宋爱波，等. 云计算：体系架构与关键技术[J]. 通信学报，2011，32(7)：3-21.

[39]　金海. 漫谈云计算[J]. 中国计算机学会通讯，2009，6：22-25.

[40]　陈康，郑纬民. 云计算：系统实例与研究现状[J]. 软件学报，2009，20(5)：1337-1348.

[41]　张亚勤. 与云共舞：再谈云计算[J]. 中国计算机学会通讯，2009，6：18-21.

[42]　马晓星，刘譞哲，谢冰，等. 软件开发方法发展回顾与展望[J]. 软件学报，2019，30(1)：3-21.

[43]　杜小勇，卢卫，张峰. 大数据管理系统的历史、现状与未来[J]. 软件学报，2019，30(1)：130-144.

[44]　金海，石宣化. 大数据处理[M]. 北京：高等教育出版社，2018.

[45]　周明辉，郭长国. 基于大数据的软件工程新思维[J]. 中国计算机学会通讯，2014，3：37-42.

[46]　何克清，等. 大数据时代的软件工程关键技术[J]. 中国计算机学会通讯，2014，6：8-18.

[47]　吴欣然，杨思睿，吴晓昕，等. 面向服务的云计算基础设施[J]. 中国计算机学会通讯，2009，6：32-43.

[48]　黄聪会，陈靖，张黎，等. 软件移植理论与技术研究[J]. 计算机应用研究，2012，29(6)：2024-2027.

[49]　孙昌爱，金茂忠，刘超. 软件体系结构研究综述[J]. 软件学报，2002，13(7)：136-139.

图书资源支持

感谢您一直以来对清华版图书的支持和爱护。为了配合本书的使用,本书提供配套的资源,有需求的读者请扫描下方的"书圈"微信公众号二维码,在图书专区下载,也可以拨打电话或发送电子邮件咨询。

如果您在使用本书的过程中遇到了什么问题,或者有相关图书出版计划,也请您发邮件告诉我们,以便我们更好地为您服务。

我们的联系方式:

地　　址:北京市海淀区双清路学研大厦 A 座 714

邮　　编:100084

电　　话:010-83470236　010-83470237

客服邮箱:2301891038@qq.com

QQ:2301891038(请写明您的单位和姓名)

资源下载:关注公众号"书圈"下载配套资源。

资源下载、样书申请

书 圈

获取最新书目

观看课程直播